超超临界发电技术及装备

李振中　张晓鲁　杨天华　编著

科学出版社

北　京

内 容 简 介

本书旨在对超超临界发电技术及装备进行详细阐述，全书共六章，主要内容包括超超临界发电技术的发展和现状、超超临界燃煤锅炉技术、超超临界汽轮机技术、超超临界发电厂热力系统、超超临界机组启动与运行技术及超超临界发电技术展望。

本书可作为从事超超临界发电机组锅炉、汽轮机及热力系统的设计、运行和维护人员的技术参考书，也可以作为高等院校相关专业高年级本科生、研究生的专业教材。

图书在版编目（CIP）数据

超超临界发电技术及装备/李振中，张晓鲁，杨天华编著. —北京：科学出版社，2021.5

ISBN 978-7-03-067435-7

Ⅰ. ①超… Ⅱ. ①李… ②张… ③杨… Ⅲ. ①超临界－热力发电－研究 Ⅳ. ①TM611

中国版本图书馆 CIP 数据核字（2020）第 256203 号

责任编辑：王喜军　高慧元 / 责任校对：樊雅琼
责任印制：吴兆东 / 封面设计：壹选文化

科 学 出 版 社 出版
北京东黄城根北街 16 号
邮政编码：100717
http://www.sciencep.com
北京中石油彩色印刷有限责任公司 印刷
科学出版社发行　各地新华书店经销
*
2021 年 5 月第 一 版　开本：720 × 1000　1/16
2021 年 5 月第一次印刷　印张：22 1/2
字数：454 000

定价：138.00 元

（如有印装质量问题，我社负责调换）

前　言

超超临界燃煤发电技术将水蒸气的压力和温度提高到超超临界参数（主蒸汽压力高于27MPa、主蒸汽温度高于580℃），从而大幅提高机组的热效率，降低供电煤耗。配有脱硫、脱硝、除尘等烟气污染物排放控制装置的超超临界发电技术，是一种高效、先进、易规模化应用的洁净煤发电技术。

21世纪初，超超临界发电技术被确定为我国洁净煤利用技术领域战略性的关键技术。经过近20年的攻关研发与应用，我国超超临界发电技术随着装备制造业和电力工业技术水平不断提升，逐步实现了自主产权研发、设计、装备制造与运行技术的突破。截至2018年，我国投运的1000MW级超超临界机组的数量超过了国外超超临界机组数量的总和，我国超超临界发电技术快速达到世界先进水平，不仅实现了我国发电领域高效、清洁化的跨越发展，而且对我国燃煤发电领域实现节能减排和环境与资源保护发挥了重大作用。

本书的内容覆盖了超超临界发电技术的发展和现状、超超临界燃煤锅炉技术、超超临界汽轮机技术、超超临界发电厂热力系统、超超临界机组启动与运行技术及超超临界发电技术展望。本书由李振中、张晓鲁、杨天华编著。其中，第1、4章由杨天华编写；第2、3章由张晓鲁编写；第5、6章由李振中编写。孙洋、贺业光、李秉硕、王雷、张勇、张东晓、谢云、岳乔负责资料的整理收集和校稿等工作。

本书的写作过程中，作者参阅了书后所列参考文献，参考了“超超临界发电技术”“1000MW超超临界直接空冷机组研制、系统集成与工程应用”“1000MW高效宽负荷率的超超临界机组开发与应用”等相关成果。作者在此对于组织上述成果研发的国家电力投资集团有限公司和中国华电集团有限公司表示敬意和感谢，对承担超超临界燃煤发电技术装备研发的哈尔滨电气集团有限公司、中国东方电气集团有限公司、上海电气集团股份有限公司及相关科研院所和高等院校一并表示感谢。

张晓鲁等曾于2014年出版了《超超临界燃煤发电技术》，对我国超超临界燃煤发电技术研发与应用进行了系统阐述。超超临界燃煤发电机组大规模推广应用以来在主辅机研制及系统优化集成方面又取得了重大进展。本书对上述成果进行了梳理，希望能与广大电力工作者分享并探讨有关超超临界热发电技术的研究成果和经验，对电力工程投资方、设计方、运行方和相关建设单位起到参考和借鉴作用。

由于作者学识有限，书中难免存在疏漏之处，恳请广大读者和同仁批评指正！

作　者

2020 年 10 月

目　录

第1章　超超临界发电技术的发展和现状

发电行业按照一次能源的类型可以分为燃煤、燃气、燃油、核电、水电、新能源（如风电、太阳能、生物质能）发电。合理的能源结构对我国电力工业的持续健康发展至关重要。尽管由于环保的限制和减排 CO_2 的要求，近一段时期在发电行业发展中突出了核电和新能源的作用，然而我国一次能源结构的特点决定了以燃煤发电为主的发电格局在相当长的一段时间内不会发生根本性改变。发展先进的燃煤发电技术是应对我国转变经济发展方式、满足能源需求、保护环境和实现可持续发展的根本措施，也是推动我国能源供给侧改革的重要举措。

目前，国际上正在研发、推广的先进燃煤发电技术主要包括配有污染物排放控制技术的超超临界燃煤发电技术以及整体煤气化联合循环（integrated gasification combined cycle，IGCC）发电技术[1]。IGCC 发电技术经济性能不仅有待进一步验证，且其进一步研究也向超临界参数发展。配有污染物排放控制技术的超超临界燃煤发电技术是一种大容量、高参数、高效率、低污染、技术成熟、易规模化应用的先进燃煤发电主流技术。目前，该技术已在我国取得重大突破，超超临界机组已成为我国电力工业新增装机的主力机组。

1.1　超超临界发电技术发展历程

1.1.1　超超临界发电技术的特点和机组性能

工程热力学将水的临界状态点的参数定义为：压力为 22.125MPa，温度为 374.15℃。当水蒸气参数值大于临界状态点的压力和温度值时，称其为超临界状态。超临界燃煤发电机组的典型参数为主蒸汽压力 24.1MPa，主蒸汽/再热蒸汽温度 538℃/566℃，相对于亚临界燃煤发电机组（典型参数：主蒸汽压力 16.7MPa，主蒸汽/再热蒸汽温度 538℃/538℃）发电效率得到显著提升。

超超临界机组参数的概念实际为一种商业性的称谓，是在超临界机组参数的基础上进一步提高蒸汽温度和压力等初参数，从而进一步提升机组效率。国际上通常把主蒸汽压力为 25～31MPa、主蒸汽温度为 580～610℃的机组定义为 600℃等级的超超临界机组。

1. 超超临界机组与其他机组的对比

各国对提高机组效率采用的方法有所区别，因此不同国家甚至不同公司对超超临界参数的起始点定义也有所不同，例如：日本定义为主蒸汽压力大于24.2MPa，或主蒸汽温度达到593℃；丹麦定义为主蒸汽压力大于27.5MPa；西门子公司的观点是应从材料的等级来区分超临界和超超临界机组等等。《中国电力百科全书（第三版）》将超超临界机组的参数定义为：主蒸汽压力高于27MPa或主蒸汽温度大于580℃。

蒸汽参数越高，热力循环效率越高，这已被兰金循环原理证明，因此，提高燃煤发电机组的蒸汽参数是提高机组效率的重要手段。超超临界发电技术就是将水蒸气的压力和温度提高到超临界参数以上，从而大幅度提高机组的热效率，降低供电煤耗，并减少污染物排放。表1-1是不同参数燃煤发电机组的热效率和供电煤耗的比较，可以明显地看出超超临界机组在经济性能方面比亚临界机组有较大的提高[1]。

表1-1　不同参数下燃煤发电机组的热效率和供电煤耗

机组类型	蒸汽压力/MPa	蒸汽温度/℃	热效率/%	供电煤耗/[g/(kW·h)]
亚临界	16.7	538/538	38	324
超临界	24	538/566	41	300
超超临界	25～28	600/600	45	280
700℃	35	700/720/720	51	241
超700℃	—	＞700	60	205

注：供电煤耗是指燃煤发电厂每生产供应1kW·h电能所消耗的标准煤量。

超超临界机组与超临界机组和亚临界机组的主要区别是，由于蒸汽压力和温度提高使得锅炉和汽轮机工作条件和材料发生变化，锅炉和汽轮机的高温部件采用了新型的高温耐热钢。与锅炉、汽轮机相比，发电机的工作条件没有发生变化，其出力主要取决于锅炉和汽轮机的容量。除此之外，超超临界机组与超临界机组和亚临界机组在热力系统上基本相同。常规燃煤发电机组工艺流程如图1-1所示。

2. 超超临界机组与其他洁净煤技术的比较

国际上正在研发、推广的洁净煤发电技术主要包括：配有污染物排放控制技术的超超临界发电技术、大型火电机组空冷技术以及整体煤气化联合循环发电技术等。

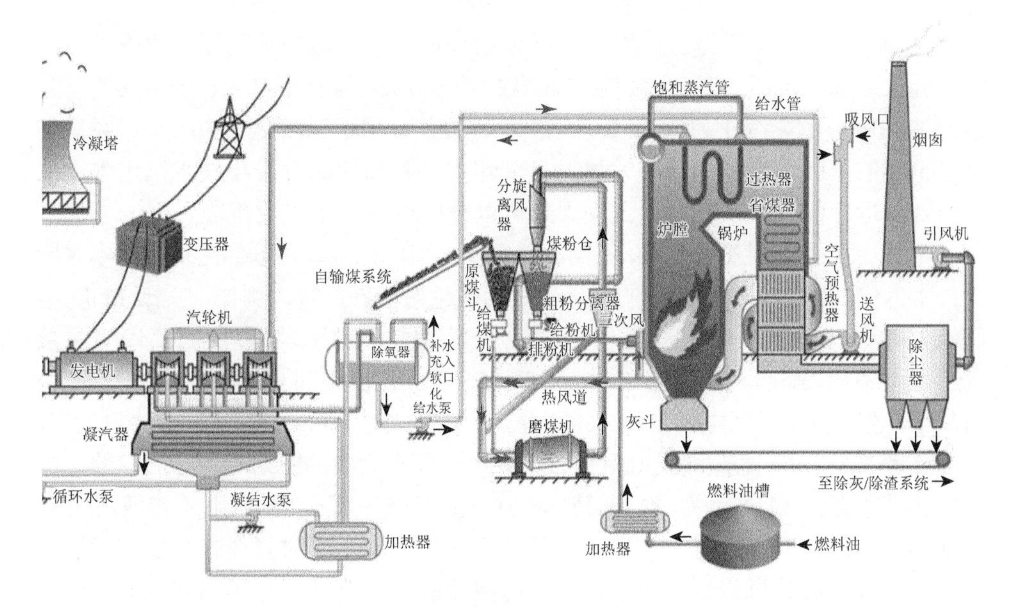

图 1-1　常规燃煤发电机组工艺流程

各种清洁煤发电技术的发展前景主要取决于热效率、环保性能、设备可靠性及技术继承性等指标。21 世纪初，我国首次对这些技术进行了全面的技术经济比较，做出了我国清洁煤发电技术的重大战略选择。表 1-2 列出了主要技术经济比较参数。在效率、容量、环保性能、设备可靠性、技术成熟程度、技术继承性、单位千瓦造价和业绩 8 项指标对比中，超超临界燃煤发电技术均处于首位。

表 1-2　主要清洁煤发电技术的技术经济比较

清洁煤发电技术	效率/%	容量/MW	环保性能	设备可靠性	技术成熟程度	技术继承性	单位千瓦造价	业绩
超超临界＋污染物排放控制技术	43～47	1000	优	高	成熟	更好	低	批量化应用
第一代增压流化床联合循环	41～42	360	较优	低	尚待成熟	—	次高	少量
整体煤气化联合循环	43～45	300	更优	低	接近商业化	低	高	少量商业化

1.1.2　主要发达国家超临界和超超临界发电技术发展历程

从 20 世纪 50 年代开始，世界上以美国和德国等为主的工业化国家就已经开始对超临界和超超临界发电技术进行研究。超临界直流锅炉的专利方案是由捷克人马克·本生在1919年提出来的，1923年德国西门子公司按他的专利建成了第一台试验性超临界机组。第一台超临界参数机组于1956年在联邦德国投入运行，容量为88MW，主蒸汽压力为34.0MPa，蒸汽温度为610℃/570℃/570℃[2]。经过半个多世纪的不断进步、完善和发展，目前超临界和超超临界发电技术已进入了成熟商业化运行的阶段，其发展过程大致可以分成以下三个主要阶段。

第一阶段：20世纪50～80年代，主要以美国、德国、苏联和随后的日本等国的技术为代表。初期技术发展的起步参数就是超超临界参数。例如，美国Philo电厂6号机于1957年投产，这是世界上第一台超超临界机组，容量为125MW，主蒸汽压力为31MPa、蒸汽温度为621℃/566℃/566℃，二次中间再热。锅炉由B&W公司制造，汽轮机由通用电气公司（GE）生产。1959年，Eddystone电厂1号机投产，其容量为325MW，主蒸汽压力为34.3MPa，蒸汽温度为649℃/565℃/565℃的二次中间再热机组，热耗率为8630kJ/(kW·h)，由燃烧工程公司（CE）和西屋公司（WestingHouse）设计制造。但所采用的蒸汽参数超越了当时材料技术的实际发展水平，导致了诸如机组运行可靠性较差等问题的发生。在经历了初期过高的超临界参数后，从20世纪60年代后期开始，美国超临界机组大规模发展时期所采用的参数均降低到常规超临界参数。直至20世纪80年代，美国超临界机组的参数基本稳定在31MPa/593℃/566℃/566℃，超临界机组增至170余台，占燃煤机组的70%以上。

苏联于1963年将首批5台300MW超临界参数机组在两个电厂投运，参数为23.5MPa/540℃/540℃。截止到1970年，已完成了70台300MW超临界参数机组的建设。到了1981年底，已有182台超临界参数机组投入运行，总容量达到了62700MW，占总装机容量的30%。最大单个机组容量达到1200MW，主蒸汽压力为23.5MPa，蒸汽温度为540℃/540℃[3]。

日本第一台超临界机组是日立公司从美国B&W公司引进的600MW机组，安装在姉崎电厂，主蒸汽压力为24.1MPa，蒸汽温度为538℃/538℃，于1967年12月投入运行。1974年，日本自行研制的第一台1000MW超临界机组正式投入运行。到1982年底，日本超临界机组共有72台，总容量为42000MW，占总装机容量的42%，最大单机容量为1000MW。

第二阶段：20世纪80～90年代，由于材料技术的进步和发展，尤其是锅炉和汽轮机材料性能的大幅改进以及对电厂水化学方面认识的深入，解决了早期超临界机组所遇到的问题。同时，美国对已投运机组进行了大规模的优化及改造，可靠性和可用率指标已经达到甚至超过了相应的亚临界机组。通过改造实践，形成了新的结构和新的设计方法，显著提高了机组的经济性、可靠性、运行灵活性。在此期间，美国又将超临界技术转让给日本（通用电气转让给东芝和日立，西屋转让给三菱），联合进行了一系列新的超临界参数电厂的开发设计，同时欧洲也进行了研究开发。超临界机组的市场逐步转移到了欧洲及日本，并涌现出了一批新的超临界机组。

第三阶段：20世纪90年代至21世纪初，国际上超超临界机组进入了快速发展阶段，即在保证机组可靠性、高可用率的前提下采用更高的蒸汽温度和压力，其主要原因在于日益严格的环保要求，同时新材料的开发成功和常规超临界技术的成熟也为超超临界机组的发展提供了条件。具有代表性的是日本（三菱、东芝、日立）和欧洲（西门子、阿尔斯通）的技术。例如，2001年投产的日本Isogo电厂，由西门子公司提供技术支持，机组的再热蒸汽温度参数为610℃。2009年投产的日本矶子电厂2号机组，由日本日立公司提供技术支持，再热蒸汽温度参数为620℃。欧洲1000MW超超临界发展的重点是针对27～28MPa/600℃/610℃～620℃的高参数机组，西门子公司在1997～2001年制造了8套功率在750～1000MW、参数为25MPa/580℃/600℃的蒸汽轮机[4]。

经过40多年的不断完善和发展，目前超临界和超超临界机组的发展已进入了成熟和实用阶段，具有更高参数的超超临界机组也已成功投入商业运行。

1.1.3 我国超临界和超超临界发电技术发展历程

我国从20世纪80年代后期开始重视发展超临界参数机组。1991年，上海投运了我国首台600MW超临界机组，其参数为24.2MPa/538℃/566℃。这台机组的锅炉是瑞士苏尔寿和ABB-CE供货的变压运行直流锅炉，汽轮机是ABB公司的产品，其供电煤耗为298g/(kW·h)。1994年，南京投运2台参数为23.5MPa/540℃/540℃的300MW超临界机组。该机组由俄罗斯供货，但是效率不高，与亚临界机组相差不多。随后几年，天津、内蒙古、辽宁、上海等地均有超临界机组陆续投运，但是以上超临界机组均为进口机组。2000年4月，我国开展600MW超临界火电机组设备国产化研究。到2009年，国内制造行业已经具备了设计制造超临界机组的能力。哈尔滨电气集团有限公司、中国东方电气集团有限公司以及上海电气集团股份有限公司通过对300MW、600MW超临界机组的引进、制造，积累了丰富的制造经验。

我国对于超超临界发电技术的研究始于2000年，2002年获得科技部支持被列入“863”计划，2003年国内首台超超临界百万机组玉环电厂完成“四通一平”工作，2006年底，玉环电厂1号机通过“168”测试正式投入运行。随后我国进入了1000MW超超临界机组的快速发展期。截至2018年6月，我国已有101台超超临界1000MW机组正式投产发电，成为世界上投入运行1000MW机组最多的国家。回顾近20年的发展，我国超超临界机组的发展经历了以下四个不同阶段。

第一阶段以玉环电厂1000MW机组和嵊山电厂600MW机组为工程标志，主要解决的是我国超超临界机组的有无问题。该阶段主要完成我国超超临界机组的技术选型和参数标准，形成了具有我国自己特色的3种不同形式的1000MW超超临界锅炉、汽轮机的设计开发、制造软件包研制和材料加工性能研究，自主设计了超超临界机组电站；在分析研究了超超临界机组运行特性的基础上，自主调试了1000MW和600MW机组，开发出配套大机组的选择性催化还原法烟气脱硝装置。该阶段的主要问题是高温材料技术是国内弱项，尤其是电站用钢材料，由于批量小、开发难度大，冶金企业的积极性不高，当时的主力机组——亚临界机组所用高温高压合金钢材料尚需从国外进口。该阶段的特点是：主设备采取技术转让及合作设计制造、国内加工、由外方进行性能保证的方式，电厂的总体设计由国内设计院完成。该阶段主机参数基本类似，汽轮机进口参数为25～27MPa/600℃/600℃，采用八级回热系统[5]。

第二阶段以上海漕泾2×1000MW超超临界燃煤示范机组为工程标志，主要解决超超临界技术设备国产化问题。国产化超超临界燃煤示范电站考虑首台首套因素，所制订的机组参数为25MPa/600℃/600℃，一次再热结构，机组的设计效率为45%，供电煤耗283g/(kW·h)[6]。该阶段的特点是：除小部分零部件需要外购之外，主要设备基本实现了国产化，性能保证也由国内厂商负责。此阶段主要对辅机设备及系统选型进行了进一步优化，但是主机参数及回热级数上与第一阶段类似，汽轮机进口参数保持在25～26.25MPa/600℃/600℃，回热系统也由常见的八级回热构成。

第三阶段以上海漕泾二期2×1000MW机组为工程标志，蒸汽参数达到31MPa/600℃/620℃/620℃，并采用二次再热形式，机组的效率达到48%，供电煤耗降至255.94g/(kW·h)。随着超超临界燃煤发电机组的投运，我国已经掌握了超超临界机组技术，为了提高电厂的赢利水平及竞争力，各大发电集团立足现有材料，尽量用足材料特性，降低机组热耗，促使各大主机厂都在原常规超超临界一次再热机组的参数基础上，对主机设备进行了一些局部改造，以适应参数更高的高效1000MW超超临界机组的需要。相对于常规参数的超超临界机组，高效超超临界机组的主蒸汽压力和再热蒸汽温度有了进一步的提升，参数提高至27～28MPa/600℃/610℃（620℃），部分机组的回热级数也增加到九级，因此参数更优，效率更高。在此基础上，我国陆续开发空冷机组和高效宽负荷技术。2011年4月，世界上首台超超临界燃煤空冷机组2×1060MW工程正式生产，蒸汽参数为26.25MPa/605℃/603℃[7]。2015年9月，随着国电泰州电厂二期工程二次再热机组示范工程的开展，其他公司也相继开展了二次再热的建设工作。同时，在该阶段我国开发燃煤电站超洁净排放技术，使我国超超临界燃煤发电机组的污染排放水平与整体煤气化联合循环相当。至此，具有自主知识产权的超超临界机组已成为我国新建燃煤发电站的首选装备，其装机容量和机组数量均已跃居世界首位，技术水平居世界前列，显著优化了我国电力装机结构[8]。

第四阶段主要是开发 700℃超超临界发电机组。我国《国家能源科技“十二五”规划（2011—2015）》提出，要掌握 700℃超超临界发电机组的关键技术，使火电机组的供电效率达到 50%。该规划还提出，在 2015～2018 年，开展 700℃超超临界发电技术示范工程建设，对 700℃超超临界发电技术前期研究成果进行验证。与 600℃计划相比，700℃计划在发电装备的布局上差别不大，真正的考验是材料，需要耐受更高的温度、更大的压力，而材料科学正是我国工业的短板。我国 700℃超超临界燃煤发电技术的研发比发达国家起步晚了十年。明确短板，才能把握方向。因此在 700℃计划的研发中，电力行业、机械制造行业还需加强与冶金行业的合作，联合攻关材料技术。同时视野应该更开放一些，考虑与欧美开展材料技术的国际合作。

1.2　我国超超临界发电技术现状及特点

1.2.1　我国超超临界发电技术的现状

1. 技术与工程发展迅速

我国是目前世界上超超临界机组发展最快、数量最多、运行性能最先进的国家。至 2012 年底，我国 600MW 超超临界及超临界机组超过 200 台[9]。至 2015 年 9 月，我国已建成投产 1000MW 超超临界机组 82 台。目前，国内超超临界燃煤发电机组装机容量超过 120GW。

2. 技术经济效益好

目前，国内超超临界机组参数为初压力 25.0～26.5MPa、主蒸汽/再热蒸汽温度 600℃/600℃。在超超临界范围内，主蒸汽温度每升高 10℃，机组热效率可升高 0.25%～0.3%，再热蒸汽温度每升高 10℃，机组热效率可升高 0.3%左右[10]。当温度达到 650～720℃、压力超过 35MPa 时，采用二次再热可获得与 IGCC 发电技术相当的经济性[11]。

3. 环保优势明显

1000MW 超超临界机组在环境保护方面也具有明显的优势。由于其供电煤耗低，同步建设脱硫和脱硝装置，其 SO_2、烟尘、NO_x 和灰渣的排放量明显减少，从而减轻了对当地生态环境的损害。采用二次再热技术，能够使机组效率得到大幅提高，同时可以大幅降低温室气体和污染物的排放。经计算分析，在相同蒸汽压力和温度参数下，二次再热机组热效率相比一次再热机组热效率提高了 2%，减

排 CO_2 约 3.6%[12]。超超临界 1000MW、超超临界 600MW 与超临界 600MW 机组 3 种类型机组技术经济指标比较见表 1-3。超超临界 600MW 与超临界 600MW 机组资源消耗和排放指标比较见表 1-4[13]。

表 1-3 3 种类型机组技术经济指标比较

项目	超超临界 1000MW	超超临界 600MW	超临界 600MW
主蒸汽参数	25.0MPa/600℃/600℃	25.0MPa/600℃/600℃	24.5MPa/566℃/566℃
汽轮机热耗/[kJ/(kW·h)]	7316	7428（THA）	7522（THA）
锅炉效率/%	93.65	93.34（设计煤种）	93.30（设计煤种）
管道效率/%	98	99	99
发电厂热效率/%	45.16	44.80	44.06
供电煤耗/[g/(kW·h)]	277.80	292.898	297.887

注：按设计煤种，每年运行 5500h，THA 表示热耗率。

表 1-4 两种类型机组资源消耗和排放指标比较 单位：万 t

项目	超超临界 600MW	超临界 600MW	比较结果
年耗煤量	258.5	272.8	–14.3
年 100%脱硫石灰石用量	3.950	4.141	–0.191
年灰渣量	58.7200	60.9733	–2.2533
年耗二级反渗透水	77.0	82.5	–5.5
年排二氧化硫	0.2255	0.2387	–0.0132
年排烟尘量	0.0880	0.0924	–0.0044

注：按设计煤种，每年运行 5500h。

1.2.2 我国现有超超临界燃煤发电技术的特点

由于我国能源资源的特点以及环境保护的特殊要求，超超临界燃煤发电技术发展与机组的推广应用适逢电力行业快速发展阶段，能够极大助推发电行业机组大型化、低能耗、环境友好性，我国的超超临界燃煤发电技术具有许多不同于其他国家之处，包括主要装备快速全面国产化，采用面向环保节水的大型空冷超超临界技术、适应电网深度调峰要求的超超临界机组高效宽负荷技术等。

1. 主要装备快速全面国产化

根据我国发电行业快速发展和急需升级换代更高效率燃煤发电机组的迫切需求，“十五”初期我国启动了“超超临界燃煤发电技术及示范工程”的可行性研究工作，提出“瞄准国际最先进水平进行攻关，科研工作与示范工程结合，示范工程实现商业化运行”的攻关目标。

基于对国际、国内两种资源与两个市场的充分调研，超超临界技术路线在顶层设计时制定了攻关工作的重点突破。首先是基于超超临界技术研发、设计、制造、建设与运行的清洁高效发电设备，其次是新型耐高温合金钢材料，由国际市场采购逐渐向国内自主研发制造过渡。

发挥协同创新优势，按照“用户牵头，产学研联合”的管理机制，以示范工程的商业化为导向，以工程项目管理的责任体系为前提，集中全国优势单位，形成企业负责、研究机构支撑的管理思路，组织国内电力企业、三大动力设备制造企业、研究院所、设计院和高等院校等数十所国内权威单位共同攻关，实现集成创新、技术成果快速推广应用。

随后，将现代超超临界机组设计技术、高温材料技术、加工工艺技术及热工理论等先进技术与理论相集成，形成了具有中国特色的 3 种不同形式的 1000MW 超超临界锅炉、汽轮机的设计开发、制造软件包研制和材料加工性能研究。自主设计了超超临界机组电站，首次研究超超临界机组的运行特性并自主调试了 1000MW 机组，开发出配套大机组的选择性催化还原法烟气脱硝装置[14]。最终实现超超临界燃煤发电机组装备的国产化。

通过全力推广，具有自主知识产权的超超临界机组已成为我国新建燃煤发电站的首选装备，其装机容量和机组数量均已跃居世界首位，技术水平位居世界前列，显著优化了我国电力装机结构。

2. 面向环保节水的大型空冷超超临界技术

贯彻落实国家西部大开发战略并实现能源发展布局优化，在西部地区建设一批高效、节水和低污染的煤电一体化基地，形成集约化发展；在保护当地生态与环境的同时，实现大型空冷机组设计与运行技术突破。

传统的火电机组采用湿式冷却方式，导致耗水率偏高。空冷技术采用机械通风方式，直接用空气冷却汽轮机排汽，与湿冷机组相比可节水 80%以上。但由于背压高、用电驱动冷却风机，空冷机组的效率略低于湿冷机组。直接空冷技术具有传热效果好、传热面积小、占地面积小、初投资相对较低、运行灵活和防冻性能好等特点，适合我国北方“富煤缺水”地区大规模建设火电厂。通常湿冷技术的耗水率约 2.5kg/(kW·h)，而直接空冷技术耗水率仅为 0.36kg/(kW·h)，可节约水资源 85%左右。

通过系列攻关研发和工程示范，确定大型国产空冷系统的设计原则，系统研发了大直径负压排汽管道强度及稳定性等关键技术的设计与计算方法；成功研制出适用于大型空冷系统的单排管换热元件、大直径轴流风机等关键设备与制造工艺；针对北方高寒地区条件，系统研究和掌握了整套机组的启动和运行规律，得出了空冷机组的运行动态规律，制定了整套的启动、运行和检修维护规程[15]。2010 年，空冷机组总装机容量达 1460 万 kW，每年可节水约 3.2 亿 m^3。

因此，从能源资源、环境、发电技术和可持续发展综合来看，直接空冷技术是我国发展先进燃煤发电技术的长远战略选择之一，上述技术的开发促使我国发电行业实现跨越式发展。

3. 适应电网深度调峰要求的超超临界机组高效宽负荷技术

在已有 600MW 和 1000MW 超超临界机组基础上，根据我国电网对调峰的要求，研究开发高效宽负荷率的超超临界机组系统优化集成理论。开发 1000MW 高效宽负荷率的超超临界示范机组成套技术和关键设备，建设 1000MW 高效宽负荷率的超超临界机组的示范工程，开发 1000MW 超超临界机组的高效宽负荷调试与运行技术。在安全可靠的前提下，提高调试的经济性、可操作性，机组在行业水平对标中处于领先水平。

第2章　超超临界燃煤锅炉技术

2.1　超超临界锅炉的技术特点

火电厂的发展一直伴随着蒸汽参数的提高，从低压机组阶段发展到超临界机组阶段，主蒸汽压力也从最初的1.25MPa发展到了超临界的22.1MPa，超超临界机组更是达到了27MPa以上，在火电技术先进的国家，超临界机组和超超临界机组已经成为主流机型。近年来，随着技术的进步与发展的需要，超临界机组已在我国得到了大规模的应用。当前，实际应用中机组的主蒸汽压力最高已达31MPa，温度达到了610℃，机组容量从300MW提高到了1300MW。在发展超临界机组的同时，超超临界机组技术也在我国广泛推广，超超临界机组具备良好的可靠性，是一种更加先进、高效的发电技术。在超超临界机组参数范围工况下，主蒸汽压力每提高1MPa，机组的热耗率就可以下降0.13%～0.15%；主蒸汽温度每提高10℃，机组的热耗率就可以下降0.25%～0.30%，与普通燃煤发电机组相比具有明显的优势，降低了发电煤耗；在环保方面，多数机组采用了先进的控制污染物排放技术，减少了氮氧化物和含硫污染物的排放量。

我国自20世纪80年代开始发展超临界机组。上海石洞口电厂从美国燃烧工程公司引进的2×600MW（24.2MPa/538℃/566℃）超临界机组于1991年和1992年投入运行，是我国超临界技术发展的一个里程碑。营口电厂2×300MW、天津盘山电厂2×500MW、内蒙古伊敏电厂2×500MW、辽宁绥中电厂2×800MW超临界机组已陆续投入运行，其参数均为22.5MPa/540℃/540℃，均从俄罗斯引进。福建漳州后石电厂由日本三菱公司和美国燃烧工程公司引进的6×600MW（24.2MPa/538℃/566℃）超临界机组从1999年底陆续投运。上海外高桥电厂从阿尔斯通公司引进、上海锅炉厂参与制造的2×900MW（24.9MPa/538℃/566℃）超临界机组于2004年投入运行。东方锅炉厂采用日本日立公司技术生产的河南沁北电厂2×600MW（25.5MPa/571℃/569℃）超临界机组于2004年11月和12月分别投入运行。江苏常熟电厂2×600MW（25.4MPa/538℃/566℃）超临界机组已于2005年3月和6月分别投入运行。

通过国家发展和改革委员会重大项目“600MW超临界火电机组研制”和“十五”“863”计划“超超临界燃煤发电技术”课题的研究，其成果在工程中得到迅速推广应用，并将600MW级和1000MW级的超临界、超超临界机组作为火电发展的主要方向。2006 年 11 月，国产首台 1000MW 超超临界机组锅炉（26.25MPa/600℃/600℃）在华能玉环电厂投入商业运行，紧接着华电邹县电厂、国电泰州电厂、上海外高桥第三发电厂和国电北仑电厂等 1000MW 超超临界机组分别投入运行。

目前阶段，国内及国际 600℃等级的超超临界火电机组发电技术已越来越成熟，考虑到我国以煤炭为主的能源发电结构，选择更加环保节能的发电方式，已经是火电发展的重要目标。因此，采用新一代更高参数的超超临界发电技术必将是我国火力发电厂的主要方向。700℃超超临界火电机组是目前世界上最先进高效的火力发电技术，具备高效、节能、低排放的特点，并极大提高了锅炉机组的效率。

2011 年初，我国由哈尔滨锅炉厂有限责任公司（哈锅）、中国华能集团有限公司北方公司（华能集团北方公司）、中国华能集团清洁能源技术研究院有限公司（华能清能院）以及中国电建集团西北勘测设计研究院有限公司（西北院）共同组织了 660MW 的 700℃超超临界燃煤示范电站项目的前期科研，并共同承担了该项目的方案研究。该项目采用空冷机组，工质参数为 35MPa/700℃/720℃。根据热平衡关系及煤质条件，逐步确定了炉型、受热面壁温以及受压元件的设计等。紧接着开展了 700℃超超临界锅炉高温段镍基高温合金材料前期研究工作，并引入了瓦卢瑞克集团旗下的沙士吉达公司 ALLOY617 合金材料，进行长期持久测定。我国目前拥有世界上最多的 600℃超超临界机组，我国的超临界机组经验是最丰富的。然而，虽然 700℃与 600℃的超超临界机组在结构上区别不大，但是其最考验的是材料的耐高温、耐高压能力，而这正是中国工业的短板。欧洲从 1998 年已经开始了对超级镍基合金的研发，如今实验时间已经超过了 10 万 h，因此，我国的 700℃超超临界机组的研发任重而道远。

20 世纪 90 年代，由于我国自身研发设计水平的限制，我国的超临界机组主要依靠国外进口。在 90 年代期间，我国共建立了 22 台超临界机组，是我国超临界机组发展的起步时期。时至今日，我国已经相继建立投产了 150 余台超临界机组，此外，仍有一些超临界、超超临界机组正在建设当中。通过与国外企业的沟通合作，我国已逐步具备了高参数机组的生产制造能力。到 2030 年，我国电力总装机容量预计达到 3000GW，其中火电机组占 45%，超临界和超超临界机组必定会得到大规模应用。

2.1.1　超超临界锅炉的特点

根据锅炉蒸发系统中汽水混合物流动工作原理进行分类，锅炉可分为自然循环锅炉、强制循环锅炉和直流锅炉三种。若蒸发受热面内工质的流动是依靠下降管中水与上升管中汽水混合物之间的密度差所形成的压力差来推动的，该锅炉为自然循环锅炉；若蒸发受热面内工质的流动是依靠炉水循环泵压头和汽水密度差来推动的，该锅炉为强制循环锅炉；若工质一次性通过各受热面，该锅炉为直流锅炉[16]。超超临界锅炉采用直流锅炉方式组织汽水流动，其主要技术特点如下。

（1）采用复合变压运行的超超临界直流锅炉，随着锅炉负荷的降低，过热器出口汽压将逐步降低，在更低的负荷阶段，锅炉会在亚临界参数下运行，锅炉各部分受热面（省煤器、水冷壁蒸发段、过热段、过热器和再热器）的吸热量和吸热比率都会发生变化，特别是水冷壁蒸发段，每千克的工质要吸收更多的热量，因此必须注意锅炉负荷升降时，出现过烧和欠热现象。

（2）随着锅炉负荷降低，处于高温工作条件下的水冷壁中，质量流速也按比例下降。在直流锅炉方式工况下，工质流动的稳定性会受到影响，为了防止出现流动的不稳定现象，必须限定锅炉最低直流负荷运行时的水冷壁质量流速。

（3）锅炉在进入临界压力点以下低负荷运行时，与亚临界锅炉相同，必须重视水冷壁管内两相流的传热和流动，防止发生膜态沸腾导致水冷壁管超温爆管。

（4）锅炉降低负荷后，省煤器段的工质流量减小，按 BMCR 工况设计布置的省煤器在低负荷时有可能出现出口处汽化，它将影响水冷壁流量分配，导致流动工况恶化，锅炉设计时必须综合考虑变动工况下省煤器的吸热量。

（5）锅炉负荷降低后，炉膛水冷壁的吸热不均将加大，必须注意防止热负荷不均匀引起水冷壁管圈吸热不均导致温度偏差增大以及引起的次生事故。

（6）在锅炉变压运行中，水冷壁管内蒸发点的变化会导致单相和两相区水冷壁金属温度发生交替变化，锅炉设计时必须注意水冷壁及其刚性梁体系的热膨胀，防止频繁变化引起承压部件出现疲劳破坏。

（7）锅炉运行压力降低时，工质的饱和汽温随之下降，烟气和蒸汽之间的温压增加，过热器的焓增比定压运行机组大，会促使汽温升高，锅炉设计时要考虑减温器的设计容量，满足各种运行工况下的喷水量，保证过热器的安全。

2.1.2　超超临界锅炉技术参数

本节以 1000MW 塔式布置螺旋管圈超超临界锅炉方案为例，给出超超临界锅炉的技术参数，表 2-1～表 2-3 给出了不同设计工况下锅炉的性能数据。

表 2-1　超超临界锅炉蒸汽系统参数

项目	单位	BMCR	THA	75% BMCR	50% BMCR	30% BMCR
1. 蒸汽及水流量						
过热器出口	t/h	2980	2741	2235	1490	894
再热器出口	t/h	2424	2245	1861	1274	782
省煤器进口	t/h	2800	2577	2075	1344	824

续表

项目	单位	BMCR	THA	75% BMCR	50% BMCR	30% BMCR
过热器一级喷水	t/h	90	82	80	73	35
过热器二级喷水	t/h	90	82	80	73	35
过热器三级喷水	t/h	—	—	—	—	—
再热器喷水	t/h	—	—	—	—	—
2. 蒸汽及水压力/压降						
过热器出口压力	MPa	26.15	25.96	21.77	14.81	8.94
一级过热器压降	MPa	0.39	0.33	0.27	0.19	0.12
二级过热器压降	MPa	0.39	0.32	0.27	0.18	0.11
三级过热器压降	MPa	0.39	0.32	0.27	0.18	0.11
分离器出口到过热器出口总压降	MPa	1.50	1.36	1.01	0.68	0.42
再热器进口压力	MPa	5.11	4.73	3.91	2.65	1.56
一级再热器压降	MPa	0.11	0.10	0.09	0.045	0.04
二级再热器压降	MPa	0.10	0.09	0.07	0.035	0.03
再热器出口压力	MPa	4.85	4.49	3.71	2.52	1.48
启动分离器压力	MPa	27.62	27.17	22.76	15.47	9.36
水冷壁压降	MPa	1.82	1.65	1.14	0.90	0.68
省煤器压降（不含位差）	MPa	0.14	0.13	0.13	0.12	0.09
省煤器重位压降	MPa	−0.45	−0.46	−0.48	−0.49	−0.50
省煤器进口压力	MPa	29.76	29.04	23.85	16.70	10.06
启动循环泵入口压力	MPa	27.62	27.17	22.76	15.47	9.36
3. 蒸汽和水温度						
过热器出口	℃	605	605	605	605	605
再热器进口	℃	353	345	347	353	357
再热器出口	℃	603	603	603	603	577
省煤器进口	℃	302	296	283	260	232
省煤器出口	℃	329	324	316	302	287
过热器减温水	℃	302	296	283	260	232
再热器减温水	℃	—	—	—	—	—
启动分离器	℃	433	433	423	377	321

表 2-2　超超临界锅炉烟气系统参数

项目	单位	BMCR	THA	75% BMCR	50% BMCR	30% BMCR
1. 空气流量						
空气预热器进口一次风	kg/h	702740	680790	612370	502230	395570
空气预热器进口二次风	kg/h	2550620	2360640	2083050	1590300	1162890
空气预热器出口一次风	kg/h	556680	535640	468580	358440	254500
空气预热器出口二次风	kg/h	2503900	2313920	2036780	1547190	1119800
2. 空气预热器中的漏风						
一次风漏到烟气	kg/h	150600	150140	149230	147870	146510
一次风漏到二次风	kg/h	4540	4990	5440	4080	5440
二次风漏到烟气	kg/h	42180	41730	40820	39000	37650
总的空气侧漏到烟气侧	kg/h	192780	191870	190050	186880	184160
3. 烟气流量						
炉膛出口	kg/h	3696100	3459140	2986370	2238450	1572200
末级过热器出口	kg/h	3696100	3459140	2986370	2238450	1572200
高温再热器出口	kg/h	3696100	3459140	2986370	2238450	1572200
省煤器出口	kg/h	3696100	3459140	2986370	2238450	1572200
脱硝装置进口	kg/h	3696100	3459140	2986370	2238450	1572200
脱硝装置出口	kg/h	3696100	3459140	2986370	2238450	1572200
空气预热器进口	kg/h	3696100	3459140	2986370	2238450	1572200
空气预热器出口	kg/h	3888890	3651000	3176430	2425340	1756360
4. 空气温度（按环境温度为 20℃计）						
空气预热器进口一次风	℃	31	31	31	31	31
空气预热器进口二次风	℃	23	23	23	31	42
空气预热器出口一次风	℃	320	316	304	284	258
空气预热器出口二次风	℃	329	324	311	289	262
5. 烟气温度						
炉膛出口（屏前）	℃	1298	1262	1207	1051	1051
屏式（一级）过热器进口	℃	1289	1296	1262	1207	1051
屏式（一级）过热器出口	℃	1197	1193	1153	1086	937
末级（三级）过热器进口	℃	1197	1193	1153	1086	937

续表

项目		单位	BMCR	THA	75% BMCR	50% BMCR	30% BMCR
末级（三级）过热器出口		℃	976	966	925	857	755
中温（二级）过热器进口		℃	803	792	762	710	642
中温（二级）过热器出口		℃	663	655	636	588	531
高温（二级）再热器进口		℃	976	966	925	857	755
高温（二级）再热器出口		℃	803	792	762	710	642
低温（一级）再热器进口		℃	663	655	636	588	531
低温（一级）再热器出口		℃	499	490	480	459	435
省煤器进口		℃	499	490	480	459	435
省煤器出口		℃	365	357	342	315	283
脱硝装置进口		℃	365	357	342	315	283
脱硝装置出口		℃	365	357	342	315	283
空气预热器进口	设置脱硝	℃	365	357	342	315	283
	不设置脱硝		365	357	342	315	283
空气预热器出口（未修正）	设置脱硝	℃	128	125	116	107	98
	不设置脱硝		128	125	116	107	98
空气预热器出口（修正）	设置脱硝	℃	123	120	111	101	92
	不设置脱硝		123	120	111	101	92
6. 空气压降							
空气预热器一次风压降		kPa	0.51	0.47	0.37	0.23	0.13
空气预热器二次风压降		kPa	0.82	0.71	0.56	0.34	0.19
燃烧器阻力（一次/二次）		kPa	0.3/0.99	0.3/0.99	0.3/0.99	0.3/0.99	0.3/0.99
7. 烟气压力及压降							
炉膛设计压力		kPa	5.8	5.8	5.8	5.8	5.8
炉膛可承受压力		kPa	8.7	8.7	8.7	8.7	8.7
炉膛出口压力		kPa	−0.088	−0.088	−0.088	−0.088	−0.088
省煤器出口压力		kPa	−0.41	−0.37	−0.25	−0.12	−0.06
脱硝装置压降（如设置）		kPa	1.1	1.0	0.7	0.4	0.2
空气预热器压降		kPa	1.21	1.07	0.82	0.50	0.3
炉膛到空气预热器出口压降（含脱硝装置）		kPa	2.72	2.44	1.86	1.11	0.65

表 2-3　超超临界锅炉热效率及污染物排放

项目	单位	BMCR	THA	75% BMCR	50% BMCR	30% BMCR
1. 锅炉热效率						
计算热效率（按 ASME PTC4.1 计算）	%	89.56	89.69	89.81	90.35	90.33
计算热效率（按低位发热量计算）	%	94.21	94.35	94.48	94.83	95.02
制造厂裕度	%		0.5			
保证热效率	%		93.85			
2. NO_x 排放浓度（以 $O_2 = 6\%$计）						
脱硝装置前	mg/Nm^3	360	360	360	360	360
脱硝装置后	mg/Nm^3	90	90	90	90	90
脱硝效率	%	75	75	75	75	75

2.1.3　超超临界锅炉的运行方式

超超临界锅炉的运行方式主要有定压运行和变压运行两种基本形式。定压运行时，汽轮机在不同运行工况下依靠改变调节汽阀的开度来改变功率，而汽轮机前的主蒸汽压力和温度保持不变；变压运行时，汽轮机的调节汽阀则基本保持全开，机组功率的变动依靠改变汽轮机前的主蒸汽压力（初压）来实现，但过热汽温、再热汽温仍维持在额定值。

变压运行时，锅炉出口以及汽轮机各级的汽温变化都很小，几乎不变。这样，汽轮机金属的热应力、热变形小，有利于快速启动和变负荷运行，极大地提高了机组运行的机动性。现代电网峰谷差日益加大，而且核电站和水电站一般适于在基本负荷下运行，这就要求火电机组要具有更大的灵活性，不仅能带基本负荷，也应能适应频繁的负荷变化。在经常快速启停的条件下，燃煤发电机组应具有较长的使用寿命，具有带低负荷的能力，而且在低负荷下有较高的热效率。因此，在超超临界参数机组中，变压运行的超超临界锅炉得到了广泛的应用。对于变压运行的超超临界锅炉，其运行方式使工作条件变得更为复杂，特别是锅炉水冷壁，从额定负荷变化到部分负荷时，其压力变化范围较大，致使水冷壁内的工质相态变化特别复杂，从而使得水冷壁水动力特性及传热特性也变得比较复杂。

超超临界锅炉按变压运行设计，带基本负荷并参与调峰，能够满足锅炉快速甩负荷、50%和 100%甩负荷试验的要求。采用定-滑-定运行方式，在 30%BMCR～90%THA 负荷下滑压运行。主蒸汽压力-负荷曲线如图 2-1 所示，锅炉与汽轮机参数相匹配。

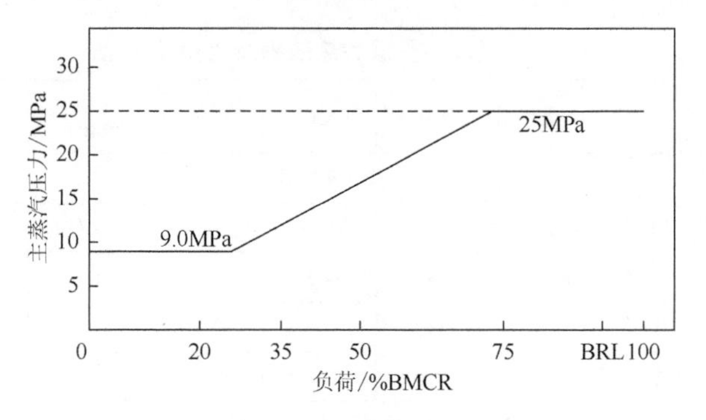

图 2-1　超超临界锅炉主蒸汽压力-负荷曲线

BRL-锅炉额定出力

锅炉能适应设计煤种和校核煤种，主蒸汽流量-锅炉效率曲线如图 2-2 所示。

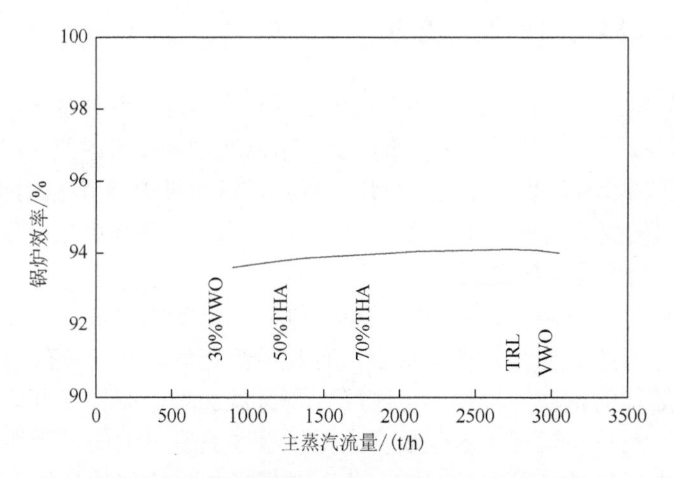

图 2-2　超超临界锅炉主蒸汽流量-锅炉效率曲线

VWO-阀门全开；THA-热耗验收工况；TRL-汽轮机额定功率

2.2　超超临界锅炉的典型炉型与受热面布置

2.2.1　超超临界锅炉炉型

炉型的选择需要根据电厂燃煤条件、投资费用、运行可靠性和经济性等，进行全面技术经济比较选定。大型超临界锅炉的整体布置形式（炉型）主要采用 Π 型和塔式布置，也可采用 T 型布置，如图 2-3 所示[17]。

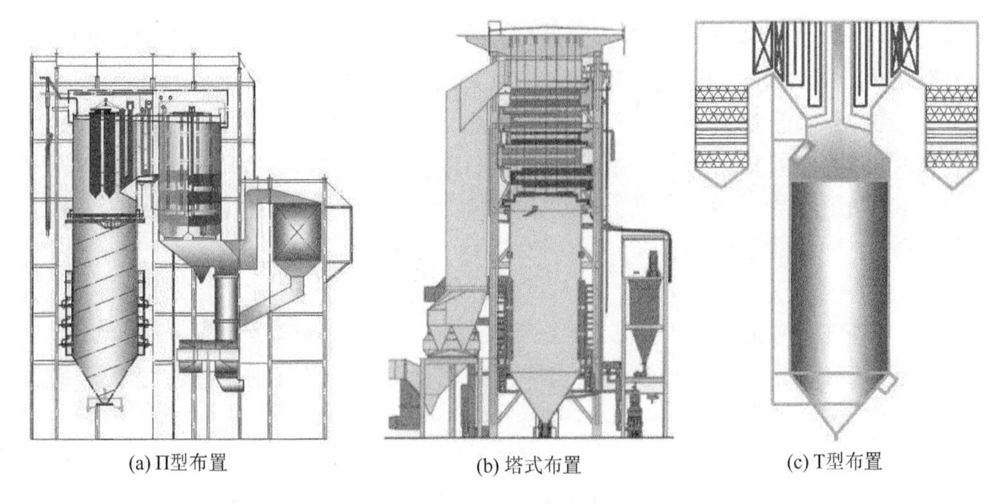

(a) Π型布置　(b) 塔式布置　(c) T型布置

图 2-3　超超临界锅炉三种布置方式

1. Π 型炉

Π 型是传统普遍采用的方式，烟气由炉膛经水平烟道进入尾部烟道，再在尾部烟道通过各受热面后排出。Π 型布置方式适用于切向燃烧方式和旋流对冲燃烧方式。

主要优点：锅炉高度较低，安装起吊方便；水平烟道的受热面可采用简单的悬吊方式支吊；受热面易于布置成逆流传热方式；尾部烟气向下流动，有利于吹灰。

主要缺点：占地面积较大；烟道转弯造成烟气速度场和飞灰浓度场不均匀，影响传热性能，引起局部磨损；折焰角与水平烟道结构复杂；炉顶穿墙管多，密封复杂，易于造成炉顶漏烟。

2. 塔式炉

塔式布置是将所有承压对流受热面布置在炉膛上部，烟气一路向上流经所有受热面后再折向后部烟道，流经空气预热器后排出。塔式布置适用于切向燃烧方式及旋流对冲燃烧方式，具有以下一些特点。

（1）将过热器、再热器和省煤器等受热面依次水平布置在炉膛上部，形成塔式布置，易于疏水，可减轻停炉后因蒸汽凝结在管内导致的管子内壁腐蚀，在锅炉启动过程中不会造成水塞。

（2）磨煤机可围绕炉膛四周布置，煤粉管道短，供粉均匀。塔式炉的过热器、再热器管束均在前后墙面上水平方向引入或引出，较 Π 型及 T 型布置在炉顶顶棚引出密封要简单得多。

（3）烟气向上流动的过程中，大颗粒的飞灰受重力作用，灰粒速度低于气流速度。灰粒速度大约比气流速度低 1m/s，600MW 锅炉省煤器处的平均烟气速度一般为9m/s，灰粒速度则为8m/s。磨损量与灰粒速度的3.5次方成正比，磨损量能减少约30%。因此，塔式布置的锅炉因灰粒流速较低、尾部受热面烟气速度均匀，对减轻受热面磨损效果十分显著。避免了Π型布置的锅炉中，因烟气流动折向，使飞灰浓度局部提高所产生的局部磨损。

（4）尾部受热面烟气温度偏差小，采用对四角切向燃烧方式，塔式炉的烟道烟气能量不平衡问题已不存在。

（5）占地面积小。

（6）塔式布置的锅炉高度要比其他方式高，安装及检修费用将提高。另外，对于灰分较高的煤，上部过热器、再热器大量积灰塌落入炉膛，会引起燃烧不稳甚至灭火。

由于T型布置蒸汽系统较复杂，钢材耗量大。我国发展超超临界锅炉可考虑在Π型和塔式布置两种形式中选择。当燃用高灰分煤时，从减轻受热面磨损方面考虑，采用塔式布置较为合适；采用切圆燃烧方式锅炉时，从减小炉膛出口烟温偏差角度考虑，应采用塔式布置；采用对冲燃烧方式锅炉时，可选用Π型布置；地震风险大的地区，应避免采用塔式布置。燃烧方式与炉型有一定关系，两者应合理搭配。1000MW等级超超临界机组锅炉可采用四角单切圆塔式布置、墙式对冲塔式布置、单炉膛双切圆Π型布置及墙式对冲Π型布置等；600MW级超超临界机组锅炉多采用四角单切圆Π型布置。

总之，两种炉型代表了不同的设计传统，均有其优缺点，只要设计合理，均能保证锅炉的可靠运行。

2.2.2　超超临界锅炉受热面布置

1. Π型锅炉

1）过热器和再热器的布置

从提高锅炉运行调节时的可靠性出发，过热器采用辐射-对流型，再热器为纯对流型。其中，过热器采用燃料/给水比和两级喷水来调节汽温，而再热器用尾部烟气挡板调节汽温。过热器、再热器系统设计时，主要从合理布置过热器、再热器系统各级受热面和正确分配它们的吸热比率几方面进行考虑，以适应各种运行因素的变化，从而保证锅炉安全稳定运行。

（1）过热器、再热器受热面管壁厚及选材留有足够裕度，确保受热面在各种负荷运行时均安全可靠。

（2）过热器、再热器系统采用合理的结构形式，减少热偏差，降低蒸汽侧阻力。

（3）过热器、再热器系统设有必要的监控和保护手段。

过热器、再热器蒸汽流程如图2-4所示。

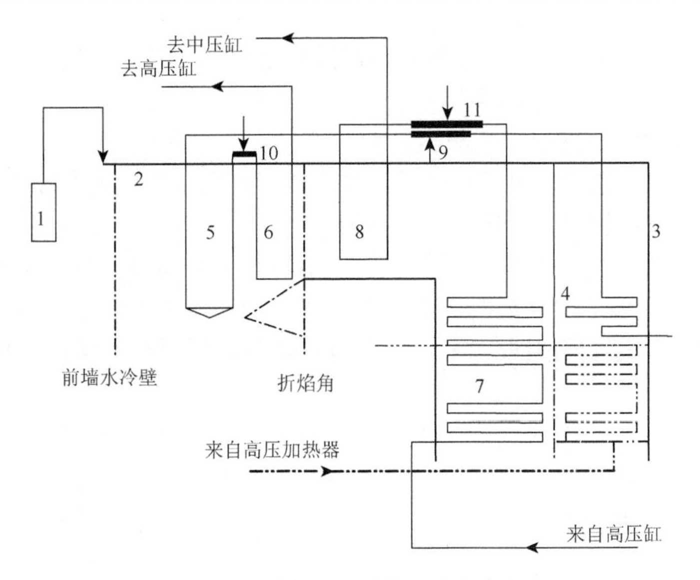

图 2-4　过热器、再热器蒸汽流程

1-汽水分离器；2-顶棚过热器；3-包墙过热器；4-低温过热器；5-屏式过热器；6-末级过热器；7-低温再热器；8-高温再热器；9-过热器一级减温器；10-过热器二级减温器；11-再热器事故减温器

2）过热器系统的布置

蒸汽从顶棚出口集箱经连接管进入包墙过热器，包墙过热器分两侧包墙、中隔墙、前包墙、后包墙，包墙为全焊接膜式壁结构。前包墙，后竖井进口段管子布置成前后两排，光管布置；中隔墙、后竖井后烟道进口段布置成前后两排，光管布置；水平烟道后部侧包墙。后烟道布置低温过热器受热面。

经过包墙系统加热后的蒸汽进入低温过热器，低温过热器布置在后竖井烟道的后烟道内，分为水平段和垂直出口段。整个低温过热器为顺列布置，蒸汽与烟气逆流换热。低温过热器垂直段管子与水平段出口管相连，由水平段的两排合成垂直段的一排，以降低烟速，减小磨损。

低温过热器水平段管组通过省煤器吊挂管悬吊在大板梁上，垂直出口段通过低过出口集箱悬吊在大板梁上。

经过低温过热器加热后，蒸汽经大口径连接管及过热器一级减温器后引入屏式过热器分配集箱。分配集箱与每片屏式过热器进口集箱相连。辐射式屏式过热器布置在上炉膛区，在炉深方向布置管屏。管屏由外径为ϕ45mm 和ϕ50.8mm 的管子绕成。沿炉膛深度方向的两片屏之间紧挨布置。为保证管屏的平整，防止管子的出列和错位及焦渣的生成，屏式过热器布置有定位滑动、管屏相对固定等结构。每片屏式过热器出口集箱与混合集箱相连，蒸汽在混合集箱中混合，并经过热器二级减温器后，进入高温过热器。末级过热器由位于折焰角上部的一组悬吊受热管组成，沿炉宽方向布置管屏。经过高温过热器后，蒸汽达到额定参数，经出口集箱及蒸汽导管进入汽轮机高压缸。

3）再热器系统的布置

从汽轮机高压缸出口来的蒸汽，经过再热器两级加热，使蒸汽的焓和温度达到设计值，经过导管再返回到汽轮机中压缸。

整个再热器系统按蒸汽流程依次为低温再热器和高温再热器。低温再热器布置在后竖井前烟道内，高温再热器布置在水平烟道内末级过热器后。再热器汽温采用尾部平行烟气挡板调节，低温再热器与高温再热器间设有再热器事故减温器。

汽轮机高压缸排汽通过连接管进入低温再热器进口集箱，低温再热器由水平段和垂直段两部分组成。水平段分四组水平布置于后竖井前烟道内，每组之间留有足够的空间便于检修使用。低温再热器出口垂直段由两片相邻的水平蛇形管合并而成。低温再热器水平段由包墙过热器支撑，垂直出口段通过低温再热器出口集箱悬吊在大板梁上。再热蒸汽经过低温再热器加热后进入出口集箱，在集箱内进行轴向混合后经左右交叉导管进入高温再热器。高温再热器布置于末级过热器后的水平烟道内。

再热汽温是通过布置在低温再热器和省煤器后的平行烟气挡板来调节的，通过控制烟气挡板的开度大小来控制流经后竖井水平再热器管束及过热器管束的烟气量，从而达到控制再热器蒸汽出口温度的目的。在满负荷时，过热器侧烟气挡板全开，再热器侧烟气挡板部分打开；当负荷逐渐降低时，过热器侧挡板逐渐关小，再热器侧挡板开大；锅炉运行至最低负荷，再热器侧挡板全部打开。

再热汽事故喷水减温器布置在低温再热器至高温再热器间连接管道上，分左右两侧喷入。减温器喷嘴采用多孔式雾化喷嘴。再热器喷水仅用于紧急事故工况、扰动工况或其他非稳定工况。正常情况下通过烟气调节挡板来调节再热器汽温。

各级过热器、再热器主要材料如表 2-4 所示。

表 2-4　超超临界锅炉过热器和再热器的主要材料

分类	尺寸	材质
低温过热器	ϕ50.8mm×9.5mm ϕ57mm×10.4mm ϕ57mm×8.3mm/9.1mm	SA-213T22 SA-213T12
屏式过热器	ϕ50.8mm×8.2mm/10.3mm ϕ45.0mm×7.3mm/9.2mm ϕ45.0mm×6.7mm/8.3mm	Super304H HR3C
末级过热器	ϕ50.8mm×6.8mm/10.0mm ϕ45.0mm×6.0mm/8.8mm ϕ45.0mm×5.6mm/8.0mm	Super304H HR3C

续表

分类	尺寸	材质
低温再热器	ϕ50.8mm×5.4mm ϕ57mm×5.2mm/3.2mm	SA-213T22 SA-209T1a
高温再热器	ϕ50.8mm×3.2mm	Super304H HR3C

各级过热器及再热器受热面管材选用合理的材质，充分考虑锅炉在长期运行及频繁启停过程中可能造成的疲劳及蠕变等多种应力的影响，使锅炉能长期、安全、可靠、稳定的运行。在设计中充分考虑管子之间的相对位移，采用多种可保证相对滑动的先进结构，保证锅炉在运行时管子可以有相对位移，管子之间不会产生磨损或产生附加的应力。

4）过热器、再热器性能

通过合理布置过热器、再热器系统各级受热面，正确分配它们的吸热比率，以适应各种运行因素的变化，汽温偏差在可控范围内，从而保证锅炉安全稳定运行。各级受热面的焓值-压力曲线见图2-5。

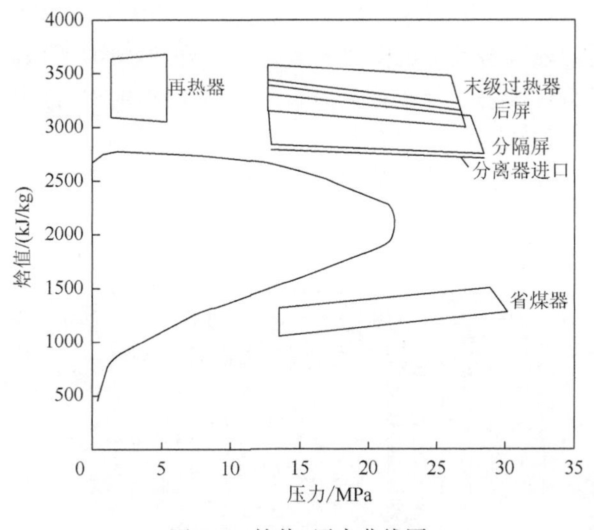

图2-5　焓值-压力曲线图

2. 塔式锅炉

超超临界塔式锅炉受热面的布置采用塔式锅炉的典型布置形式。由炉膛出口的烟气自下向上先后流经屏式过热器（SH1）、末级过热器（SH3）、末级再热器（RH2）和中温过热器（SH2）、低温再热器（RH1）和省煤器（ECO），经顶部转向室垂直向下流过连接烟道，送往回转式空气预热器后离开锅炉去电除尘器和引风机。这种过热器与再热器交错布置的方式，能更合理地利用烟气与工质间的温差，既能减少二者的受热面积，又易于在低负荷时达到额定的再热汽温。屏式过热器与末级过热器均采用相同的大横向节距，既能防止高烟温区的结渣，又增加了过热器的辐射特性。

炉膛采用正方形截面，以获得四角切向燃烧最佳的炉内空气动力场。国内外的试验研究表明，正方形截面的炉膛在四角切向燃烧时沿炉膛宽度方向上烟气侧的偏差最小，炉膛截面尺寸为22.42m×22.42m。这种大尺寸单切圆的正方形炉膛在国外已有成功的实例，例如，德国Niederauβem电厂的1000MW锅炉的炉膛截面尺寸为23.16m×23.16m，SchwarzePumpe电厂的800MW锅炉的炉膛截面尺寸为 24m×24m；国内已投运的大尺寸正方形单切圆炉膛有外高桥第二发电厂的900MW锅炉，其截面尺寸为21.48m×21.48m，元宝山电厂600MW褐煤锅炉（3号机组）的截面尺寸为 20.19m×20.05m，因此目标炉型设计的截面尺寸为22.42m×22.42m的单切圆正方形炉膛可以合理地组织炉内四角切向燃烧。

1）过热器与再热器的布置

塔式锅炉的过热器与再热器全部采用水平式，布置于炉膛上方，过热器采用三级布置、再热器采用二级布置，见图2-6。水平式管屏属可疏水式，有利于锅炉的快速启停，过热器与再热器的交错布置，能更好地利用烟气与工质间的温差，有利于设计的经济性和易于保证再热汽温，采用管屏横向节距自上向下成倍递增和全部顺列布置对防止结渣积灰有利。

为了平衡塔式锅炉前后墙的荷重，过热器和再热器的集箱采用前后墙方向交替布置的方式。

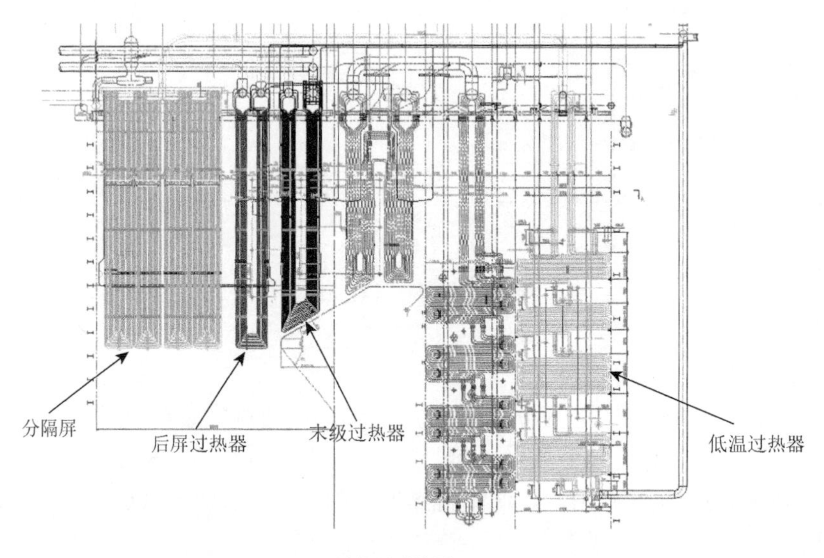

(a) 过热器系统图

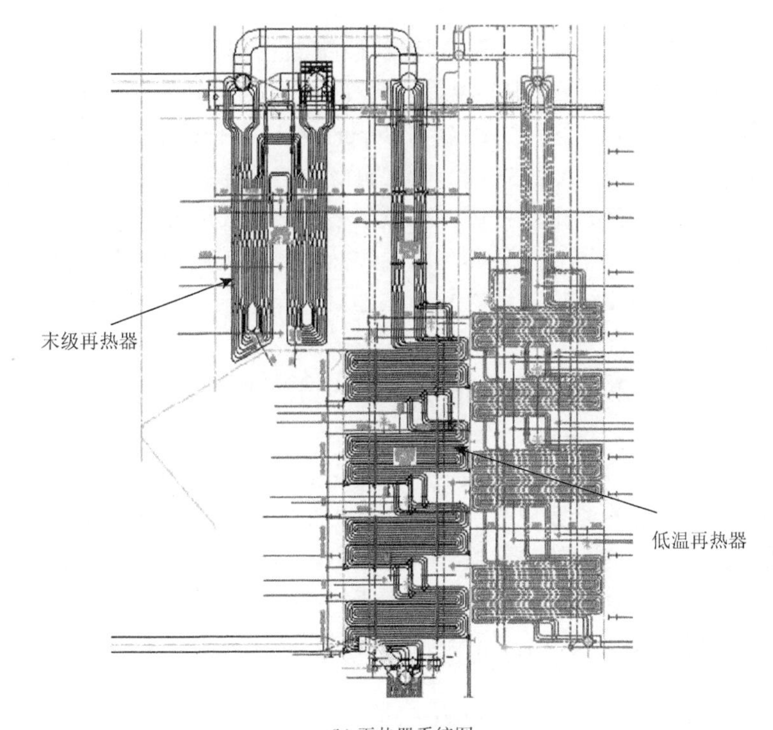

(b) 再热器系统图

图 2-6　锅炉过热器和再热器布置总图

2）过热器与再热器的材料选择

1000MW 塔式超超临界锅炉过热器出口压力达 26.25MPa，过热器/再热器出口温度达到 605℃/603℃，因此过热器与再热器高温段管材的选用是保证锅炉可靠运行的关键之一。对末级过热器来说，BMCR 时进口汽温为 503℃，出口汽温为 605℃。根据壁温计算，其最高金属壁温（管壁中间温度）可达 655℃，最高外壁温可达 685℃，最高内壁温可达 622℃。考虑到对高热强性、抗蒸汽氧化和抗高温腐蚀的要求，末级出口段选用了 25Cr 级的不锈钢，即 25Cr20NiNb（HR3C，ASME code case 2115）。这种高铬钢中 Cr 与 Ni 的总质量分数达到 45%，因此具有很高的热强性、抗内壁蒸汽氧化性和抗外壁烟侧高温腐蚀的性能。末级过热器进口段位于屏式过热器之后，其进口烟温接近 1200℃，由于末级过热器管屏间的横向节距达 800mm，能吸收多达 20%的炉膛直接辐射，加上较强的屏间辐射传热，使进口段外圈靠后墙点的最高壁温也达到了 645℃，内壁温度 590℃，外壁温度 635℃，因此选用了 Super304H（ASME code case 2328），即在 18Cr 不锈钢中添加了 3%的 Cu，使钢材具有很高的热强性，在某些温度区间甚至超过了 HR3C，在抗蒸汽氧化和高温腐蚀方面仅略次于 HR3C。

对于末级再热器，尽管工作压力较低且其入口汽温只有 470℃，但出口汽温高达 603℃，该级焓增很大，因此其出口段壁温也非常高，最高内壁温度可达 623℃，强度计算壁温（管壁中间温度）仍高达 640℃，外壁温度也达 660℃，因此末级再热器出口段仍需采用 HR3C 与 Super304H 两种高热强钢，但其进口段由于壁温较低，可以采用 SA-213 T22（12Cr1MoV）合金钢，根据布置的受热面所处的烟气温度区间，经过壁温校核，可以在某些部位选用 SA-213T91。

至于中温过热器、屏式过热器和低温再热器，因工质温度不高仍可采用常规合金钢材如 12Cr1MoV、SA-213T91 和 15CrMo 等。

2.3 超超临界锅炉的汽水系统

超超临界压力体现了当代电站锅炉最先进的技术。与超临界和亚临界锅炉相比，超超临界锅炉蒸汽参数更高，因此在锅炉受压元件的设计时需要采用更高等级的材质，并需要更完善的强度设计和寿命分析；由于它是直流锅炉，其水冷壁系统的设计与传统式锅炉有很大区别；由于超超临界锅炉往往采用变压运行，在锅炉性能设计时还要兼顾超临界和亚临界各种不同运行工况时的特点，保证锅炉安全经济运行。

超超临界锅炉水冷壁的锅内过程不同于一般的亚临界参数锅炉水冷壁，由于工质是一次通过水冷壁这个蒸发受热面，水冷壁出口会有一定的过热度。超超临界锅炉的设计中必须保证锅炉在最低直流负荷时，水冷壁出口仍有一定的过热度，至少为 10～15℃。锅炉最大连续出力工况下水冷壁出口温度的选择还影响到汽水分离器金属材料的选用。因此，选择和确定超超临界锅炉水冷壁的技术参数是超超临界锅炉的关键技术之一。

超超临界锅炉水冷壁有螺旋管圈和垂直管圈两种形式。螺旋管圈水冷壁管与水平线成一定倾角，从锅炉底部沿炉膛四周螺旋式盘绕上升，直至炉膛上部折焰角与炉膛出口处为止，通常盘绕 1～2 圈，螺旋倾角为 10°～20°。垂直管圈与通常的锅筒式锅炉相似，从冷灰斗至炉顶水冷壁管均作垂直布置，并且为满足变压运行需要，往往采用小管径一次上升式管圈。这两种形式在当代大容量超临界压力锅炉上都得到了广泛采用，二者在水冷壁结构设计、制造和安装等方面各有优缺点，但只要设计合理，都可以满足锅炉运行性能的要求。

2.3.1 螺旋管圈水冷壁

1. 螺旋管圈水冷壁的技术特性

螺旋管圈水冷壁是为适应变负荷运行的需要而发展起来的，德国本生型锅炉于 1967 年开始使用螺旋管圈结构。螺旋管圈水冷壁允许整台锅炉变压运行，因此成为超超临界参数电站锅炉设计最普遍的形式。由于螺旋管圈水冷壁运行性能方面的优越性，巴布科克-日立（BHK）、石川岛播磨（IHI）等公司相继在直流锅炉上发展螺旋管圈以取代垂直管圈。

螺旋管圈水冷壁结构可使其在各种工况特别是启动和低负荷工况下，让各水冷壁管内具有足够的质量流速，管间吸热均匀，防止亚临界压力下出现偏离核态沸腾（deviating from nucleate boiling，DNB）、超临界压力下出现类膜态沸腾，减小炉膛出口工质温度偏差以及出现水动力不稳定等传热恶化工况。图 2-7 为采用螺旋管圈水冷壁与垂直管圈水冷壁形式时出口工质温度偏差的比较，由于同一管带中管子以相同方式绕过炉膛的角隅和中间部分，因此所有水冷壁管的流量和受热均匀，保证沿炉膛四周的吸热基本相同，使得水冷壁出口的介质温度和金属温度比较均匀，为机组调峰和安全可靠运行提供了保证。螺旋管圈水冷壁具有足够的质量流速，可避免如停滞、倒流、流动多值性等水循环不稳定问题的发生。这种水冷壁布置结构简单，维护工作量小，既不需要变径的节流圈或阀门，也不必在水冷壁进口设专门给水流量平衡调节分配装置。因此，螺旋管圈水冷壁具有很好的变负荷性能，适用于变压运行的超超临界本生直流锅炉。

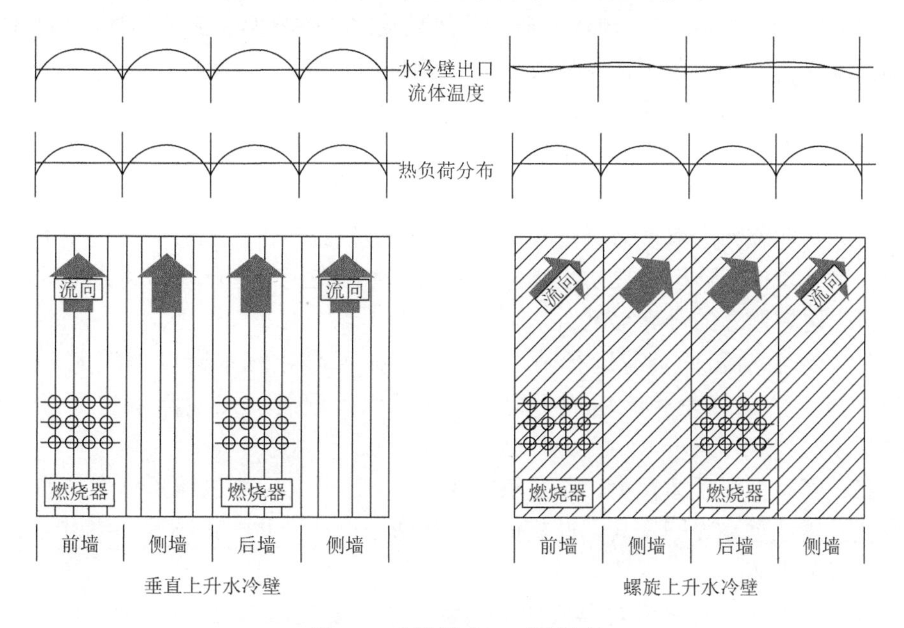

图 2-7　水冷壁出口工质温度

2. 变压运行直流锅炉螺旋管圈水冷壁的技术要点

变压运行超超临界直流锅炉的设计中，与其他炉型差异最大之处就在于炉膛水冷壁的设计。直流锅炉水冷壁的设计往往面临难以兼顾炉膛周界尺寸和必须具有足够质量流速的矛盾。炉膛周界尺寸由燃烧条件决定，其水冷壁实际吸热量份额往往受煤种、炉膛结渣程度、燃烧器投入层数、变压运行负荷以及高压加热器（简称高加）等因素的影响。由于低压运行时蒸汽比容大、比热容小，因此当水冷壁吸热量较设计值偏差大时，更会造成不良后果。

超超临界直流锅炉变压运行分为三个阶段，即启动初期控制循环运行、亚临界直流运行和超超临界直流运行。这种变压运行方式使得水冷壁的工作条件变得极为复杂。锅炉从额定负荷变化至最低直流负荷，锅炉运行压力从超临界压力降至亚临界、超高压和高压，水冷壁内的工质由单相流体变为双相流体，工质的温度也发生很大的变化。这就要求在各种工况，特别是保证启动和低负荷工况下各水冷壁管内具有足够的质量流速。合理的水循环系统设计，使锅炉在正常的运行条件和允许的负荷变化范围内，水循环完全安全、可靠，水循环设计的重点，是要注意防止出现亚临界压力下的偏离核态沸腾和超临界压力下的类膜态沸腾现象以及水动力不稳定等传热恶化工况。

对于变压运行的超超临界直流锅炉，水冷壁的设计必须考虑不同负荷下的传热特性。

（1）在超临界压力下，单相介质的传热系数比亚临界两相流体的传热系数低，流体温度高，因此，在超临界参数下水冷壁的壁温更高。

（2）在接近临界的区域，即相变点附近，存在一个最大比热容区，工质的物性急剧变化，容易引起水动力不稳定，因此必须控制在高热负荷区不发生类膜态沸腾。

（3）在亚临界区域，必须重视水冷壁管内两相流的传热和流动。对于下炉膛高热负荷区域的水冷壁，要防止膜态沸腾的发生；在上炉膛区域，重点要控制水冷壁蒸干区域壁温的升高幅度。

（4）在启动和低负荷运行时，由于压力降低导致汽水密度差较大，应避免发生过大的热偏差和流动的不稳定，包括水冷壁管间工质流动的多值性和脉动。

（5）在整个变压运行中，蒸发点的变化，使单相和两相区水冷壁金属温度发生变化，需注意水冷壁及其刚性梁体系的热膨胀设计，并防止频繁变化引起承压件出现疲劳破坏。

（6）降低负荷后，省煤器段的吸热量减少，按 BMCR 工况设计布置的省煤器在低负荷时有可能出现出口处汽化，它将影响水冷壁流量分配，导致流动工况恶化。

因此，变压运行超超临界直流锅炉水冷壁系统设计的关键是要防止传热恶化和水动力不稳定。

3. 变压运行超超临界螺旋管圈水冷壁的主要技术参数

对变压运行超超临界锅炉，其螺旋管圈水冷壁的技术参数主要包括水冷壁管的工质质量流速、出口过热度及入口欠焓等。

1）水冷壁管的工质质量流速

对变压运行锅炉而言，其运行方式使其工作条件十分复杂。从锅炉启动至额定负荷，锅炉运行压力从高压、超高压、亚临界逐渐增加到超临界。水冷壁的工质由双相流体转变为单相流体，工质温度也发生很大变化。

为了保证各种运行工况下水冷壁运行的安全性，应选取较高的质量流速，以保证在任何工况下其质量流速都大于相应热负荷下的最低界限质量流速，保证水冷壁管有足够的冷却能力。

目标炉型的螺旋管圈水冷壁采用了内螺纹管，内螺纹管和光管的临界质量流速与设计质量流速对比如图2-8所示。

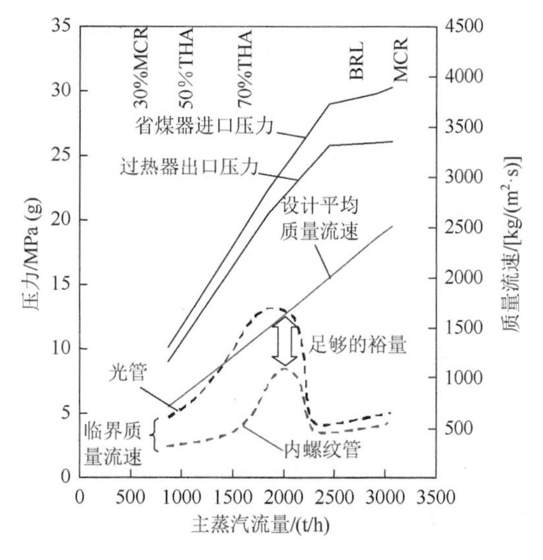

图2-8 设计质量流速与临界质量流速

（g）表示表压；MCR表示最大连续蒸发量

目标炉型选取在BMCR工况下螺旋管圈水冷壁的工质质量流速为2520kg/(m^2·s)，在最低直流负荷（本生点）的质量流速为710kg/(m^2·s)，远高于临界质量流速。目标炉型选取的设计质量流速与临界质量流速相比留有较大的裕量，已充分考虑了锅炉运行条件变化（如管内结垢、局部热负荷波动等）的影响，因此不会出现低负荷时的流动不稳定而引起的较大温度偏差，可以保证水冷壁的水动力安全可靠。

上部垂直管圈水冷壁在 BMCR 工况下的质量流速为 1840kg/(m^2·s)，最低直流负荷工况下的质量流速为 520kg/(m^2·s)，较高的质量流速可以避免在超临界压力下在热负荷较低区域出现的类膜态沸腾。

2）水冷壁出口过热度

对于直流锅炉，蒸发受热面和过热受热面之间没有固定的分界，因此，确定合理的水冷壁出口工质过热度非常重要。通常在额定负荷下，水冷壁出口温度的选取取决于汽水分离器的设计温度和水冷壁管材的使用温度。

水冷壁出口温度选取过高将导致分离器材质等级提高和壁厚增加。由于在最低直流负荷下水冷壁出口工质仍需要有一定的过热度，水冷壁出口温度过低则会造成本生点提高及过热器带水。

3）水冷壁入口欠焓

对于变压运行直流锅炉，必须控制水冷壁入口工质的过冷度，即保证水冷壁进口水有一定的欠焓，以避免工质汽化引起水冷壁传热工况恶化。但水冷壁入口工质的欠焓也不能过大，以免影响水冷壁水动力的稳定性。

在变负荷运行时，负荷发生大的变化而没有任何的负荷维持，由于延迟效应的影响，到低负荷时，省煤器出口温度仍将会保持为一个常数，即高负荷状态下的高出口温度，此时可能发生汽化现象。图 2-9 为省煤器在锅炉负荷发生大的变化而没有任何负荷维持情况下省煤器出口工质温度变化的特性曲线。为防止这一汽化现象的发生，在总体布置时需采取调整省煤器的受热面、控制额定负荷下省煤器出口温度等措施；另外，在连续低负荷运行时提高主蒸汽的压力，使最低压力下连续运行时饱和水的焓值高出在额定负荷下省煤器出口给水的焓值。

4. 螺旋管圈水冷壁布置

1）下部水冷壁

经省煤器加热后的给水通过下降管及下水连接管进入炉膛水冷壁。从水冷壁进口到折焰角水冷壁下一定距离的炉膛下部水冷壁（包括冷灰斗水冷壁）采用螺旋盘绕膜式管圈。

2）过渡段水冷壁

螺旋管圈水冷壁出口管引出到炉外，进入螺旋管圈水冷壁出口集箱，再由连接管引到混合集箱，充分混合后，由连接管引到垂直水冷壁进口集箱。垂直水冷壁进口集箱引出两倍螺旋管数量的管子进入垂直水冷壁，螺旋管与垂直管的管数比为 1∶2（前墙和侧墙），后墙的螺旋管与前墙、侧墙有所不同，每两根螺旋管有一根直接上升为垂直水冷壁，垂直水冷壁进口集箱引出的管子数与螺旋管数之比为 1∶1。这种结构的过渡段水冷壁可以把螺旋管圈水冷壁的荷载平稳地传递到上部水冷壁。图 2-10 给出了过渡段水冷壁结构示意图。

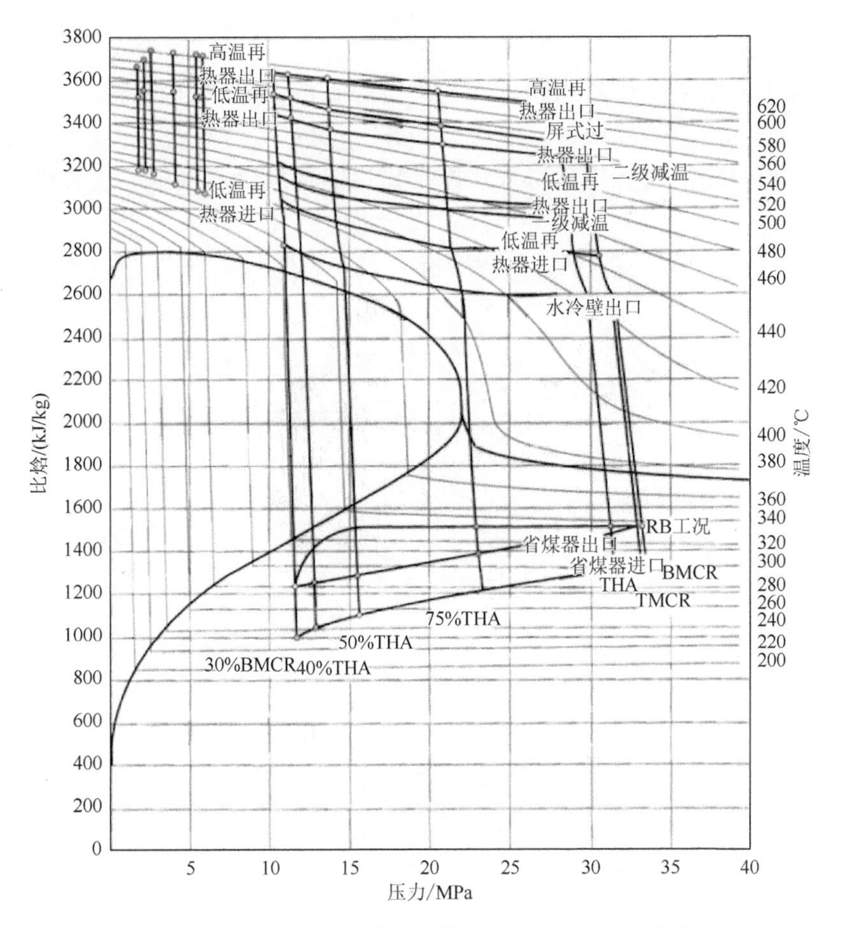

图 2-9　锅炉快速甩负荷时省煤器出口工质温度的变化

RB 工况-锅炉快速甩负荷保护；TMCR-汽轮机最大连续功率

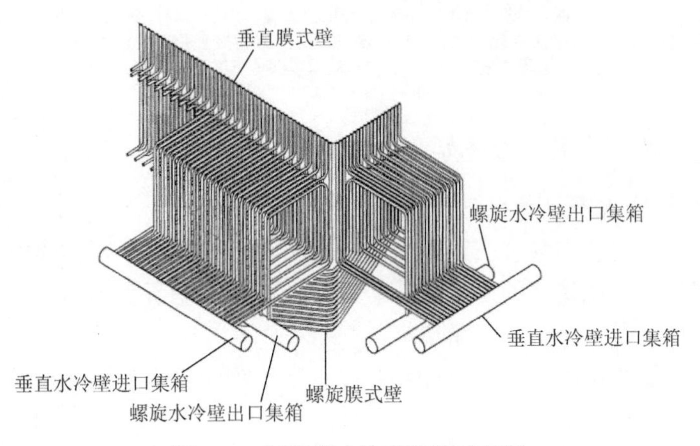

图 2-10　过渡段水冷壁结构示意图

3）上部水冷壁

上部水冷壁采用结构和制造较为简单的垂直管屏，由上部管屏、折焰角管屏、水平烟道包墙管屏和凝渣管屏四部分组成。水冷壁出口工质汇入上部水冷壁出口集箱后由连接管引入水冷壁出口混合集箱，再由连接管引入启动分离器。

目标炉型螺旋管圈水冷壁的布置和锅炉汽水流程见图 2-11。

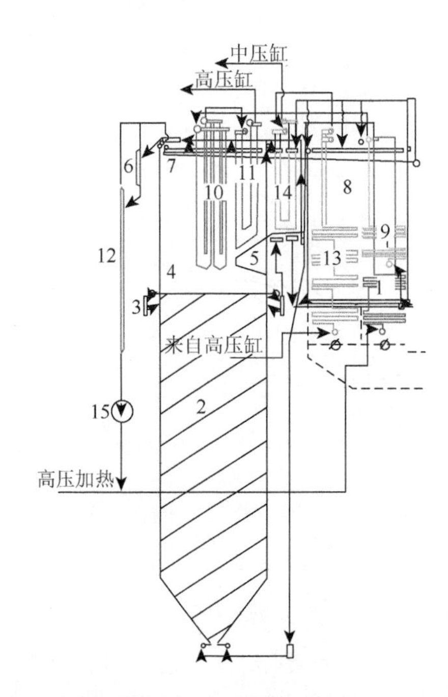

图 2-11　螺旋管圈水冷壁的布置和锅炉汽水流程

1-省煤器；2-螺旋管圈水冷壁；3-螺旋管圈水冷壁出口混合集箱；4-上部水冷壁；5-折焰角；6-启动分离器；7-顶棚过热器；8-包墙过热器；9-低温过热器；10-屏式过热器；11-末级过热器；12-储水箱；13-低温再热器；14-高温再热器；15-锅炉再循环泵（BCP）

5. 螺旋管圈水冷壁的优缺点

1）螺旋管圈水冷壁的主要优点

（1）在炉膛周长和管子节距不变的情况下，可减少水冷壁管的根数，从而可以采用较粗的管径和较高的质量流速。对管子制造公差所引起的水动力偏差的敏感性较小，运行中水冷壁管不易堵塞。

（2）不需要在水冷壁管入口处和水冷壁下集箱的进水管上装设节流圈以调节流量。

（3）水冷壁管圈盘绕炉膛周界上升，各根管受热较均匀，管间温度偏差小。

（4）采用较高的质量流速，能在所有的负荷下运行于高于由偏离核态沸腾所决定的界限质量流速范围内。

2）螺旋管圈水冷壁的主要缺点

（1）由于质量流速较高，水冷壁阻力较大，增加了给水泵的电耗量。

（2）安装焊口多，增加了安装工作量，延长了安装周期。

（3）对于结渣性较强的煤种，螺旋管圈结渣的倾向比垂直管圈大，灰渣自行脱落的能力较差。

（4）水冷壁系统结构复杂、炉墙密封性较差。

（5）水冷壁支撑和刚性梁结构复杂。

（6）维护和检修比垂直管圈水冷壁复杂。

2.3.2　垂直管圈水冷壁

对于垂直管圈水冷壁系统，合理地分配水冷壁各个回路的流量，使之与炉内热负荷的分布相适应是设计成功的关键。为了减小水冷壁出口汽温偏差，保证水冷壁安全可靠运行，必须将各管间的流量分配与水冷壁宽度上的热负荷分布关联起来。要做到这一点，必须准确地了解和掌握在各种负荷工况下水冷壁的横向热负荷分布及任何负荷下炉内吸热量的大小和分布。切圆燃烧具有恒定的水冷壁吸热曲线分布，使得水循环的计算得到优化，水冷壁节流圈设计也更为精确，使得水冷壁的水量和热量分配均匀。

超超临界压力下，塔式或Π型布置的锅炉中可以应用垂直管圈水冷壁或螺旋管圈水冷壁。一次垂直上升满足变压运行的技术是在 20 世纪 80 年代中期开发的，其特点是采用内螺纹管来防止变压运行至亚临界区域时，水冷壁系统中发生膜态沸腾。水冷壁入口处设置节流圈使其管内分配的流量与其吸热量相适应，保证水冷壁管内工质流动的稳定性。

内螺纹管与光管膜态沸腾的比较见图 2-12。从图 2-12 中可以看出，在亚临界区域（p＜20MPa），采用内螺纹管使得在高热负荷、低干度下发生的第一类传热恶化大为推迟；在高干度区域（$X = 0.75$），水冷壁金属温度突变量也很小。这一特性表明，采用内螺纹管垂直布置水冷壁同样也可满足锅炉变压运行的要求，质量流速可以大幅降低。经过对内螺纹管在不同的热负荷、质量流速和压力下传热特性、流量特性的试验研究得出，当质量流速在 1500～2000kg/(m^2·s)时，采用内螺纹管垂直布置的水冷壁同样可以满足锅炉变压运行时水冷壁的安全性。

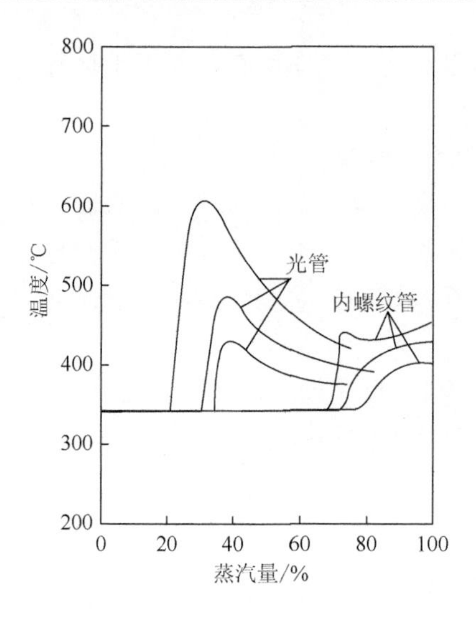

图 2-12　内螺纹管与光管膜态沸腾比较

1. 垂直管圈水冷壁布置

目标炉型炉膛水冷壁系统流程及布置如图 2-13 所示。

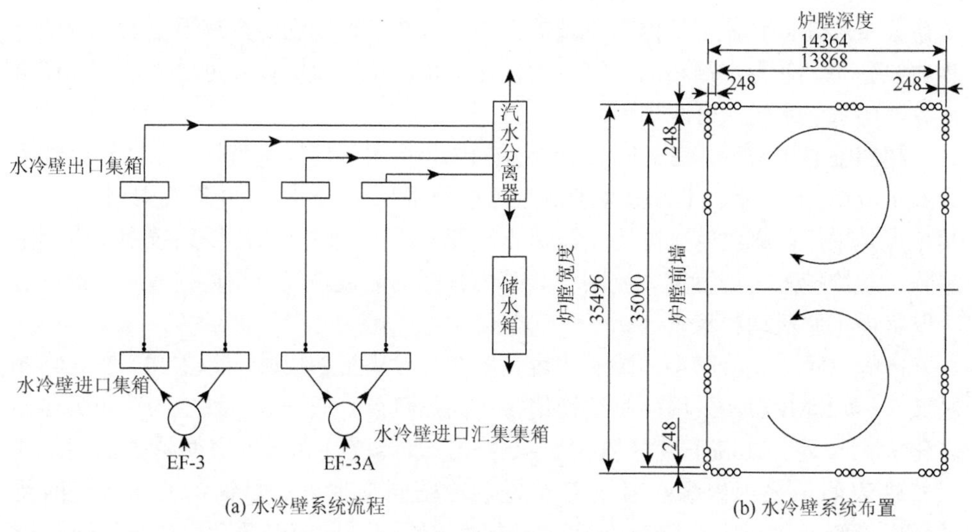

图 2-13　水冷壁系统流程及布置

单位：mm

2. 垂直管圈水冷壁的流量分配

目标炉型水冷壁结构尺寸是根据同容量锅炉上取得的业绩和积累的经验选取

的。同时采取了一些措施，优化水冷壁的流量分配，防止传热恶化。

1）水冷壁流量分配

对于垂直管圈设计，合适地分配水冷壁的流量，使之与热负荷的分布相适应是设计成功的关键。水冷壁各管间的流量分配必须与水冷壁宽度上的累积吸热量分布关联起来考虑。要做到这一点，要求设计者准确地了解和掌握在各种负荷工况下水冷壁的横向热负荷分布，预计任何负荷下炉内吸热量的大小和分布。与其他燃烧方式相比，切圆燃烧在整个负荷范围内，在炉膛中央形成一个稳定的火焰中心，所以可预计横向（宽度上）吸热量的分布情况。

图 2-14 和图 2-15 分别示出了双切向燃烧炉膛满负荷和低负荷时从一侧至另一侧的吸热量的偏差情况。

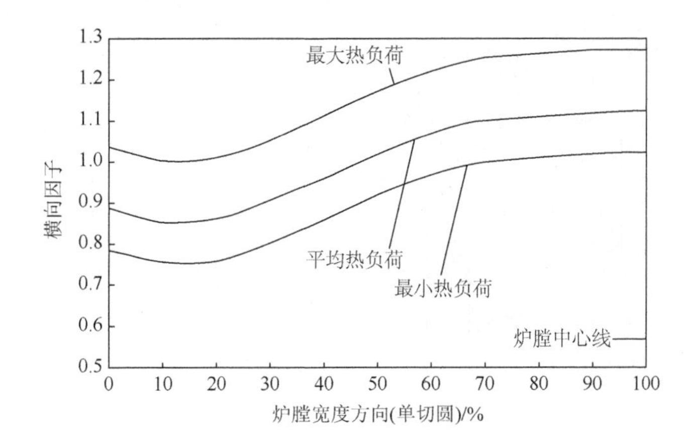

图 2-14　满负荷时热负荷分布曲线

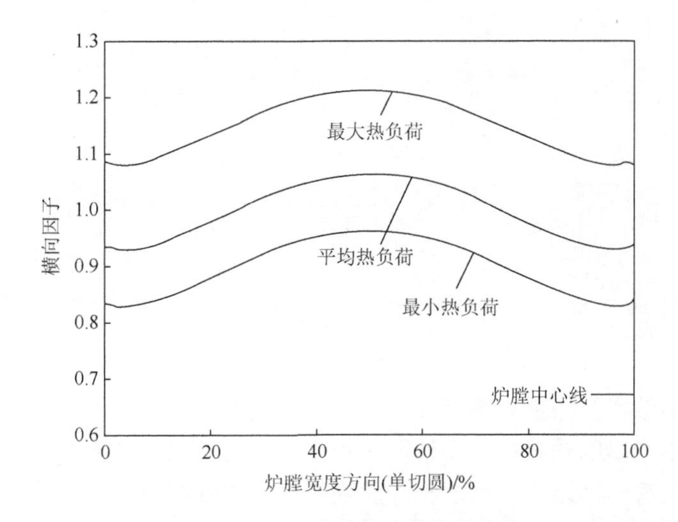

图 2-15　低负荷时热负荷分布曲线

双切向燃烧炉膛热负荷分布具有以下特点。

（1）在满负荷时横向最高热负荷率位于炉膛中心线旁，最低热负荷靠近角部。

（2）同一断面上四面墙的吸热曲线都是一致的，沿炉膛高度的任何断面，水冷壁的吸热曲线也都是相似的，只是曲线的峰值有所变化。

（3）吸热曲线的分布特征与燃料层的投运层数无关。

（4）在低负荷时，吸热量分布会变得稍显对称，不均匀性亦降低，在低于 50%负荷时，吸热量的最大与最小值比平均值差 + 20%和−15%。

（5）在中间负荷（50%～80%BMCR）时，上述两种分布情况都有可能。

目标炉型设计中，通过在以下两个部件中设置节流圈来对水冷壁流量进行分配，如图 2-16 所示。

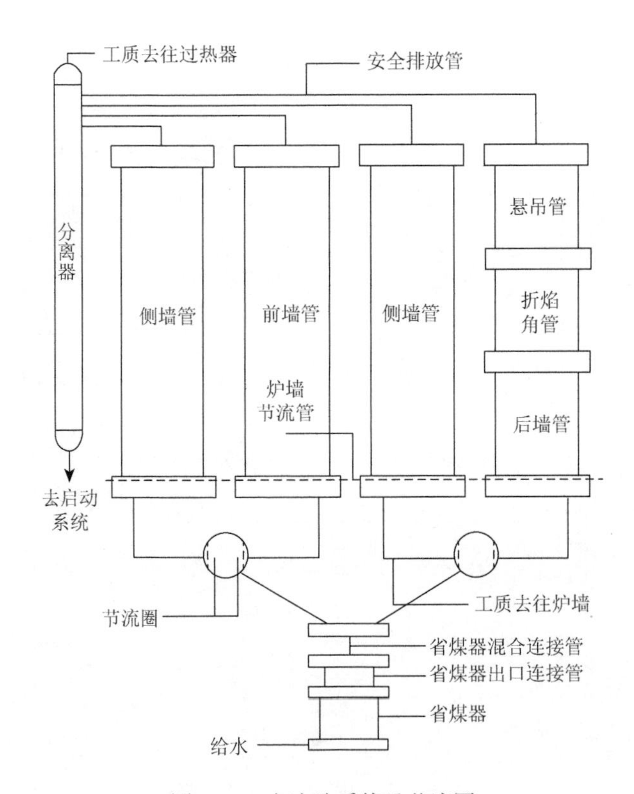

图 2-16　水冷壁系统及节流圈

节流圈的结构及布置见图 2-17。装在水冷壁进口球形容器中的节流圈，负责将总流量按不同墙的热负荷分布情况进行分配；而装在进口集箱中的节流圈，负责对每个墙中每一回路中的管子按炉膛横向热负荷分布曲线进行流量分配。流量分配的原则是高热负荷回路用高的工质流量来补偿，低热负荷回路分配较小的工质流量。节流圈按中间负荷工况下的组合热负荷分布曲线设计选型，同时按最大和最小值校核水冷壁出口的工质温度偏差。

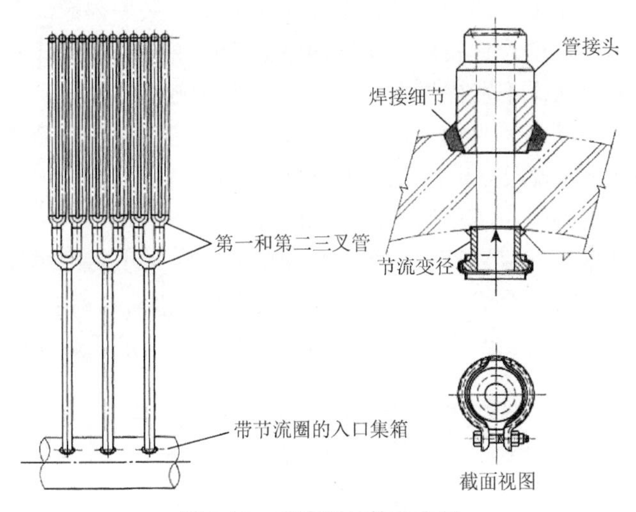

图 2-17　节流圈结构及布置

图 2-18 给出了焓值和负荷的曲线关系示意图。由图 2-18 可知，锅炉负荷下降时，炉膛横向热负荷分布曲线趋于均匀，热负荷高低的差值减小，而水冷壁中的工质流量也相应减少，导致水冷壁和节流圈的阻力大幅度下降，此时，水冷壁的重位压头和压力的影响将占主导地位，由此会在水冷壁进出口产生一个自然循环的效应，自然循环的自补偿能力可以使热负荷高的回路分配到较多的流量，因此，采用这样的布置，水冷壁可以在所有负荷下分配到足够的工质流量，可以维持合适的水冷壁金属温度。

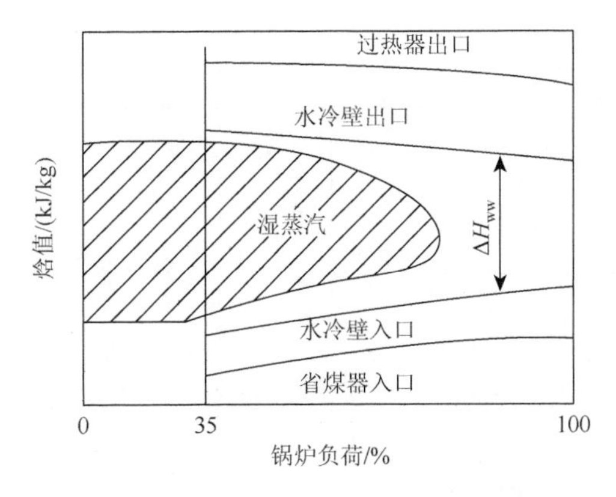

图 2-18　焓值和负荷的曲线关系示意图

ΔH_{ww}-水冷壁进出口焓差

2）采用内螺纹管防止亚临界传热恶化

试验研究和运行经验证明，当锅炉处在高负荷、运行在超临界压力下时，采用光管的水冷壁质量流速已经足够保证管子不超温，采用内螺纹可以额外增加水冷壁在高负荷运行下的设计裕度。采用内螺纹管的主要目的是让其优异的传热性能在亚临界两相流状态下发挥作用，防止偏离核态沸腾的发生。

变压运行的超超临界锅炉，在低负荷和中间负荷，炉膛水冷壁进入亚临界状态，水冷壁的焓增（省煤器出口至过热器进口）处在两相流区间（图 2-18）。在两相流状态下，首先要考虑防止偏离核态沸腾和蒸干。

借助在控制循环和复合循环锅炉上积累的经验，加上对内螺纹管在亚临界直流状态下大量的试验研究成果（图 2-19），应用在超超临界垂直管水冷壁设计上，采用内螺纹管可有效防止亚临界状态下的传热恶化，满足锅炉变压运行的要求。

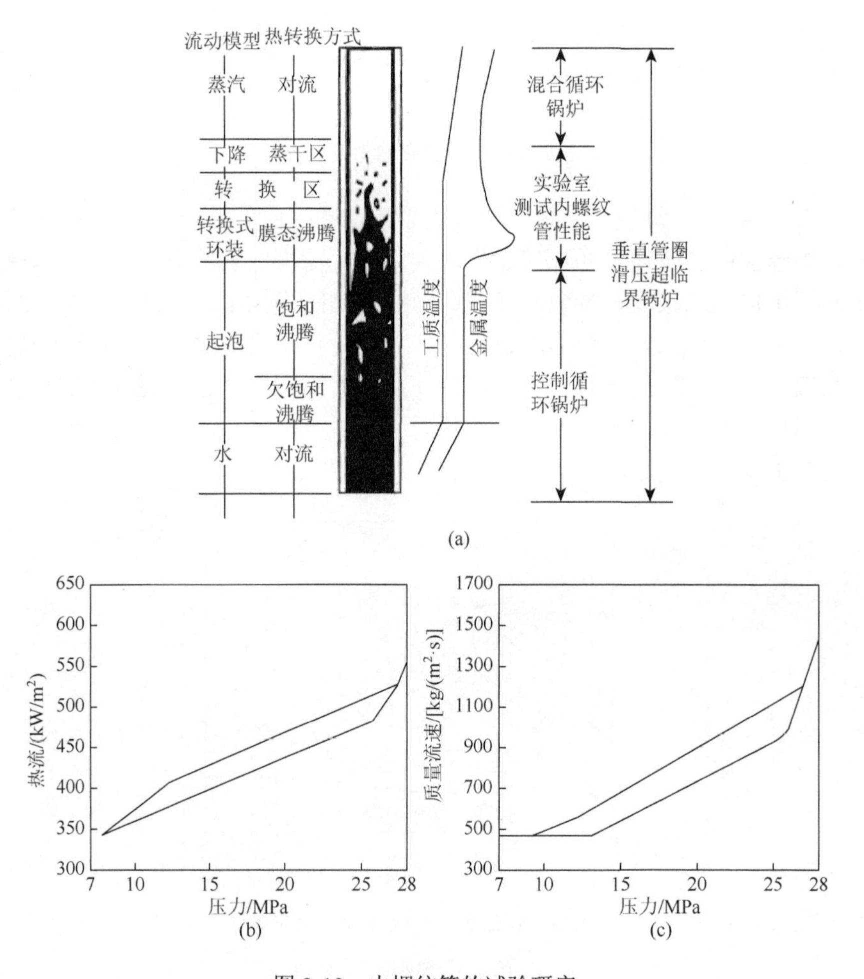

图 2-19　内螺纹管的试验研究

目标炉型水冷壁管子外径为28.6mm和31.75mm，灰斗上沿向上1m至炉顶均采用内螺纹管（图2-20）。28.6mm小口径管子可提高水冷壁的平均质量流速，使内螺纹管在亚临界中间负荷的作用更为显著；而在上部炉膛则采用31.75mm的管子，可有效降低压降，在低负荷下自然循环效应更为明显。

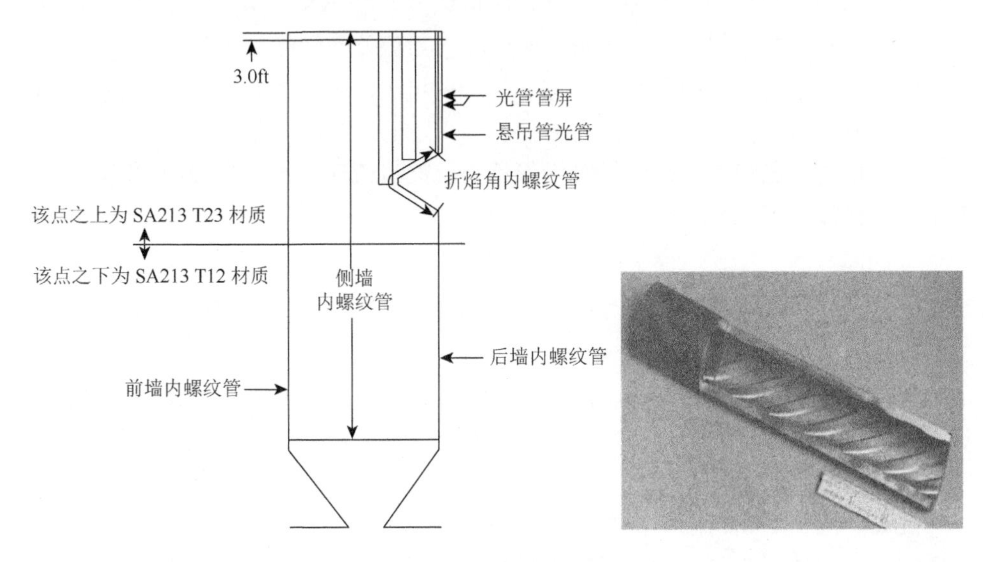

图2-20　内螺纹管布置

ft为英尺，1ft=0.3048m

3. 垂直管圈水冷壁的优缺点

1）内螺纹管垂直上升水冷壁的主要优点

（1）内螺纹管的传热特性较好，在相同质量流速和热负荷工况下，无论在亚临界还是近临界压力区，内螺纹管出现偏离核态沸腾的蒸汽干度要高于光管；而且偏离核态沸腾后壁温的飞升值也明显低于光管。

（2）内螺纹管的传热强化作用，可在水冷壁中采用较低质量流速，因此水冷壁阻力较小。

（3）安装焊缝少，显著减少了安装工作量。

（4）水冷壁本身、支撑结构和刚性梁结构简单。

（5）结渣倾向较小，吹灰效果较好，对于疏松型结渣，渣块的自行脱落性较好。

（6）维护和检修比较容易。与螺旋管圈相比，垂直管圈检查和更换管子较方便，而且水冷壁安装焊口数量较少，水压试验和运行中焊口泄漏的概率较低。

（7）与螺旋管圈相比，垂直上升内螺纹管水冷壁的摩阻较小，其自补偿能力优于螺旋管圈。

2）内螺纹管垂直上升水冷壁的主要缺点

（1）内螺纹管制造精度对水动力特性敏感性较大，需要加设节流圈，增加了水冷壁下集箱结构的复杂性。

（2）由于是全高一次上升，燃烧器区域以及非受热区段等因素增加了水冷壁各回路吸热不均的敏感性，导致热力偏差和水力偏差都较螺旋管圈大。

（3）由于机组容量的限制，对容量较小的机组，因其炉膛周界相对较大，难以保证必要的质量流速。

（4）启动或在较低负荷运行时为保持必要质量流速，必须装设再循环泵，增加了设备投资。

2.3.3 过热器和再热器

蒸汽过热器是锅炉的重要组成部分，它的作用是把饱和蒸汽或微过热蒸汽加热到具有一定过热度的合格蒸汽，并要求在锅炉变工况运行时，保证过热蒸汽温度在允许范围内变动。

提高蒸汽初压和初温可提高电厂循环热效率，但蒸汽初温的进一步提高受到金属材料耐热性能的限制。为了提高循环热效率，采用较好的合金钢材，过热蒸汽温度可进一步提高。蒸汽初压的提高虽可提高循环热效率，但过热蒸汽压力的进一步提高受到汽轮机排汽湿度的限制。因此为了提高循环热效率及减少排汽湿度，可采用再热器。

汽轮机高压缸的排汽先送到锅炉的再热器中，经再一次加热升温到一定的温度后，返回到汽轮机的中压缸和低压缸中继续膨胀做功口，通常再热蒸汽压力为过热蒸汽压力的20%左右，再热蒸汽温度与过热蒸汽温度相近。我国超超临界机组都采用了中间再热系统。机组采用一次再热可使循环热效率提高4%～6%，采用二次再热可使循环热效率进一步提高2%。

随着蒸汽参数的提高，过热蒸汽和再热蒸汽的吸热量份额增加。在现代高参数大容量锅炉中，过热器和再热器的吸热量占工质总吸热量的5%以上，因此，过热器和再热器受热面在锅炉总受热面中占很大比例，需要把一部分过热器和再热器受热面布置在炉膛内，即需要采用辐射式、半辐射式过热器和再热器。

过热器和再热器内流动的为高温蒸汽，其传热性能差，而且过热器和再热器又位于高温烟区，所以管壁温度较高。如何使过热器和再热器管能长期安全工作是过热器和再热器设计和运行中的重要问题[1]。超超临界锅炉过热器与再热器具体技术特点与布置方式见2.2.2节。

1. 过热器与再热器的汽温特性及汽温调节

在锅炉运行中，各种因素都能引起汽温的变化，而维持稳定的过热蒸汽温度与再热蒸汽温度是机组安全、经济运行的重要保证。蒸汽温度过高将引起管壁超温、金属蠕变寿命降低，会影响机组的安全性；蒸汽温度过低将引起循环热效率的降低。根据计算，过热器在超温10～20℃下长期工作，其寿命将缩短一半以上；汽温每降低10℃，循环热效率降低0.5%，而且汽温过低会使汽轮机排汽湿度增加，从而影响汽轮机末级叶片的安全工作。在稳定工况下过热器和再热器蒸汽温度控制范围为：过热汽温在30%～100%BMCR、再热汽温在50%～100%BMCR负荷范围时，保持稳定在额定值，其允许偏差均在±5℃之内。在过热器及再热器系统设计中，对金属温度最高的受热面管子留有足够的安全裕度。过热器（或再热器）出口汽温与锅炉负荷的变化规律称为过热器（或再热器）的汽温特性[1]。

调节汽温的方法很多，可以归纳为蒸汽侧调节和烟气侧调节两大类。蒸汽侧调节是指通过改变蒸汽的焓值来调节汽温；烟气侧调节是指通过改变锅炉内辐射受热面和对流受热面的吸热量比例或通过改变流经受热面的烟气量来调节温度。蒸汽侧调节方法有喷水减温器、面式减温器、汽-汽热交换器等，烟气侧调节方法有烟气再循环、烟气挡板和调节燃烧火焰中心位置等[1]。超超临界锅炉过热汽温的调节主要是采用改变煤/水比的方法，喷水调节为辅；再热汽温的调节主要依靠燃烧器的摆动，但是二级再热器之间也装有喷水式减温器作为辅助调节手段，主要用于事故状态喷水。

1）过热器蒸汽温度性能曲线

过热器在30%～100%BMCR负荷范围内，出口汽温可维持在额定值605℃，如图2-21所示。当锅炉负荷从BMCR变化到30%BMCR时，喷水量变化幅度

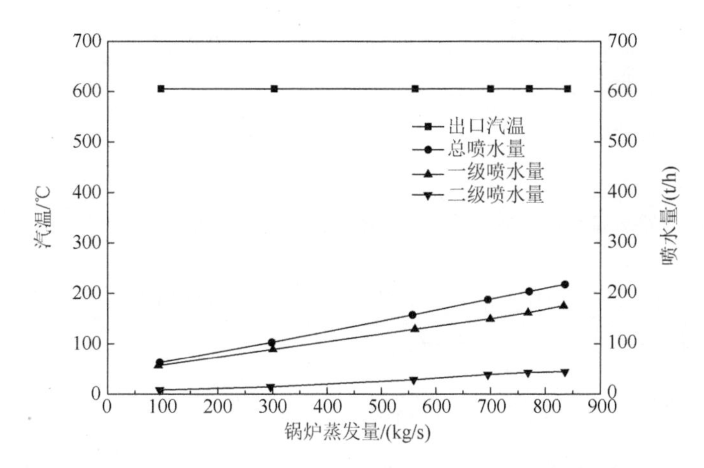

图2-21　过热器出口汽温、喷水量与锅炉负荷的关系

约为152t/h，不仅调节特性好，而且传热面积的布置留有足够的裕度，即使在高压加热器全切或部分切除工况带额定负荷这种非正常工况下运行，减温系统同样能满足要求，汽温可控。

2）再热器蒸汽温度性能曲线

再热器出口蒸汽温度在50%～100%BMCR负荷范围内维持额定值603℃，如图2-22所示。

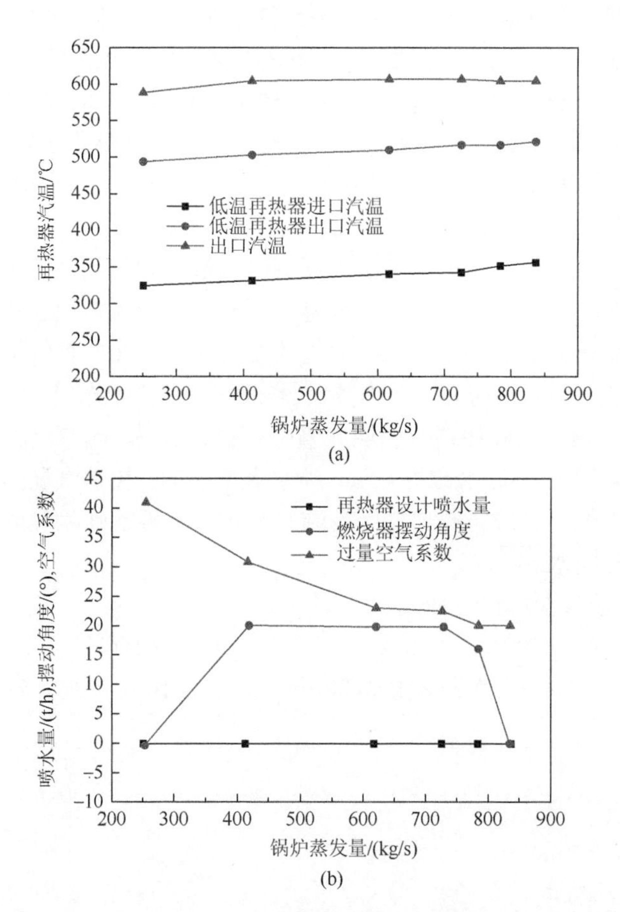

图2-22　再热器出口汽温、喷水量、燃烧器摆动角度、过量空气系数与锅炉负荷的关系

在低负荷下运行，通过采用摆动燃烧器和适当增加过量空气系数，可保证再热蒸汽温度达到额定值。

2. 过热器与再热器抗高温腐蚀、抗蒸汽氧化的技术措施

（1）硫酸型高温腐蚀、过热器和再热器硫酸型高温腐蚀又称为煤灰引起的腐蚀。

受热面上的高温积灰分为内灰层和外灰层，内灰层中含有较多的碱金属，它们与烟气中通过外灰层扩散进来的氧化硫以及飞灰中的铁、铝等进行较长时间的化学作用，生成碱金属硫酸盐，如 $Na_3Fe(SO_4)_3$ 和 $K_3Al(SO_4)_3$ 等化合物。处于熔化或半熔化状态的碱金属硫酸盐复合物会对过热器和再热器的合金钢产生强烈的腐蚀。灰分沉淀物的温度越高，腐蚀越强烈，这种腐蚀从 540～620℃时开始发生，在 700～750℃时腐蚀速度最大，因此硫酸型腐蚀大多数发生在高温级过热器和再热器的出口段。硫酸高温腐蚀还与燃料的成分有关。当燃料含碱量和含硫量高时，过热器和再热器受热面的高温腐蚀就比较严重，另外，燃料中的氯成分对受热面也会产生腐蚀作用[1]。

（2）钒腐蚀，当锅炉使用油点火、掺烧油或燃烧含钒煤时，过热器和再热器受热面还可能产生钒腐蚀。当燃料中含有钒化合物（如 V_2O_3）时，燃烧过程中钒化合物会进一步氧化成 V_2O_5，V_2O_5 的熔点在 675～690℃。当 V_2O_5 与 Na_2O 形成共熔体时，熔点降至 600℃左右，易于黏结在受热面上，并按下列反应生成腐蚀性的 SO_3 和原子氧，对过热器和再热器管壁进行高温腐蚀[1]：

$$Na_2SO_4 + V_2O_5 \longrightarrow 2NaVO_3 + SO_3$$

$$V_2O_5 \longrightarrow V_2O_4 + [O]$$

$$V_2O_4 + 1/2O_2 \longrightarrow V_2O_5$$

$$SO_2 + O_2 \xrightarrow{V_2O_5} SO_3 + [O]$$

（3）内壁蒸汽氧化发生在管内蒸汽温度达到 600℃以上时，水蒸气与管壁的铁素体发生氧化作用，产生氧化铁垢，剥落的氧化铁屑能随蒸汽进入汽轮机产生固体颗粒侵蚀，对汽轮机的危害性极大。

为了避免上述高温过热器和再热器发生高温腐蚀和蒸汽氧化，可采取以下措施。

（1）如 2.2.2 节所述，末级过热器和末级再热器均选用了抗蒸汽氧化和高温腐蚀性能最佳的 HR3C 和 Super304H 奥氏体钢，根据长期运行经验，规定了这两种钢材的使用温度限值：Super304H 的抗蒸汽氧化的使用限为 680℃，抗高温腐蚀的使用限为 700℃；HR3C 的抗蒸汽氧化使用限为 700℃，抗高温腐蚀的使用限为 730℃。

（2）严格控制受热面的管壁温度。硫酸型腐蚀和钒腐蚀都在较高温度下产生，并且管壁温度越高，腐蚀速度越快。降低管壁温度可以防止和减缓腐蚀。末级过热器和末级再热器均采用单绕式水平布置，以减少同屏各管吸热与流量的偏差，降低管子内壁温度和外壁温度的最高值。

（3）采用汽冷管吊管结构，降低末级过热器和末级再热器的管间定位件和支撑件的金属温度，以避免发生高温腐蚀。

（4）采用低氧燃烧技术来降低烟气中 SO_3 和 V_2O_5 含量。试验表明，当过量空气系数小于 1.05 时，烟气中的 V_2O_5 含量迅速下降，并且温度越高，降低过量空气系数对减少 V_2O_5 含量的效果越显著。

（5）选择合理的炉膛出口温度。选择合理的炉膛出口温度，并在运行中避免出现炉膛出口烟温过高现象，可减少和防止过热器与再热器的结渣及腐蚀。

（6）定时对过热器和再热器进行吹灰。通过对过热器和再热器进行吹灰可清除含碱金属氧化物和复合硫酸盐的灰污层，阻止高温腐蚀的发生。当已存在高温腐蚀时，过多的吹灰会使灰渣层脱落，反而加速腐蚀的进行。

（7）合理组织燃烧。通过改善炉内空气动力场及燃烧工况，可防止水冷壁结渣、火焰中心偏斜等可能引起热偏差现象的发生，从而可减少过热器和再热器的沾污结渣。

3. 降低过热器和再热器汽温偏差的技术措施

在目标炉型方案设计中，为了降低炉膛出口烟气温度偏差和过热器、再热器汽温偏差，采用分离燃尽风（separated overfire air，SOFA）和可水平摆动调节的SOFA喷嘴设计来达到这一目的。

1）炉膛出口烟温偏差

炉膛出口烟温偏差是指炉膛水平和垂直出口截面中热流分布的不均匀。这种烟气温度或速度的不均匀性可以导致位于出口截面附近受热面金属温度的不一致，一般来说是指末级过热器和（或）再热器受热面。在极端的情况下，位于高于平均金属温度区域的管子对过热爆管可能较为敏感。

准确、全面测量一台大型燃煤电站锅炉炉膛出口烟温或烟速的分布是十分困难的，因此烟温偏差的幅度一般用末级过热器和（或）再热器管壁温度的均匀或不均匀性来衡量。

2）空气动力场和燃烧系统设计

炉膛出口的烟温偏差源于炉膛内的初始流场。对于所有的蒸汽锅炉设计，无论切向燃烧还是墙式燃烧，且无论机组容量大小，都存在炉膛出口的烟温偏差。通过对目前运行的燃煤机组烟气温度和速度数据分析发现，在炉膛垂直出口截面（vertical farnace outlet plane，VFOP）处的烟气流速比烟温不均对烟温偏差的影响要大得多。

墙式燃烧和四角切圆燃烧方式在炉膛出口，具有各自不同且各有特征的不均匀烟气流量分布特性。实际上，从某些墙式燃烧机组上获得的数据表明，它们的温度偏差问题甚至比切圆燃烧机组更严重。

目标炉型在过热器和再热器的材料选择中已对大容量切圆燃烧炉膛中典型的能量分布作了充分的考虑，留有足够的余量。

3）旋流指数

通过对18台20世纪90年代前后投运的燃煤发电机组（机组容量为300～600MW）运行数据进行分析，结论表明，炉膛出口烟温偏差与旋流指数S_w之间存在着联系。旋流指数S_w是一个无因次参数，代表炉膛内烟气切向动量的轴通量与轴向动量的轴通量之比，这一数值表示某一给定平面的相对旋转强度。在燃烧器区域，与旋流燃烧器相似，该数据也能用来描述燃烧器气流的混合强度。

如图 2-23 所示，S_w 的计算式为

$$S_w = \frac{\text{切向动量轴通量}}{\text{轴向动量轴通量}} = \sum \frac{V_t r \rho V_n A}{V_n R \rho V_n A} = \sum \frac{V_t r}{V_n R}$$

式中，r 为截面中某点距离转动中心轴的半径；V_n 为垂直方向分速度；V_t 为水平方向分速度；ρ 为烟气密度；R 为炉膛当量半径；A 为单位截面积。

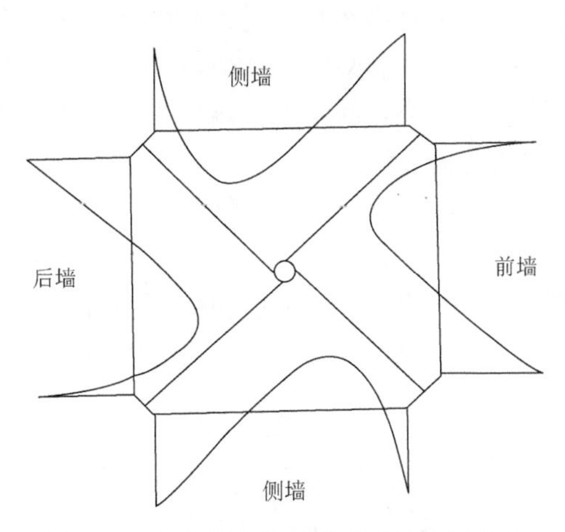

图 2-23　切向燃烧炉膛截面吸热曲线分布

试验模型、数值模拟和现场试验已经证实，对一给定的炉膛形状，炉膛水平出口截面旋流指数（S_w）的提高，将导致炉膛垂直出口截面烟气流量分布不均匀性的上升。

2.4　超超临界锅炉的燃烧系统

常规燃煤电厂的锅炉燃烧系统是指煤粉制备、输送，通过燃烧设备受控的将煤粉喷入锅炉炉膛进行燃烧的相关设备和系统总称。燃烧技术是指采用何种燃烧设备和组织方式实现煤粉在炉膛内的安全、稳定、高效、低污染燃烧的过程。

2.4.1　切向燃烧技术

煤粉燃烧器是锅炉燃烧系统中主要的组成部分，燃烧器的性能对燃烧的稳定性和经济性都有很大的影响。在煤粉锅炉中，燃料流和空气流都是通过燃烧器以射流的形式送入炉膛的。煤粉燃烧器按照其出口气流的特征可以分为直流燃烧器和旋流燃烧器两大类。出口气流为直流的燃烧器为直流燃烧器，出口气流为旋流

的燃烧器为旋流燃烧器。旋流燃烧器出口气流可以是几个同轴旋转射流的组合，也可以是旋转射流和直流射流的组合，但是主流为旋流射流。

切向燃烧是与两种燃烧器相结合的一种燃烧技术。目前，切向燃烧技术已在全球范围内得到了广泛的应用，适用于气体、液体和固体燃料，包括无烟煤、烟煤和褐煤。全球大多数现役的发电锅炉都采用切向燃烧技术。

切向燃烧技术指燃料和助燃空气通过炉膛的四个风箱引入，方向指向位于炉膛中心的一个假想切圆。随着燃料和空气进入炉膛并着火，在炉膛内就形成一个旋转的“火球”。由于存在整体的热量-质量交换过程，每个燃料喷嘴产生的火焰是稳定的。这个位于炉膛中心旋转的单个火球向整个炉膛提供了一个渐进的、彻底的和均匀的燃料与空气混合过程。

在炉膛各角布置有单独的燃烧器组件，将燃料和空气引入炉膛的装置分别布置在被垂直分隔的燃烧器组件隔仓之中，见图 2-24，称这些隔仓为层。相应层的标高在每一角的燃烧器风箱组件中都是一致的。燃料层和空气层间隔布置，每层均布置有一个风门挡板，用来调整空气沿风箱高度的分配，改变二次风射流的速度来控制着火点。

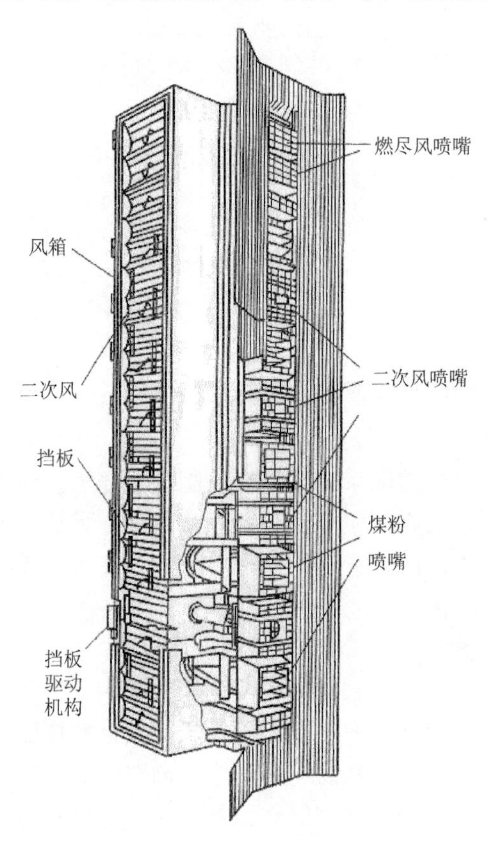

图 2-24　典型燃烧器隔仓结构

1. 切向燃烧技术的特点

高燃烧效率、稳定的热力特性和低排放等关键特点是摆动式切向燃烧技术固有的特性。切向燃烧组成独特的空气动力结构，其主要热力特点如下。

1）着火稳定性强

燃料从喷嘴喷出，受上游高温烟气加热很快着火，激烈燃烧的射流末尾又冲撞下游邻角的燃料射流，四角射流相互碰撞加热，从而形成燃烧稳定的旋转上升火焰。下一层旋转上升火焰，促进上一层的燃烧强化和火焰稳定；上一层的旋转气流同时加强对下层火焰的扰动，这种角与角、层与层之间的相互掺混扰动，使得炉膛内整体而不是局部有着强烈的热量和质量交换，保证了煤粉的着火稳定性。因此，切向燃烧可认为整个炉膛是一个“燃烧器”。

2）燃烧效率高

由于切向燃烧独特的空气动力结构，燃料进入炉内沿动态切向旋转上升，一般经 1.5～2.5 圈后流出炉膛，炉膛烟气充满度高，能最高效利用炉膛容积空间，因此在炉内的停留时间较墙式燃烧方式长，为炭粒燃尽创造良好条件。同时火球的旋转使进入炉膛的煤粉和空气逐渐均匀地在整个炉膛中被彻底混合，有利于燃尽。另外，切向燃烧的各股射流组合成一个旋转火球，混合强烈，能适应各股间风量分配的不均匀性，具备适度的抗干扰作用，因此对燃料和空气的精确分配没有过高的要求。

3）防止结渣性能好

与相同尺寸的墙式燃烧炉膛相比，切向燃烧圆柱形旋转上升的“火球”居于炉膛中部，炉膛充满度好，燃烧热力偏差影响较小，对水冷壁放热较均匀，烟气的尖峰热流及平均温度较低，有利于防止炉膛结渣，这一点对燃用低灰熔点的煤特别明显。

4）水冷壁可靠性高

炉膛截面吸热曲线分布见图 2-23。由于具有均匀的炉膛空气动力结构，水冷壁的吸热曲线有以下特点。

（1）沿炉膛高度的任何截面，水冷壁的吸热曲线都是相似的，只是曲线的峰值有所变化。

（2）同一截面上四面墙的吸热曲线都是一致的。

（3）吸热曲线的分布特征与燃料层的投运层数及锅炉负荷无关。

这样的吸热曲线分布使得水循环的计算得到优化，水冷壁节流圈设计精确，能避免水冷壁局部过热，寿命和可靠性得到了提高。相比而言，墙式燃烧方式导致吸热曲线随位置、负荷，以及磨煤机投运台数的变化而多变。

5）具有独特的燃烧器摆动调温功能

对切向燃烧来说，它的燃料和空气喷嘴都能上下一致摆动，通过对“火球”

位置的调节来影响炉膛吸热量，从而实现对蒸汽温度的控制。实践证明，带摆动火嘴的切圆燃烧技术对中国所有的烟煤、褐煤以及部分贫煤都适用。燃烧器摆动调温功能体现在以下几个方面。

（1）摆动能自动调节，在整个负荷控制范围内保持再热汽温恒定。因此，再热汽温能在对电厂热耗影响最小的情况下得到控制。

（2）在给定的负荷下，燃煤锅炉的燃烧器摆动能自动补偿炉墙积灰的影响。当炉墙积灰增大时，炉膛吸热下降，出口烟温上升，此时燃烧器自动下摆，提高下部炉膛吸热量。当上部炉墙吹灰后，出口烟温下降，此时燃烧器自动上摆，降低下部炉膛吸热量，保持过热、再热汽温的恒定。

6）NO_x 排放量较低

实际运行经验表明，对大容量燃煤锅炉来说，切向燃烧技术具有 NO_x 排放量低的特点。切向燃烧技术 NO_x 形成量的降低，是因为从角部进入炉膛的煤粉和二次风这两股平行气流之间的混合率相对较低。因此，着火和部分挥发份的析出只在缺氧的初始燃烧区内发生，该区域位于炉膛中从燃料喷嘴至射流被炉膛的旋转火球卷吸之处。同时烟气尖峰热流及平均温度较低，这一点对降低 NO_x 排放量也很重要。

7）对燃料变化的适应性强

由于切向燃烧着火稳定性强、燃烧效率高、防止结渣性能好，因此对燃料变化的适应性强。

8）燃烧器配件少

切向燃烧器所配油枪、点火枪、油系统阀门、火检装置的数量少，安装、维修工作量少。燃烧器点火启动方便，点火、启动用油量少，从点火、调试到带满负荷运行时间短。

2. 直流切向燃烧技术

1）直流射流

直流煤粉燃烧器的出口由一组圆形、矩形或多边形的喷口构成。煤粉空气混合物和燃烧所需的空气从各自的喷口以直流射流的形式进入炉膛。射流进入炉膛空间后，在射流与周围介质的分界面上，由于分子微团的紊流脉动而与周围介质发生物质交换和动量交换，同时也进行热量交换，由于被周围介质带动随射流一起流动，从而使射流质量逐渐增加，这个过程就称为卷吸。

锅炉燃烧设备中应用的射流都是紊流射流。射流进入炉膛空间后，不断卷吸周围介质。射流卷吸周围介质的能力，也就是在炉膛中能卷吸高温烟气量的多少，对滞留煤粉燃烧器的着火过程有很大的影响。这是因为每份气流卷吸的高温烟气是着火热量的主要来源。

2）直流燃烧器燃烧技术

单个喷口直流射流射程比较远，但是卷吸量不大，由于单个直流燃烧器喷口的射流本身卷吸高温烟气的能力不够强，还不足以使煤粉强烈着火，所以直流燃烧器都布置成四角切圆燃烧方式。直流燃烧器切向燃烧炉膛中的空气动力特性，取决于每个燃烧器本身结构和工况参数的选择以及燃烧器的布置方式。所以，某一角上燃烧器煤粉气流着火所需的热量，除依靠射流本身卷吸的高温烟气和接收炉膛火焰的辐射热以外，主要靠四角布置中来自上游邻角正在剧烈燃烧的火焰横扫过来的混合和加热使用。煤粉气流受到横扫过来的高温火焰的直接冲击，显著加强了紊流热交换，因此着火稳定性较好。说明四角切圆方式中，四角燃烧期间的相互作用对炉内的着火和燃烧过程有重要的影响。

从着火的角度看，由每一角的燃烧器喷出的煤粉气流，都受到来自上游邻角正在剧烈燃烧的高温火焰的冲击和加热，使之很快燃烧，并以此再去点燃下游邻角的煤粉气流，使得相邻煤粉气流相互引燃。炉内旋转气流使炉膛中心的无风区形成负压（即真空），这样部分高温烟气自上而下回流到火焰根部。又因为每股煤粉气流本身还卷吸部分高温烟气和接收炉膛辐射热，所以直流燃烧器四角布置切圆燃烧的着火条件较为理想。

从燃烧的角度来看，直流射流的射程长，在炉膛烟气中的贯穿能力比较强，着火后的煤粉火炬和大量的二次风相互卷吸、混合。同时，由于其在炉膛中心强烈旋转，使炉内温度、氧气浓度等趋于均匀，加速了煤粉与空气的后期混合，也加速了煤粉的燃烧，煤粉气流的燃烧条件比较好。

从燃尽的角度来看，气流是螺旋形旋转上升的，这不仅改善了火焰在炉内的充满情况，而且延长了煤粉在炉内的停炉时间，对煤粉的燃尽是很有利的。

直流燃烧器采用炉内四角布置切圆燃烧方式，在这种燃烧方式中，直流燃烧器布置在炉膛的四角或接近四角，四个燃烧器的几何轴线与炉膛中心的一个或者两个假想切圆相切，如图 2-25 所示。

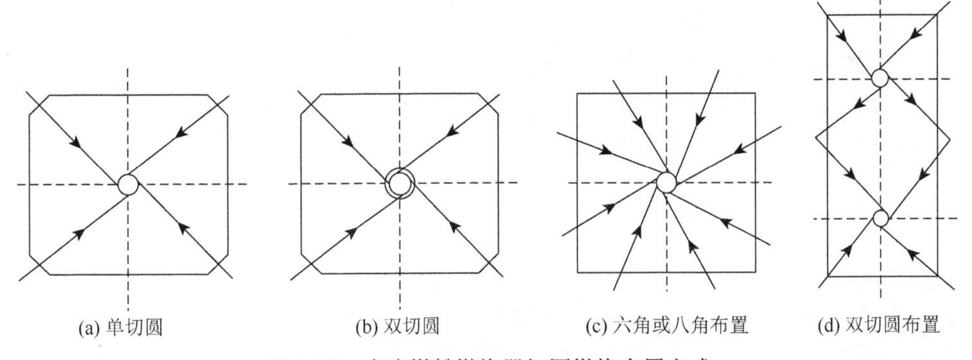

图 2-25　直流煤粉燃烧器切圆燃烧布置方式

四角切圆燃烧具有以下特点。

（1）四角射流着火后相交，相互点燃，使得煤粉着火稳定，是煤粉着火稳定性较好的炉型。

（2）由于四股射流在炉膛内部相交后强烈旋转，热量、质量和动量交换强烈，故能加速着火后燃料的燃尽程度。

（3）四角切圆射流有强烈的湍流扩散和良好的炉内空气动力结构，炉膛充满系数较好，炉内热负荷面均匀。

（4）切圆燃烧时每个角均由多个一、二次风喷组所组成，负荷变化时调节灵活，对煤种适应性强，控制和调节手段多。

（5）炉膛结构简单，便于大容量锅炉的布置。

（6）便于实现分段送风，组织分段燃烧，从而抑制 NO_x 的排放。

在四角切圆布置的直流燃烧方式中，炉内沿截面的气流布置大体可分为三个区域，如图 2-26 所示。炉膛中心为负压区，气流切向速度很小，有时称无风区；在引风机抽力作用下，螺旋旋转上升的气流切向速度很大，称强风区；旋转气流外围与水冷壁之间，一般切向速度很小，为弱风区。无风区太小，对煤粉着火不利；强风区太靠近墙面，容易造成水冷壁结渣。

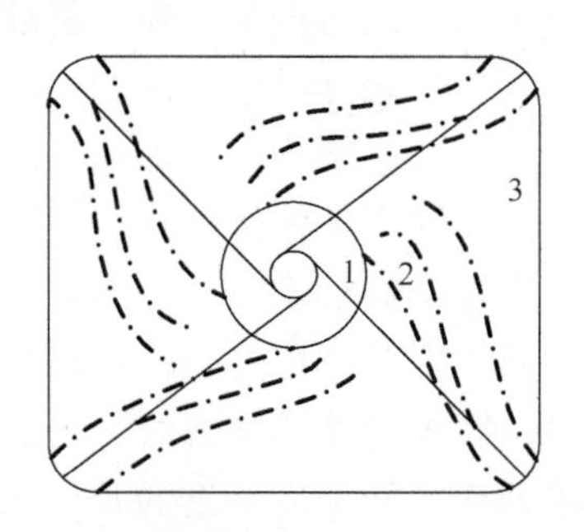

图 2-26　炉膛截面气流分布及气流偏斜

1-无风区；2-强风区；3-弱风区

直流燃烧器切圆燃烧方式具有着火条件好、煤种适应性强；一、二次风混合的快慢可以通过燃烧器的设计进行适当调节；燃烧后期气流扰动较强，有利于燃尽等优点，因而得到广泛的应用。

3. 旋流切向燃烧技术

1）旋转射流

旋转射流具有如下特点：旋转射流既有轴向速度也有较大的切向速度，从旋流燃烧器出来的气流既有旋转的趋势，也有从切向飞出的趋势，因此旋流燃烧器气流的初期扰动非常强烈。但由于射流不断卷吸周围气体，而且不断扩展，其切向速度的旋转半径也不断增大，切向速度衰减得很快，所以射流后期扰动并不强烈。旋流燃烧器轴向速度也由于射流卷吸周围的气体而衰减得很快，因此旋转射流的射程相对较短。

2）旋流燃烧器燃烧技术

旋流燃烧器由圆形喷口组成，燃烧器中装有各种样式的旋流发生器（旋流器）。煤粉气流与热空气通过旋流器时，发生旋转，从喷口射出后即形成旋流射流。利用旋流射流，能形成有利于着火的高温烟气回流区，并使气流强烈混合。

旋转气流射出喷口后在气流中心形成回流区，这个回流区称为内回流区。内回流区卷吸炉内的高温烟气加热煤粉气流，当煤粉气流拥有了一定热量并达到着火温度后即开始着火，火焰从内回流区的内边缘向外传播。与此同时，在旋转气流的外围也形成回流区，这个回流区称为外回流区。外回流区也卷吸高温烟气来加热空气和煤粉气流。由于二次风也形成旋转气流，二次风与一次风的混合比较强烈，使燃烧过程连续进行，不断发展，直至燃尽。

3）旋流燃烧器的类型

按照旋流器的结构，旋流燃烧器可分为蜗壳式、轴向叶片式、切向叶片式三大类，常用的有以下几种：单蜗壳式、双蜗壳式、三蜗壳式、轴向叶片式、单调风切向叶片式和双调风切向叶片式。

双调风旋流燃烧器是将二次风分成内二次风和外二次风两股气流，通过调风器和旋流叶片分别控制各自的风量和旋流强度，以调节一、二次风的混合，实现空气分级的旋流燃烧器。双调风旋流燃烧器的主要优点是由于空气的分级送入，双调风旋流燃烧器既能有效地控制温度型 NO_x，又能限制燃料型 NO_x。此外燃烧调节灵活，有利于稳定燃烧，对煤质有较宽的适应范围。

2.4.2　低 NO_x 同轴燃烧技术

1. NO_x 的生成机理

燃煤燃烧过程中所排放的 NO_x 气体是危害大且较难处理的大气污染物，它不仅刺激人的呼吸系统，损害动植物，破坏臭氧层，而且也是引起温室效应、酸雨和光化学反应的主要物质之一。随着我国电力工业的迅速发展，火电装机容量逐年大幅度增加，对 NO_x 污染排放的治理问题日益受到重视。

目前，各工业发达国家从事燃烧技术研究的人员已将洁净燃烧技术列为主要的研究任务，各工业发达国家的环保法规也对电站锅炉 NO_x 的排放量做了越来越严格的限制，这些都促进了低 NO_x 燃烧技术的进展。低 NO_x 燃烧器（low NO_x

burner，LNB）是低 NO_x 燃烧技术的重要组成部分。从燃烧器构造和组织燃烧的角度来降低 NO_x 的生成，具有成本低、效果好等特点，该技术得到了广泛发展。

燃料在燃烧过程中生成的氮氧化物 NO_x 主要是指 NO、NO_2 和 N_2O，其中 NO 约占 90%。根据燃料和燃烧条件不同，NO_x 的生成机制分为热力型 NO_x、快速型 NO_x 和燃料型 NO_x。

1）热力型 NO_x

热力型 NO_x 是燃烧过程中，空气中的 N 在高温下氧化而生成的氮氧化物，影响热力型 NO_x 生成的主要因素是火焰温度、氧浓度以及高温区范围。温度越高，氧浓度越大，高温范围越大，热力型 NO_x 的生成量就越大。对于煤粉炉，热力型 NO_x 占总 NO_x 排放量的 20%左右。降低煤粉燃烧火焰温度、实现低氧燃烧，都能有效地抑制热力型 NO_x 的生成。

2）快速型 NO_x

快速型 NO_x 是燃料中碳氢化合物与空气中的 N 预混燃烧生成的。它生成在燃烧初期火焰锋面的内部，且生成时间极短，生成量也很少，只占总 NO_x 的 5%以下。只要保持足够的氧量供应，阻止燃料分解成 CH、CH_2，即可抑制快速型 NO_x 的生成。

3）燃料型 NO_x

燃料型 NO_x 是来自燃料中所含的氮化合物在燃烧过程中氧化生成的氮氧化物，占总 NO_x 生成量的 75%左右。其中来自挥发分燃烧产生的 N 又占约 70%，是燃煤锅炉 NO_x 排放的主要来源。煤中氮化物析出的温度很高，通常在 900K 以上开始析出，完全析出需在 2000K 以上，而且需要停留足够长的时间。因此，燃料 NO_x 的生成与煤的燃烧方式、燃烧工况有关，并依赖于炉膛温度水平和煤粉浓度。

基于以上原理，目前低 NO_x 燃烧技术包括低氧燃烧、分级燃烧、浓淡分离等技术措施。归根结底，低 NO_x 燃烧器一般都是力求在挥发分析出阶段和燃烧初期，促进煤粉气流与热烟气尽快混合，以创造局部低氧环境。在局部低氧环境中，前期生成的 N 也可在焦炭燃烧阶段再被还原成为 N_2。通过这种“抽薪降火”的办法，可以较大幅度地降低 NO_x 排放[18]。

2. 低 NO_x 同轴燃烧技术

低 NO_x 同轴燃烧技术是将燃烧器的二次风向外偏转一个角度，形成一个直径略大且与一次风同轴的切圆。同时，由于二次风的偏转，在煤粉气流喷口出口处推迟了二次风与一次风的初期混合，一次风切圆形成缺氧燃烧，达到了空气分级的效果，从而达到降低 NO_x 排放的目的。目标炉型通过采用低 NO_x 同轴燃烧系统（low NO_x concentric firing system，LNCFS）设计和炉膛布置的匹配来降低 NO_x。

1）LNCFS 的主要组件

（1）紧凑燃尽风（close-coupled overfired air，CCOFA）；

（2）可水平摆动的分离燃尽风（separated overfired air，SOFA）；
（3）预置水平偏角的辅助风喷嘴（biased secondary air，CFS）；
（4）强化着火（energy injected，EI）煤粉喷嘴。
图 2-27 为低 NO_x 同轴燃烧系统。

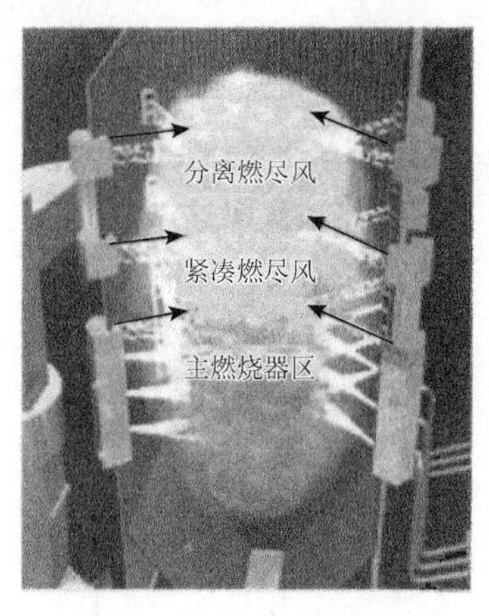

图 2-27　低 NO_x 同轴燃烧系统

2）LNCFS 的技术特点

LNCFS 在降低 NO_x 排放的同时，着重考虑提高锅炉不投油低负荷稳燃能力和燃烧效率。通过技术的不断更新，LNCFS 在防止炉内结渣、高温腐蚀和降低炉膛出口烟温偏差等方面，同样具有独特的效果。

（1）LNCFS 具有优异的不投油低负荷稳燃能力。LNCFS 设计的理念之一是建立煤粉早期着火，为此阿尔斯通开发了多种强化着火煤粉喷嘴，见图 2-28，强化着火煤粉喷嘴能使火焰稳定在喷嘴出口一定距离内，使挥发分在富燃料的气氛下快速着火，保持火焰稳定，从而有效降低 NO_x 的生成，延长焦炭的燃烧时间。

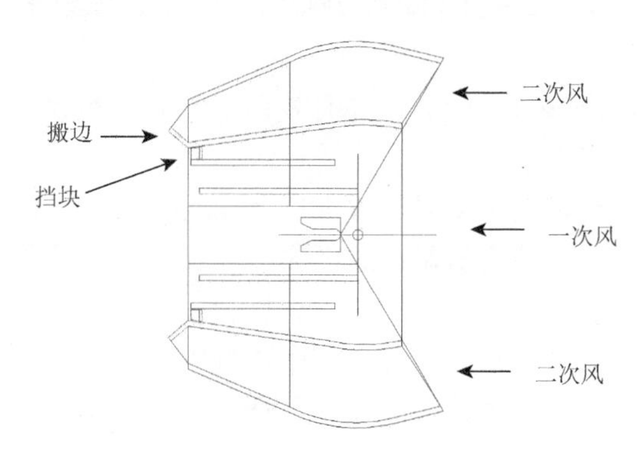

图 2-28　强化着火煤粉喷嘴

（2）LNCFS 具有良好的煤粉燃尽特性。煤粉的早期着火提高了燃烧效率。LNCFS 通过在炉膛的不同高度布置 CCOFA 和 SOFA，将炉膛分成三个相对独立的部分：初始燃烧区、NO_x 还原区和燃料燃尽区。每个区域的过量空气系数由三个因素控制，即总的 OFA 风量、CCOFA 和 SOFA 风量的分配以及总的过量空气系数。这种改进的空气分级方法通过优化每个区域的过量空气系数，在有效降低 NO_x 排放的同时能最大限度地提高燃烧效率。图 2-29 为 LNCFS 沿高度方向过量空气系数的典型分布。

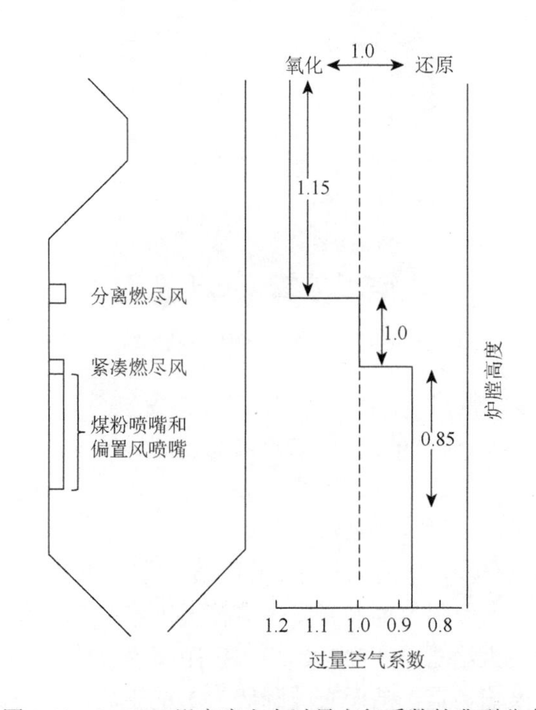

图 2-29　LNCFS 沿高度方向过量空气系数的典型分布

采用可水平摆动的 SOFA 设计，能有效调整 SOFA 和烟气的混合过程，降低飞灰含碳量和一氧化碳含量。

另外，每个主燃烧器最下部采用火下风（under fired air，UFA）喷嘴设计，通入部分空气，以降低大渣含碳量。这样的设计对 NO_x 的控制没有不利影响。

（3）LNCFS 能有效防止炉内结渣和高温腐蚀。LNCFS 采用预置水平偏角的辅助风喷嘴设计，在燃烧区域及上部四周水冷壁附近形成富空气区，能有效防止炉内结渣和高温腐蚀。空气射流偏斜角度是通过在上下摆动空气喷嘴上预置一个水平方向偏角而形成的，见图 2-30。

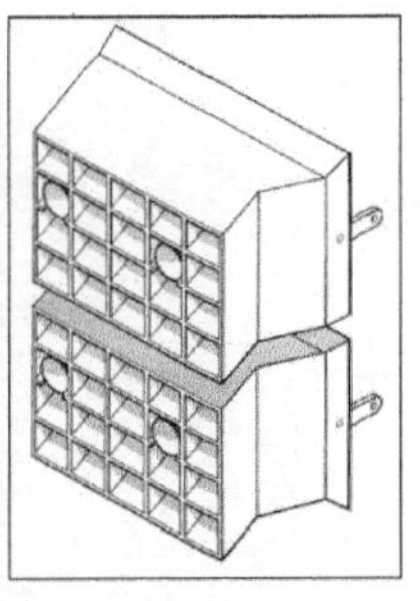

图 2-30　空气射流偏斜角度

（4）LNCFS 在降低炉膛出口烟温偏差方面具有独特的效果。研究结果表明，对燃烧系统的改进能减小和调整切向燃煤锅炉炉膛出口烟温偏差现象。采用可水平摆动调节的 SOFA 喷嘴设计来控制炉膛出口烟温偏差，该水平摆动角度在热态调整时确定后，就不用再调整。

2.4.3　对冲燃烧技术

对冲燃烧即燃烧器在两面墙上或在同一条轴线上相对布置，燃料和空气喷入炉膛后各自扩展，并在中心撞击后形成上升火焰的燃烧方式，包括前后墙对冲、侧墙对冲和四角对冲。

目标炉型燃烧系统采用前后墙对冲燃烧，燃烧器采用新型的低 NO_x 旋流燃烧器。燃烧系统共布置有 20 只燃尽风喷口，48 只旋流燃烧器喷口，共 68 只喷口。燃烧器分 3 层，每层共 8 只，前后墙各布置 24 只旋流燃烧器喷口；在前后墙距最上层燃烧器喷口一定距离处布置有一层燃尽风喷口，每层 10 只。图 2-31 为燃烧器布置简图。旋流燃烧器中燃烧空气被分为三股，即直流一次风、直流二次风和旋流三次风，如图 2-32 所示。

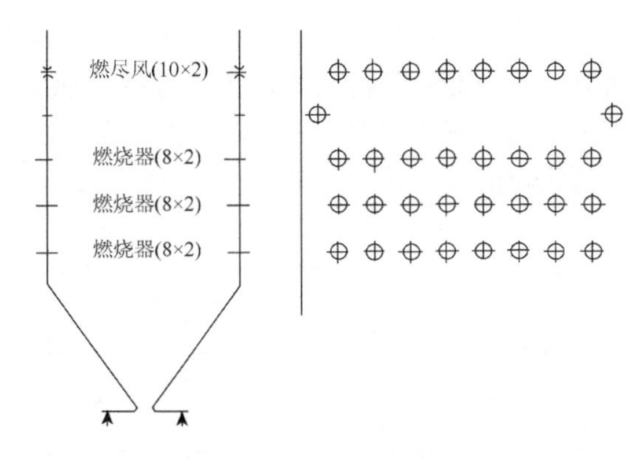

图 2-31　燃烧器布置简图

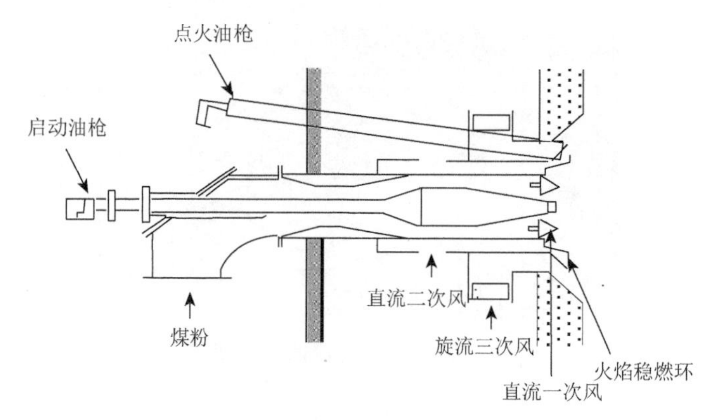

图 2-32　旋流燃烧器的配风示意图

1. 一次风

一次风由一次风机提供，它首先进入磨煤机干燥原煤并携带磨制合格的煤粉通过燃烧器的一次风入口弯头组件进入燃烧器，再流经燃烧器的一次风管，最后进入炉膛。一次风管内靠近炉膛端部布置有一个锥形煤粉浓缩器，用于在煤粉气流进入炉膛以前对其进行浓缩。经浓缩作用后的一次风和二次风、三次风调节协同配合，达到低负荷稳燃和在燃烧的初始阶段减少 NO_x 生成的目的。

2. 二次风和三次风

燃烧器风箱为每个燃烧器提供二次风和三次风。风箱采用大风箱结构，同时每层又用隔板分隔。在每层燃烧器入口处设有风门执行器，根据需要调整各层空气的风量，风门执行器可程控操作。

二次风和三次风通过燃烧器内同心的二、三次风环形通道在燃烧的不同阶段分别送入炉膛。燃烧器内设有挡板用来调节二次风和三次风之间的分配比例，二次风调节结构采用手动形式，三次风通道内布置有独立的旋流装置以使三次风发生需要的旋转。三次风旋流装置设计成可调节的形式，并设有执行器，可实现程控调节。调整旋流装置的调节导轴即可调节三次风的旋流强度。在锅炉运行中，可根据燃烧情况调整三次风的旋流强度，达到最佳的燃烧效果。

在不同负荷下，磨煤机的投运台数和燃烧器的主要参数见表 2-5。

表 2-5　磨煤机的投运台数和燃烧器的主要参数

负荷	BMCR	BRL	70%THA	50%THA	30%THA	校核煤（BMCR）
一次风率/%	20	18	19	18	16	20
二次风率/%	80	82	81	82	84	80
磨煤机投运台数/台	6	5	4	3	3	6

3. 燃尽风

燃尽风采用优化的双气流结构和布置形式。

燃尽风风口包含两股独立的气流：中央部位的气流是非旋转气流，它直接进入炉膛中心；外圈气流是旋转气流，用于与靠近炉膛水冷壁的上升烟气进行混合。外圈气流的旋流强度和两股气流之间的分离程度由一个简单的调节杆来控制。调节杆的最佳位置在锅炉试运行期间燃烧调整时设定。这样，可通过燃烧调整，使燃尽风沿膛宽度和深度与烟气充分混合，既可保证水冷壁区域呈氧化性特性，防止结渣，又可保证炉膛中心不缺氧，达到高燃烧效率。

同时，前后墙的燃尽风口均布置 10 个，使燃尽风沿炉宽方向覆盖了整个一次风。这种布置可有效防止出现煤粉颗粒逃逸现象，有利于降低飞灰可燃物，同时又可防止燃烧器区域靠近两侧墙处结焦。

4. 燃烧器配风控制

燃烧器每层风室的入口处均设有风门挡板，所有风门挡板均配有执行器，可程控调节。全炉共配有 16 个风门用执行器，见图 2-33。执行器上配有位置反馈装置，具有故障自锁保位功能。

为使每个燃烧器的空气分配均匀，在燃烧器区域设有大风箱，大风箱被分隔成单个风室，每个燃烧器一个风室。大风箱对称布置于前后墙，设计入口风速较低，可以将大风箱视为一个静压风箱，风箱内风量的分配取决于燃烧器自身结构特点及其风门开度，这样就可以保证燃烧器在相同状态下获得相同风量，利于燃烧器的配风均匀。

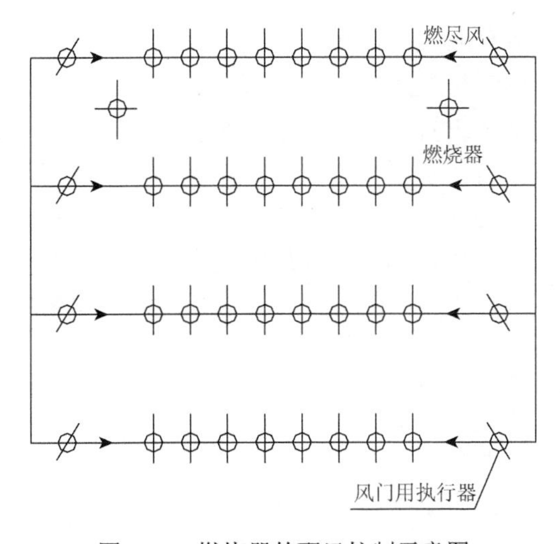

图 2-33　燃烧器的配风控制示意图

2.4.4 制粉系统选型与燃烧器的匹配

1. 制粉系统分类

制粉系统的任务是安全可靠和经济地制造和运送锅炉所需的合格煤粉。从原煤仓出口开始，经过给煤机、磨煤机、分离器等一系列煤粉的制备、分离、分配和输送设备，包括中间储存等相关设备和连接管道及其部件和附件，直到煤粉与空气混合物均匀分配给锅炉各个燃烧器的整个系统，称为制粉系统。制粉系统可分为中间储仓式和直吹式两种。

1）中间储仓式制粉系统

中间储仓式制粉系统是将磨煤机磨制好的合格煤粉储存在煤粉仓中的系统。煤粉仓也称为中间储粉仓，其中可储备大量煤粉，可根据锅炉负荷需要经给粉机从煤粉仓中取得煤粉，送入炉膛内燃烧。中间储仓式制粉系统适用于单进单出筒式钢球磨煤机。中间储仓式钢球磨煤机系统适应性广，能磨制包括无烟煤、高水分和高磨损性的任何煤种，具有磨制的煤粉较细、煤粉细度稳定、对给粉量的调节反应速度快、运行可靠性高以及维护简单等优点。但是需要加装煤粉仓、细粉分离器、排粉机等大型设备和相应的管路，系统复杂，初始投资较大，制粉耗电高，系统中较大的负压引起漏风量大，影响锅炉效率和机组供电效率。

2）直吹式制粉系统

直吹式制粉系统不设煤粉仓，磨煤机磨制好的合格煤粉直接送入炉膛内燃烧，磨煤机磨制的煤粉量应与锅炉负荷同步调节。因此，制粉系统的工作情况直接影响锅炉的运行工况。在直吹式制粉系统中，由于一次风机（排粉风机）相对于磨煤机先后位置不同，可分为负压直吹式制粉系统和正压直吹式制粉系统。

当一次风机置于磨煤机之后时，整个系统处于负压状态下工作，称为负压直吹式制粉系统；当一次风机置于磨煤机之前时，整个系统处于正压状态下工作，称为正压直吹式制粉系统。负压直吹式制粉系统的最大优点是，当整个系统处于负压状态下工作时，不会向外冒粉，工作环境较好；缺点是由于一次风机在磨煤机之后，磨煤机磨制的煤粉全部被送入炉膛内燃烧，因此风机叶片易磨损，导致风机效率下降，电耗增加，系统的可靠性降低，维修工作量加大。

2. 超超临界锅炉制粉系统

采用Π形布置切向燃烧技术的目标炉型，其制粉系统为双进双出钢球磨正压直吹式制粉系统，每台锅炉配 6 台磨煤机，6 台磨煤机运行时能带锅炉 BMCR 负荷，5 台磨煤机运行时能带锅炉额定负荷。设计煤粉细度 $R_{90} = 21\%$。

燃烧器的层数与磨煤机台数相同，一台磨煤机带一层煤粉喷嘴，分别布置在锅炉前后墙上的 8 个燃烧器风箱上。锅炉负荷变化时以“层”为单位进行磨煤机切换，并布置相应的煤粉管道。

煤粉管道的布置有两种方式，分别对应磨煤机出口设置 4 根或 8 根煤粉管道。前者煤粉管道数量、吊架相对较少，但需要设置一分二的分叉管，所以从磨煤机出口到最下层燃烧器入口的垂直距离要求高。后者管道数量较多，布置相对复杂，但最下层燃烧器入口标高可以较低。具体采用何种方式要综合考虑以上因素。

主燃烧器和 SOFA 喷口的绝大部分重量通过恒力弹簧吊架传递到钢架上，可以减少由螺旋管圈水冷壁来支撑的重量，防止对螺旋管圈水冷壁造成破坏。同样要求煤粉管道的重量和膨胀应力由单独的支吊架支撑，避免传递到燃烧器的一次风管上，一方面是防止对喷嘴热态摆动造成困难，另一方面是防止煤粉管道的重量作用到螺旋管圈水冷壁上。

通过燃烧器的设计与制粉系统的匹配，达到一次风分配均匀，阻力小，一次风温度、速度满足安全、经济燃烧的要求。煤粉细度能满足高效率燃烧及低 NO_x 排放的要求。

塔式布置的目标炉型采用直吹式制粉系统，6 台中速磨配 6 层燃烧器（煤粉喷嘴）。运行过程中改变投运磨煤机的台数，相应地改变燃烧器的投运层数，锅炉不同负荷磨煤机的投运台数与投运层数见表 2-6。

表 2-6　锅炉不同负荷磨煤机的投运台数与投运层数

工况	磨煤机投运台数	煤粉喷嘴投运层数
BMCR	5	第 2～6 层
THA	5	第 2～6 层
75%BMCR	4	第 3～6 层
50%BMCR	3	第 3～6 层
30%BMCR	2	第 5～6 层
高压加热切除	5	第 2～6 层

目前国内有中速磨（HP 磨和 MPS 磨）与 WR 型切向燃烧器匹配的实例。

2.5　超超临界锅炉的材料性能和制造工艺

2.5.1　超超临界锅炉水冷壁、过热器、再热器和集箱的材料选用

在超临界机组的基础上发展的超超临界机组，两者并没有质的区别，但在材

料方面，超超临界机组与超临界机组有明显差别[19]。

超超临界锅炉由于温度及压力的提高，对主要部件的抗蠕变、抗疲劳、抗高温氧化与抗腐蚀性能等都提出了更苛刻的要求。目前超超临界锅炉主要部件的制造中，除选用亚临界锅炉常规选用的 SA-335P91（SA-213T91）、SA-213TP304H、SA-213TP347H 等材料外，还选用了一些高温蠕变性能、高温抗氧化性能更好的新型材料，如 SA-335P92/SA-213T92（9Cr-2W）等新型马氏体钢和 SA-213S30432（18Cr-9Ni-3Cu-Nb-N）、SA-213TP347HFG（18Cr-10Ni-Nb）、SA-213TP310HCbN（25Cr-20Ni-Nb-N）、XA704（18Cr-9Ni-2.5W-NbVN）、TEMPALOYA-1（18Cr-8Ni-Nb-Ti）、TEMPALOYAA-1（18Cr-9Ni-3Cu-Nb-Ti）、TEMPALOYA-3（22Cr-15Ni-Nb-N）等新型奥氏体钢。

超超临界机组所用关键材料主要指电站锅炉受热面部件水冷壁、过热器、再热器用高压锅炉管，以及集箱、主蒸汽管道所用材料。尽管这些部件所处的工作环境不同，但是对钢管的要求是一致的，即钢管要有足够的高温强度、持久强度、塑性、好的抗氧化性能、抗冲击性能、耐高温蒸汽腐蚀以及耐煤灰磨损等[1]。

1. 水冷壁受热面材料的选用

BMCR 工况下水冷壁出口温度的选取主要取决于两个因素：一是决定于所选用水冷壁管的材质，另一个是决定于最低直流负荷时水冷壁出口过热度（或过热焓）。

大容量机组水冷壁制造过程中，要求尽可能地减少焊接接头的数量，这就要求在高压锅炉管的制造过程中，打破原钢管最大供货长度 12m 的极限，而需提供 21～24 m 长度的钢管。同时，在锅炉设计中为了使水更好地同钢管内壁接触，加强传热，降低管壁温升，避免膜态沸腾导致的管体超温，而大量采用了内螺纹管，因此宝钢在碳钢及低合金钢系列高压锅炉管研究中，重点研制了超长管及超长内螺纹管产品，主要产品有 15CrMo、T22 和 T91 三种钢种制作成的超长管、普通内螺纹和优化内螺纹管[20]。

水冷壁管材质选定后，钢材的允许使用温度（氧化限）也已确定，那么工作条件最为恶劣的回路的管子向火面的最高外壁温度值小于此氧化限并具有一定的温度裕量。作为强度计算所依据的管壁中间温度，应低于按选定材质和壁厚的许可壁温，并留有必要的温度裕量。目前，国内外大多数超临界锅炉乃至超超临界锅炉（包括引进型 600/1000MW 超超临界锅炉）水冷壁原设计的材质均为 SA213-T12（即$1\frac{1}{2}$Cr$\frac{1}{2}$Mo 合金钢），目前国产化使用的钢材为 15CrMoG，抗氧化温度为 550℃，某一目标炉型 BMCR 工况选用的水冷壁出口温度分别为 420℃和 430℃左右，管壁最高温度（中间温度）分别为 465℃和 480℃左右，因此有足够的强度计算壁温裕量。该方案 BMCR 工况水冷壁出口温度采用 430℃，由于选用 15CrMoG，BMCR 工况时最高管壁中间温度为 455℃，最高外壁温度为 520℃，比较选用的 15CrMoG 抗氧化限 550℃有 30℃左右的裕量，因此从壁温考虑应该更安全。

对于水冷壁部分，根据蠕变强度和焊接性可以采用两种含 2.5Cr、12Cr 的 T23 和 HCM12 合金。纯粹从蠕变强度考虑，它们可以用于 595～650℃的温度范围。当某些锅炉含 NO_x 较低，存在向火侧腐蚀时，这些合金就必须镀层，或用 18～20Cr 合金表面镀层。

2. 过热器、再热器受热面材料的选用

过热器和再热器是锅炉中工作环境最为恶劣的部件，面临高温氧化、腐蚀的问题，是锅炉中承受压力最大、温度最高的部件。过热器和再热器管了材料的蠕变强度必须足够高，在其运行的压力与温度范围内，有充足的安全裕度，同时还要考虑管子对蒸汽侧和烟气侧的抗氧化与抗腐蚀的要求[21]。目前普遍采用 18Cr-8Ni 系列细晶奥氏体不锈钢 TP347HFG，Super304H（S30432）和 20～25Cr 系列高铬镍奥氏体钢 HR3C（S31042）作为超超临界机组锅炉用高温段过热器、高温段再热器所使用的材料。

奥氏体钢主要用于过热器、再热器，奥氏体钢的热膨胀系数高，导热性能差，价格高。所有奥氏体钢可以看作在 18Cr8Ni（AISI302）的基础上发展起来的，分别为 15Cr、18Cr、20～25Cr 和高 Cr-高 Ni 四类，15Cr 系列奥氏体钢强度很高但抗腐蚀性能差，所以应用较少。目前，在普遍的蒸汽条件下，使用的 18Cr 钢有 TP304H、TP321H、TP316H、TP347H。其中，TP347H 具有很高的强度，通过热处理使其晶粒度到 8 级以上即可得到 TP347HFG 细晶钢，提高蠕变强度和抗蒸汽氧化能力，对于提高过热器管的稳定性起着重要的作用，在国外许多超超临界机组中得到了广泛的应用。

TP304H 是一款不锈耐热钢，具有良好的弯管、焊接工艺性能，耐腐蚀性，高的持久强度和组织稳定性，冷变形能力非常好。使用温度最高可达 650℃，抗氧化温度最高可达 850℃[22]。

TP347HFG 是一种细晶奥氏体热强钢，它是通过特定的热加工和热处理工艺得到的。它的许用应力比 TP347H 粗晶粒钢高 20%以上。TP347HFG 的应用对降低蒸汽侧氧化效果显著，已广泛应用于超超临界机组锅炉过热器、再热器上。在 ASME 第Ⅱ卷 D 篇中规定了 TP347HFG 的最高许用温度是 732℃。

日本住友金属工业株式会社（住友）和三菱重工（三菱）在 TP304H 的基础上生产了 Super304H 钢（S30432 钢），通过降低 Mn 含量上限，加入约 3%的 Cu、约 0.45%的 Nb 和微量的 N，使该钢在服役期运行时产生非常细小而弥散的富铜相沉淀于奥氏体母相内的沉淀强化，以及 NbC、NbN、NbCrN 和 M23C6 的强化作用，从而得到许用应力比 TP304H 高 30%的一种新型奥氏体不锈钢锅炉管。已大量用于制造超超临界燃煤发电机组锅炉的过热器和再热器，并于 2000 年 3 月纳入 ASTM A213/213M 和 ASME code case 2328。Super304H 中，Cu 和 Nb 含量是从蠕变断裂强度、蠕变断裂韧性、硬度和耐腐蚀的角度确定的。由于长期在服役温度下老化的韧性损失，高温下影响抗拉强度的氮质量分数上限确定为 0.12%。Super304H 的优良性能主要得益于很细富铜相的沉淀强化作用，很细的富铜相可以相互参与地沉淀在奥氏体中。M23C6、Nb（C、N）和 NbCrN 的沉淀加强作用可增加蠕变断裂强度。细晶粒结构和 Nb 元素的增加，使 Super304H 抗蒸汽氧化和耐热腐蚀的性能大幅度提高。在 ASME code case 2328-1 中给出了 S30432 的最高设计温度是 815℃。

HR3C 是高 Cr、Ni 含量的奥氏体不锈钢，由于在该钢中加入了很多的 Cr 和 Ni、较多的 Nb 和 N，该钢的抗拉强度高于常规的 18-8 不锈钢，持久强度和许用应力远高于常规的 18-8 不锈钢以及 TP310 钢，高温耐热蚀抗力显著优于含 Cr 较少的钢，且抗蒸汽氧化性能极优。在 ASME 第Ⅱ卷 D 篇中规定了 TP310HCbN 的最高许用温度是 732℃。

TP347HFG、Super304H（S30432）和 HR3C（S31042）已成为超超临界锅炉高温受热面的成熟材料，根据使用经验，这三种材料作为 600℃等级锅炉过热器和再热器管长期使用，其机械性能、蠕变断裂性能、抗蒸汽氧化性能和焊接、弯曲等加工后的性能完全能满足要求。对于再热器出口温度由 603℃提高到 623℃的工况，Super304H（S30432）和 HR3C（S31042）这两种奥氏体不锈钢管也可以完全胜任。

2.5.2 HR3C 金属材料性能和制造工艺

HR3C(25Cr-20Ni-Nb-N 钢)是一种结合了 TP310H 和 TP310Cb 的改进 25Cr-20Ni 型奥氏体耐热钢，其公称成分为 0.1C-25Cr-20Ni-Nb-N，在 ASME 标准中的材料牌号为 SA-213TP310HCbN，在日本 JIS 标准中的材料牌号为 SUS310JITB，是 20 世纪 80 年代日本住友金属工业株式会社成功研制出的一种新型不锈钢。HR3C 是日本住友金属工业株式会社命名的牌号，其标准成分质量分数见表 2-7。

表 2-7 现阶段使用的新型奥氏体不锈钢及其 ASME 标准成分质量分数

钢种	w_C /%	w_{Si} /%	w_{Mn} /%	w_P /%	w_S /%	w_{Cr} /%	w_{Ni} /%	w_{Nb} /%	w_N /%	w_{Cu} /%
HR3C	0.04～0.1	≤0.75	≤2.0	≤3.0	≤3.0	24.0～26.0	17.0～23.0	0.20～0.60	0.15～0.35	—

超超临界锅炉过热器管的工作状况更加恶劣，要求具有更高抗腐蚀性能的部位，一般选用 SA-213TP310H 钢。SA-213TP310H 钢具有高 Cr、Ni 含量，抗高温腐蚀性能良好，但是其高温蠕变强度不理想，其高温许用应力只等于或小于普通的 SA-213TP304H 不锈钢。而且普通 SA-213TP310H 钢还存在 σ 相析出后产生的脆性问题。为提高 SA-213TP310H 钢的高温性能，日本住友公司在对 SA-213TP304H 的研究中发现，在基体中析出的细小 NbCrN 氮化物，对 TP310H 钢强化同样很有效。因此在 TP310H 不锈钢中添加 N、Nb 元素开发了 SA-213TP310HCbN 钢（HR3C）。

SA-213TP310HCbN 钢与普通的 SA-213TP310H 钢化学成分的区别仅在于添加了 0.20%～0.60%的 Nb 和 0.15%～0.35%的 N，使新钢种的高温性能显著提高。其蠕变断裂强度的提高主要是在钢时效过程中析出了 NbCrN。NbCrN 氮化物非常细小而且特别稳定，即使长时间时效，组织也很稳定，显著提高了蠕变断裂强度。同时加入微量的 N 对抑制 σ 相的形成，改善韧性有效。SA-213TP310HCbN 钢高温抗腐蚀性能（抗蒸汽氧化性能）良好，其许用应力比普通的 SA-213TP310H 钢有很大提高。

1. HR3C 金属的材料性能

1）化学成分

HR3C 金属材料的化学成分见表 2-8。

表 2-8　HR3C 金属材料的化学成分

成分	SA-213TP310H/SA-213MTP310HCbN
C/%	0.04～0.10
Si/%	≤1.00
Mn/%	≤2.00
P/%	≤0.045
S/%	≤0.030
Cr/%	24.0～26.0
Ni/%	19.0～22.0
Nb/%	0.20～0.60
N/%	0.15～0.35

2）力学性能

HR3C 金属材料的常温力学性能见表 2-9；其高温许用应力见表 2-10；其抗拉

强度和屈服强度见图 2-34。

表 2-9　HR3C 金属材料的常温力学性能（SA-213/SA-213MTP310HCbN）

试验温度	$R_{P0.2}$/MPa	R_m/MPa	A/%	硬度
室温	≥295	≥655	≥30	≤256HBW/100HRB

表 2-10　HR3C 金属材料的高温许用应力

温度/℃	许用应力/ksi	温度/℃	许用应力/ksi	温度/℃	许用应力/ksi
–20～100	27.1	700	18.1 23.8	1050	16.3 22.0
200	24.0 26.9	750	17.8 23.7	1100	16.1
300	21.7 25.4	800	17.6 23.6	1150	13.6
400	20.2 24.6	850	17.4 23.4	1200	10.1
500	19.2 24.2	900	17.1 23.1	1250	7.6
600	18.5 24.0	950	16.9 22.8	1300	5.7
650	18.3 23.9	1000	16.6 22.4	1350	4.3

注：1ksi=6.84MPa。

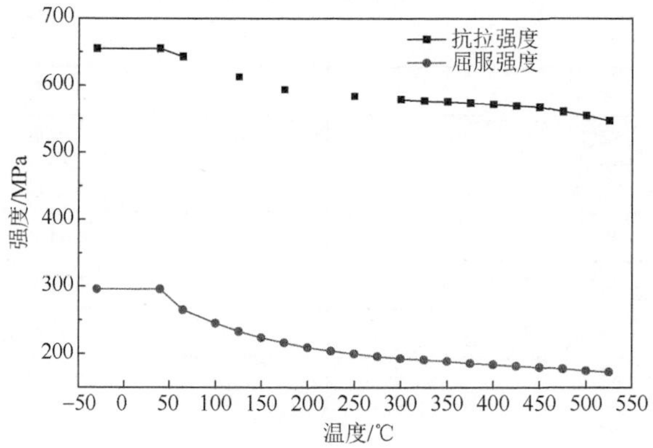

图 2-34　HR3C 金属材料的抗拉强度和屈服强度

3）物理性能

HR3C 金属材料的热膨胀系数见图 2-35，其导热系数见图 2-36。

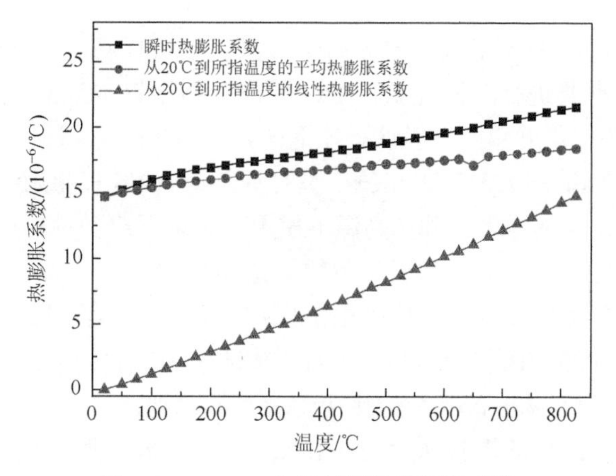

图2-35　HR3C金属材料的热膨胀系数

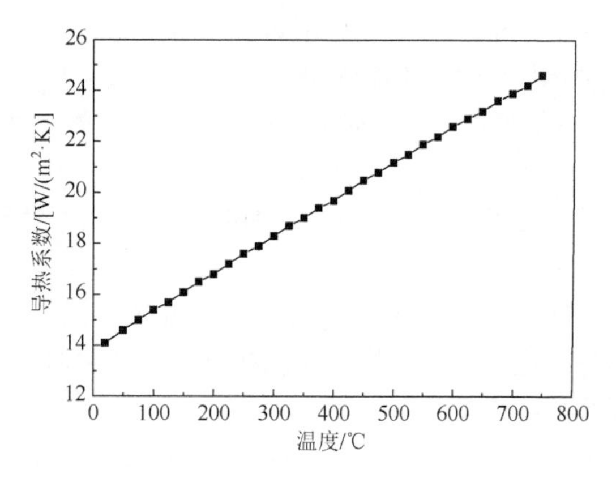

图2-36　HR3C金属材料的导热系数

2. HR3C金属材料的制造工艺

HR3C含较高Cr、Ni等元素，高温熔化状态下易氧化，特别是T-HR3C焊丝还含有3%左右的Cu，容易造成根部焊枯，焊接时应采取严格的背面Ar气保护并采用小线能量减少焊缝金属在高温液态时停留时间才能取得良好的根部成型。

HR3C＋T91异种钢焊接采用Ni基焊接材料，焊缝金属易产生热裂纹，应采用小线能量焊接，减少焊缝金属在高温液态时停留时间以减少热裂纹倾向。

奥氏体钢的焊接性能良好，无冷裂倾向，因而奥氏体钢的焊接不需要预热，但奥氏体钢在焊接过程中有热裂倾向，因而应注意控制焊接热输入及层间温度。在焊接过程中采用焊接线能量较小的焊接方法如手工TIG焊、机械冷丝TIG焊或热丝TIG焊等。一般应控制层间温度不大于150℃，对于机械冷丝TIG焊或热丝TIG焊来说，如采用连续焊接，焊接过程中要求对所焊的焊缝进行层间水冷，为防止晶间腐蚀应控制冷却用水中的氯离子含量。为防止高温区合金元素的氧化，在整个焊接过程中要进行背面充氩保护。因奥氏体钢钢水较黏，焊接时为保证坡口两侧熔合好，坡口角度应比一般铁素体钢大。若与铁素体类材料进行异种钢焊接，推荐采用ASME标准的AWS ERNiCr-3型号焊丝或AWS ENiCrFe-2型号焊条。异种钢焊接（与铁素体钢焊接）并在高温下使用时必须考虑两种材料的线膨胀系数。

HR3C焊接及冷热加工工艺试验后的结论如下。

（1）HR3C焊接时应有更严格的根部保护，防止根部焊枯。

（2）用焊接TP347H的焊接材料，如ER347、H1Cr19Ni19Ti焊丝和E347-15焊条焊接HR3C + TP347H，其焊接接头性能可满足要求。

（3）HR3C + HR3C焊接采用T-HR3C TIG焊丝，其焊接接头性能可满足要求。

（4）HR3C + T91的异种钢焊接除根部封底保护要求更严格之外，其余与TP347H + T91的异种钢焊接性基本相同，其最合适的焊接材料ERNiCr3、ENiCrFe3熔敷金属具有一定的热裂倾向，焊接时应采用控制焊接线能量以降低热裂纹生成。

（5）目前直管拼接工艺中最优先采用的应为HW-TIG。

（6）焊态及不同热处理规范的HR3C + HR3C接头力学性能及接头硬度无明显差别，与HR3C母材相当；所以HR3C焊后可不热处理；亦可随T91等合金耐热钢组件进行730～760℃焊后热处理；HR3C + HR3C接头也可在焊后随加工应变量超过规定值的弯头进行固溶化热处理；HR3C + T91异种钢接头，焊后应随合金耐热钢一起进行焊后回火处理。

（7）HR3C材料延伸率较好，能满足不同需要的变形，除了$R \geqslant 3.3D$冷弯，可免除固溶化处理外，其余均需要固溶化处理。即当$R/D \geqslant 3.3$时，冷弯弯头可不进行固溶化处理。

（8）HR3C材料经冷弯后推荐固溶化处理规范：（1200±15）℃，保温5min，空冷。

（9）HR3C材料经缩颈加工后，必须进行固溶化处理，推荐其规范为：（1200±15）℃，保温5min，空冷。

（10）HR3C材料经镦厚加工后，必须进行固溶化处理，推荐其规范为：（1200±15）℃，保温5min，空冷。

2.5.3 超级304金属材料性能和制造工艺

超级不锈钢、镍基合金是一种特种的不锈钢，是奥氏体型的超超临界锅炉用钢。首先在化学成分上其与普通不锈钢304不同，是指含高镍、高铬、高钼的一种高合金不锈钢。Super304H 是基于已被广泛使用的传统奥氏体耐热钢 TP304H 钢（18Cr-8Ni），应用多元合金强化理论、弥散开发理论开发的一种新型的奥氏体钢。其次在耐高温或者耐腐蚀的性能上，与 304 相比，其具有更加优秀的耐高温或者耐腐蚀性能，是 304 不可取代的。另外，从不锈钢的分类上，特殊不锈钢的金相组织是一种稳定的奥氏体金相组织[23]。

由于这种特种不锈钢是一种高合金的材料，所以在制造工艺上相当复杂，一般只能依靠传统工艺来制造这种特种不锈钢，如灌注、锻造、压延等。

日本住友公司在 SA-213TP304H 的基础上加入适量阻止奥氏体晶粒长大的 Cu、Nb、N 等元素，开发出了 18Cr-9Ni-3Cu-Nb-N（Super304H）经济型奥氏体钢。该材料是在 ASME SA-213TP304H 的基础上使 Super304H 具有较细的晶粒尺寸，从而达到高温强度、长期塑性以及抗腐蚀性能的最佳组合。其优越的高温蠕变强度不是靠贵重的合金元素 W、Mo 的强化获得，而是通过相对廉价的 Cu、Nb、N，由富 Cu 相的 Cu、Nb、N（C、N）$M_{23}C_3$ 质点的弥散强化获得。Super304H 为提高高温蠕变强度添加了 3%左右的 Cu，并通过复合添加的 Nb 和 N，力求获得高强度和高韧性。Nb 作为稳定剂，降低了敏化现象，具有较高的蠕变强度和抗蒸汽氧化、耐蒸汽腐蚀的性能，具有较好的加工性、可焊接性。

Super304H 已被纳入 2010 版 ASME Ⅱ卷 A 篇 SA-213《锅炉、过热器和换热器用铁素体与奥氏体合金钢无缝管》标准中，标准型号为 SA-213 S30432。

1. S30432 金属的材料性能

1）化学成分

S30432 金属材料的化学成分见表 2-11。

表 2-11　S30432 金属材料的化学成分

成分	SA-213/SA-213MS30432	成分	SA-213/SA-213MS30432
C/%	0.07～0.13	Ni/%	7.5～10.5
Si/%	≤0.30	Nb/%	0.30～0.600
Mn/%	≤1.00	N/%	0.05～0.12
P/%	≤0.040	Al/%	0.003～0.030
S/%	≤0.010	B/%	0.001～0.010
Cr/%	17.0～19.0	Cu/%	2.5～3.5

2）力学性能

S30432 金属材料常温力学性能见表 2-12；S30432 金属材料高温许用应力见

表 2-13；S30432 金属材料屈服强度见图 2-37。

表 2-12　S30432 金属材料常温力学性能（SA-213/SA-213MS30432）

试验温度	$R_{P0.2}$/MPa	R_m/MPa	A/%	硬度
室温	≥235	≥590	≥35	≤219HBW/230HV/95HRB

表 2-13　S30432 金属材料高温许用应力

温度/℃	许用应力/MPa	温度/℃	许用应力/MPa	温度/℃	许用应力/MPa	温度/℃	许用应力/MPa
−30～40	157 157	325	107 145	500	97.2 131	675	61.1 61.1
65	144 157	350	106 143	525	95.9 129	700	46.9 46.9
100	135 157	375	104 140	550	94.6 128	725	35.3 35.3
150	126 157	400	103 139	575	93.4 126	750	25.9 25.9
200	119 157	425	101 137	600	92.3 121	775	18.5 18.5
250	113 153	450	99.9 135	625	91.3 97.9	800	12.9 12.9
300	109 147	475	98.5 133	650	78.0 78.0	825	8.9 8.9

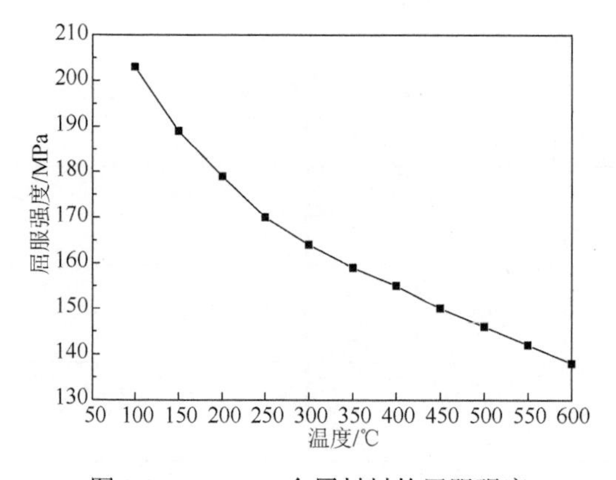

图 2-37　S30432 金属材料的屈服强度

3）物理性能

S30432 金属材料的热膨胀系数见图 2-38；S30432 金属材料的导热系数见图 2-39。

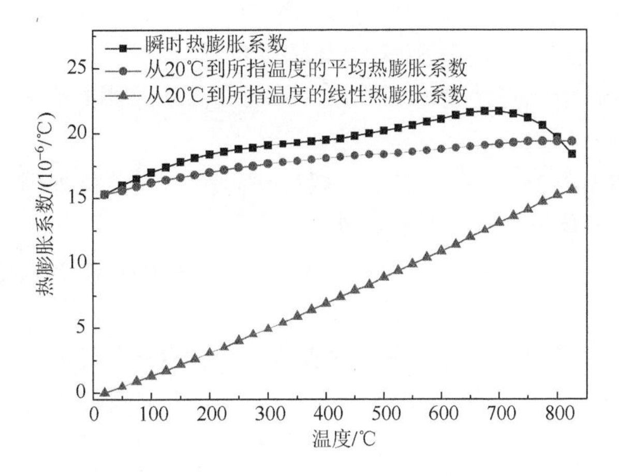

图 2-38　S30432 金属材料的热膨胀系数

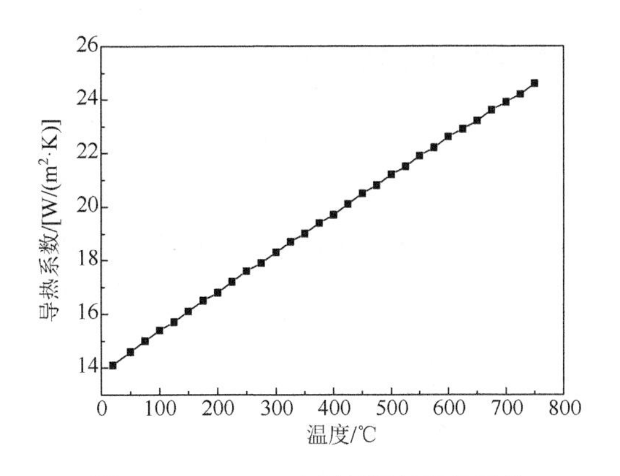

图 2-39　S30432 金属材料的导热系数

2. S30432 金属材料的制造工艺

（1）奥氏体钢的焊接性能良好，无冷裂倾向，因而奥氏体钢的焊接不需要预热。

（2）奥氏体钢在焊接过程中有热裂倾向，因而应注意控制焊接热输入及层间温度。在焊接过程中采用焊接线能量较小的焊接方法如手工 TIG 焊、机械冷丝 TIG 焊或热丝 TIG 焊等。

（3）一般应控制层间温度小于等于 150℃。

（4）对于机械冷丝 TIG 焊或热丝 TIG 焊，如采用连续焊接，焊接过程中要求对所焊的焊缝进行层间水冷，为防止晶间腐蚀应控制冷却用水中的氯离子含量。为防止高温区合金元素的氧化，在整个焊接过程中要进行背面充氩保护。

（5）奥氏体钢钢水较黏，焊接时为保证坡口两侧熔合好，坡口角度应比一般铁素体钢大。若与铁素体类材料进行异种钢焊接，推荐采用 ASME 标准的

AWSERNiCr-3 型号焊丝或 AWSENiCrFe-2 型号焊条。

（6）异种钢焊接（与铁素体钢焊接）并在高温下使用时必须考虑两种材料的线膨胀系数。

（7）对于 SA-213S30432，焊后一般应进行整体固溶化处理，SA-213S30432 不得直接与非奥氏体钢组成异种钢接头。

（8）对于需要有异种钢接头的部位应采用 SA-213TP310HCbN 或 SA-213TP347H 进行过渡。

随着超超临界锅炉参数的提高，奥氏体不锈钢管用量增加，给焊接和热处理都带来了一定的难度。对于奥氏体钢管来说，成形后的固溶化处理应采用整体的方式进行，因局部固溶化处理存在过渡区晶粒度粗大等一系列问题。推荐采用固定式计算机程控热处理炉，辊道输入、强制冷却风室快速冷却等。

2.5.4 TP347 金属材料性能和制造工艺

TP347HFG 金属材料是日本开发研制的细晶粒奥氏体不锈钢，是在 TP347H 的基础上，通过热处理使晶粒度达到 8 级以上，对提高过热器管的热稳定性起到了重要的作用。由于其具有良好的高温强度和高温抗氧化性能而被认为是 18-8 型奥氏体不锈钢管材中较好的材料，目前被广泛应用于超超临界锅炉的过热器及再热器部件的制造。

1. TP347HFG 金属材料的性能数据

1）化学成分

TP347HFG 金属材料的化学成分见表 2-14。

表 2-14　TP347HFG 金属材料的化学成分

成分	SA-213/SA-213MTP347HFG
C/%	0.06～0.10
Si/%	≤1.00
Mn/%	≤2.00
P/%	≤0.045
S/%	≤0.030
Cr/%	17.0～19.0
Ni/%	9.0～13.0
Nb/%	0.48～1.10

2）力学性能

TP347HFG 金属材料的常温力学性能见表 2-15；TP347HFG 金属材料的高温许用应力见表 2-16；TP347HFG 金属材料的抗拉强度和屈服强度见图 2-40。

表 2-15　TP347HFG 金属材料的常温力学性能（SA-213/SA-213MTP347HFG）

试验温度	$R_{P0.2}$/MPa	R_m/MPa	A/%	硬度
室温	≥205	≥550	≥35	≤192HB/200HV/90HRB

表 2-16　TP347HFG 金属材料的高温许用应力

温度/℃	许用应力/ksi	温度/℃	许用应力/ksi	温度/℃	许用应力/ksi
−20～100	20.0	700	14.1 18.9	1050	13.0 17.5
200	18.1 20.0	750	13.9 18.8	1100	12.8 16.6
300	16.9 20.0	800	13.8 18.6	1150	12.6 12.8
400	15.9 19.9	850	13.6 18.3	1200	9.7 9.7
500	15.2 19.3	900	13.4 18.1	1250	7.3 7.3
600	14.6 19.1	950	13.3 17.9	1300	5.4 5.4
650	14.4 19.0	1000	13.1 17.7	1350	4.0 4.0

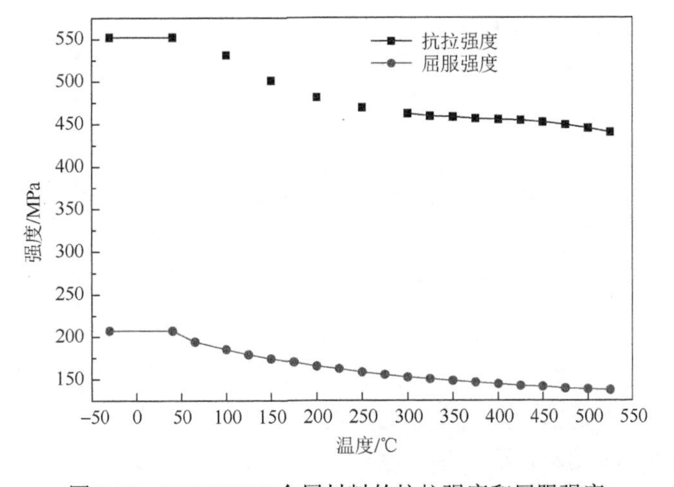

图 2-40　TP347HFG 金属材料的抗拉强度和屈服强度

3）物理性能

TP347HFG 金属材料的热膨胀系数见图 2-41；TP347HFG 金属材料的导热系数见图 2-42。

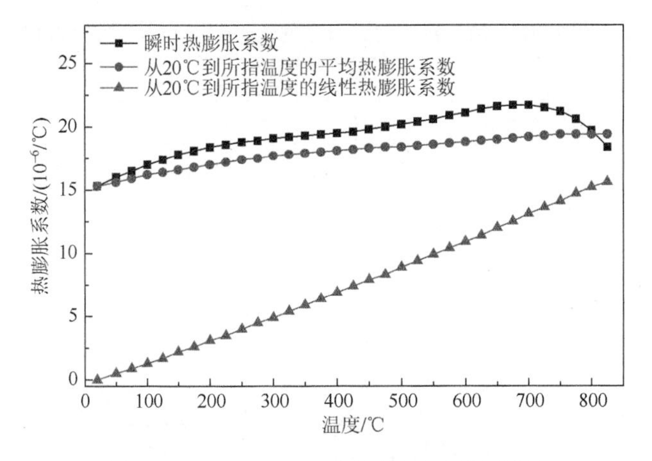

图 2-41　TP347HFG 金属材料的热膨胀系数

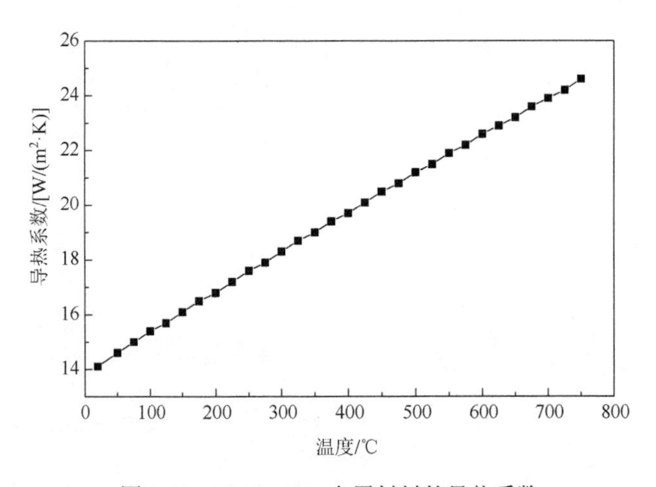

图 2-42　TP347HFG 金属材料的导热系数

2. TP347HFG 金属材料的制造工艺

奥氏体不锈钢的高温强度随着固溶化处理温度的增加而增加，但随着固溶化处理温度的增高，不锈钢的晶粒度随之增大，这样又降低了钢材的抗蒸汽氧化性能。减小奥氏体不锈钢管蒸汽腐蚀的措施就是细化晶粒度，因为细晶粒组织有利于铬在晶界间的流动，从而产生致密的铬的氧化物（Cr_2O_3），铬的氧化膜能够提高材料抗蒸汽氧化能力。晶粒度的增多会降低钢材的抗蒸汽氧化性能。所以，减小奥氏体不锈钢管蒸汽腐蚀的措施就是细化晶粒尺寸，而 TP347HFG 细晶粒奥氏体不锈钢的开发，使这一矛盾得到了一定的缓解。Nb 能提高钢的热强性，改善钢铁材料的抗蠕变性能，TP347HFG 材料的合金化原理是通过铌的碳化物的分解和固溶作用使该材料在较高的固溶热处理温度下仍然能够获得理想的晶粒度，从而实现将材料的高温蠕变断裂强度和高温抗氧化性能完好结合。

TP347HFG 金属材料在日本、美国、英国等国家不同参数等级的超超临界锅炉机组上已经得到了应用，国内锅炉制造企业工艺试验的目的就是在借鉴国外生产制造及应用经验的基础上，通过不同固溶热处理规范下的奥氏体不锈钢 TP347HFG 的常温机械性能及固溶热处理前后的微观组织状态、晶粒度等变化对比，从而确定在国内锅炉行业内生产制造 TP347HFG 管子受热面管圈在冷热成型后的经济合理的固溶热处理工艺参数。

对于 TP347HFG 细晶粒奥氏体不锈钢，其一定范围内的固溶热处理温度对其常温力学性能的影响不大；在 1190℃这样的高温下进行固溶热处理，没有产生晶粒度粗大的现象，由于细小尺寸的组织晶粒便于合金元素铬在组织晶界间的流动，形成致密的氧化膜，所以较好地保留了材料本身所具有的抗高温蒸汽腐蚀的能力。考虑国内锅炉制造企业的实际设备能力状况，可以将 1170～1200℃保温 20min 水冷作为该材料经过冷热成型后的固溶热处理工艺参数。

2.5.5　T23 金属材料性能和制造工艺

SA-213T23（HCM2S）是日本住友金属工业株式会社在我国 G102（12Cr2MoWVTiB）基础上，将 C 质量分数从 0.08%～0.15%降低至 0.04%～0.10%，Mo 质量分数从 0.50%～0.65%降低至 0.05%～0.30%，W 质量分数从 0.30%～0.55%提高至 1.45%～1.75%，并形成以 W 为主的 W-Mo 的复合固溶强化，加入微量 Nb 和 N 形成碳氮化物（主要为 VC、VN、M23C6 和 M7C3）弥散沉淀强化，而研制成功的低碳低合金贝氏体型耐热钢，近年由 ASME code case 2199-1 批准，牌号为 T23。该钢的前身，即我国的 G102，在国内的大型电站锅炉上已经得到广泛应用[7]。

SA-213T23（HCM2S）钢时效前后的力学性能和金相组织差异小；焊接性能好，优于我国的 G102；耐蚀性较好；室温强度和冲击韧性比 G102 好，其许用应力也基本相同，至少等同于我国的 G102，而优于 SA213-T22 和我国的 12Cr1MoV。总的说来，HCM2S 的优点较多，由于 G102 在我国的锅炉中已经成功应用多年，HCM2S 钢在国内等同代替 G102 完全可行。

SA-213T23（HCM2S）钢管性能良好，其最高使用温度为 600℃，最佳使用温度为 550℃。可用于制造大型电站锅炉金属壁温不超过 600℃的过热器和再热器。

T23 钢的设计思路通常以良好的焊接性、优良的韧性、充分高的蠕变强度和不需要焊后热处理作为四个目标。目前所见到的T23钢的标准及相应的化学成分见表2-17。

表 2-17　T23 钢的标准及相应的化学成分

标准	钢号	C/%	Si/%	Mn/%	P/%	S/%	Cr/%
ASTMA213（2199 条款）	T23	0.04～0.10	≤0.5	0.10～0.60	≤0.03	≤0.01	1.90～2.60
三菱、住友	HCM2S（T23）	0.04～0.10	≤0.5	0.10～0.60	≤0.03	≤0.01	1.90～2.60

从表2-17可以看到，T23钢与我国在20世纪60年代开发的G102（12Cr2MoWVTiB）有相似的合金系统和含量，它是在T22钢的基础上加入了钨，减少了钼，把碳质量分数降低到了0.04%～0.10%，此外，再添加少量的钒、铌、氮和硼等微合金化元素。这样成分的钢再经过相应的成材加工和热处理后，就可获得综合性良好、能够满足制作USC锅炉水冷壁要求的钢材。它在600℃时的蠕变断裂强度达到T22钢的1.8倍。因为降低了含碳量和杂质的含量，所以其焊接性显著提高，允许焊前不预热，焊态下热影响区的最高硬度也在350HV（维氏硬度）以下。

T23的正火温度为（1060±10）℃，回火温度是（750±15）℃，实践证明，当钢材的厚度超过10mm时，需要加大正火冷却速度，以保证最佳的力学性能。T23的主要物理性能见表2-18。

表 2-18　T23 的主要物理性能

温度/℃	弹性模量/GPa	热传导率/[W/(m·K)]	线膨胀系数/(1/10^6)	密度/(g/cm^3)
50	206	34.8	11.3	7.89
100	203	35.8	11.6	—
200	196	36.8	12.2	—
300	189	36.6	12.6	—
400	181	35.8	13.1	—
500	171	34.6	13.5	—
600	160	33.1	13.9	—
650	154	32.2	14.0	—

T23钢具有再热裂纹倾向，在600～770℃温度范围内，断面收缩率都远远低于T22钢，并且小于15%，表明T23钢的再热裂纹敏感性远高于T22钢的再热裂

纹敏感性。对 T23 钢进行焊后热处理时，尤其是对 T23 钢焊接管座接头进行焊后热处理时要更加小心，应尽量防止在进行焊后热处理时存在附加应力，应该尽可能改善焊趾部位的形状。

为防止氧化皮堵塞超温爆管，可采取以下措施。

1. 设备选型

在设备选型上主要是审核锅炉厂高温受热面材料设计是否合适，在选用高温受热面管材时除了考虑高温强度、材料组织与性能变化之外，还应该重点考虑材料抗高温氧化性能。超超临界锅炉大量采用国外进口不锈钢，国内没有这方面的使用经验，但是国外对这些钢材的使用经验也有限，其性能数据也在被不断修正。建议采用以下原则选用高温受热面的管材。

（1）对于运行经验少的管材选材时应该相应保守，选材时应选高一个等级的材料。

（2）尽量选用国内运行经验较多的材料。

（3）一根换热管尽量选用两种以下的材料，不宜采用很多种材料。

（4）换热管内径尽量选择一致，避免过多的变径结合面造成堵塞。

（5）调温手段和旁路容量选择，从防止氧化皮大尺寸脱落的角度考虑，不宜选择无旁路系统。

（6）对喷水减温器的选择，不能选择流量大的减温水调节阀（无论在高压还是低压条件下）。

2. 运行

（1）在锅炉停炉时应避免锅炉快速冷却，降低换热管壁温，降低速率，同时避免低负荷时投用减温水。

（2）在锅炉启动过程中，尽早启用旁路，缩短换热管内 U 形弯内积水的蒸干升温时间。

（3）在冲转和初始升负荷期间，采用带旁路启动，尽量建立较大的主蒸汽流量，同时提高冲转及并网时的蒸汽参数。

（4）在刚并网的时候，减小机组升负荷速度，降低主蒸汽温度升温速率。防止主蒸汽升温过快影响运行安全，所以在很低负荷时投用减温水。

（5）注意在机组开始升负荷时应保证蒸汽流量的同步增加，避免出现蒸汽流量不增加、蒸汽温度快速增加的现象。

（6）开始投减温水降温时，应严格控制减温水流量，控制屏式过热器与高温过热器进口气温有一定的过热度。如果减温水调节阀门漏流量大，必须避免在低负荷时投减温水。

（7）建议首次投用减温水时，尽量投一级减温水，不要同时投一级减温水与二级减温水。

（8）若开始投减温水时减温水量难以控制，建议增加容量小、低蒸汽流速状况下雾化好的启动旁路减温器。

（9）建议每次启动时，带负荷至机组一半负荷时，应保持一段时间采用低参数震荡负荷运行方式。之后较长时间运行在 2/3～3/4 负荷区，并采用大流量、低参数运行方式，最好蒸汽流速超过满负荷运行工况；由于氧化皮的堵塞是一个亚稳态结构，扰动有可能破坏这种亚稳定状态，可以在此负荷区范围内采用蓄压变负荷或者同时采用调节旁路等措施，采用较大流量扰动等类似冲管方式冲洗换热管内可能存在的氧化皮搭桥现象。

（10）建议增加锅炉高温过热器、屏式过热器以及高温再热器等高温受热面出口壁温监测点，防止运行中换热管超温，同时也能使换热管堵塞现象尽可能多地被检测到。

（11）在运行过程中加强壁温监视，做好燃烧调整工作，减少高温受热面换热管的壁温偏差。防止个别换热管超温运行，内壁氧化皮生成速率显著加快。

（12）在机组抢修事故时应注意氧化皮脱落问题。应注意控制锅炉蒸汽温降速率；维修正常的闷炉时间，不能过早进行通风冷却。防止因抢修一次事故引起另外的一次或多次事故。

3. 维护

在维护过程中主要是检测内壁氧化皮厚度和氧化皮脱落后堆积状况，清理堵塞在换热管内的氧化皮，同时维护好壁温测点与减温水调节阀门。

2.5.6　P92 金属材料性能和制造工艺

SA-335P92/SA-213T92 钢是在 SA-335P91/SA-213T91 钢的基础上，适当降低了 Mo 元素的含量，同时加入了一定量的 W 以将材料的钼当量（Mo + 0.5W）从 P91/T91 钢的 1%提高到约 1.5%，该钢还加入了微量的 B。经上述合金化改良后，与 9Cr 系列的其他常用耐热钢相比，其耐高温腐蚀和抗氧化性能相似，但高温强度和蠕变性能显著提高。

1. 材料性能

1）化学成分

P92 金属材料的化学成分见表 2-19。

表 2-19　P92 金属材料的化学成分

成分	SA-335/SA-335MP92	成分	SA-335/SA-335MP92
C/%	0.07～0.13	V/%	0.15～0.25
Si/%	≤0.50	Mo/%	0.30～0.60
Mn/%	0.30～0.60	Ti/%	≤0.010
P/%	≤0.020	Al/%	≤0.02
S/%	≤0.010	Nb/%	0.04～0.09
Cr/%	8.5～9.5	B/%	0.001～0.006
Ni/%	≤0.40	Zr/%	≤0.010
W/%	1.50～2.00	N/%	0.030～0.070

2）力学性能

P92 金属材料的常温力学性能见表 2-20；P92 金属材料的高温许用应力见图 2-43；P92 金属材料的抗拉强度和屈服强度见图 2-44。

表 2-20　P92 金属材料的常温力学性能

标准	试验温度	$R_{P0.2}$/MPa	R_m/MPa	A/%	硬度
SA-335/SA-335MP92	室温	≥440	≥620	≥13	≤250HB/265HV
GB/T 5310—2017（P92）				≥16	

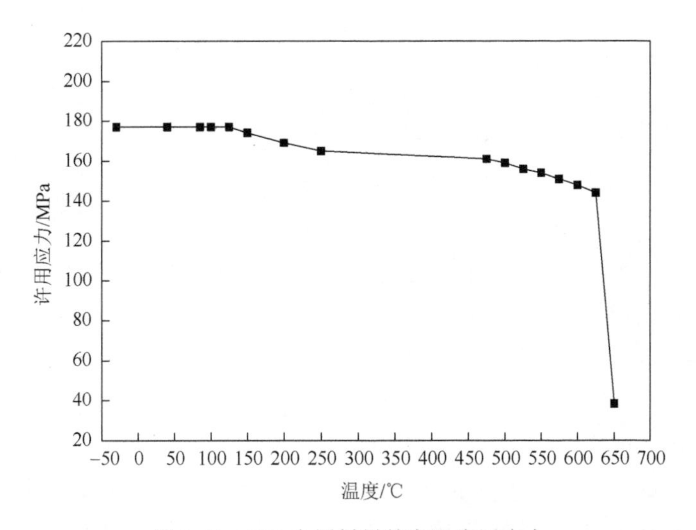

图 2-43　P92 金属材料的高温许用应力

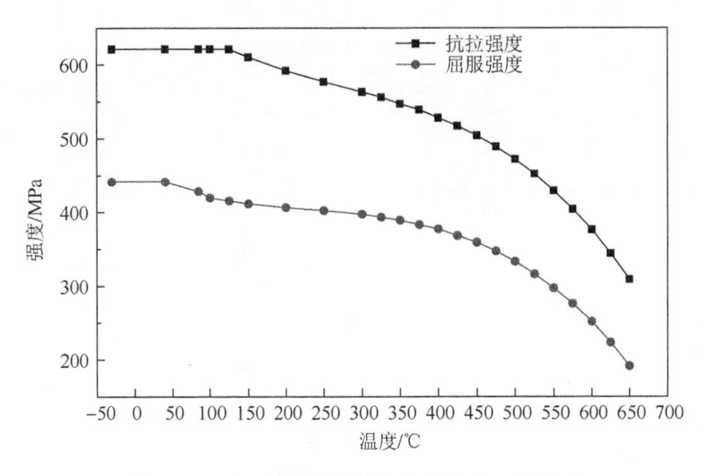

图 2-44　P92 金属材料的抗拉强度和屈服强度

3）物理性能

P92 金属材料的热膨胀系数见图 2-45；P92 金属材料的导热系数见图 2-46。

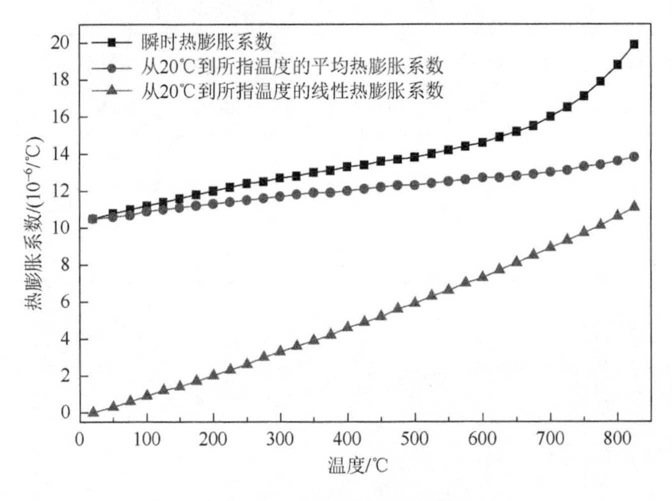

图 2-45　P92 金属材料的热膨胀系数

2. 制造工艺

P92 是采用 V、Nb 元素微合金化并控制 B 和 N 元素含量的铁素体耐热钢，其主要用于苛刻蒸汽条件下的集箱和蒸汽管道（主蒸汽和再热蒸汽管道）。相比其他铁素体合金钢，其具有更高的高温强度和蠕变性能，它的抗腐蚀性和抗氧化性能等同于其他 9Cr 铁素体钢，它的抗热疲劳性能强于奥氏体不锈钢。P92 在 SC、USC 机组上得到了大量应用，具有广阔的应用前景[24]。

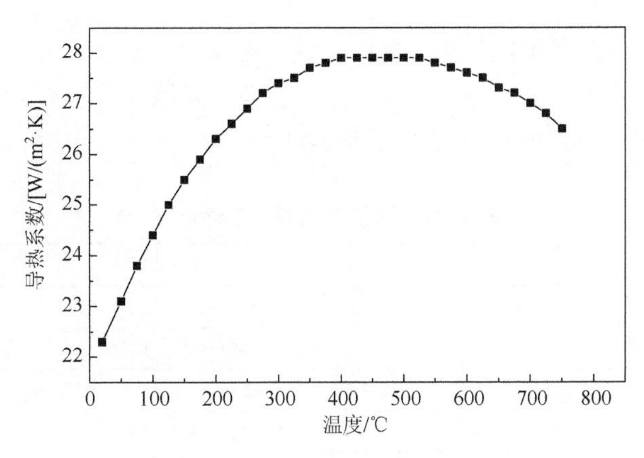

图2-46　P92金属材料的导热系数

（1）SA-335P92/SA-213T92为马氏体耐热钢，在焊接过程中既有冷裂倾向，又有热裂倾向。为防止焊接冷裂纹，焊接前要对工件进行预热，预热温度钨极氩弧焊不低于150℃，焊条电弧焊和埋弧焊不低于200℃。

（2）为防止热裂纹和晶粒的粗大，焊接过程中应严格控制焊接线能量，层间温度应低于300℃，优先选用焊接热输入较小的钨极氩弧焊。

（3）采用焊条电弧焊时，应注意多层多道焊，焊道厚度控制在不大于焊条直径为宜，焊道宽度不得超过焊条直径的3倍且建议焊条直径不大于4mm。

（4）对于壁厚较大的工件，可以采用埋弧焊进行焊接，但应选用细丝埋弧焊，焊丝直径应在3mm以下。

（5）SA-213T92小直径管氩弧焊对接焊接时，在整个焊接过程中背面要进行充氩保护；SA-335P92大直径厚壁管道或集箱焊接时，要对根部的前三层焊缝的背面进行氩气保护。

（6）焊缝焊完后应采用石棉保温缓冷并在100～150℃下至少停留1～2h，待金相组织全部转变成马氏体后方可进行焊后热处理。

（7）对于壁厚大于40mm的工件，焊后用石棉保温缓冷，在100～150℃下至少停留1～2h后，如不能立即热处理，应再加热至200～300℃，保温2h后缓冷至室温。

2.5.7　两级中间再热620℃超超临界锅炉材料及工艺

对超超临界锅炉用材料进行高温性能的选择，主要衡量指标包括：高温蠕变强度、耐腐蚀、热疲劳以及抗氧化能力。在选用材料上，既要考虑材料的高温性能，同时也要考虑材料的工艺性能和综合经济性能。铁素体钢一般可以用于600℃以下的锅炉热交换管，但在620℃以上，铁素体钢抗高温烟气腐蚀和高温氧化的能力有限，一般会选择奥氏体钢。奥氏体钢主要用在过热器、再热器管的出口段，在这一管段，除了蠕变强度外，抗氧化能力和烟气腐蚀能力也成为重要考虑因素。

锅炉受热面各部件的选材可参照表 2-21[25]。

表 2-21 锅炉受热面各部件选材

部件名称	材料
螺旋管圈水冷壁	15CrMoG，T23
垂直管圈水冷壁	15CrMoG，T23
低温过热器	15CrMoG，12Cr1MoVG，T91，TP304H
屏式过热器	T91，TP304HFG，S30432（super304H），HR3C
末级过热器	TP304HFG，S30432（super304H），HR3C
低温再热器	SA-210C，15CrMoG，12Cr1MoVG，T91，T92
高温再热器	TP304HFG，S30432（super304H），HR3C
分离器	P22，P91，F12

NF709 由新日本制铁公司在 20 世纪 80 年代中期研制，在日本 JIS 标准中表示为 SUS310J2TB。在 700℃下 10^5h 的持久强度达 88MPa 以上，时效后的冲击功在 40J 以上，对燃煤烟气具有高的抗腐蚀能力，在 NF709 的基础上，新日本制铁公司进一步研发了低 C、高 Cr 的 NF709R，相对于 NF709 具有更高的耐腐蚀性。NF709R 钢管具有优异的高温强度和抗腐蚀性能，热膨胀系数比较低，最高使用温度可超过 700℃。NF709 钢的 10^5h 持久强度如表 2-22 所示。

表 2-22 NF709 钢的 10^5h 持久强度

温度/℃	NF709，新日本制铁实测值/MPa	Super304H/GB 5310—2008/MPa	HR3C/GB 5310—2008/MPa
500	434	—	—
550	302	—	—
600	206	—	160
650	137	117	103
675	111	—	—
700	88	71	62
730	69	—	—

Sanicro 25 是在 20Cr-25Ni 钢基础上添加 3%W、1.5%Co、2.8%Cu 一级微量的 Nb、B、N。Sanicro 25 钢是瑞典山特维克公司（Sandvik Materials Co.）研发的新型 Cr-Ni 奥氏体耐热钢。该钢是在传统奥氏体钢基础上加入 W、B、Co、Cu 等元素，增强了固溶强化效应，同时析出 Nb（C、N）、NbCrN、M23C6 和富 Cu 的

沉淀相，采用多元复合强化，获得优异的高温持久强度、抗氧化/腐蚀性能。该钢的热导率优于 HR3C 和 NF709。600～700℃范围的持久强度比 HR3C 高 45%以上。目前，该钢已纳入德国 VDTUV555 材料单，在 ASMESA213M-2010 中的 UNS 号为 S31035。Sanicro 25 钢的 10^5h 持久强度如表 2-23 所示。

表 2-23　Sanicro 25 钢的 10^5h 持久强度

温度/℃	Sanicro 25/MPa	NF709/MPa	Super304H/MPa	HR3C/MPa
500	405	—	—	—
550	325	302	—	—
600	230	206	—	160
650	155	137	117	103
700	95	88	71	62
750	50	55	—	—
800	25	—	—	—

600℃超超临界机组锅炉用 T91、T92、TP347H、TP347HFG、Super304H、TP310HCbN 小口径管制造过热器。

620℃机组锅炉再热器出口炉外段与集箱连接的管接头采用 T92 钢。尽管各锅炉厂采取延长不锈钢的长度，减少 T92 接管长度，可以减少风险，但无法彻底解决该问题。在设计方面，尽量减小烟温偏差、蒸汽侧热力偏差，降低 T92 管接头的壁温。再热器出口集箱接管由于温度偏差，最高温度可达到 630℃以上[26]。

在 625℃，Sanicro25 许用应力比 TP310HCbN 高 55%；在 650～675℃，Sanicro25 许用应力比 TP310HCbN 高 63%。由于 Sanicro25 更高强度奥氏体钢小口径管许用应力比 HR6W 铁镍基合金小口径管许用应力高，价格比 HR6W 铁镍基合金小口径管价格低，所以优先选用 Sanicro25 更高强度奥氏体钢小口径管制造 700℃超超临界机组锅炉低温段过热器。700℃超超临界机组锅炉过热器设计压力为 40MPa 左右，出口段管子金属温度为 750℃左右。700℃超超临界机组锅炉过热器候选新材料是 Sanicro25 更高强度奥氏体钢小口径管、HR6W 铁镍基合金小口径管、617mod 和 740H 镍基合金小口径管。使用 Sanicro25 代替 TP310HCbN 制造 700℃超超临界机组锅炉过热器，可以降低过热器管子壁厚，提高过热器对锅炉变工况运行的适应性。对于管子金属设计温度在 630～680℃的过热器，可以选用 Sanicro25 更高强度奥氏体钢小口径管。由于 740H 抗烟气腐蚀性能优于 617mod，所以对于管子金属设计温度超过 680℃的高温段过热器，需要选用 740H 镍基合金小口径管。

瑞典开发出了 700℃超超临界机组，锅炉过热器和再热器使用更高强度奥氏体钢小口径钢管的 Sanicro25。与传统的奥氏体耐热钢相比，Sanicro25 具有优异的高温持久强度、抗蒸汽氧化和抗烟气腐蚀性能，在 600～700℃时的持久强度比 TP310HCbN 高 45%以上，在 650℃和 700℃蒸汽中的抗氧化性能良好，达到完全抗氧化级。欧洲公司为 700℃超超临界机组锅炉高温受热面管子、集箱和管道开发了 0.08C-22Cr-12Co-9Mo-1.0AL-0.4Ti-B（617mod）镍基合金小口径管和大口径管，其 700℃、100000h 持久强度为 119MPa，750℃、100000h 持久强度为 69MPa。Sanicro25 奥氏体钢小口径管和 617mod 镍基合金小口径管已经在欧洲 700℃机组锅炉验证试验平台上进行了运行试验。2001 年，美国开发蒸汽参数为 37.9MPa、732℃/760℃超超临界机组。美国公司为 700℃超超临界机组锅炉高温受热面管子、集箱和管道开发出 0.04C-24Cr-20Co-2Nb-1.6Ti-1.0AL-0.5Mo（740H）小口径管和大口径管，其 700℃、100000h 持久强度为 219MPa，750℃、100000h 持久强度为 126MPa。

国内首台 660MW 等级二次再热超超临界锅炉开发及运行，大量采用了 HR3C 和 Super304H，以减少运行的汽温、壁温偏差。过热器系统压力升高，两级再热器出口蒸汽温度升高到 623℃，对高温过热器和再热器，大量采用了 HR3C 钢细晶粒喷丸的 Super304H，同时 TP347 材料全部采用细晶粒 TP347HFG 材料。G115 钢是由钢铁研究总院-宝钢共同研发的具有自主知识产权的 650℃马氏体耐热钢（专利 CN103045962B），在研发该钢管过程中，采用了“选择性强化”设计理念，通过合理控制 B 和 N 的配比有效控制 M23C6 碳化物在服役过程中的长大速率，在 Nb-V 之外通过添加适量 Cu 元素进一步增加析出强化效果，通过把 W 质量分数从 3%调低到 2.8%，来提高服役过程中的冲击韧性。G115 钢具有优异的 620～650℃温度区间组织稳定性能，650℃温度下其持久强度是 P92 钢的 1.5 倍，其抗高温蒸汽氧化性能和可焊性与 P92 钢相当，有潜力应用于 620～650℃温度段大口径管和集箱等厚壁部件以及 620～650℃小口径过热器和再热器管制造。

我国在 2002 年开始将发展超超临界机组列入国家 863 计划重大项目攻关计划，2003 年开始，国家经济贸易委员会和科技部均把超超临界机组研究列入国家重大设备研制计划。目前，我国超超临界锅炉的主要设计生产厂家有：哈尔滨锅炉厂有限责任公司（HBC），其技术支持方为三菱重工；东方锅炉股份有限公司（DBC），其技术支持方为日本巴布科克-日立公司；上海锅炉厂有限公司（SBWL），其技术支持方为法国阿尔斯通公司，其 600MW 等级超超临界锅炉技术为自主开发。

1. 哈尔滨锅炉厂有限责任公司

HBC 在研究超超临界锅炉方面的工作主要有以下几个方面。

1）高效超超临界锅炉的研究

高效超超临界锅炉为 600MW/1000MW 等级的高参数锅炉。布置方式为 Π 形布置，全钢架、全悬吊结构；其采用垂直水冷壁、一次中间再热，调温方式过热器采用煤水比＋喷水，再热器采用挡板＋过量空气系数调温；燃烧方式为单切圆或双切圆，低 NO_x 直流燃烧器＋SOFA 风；制粉系统为六台中速磨直吹系统；排渣系统为固态排渣，干式或湿式除渣方式；空气预热器系统采用两台三分仓式回转空气预热器；尾部烟道与空气预热器之间设有脱硝系统。

2）对冲超超临界锅炉的研究

对冲超超临界锅炉为 600MW 等级的高参数直流锅炉。布置方式为 Π 形布置，全钢架、全悬吊结构；其采用垂直水冷壁、一次中间再热，调温方式过热器采用煤水比＋喷水，再热器采用喷水＋过量空气系数调温；燃烧方式为前后墙对冲燃烧，低 NO_x 旋流燃烧器＋SOFA 风；制粉系统为双进双出钢球磨或中速磨；排渣系统为固态排渣，干式或湿式除渣方式；空气预热器系统采用两台三分仓式回转空气预热器；尾部烟道与空气预热器之间设有脱硝系统。

3）超超临界塔式锅炉的研究

超超临界塔式锅炉为 1000MW 等级的高参数直流锅炉。布置方式为塔式布置，全钢架、全悬吊结构；其采用垂直水冷壁、一次中间再热，调温方式过热器采用煤水比＋喷水，再热器采用喷水＋过量空气系数调温；燃烧方式为单/双切圆燃烧，低 NO_x 直流燃烧器＋SOFA 风；制粉系统为 8 台风扇磨或 7 台中速磨；排渣系统为固态排渣，干式或湿式除渣方式；空气预热器系统采用两台二分仓/三分仓式回转空气预热器；尾部烟道与空气预热器之间设有脱硝系统。

2. 东方锅炉股份有限公司

DBC 在研究超超临界锅炉方面的工作主要有以下几个方面。

1）二次再热超超临界循环流化床锅炉研究

DBC 在自主开发 600MW 超临界循环流化床锅炉成功经验的基础上，结合公司煤粉锅炉二次再热开发的经验，完成了 660MW 二次再热超超临界 CFB 锅炉开发。该锅炉方案以环形炉膛、旋风分离器、回料器及外置式换热器组成的主循环回路为核心，较好地解决二次再热超超临界 CFB 锅炉受热面协调、再热蒸汽温度调节及水动力安全等问题。锅炉主蒸汽参数高，能够达到提高机组热效率的目的[27]。

2）1000MW 高效超超临界锅炉研究

随着我国超超临界燃煤发电技术的不断发展，常规参数（26.25MPa/605℃/603℃）的 1000MW 等级超超临界煤粉发电技术已十分成熟，1000MW 等级常规参数超超临界机组已批量投运，积累了丰富的运行经验。随着超超临界技术的发展，为节能减排、进一步提高机组效率、提高电厂经济性，开发更大容量、更高温度、更高压力参数的超超临界机组是必要的也是必然的发展方向。DBC1000MW 高效参数超超临界锅炉，相对于常规参数超超临界，其主要的区别在于主蒸汽压力提升至 29.4MPa，再热蒸汽温度提升至 623℃。DBC1000MW 高效超超临界，既继承了常规超超临界的技术特点，针对参数提升，又采取了一系列的技术措施[28]。

（1）采用 Π 形布置形式。

（2）炉膛水冷壁分上下两部分，炉膛下部为内螺纹管螺旋管圈膜式管屏，炉膛上部为垂直上升膜式管屏。

（3）燃烧方式采用前后墙对冲燃烧方式，采用全炉膛空气深度分级燃烧技术，燃烧系统由煤粉燃烧器喷口和燃尽风喷口组成。

（4）采用自主开发设计的双调风低 NO_x 旋流燃烧器。

（5）过热器受热面采用辐射-对流型布置。过热汽温调节采用水煤比和二级喷水减温，过热蒸汽管道在屏式过热器与高温过热器之间进行一次左右交叉，以减小两侧汽温偏差。

（6）再热器受热面采用纯对流型布置。再热汽温通过尾部双烟道平行烟气挡板调节，并装设有事故喷水减温器。低温再热器出口与高温再热器之间进行了一次左右交叉，以减小两侧汽温偏差。

（7）采用较低的直流负荷，锅炉启动系统可灵活配置。

（8）省煤器采用前后烟道双侧布置方式，即在低温再热器下方和低温过热器下方均设置了省煤器。

（9）采用回转式空气预热器，每台锅炉配置两台三分仓（或四分仓）空气预热器。预热器采用先进的径向、轴向和环向密封系统。

（10）设置 0 号高加，在低负荷工况下调节给水温度，调节脱硝设备的入口烟温，提升全负荷脱硝能力。

（11）设置邻炉加热系统，从邻炉再热冷段抽取蒸汽加热给水，以便在不点火情况下进行锅炉热态清洗，同时防止点火起炉时对锅炉受热面的热冲击，减少管内氧化皮生成和脱落。

（12）采用 100%带安全阀功能的三用阀高压旁路，取消过热器安全阀和 PCV 阀，取消低再入口安全阀，仅高温再热器出口管道设置气动可调式安全阀。

3. 上海锅炉厂有限公司

SBWL 在研究超超临界锅炉方面的工作主要有以下几个方面[29, 30]。

1）1000MW 超超临界塔式锅炉研究

外高桥电厂 2×1000MW 超超临界压力直流塔式锅炉是 SBWL 首批应用引进技术、经消化吸收后自行开发研制的新一代产品。外高桥 1000MW 超超临界塔式锅炉是目前国内在运的、最大容量的塔式超超临界锅炉，填补了我国大容量超超临界塔式锅炉产品的空白。其主要技术特点如下。

（1）自行设计、制造采用 Super304H 和 HR3C 材料的受热面。

（2）锅炉主蒸汽出口温度 605℃/603℃，出口压力 28MPa，在目前国内 1000MW 等级超超临界锅炉中参数最高。

（3）锅炉无油助燃最低稳定运行负荷为 110.5MW，过热蒸汽流量为 346.3t/h，远低于保证值 25%BMCR，是国内乃至世界最高水平。

（4）一次汽阻力为 2.93MPa，远低于国内其他锅炉。

2）623℃/660MW 超超临界锅炉研究

田集发电厂 660MW 超超临界锅炉是 SBWL 自行设计的首台 623℃/660MW 超超临界锅炉，是在成功设计 660MW 常规超超临界锅炉的基础上，结合 623℃再热汽温超超临界机组参数的要求自主开发的新参数等级的锅炉产品。其主要技术特点如下。

（1）选用成熟的螺旋管圈水冷壁形式。

（2）采用较大的炉膛截面和容积，较低的炉膛截面热负荷和炉膛出口烟气温度。

（3）采用单炉膛四角切圆的燃烧方式。

（4）采用高级复合分级低 NO_x 燃烧系统。

（5）启动系统采用不带循环泵的简单疏水启动系统。

（6）过热器采用煤水比作为汽温的粗调手段，以喷水减温作为蒸汽温度的微调措施，再热器采用烟气挡板调温、燃烧器摆动和过量空气系数调节。

（7）过热器、再热器受热面材料选取留有大的裕度，确保锅炉长期、安全、稳定地运行。

（8）为了降低超超临界锅炉因过热器和再热器出口汽温的提高所导致的高温段管子烟气侧高温腐蚀和管内高温氧化，过热器和再热器受热面材料采用大量的高档次奥氏体钢管。

第3章　超超临界汽轮机技术

3.1　超超临界汽轮机的发展与技术特点

3.1.1　超超临界汽轮机的发展

1. 汽轮机发展历史和特点

汽轮机是将蒸汽的热转换为机械功的旋转式动力机械，是蒸汽动力装置的主要设备之一，它是一种透平机械，又称蒸汽透平。

19世纪末，瑞典的拉瓦尔和英国的帕森斯分别制造了实用的汽轮机。拉瓦尔于1882年制成了第一台5马力（约3.67kW）的单级冲动式汽轮机，并解决了有关喷嘴设计和强度设计问题。20世纪初，法国的拉托和瑞士的佐莱分别制造了多级冲动式汽轮机。多级结构为增大汽轮机功率开拓了道路。帕森斯在1884年取得英国专利，制成了第一台10马力的多级反动式汽轮机，这台汽轮机的功率和效率在当时都居于领先地位。20世纪初，美国的柯蒂斯制成多个速度级的汽轮机，每个速度级一般有两列动叶，在第一列动叶后在汽缸上装有导向叶片，将汽流导向第二列动叶。现在速度级的汽轮机只用于小型汽轮机上，主要驱动泵、鼓风机等，也常用作中小型多级汽轮机的第一级。

汽轮机的出现推动了电力工业的发展，到20世纪初，电站汽轮机单机功率已达10MW。随着电力应用的日益广泛，美国纽约等大城市的电站尖峰负荷在20世纪20年代已接近1000MW，如果单机功率只有10MW，则需要装机近百台，因此20年代时单机功率就已增大到60MW，30年代初又出现了165MW和208MW的汽轮机。此后的经济衰退和第二次世界大战的爆发，使汽轮机单机功率的增大处于停顿状态。50年代随着战后经济发展，电力需求突飞猛进，单机功率又开始不断增大，陆续出现了325～600MW的大型汽轮机；60年代制成了1000MW汽轮机；70年代，制成了1300MW汽轮机。现在许多国家常用的单机功率为300～1000MW[31]。

近几十年汽轮机发展尤为迅速，其发展的主要特点如下。

（1）单机功率增大。世界工业发达国家的汽轮机生产在20世纪60年代已达到500～600MW机组等级水平。1972年瑞士BBC公司制造的1300MW双轴全速

（3600r/min）汽轮机（24MPa/538℃/538℃）在美国投入运行；1976年西德KWU公司制造的单轴半速（1500r/min）1300MW饱和蒸汽参数汽轮机投入运行；1982年世界最大1200MW单轴全速汽轮机（24MPa/540℃/540℃）在苏联投入运行；苏联UKTH正在全力推进2000MW的高参数全速汽轮机的开发工作。增大单机功率不仅能迅速发展电力生产，还使单位功率投资成本降低，机组的热经济性提高，并加快电厂建设速度，降低电厂建设投资和运行费用。

（2）蒸汽初参数提高。根据机组参数与效率之间的关系，单机功率增大后采用较高的蒸汽参数才能提高经济性。当今世界上300MW及以上容量的机组均采用亚临界（16～18MPa）或超临界压力（23～26MPa）的机组，甚至采用超超临界压力的机组（$p_0 = 31$MPa，$t_0 = 600$℃）。蒸汽初压力提高，增大了汽轮机的做功能力，减少机组的汽耗量，使得机组效率升高。

（3）普遍采用一次中间再热。采用中间再热后可降低低压缸末级排汽湿度，减轻末级叶片水蚀程度，为提高蒸汽初压创造了条件，从而可提高机组内效率、热效率和运行可靠性。

（4）采用燃气-蒸汽联合循环。不仅效率高，在调峰、启动灵活性、环保等方面也具有明显优势。

（5）提高机组的运行水平。为了提高机组运行、维护和检修水平，以增强机组运行的可靠性，现代大机组显著改善了保护、报警和状态监测系统，甚至配置了智能化故障诊断系统。

2. 超超临界汽轮机发展现状

世界上超超临界汽轮机发展过程可划分为以下三个阶段。

1）第一阶段（20世纪50～70年代）

以美国为核心，追求高压/双再的超超临界参数。1959～1960年，Eddystone电厂1、2号机组汽轮机容量325MW，蒸汽参数34.5MPa/649℃/、566℃/566℃（二次再热），热耗8630kJ/(kW·h)，打破了最高出力、最高压力、最高温度和最高效率的4项纪录。8年后出现高压缸蠕变变形，1968年降参数（32.2MPa/610℃/560℃/560℃）运行。早期的超超临界机组更注重提高初压（30MPa或以上），迫使采用二次再热，使结构与系统趋于复杂，运行控制难度更大，并忽视了当时的技术水平和材料水平，事故偏多，使机组可用率下降、维修成本增加。此外，超超临界机组调峰性能差，不能适应市场需要。

2）第二阶段（20世纪80年代）

以材料技术发展为中心，超超临界机组处于调整期，锅炉和汽轮机材料性能大幅度提高，电厂水化学方面的认识已逐渐深入，美国对已投运的超临界汽轮机机组进行大规模的优化和改造，形成了新的结构和新的设计方法。超临界机组的效率平均比同容量的亚临界机组高 3%，可靠性和可用率指标达到甚至超过了相应的亚临界汽轮机机组，机组的低负荷运行极限由 50%下降到了 25%，调峰性能显著提高。美国将超临界技术转让给日本（东芝、日立、三菱），超临界机组的市场逐步转移到了欧洲和日本。

3）第三阶段（20 世纪 90 年代至今）

该阶段为超超临界汽轮机组快速发展的阶段，即在保证机组高可靠性、高可用率的前提下采用更高的蒸汽温度和压力。主要原因在于国际上环保要求日益严格，同时新材料的成功开发和常规超临界技术的成熟也为超超临界汽轮机机组的发展提供了条件，主要以日本（三菱、东芝、日立）、欧洲（西门子、阿尔斯通）的技术为主。此阶段超超临界汽轮机机组的技术发展具有以下三方面特点。

（1）蒸汽压力不高，多为 25MPa 左右，而蒸汽温度相对较高，主要以日本技术发展为代表。这种方案可以降低造价，使汽轮机组结构简单，增加了可靠性，通过提高温度来获得汽轮机组热效率更有效。欧洲及日本生产的新汽轮机组中大多数压力都保持在 25MPa 左右，进汽温度提高到 580～600℃。

（2）蒸汽压力和温度同时都取较高值（28～30MPa，600℃左右），从而获得更高的效率，主要以欧洲的技术发展为代表。部分机组在采用高温的同时，压力也提高到 27MPa 以上，压力的提高不仅关系到材料强度及结构设计，而且由于汽轮机排汽湿度的原因，压力提高到某一等级后，必须采用更高的再热汽温或二次再热循环，目前，世界第一台超超临界二次再热 1000MW 机组在泰州投产。

（3）更大容量等级的超临界汽轮机机组的开发。决定机组容量的关键因素之一是低压缸的排汽能力，与蒸汽参数无直接关系。为尽量减少汽缸数，大容量机组的发展更注重大型低压缸的开发和应用。开发更大容量的超超临界机组以及百万等级机组倾向于采用单轴方案。日本几家公司和西门子、阿尔斯通等在大功率机组中已开始使用末级钛合金长叶片。

为了发展高效率的超超临界汽轮机机组，从 20 世纪 80 年代初开始，美国、日本和欧洲都投入了大量财力和研究人员开展各自的新材料研发计划，这些材料分别针对不同参数级别的机组，如 593℃（包括欧洲的 580℃机组和日本的 600℃机组）、620℃、650℃级别和正在研发之中的更高温度级别的机组。新开发的耐热材料在投入正式使用之前，进行了大量的实验室和实机验证试验。到目前为止，欧洲已经成功投运了主蒸汽温度为 580℃的超超临界汽轮机机组，日本投运了主蒸汽温度为 600℃的机组，从材料的实机验证结果来看，国际上目前成熟的材料已经可以用于建造 620℃的机组，日本最新报道称，已经可以提供 650℃机组所需的关键部件材料。

3.1.2 超超临界汽轮机的特点

1. 结构特点

1）级的反动度

汽轮机的动叶栅可以仅受蒸汽冲动力的作用，也可以既受冲动力的作用，又受反动力的作用。反映蒸汽在动叶栅内膨胀程度的参数，称为反动度。根据反动度的不同可将级分为冲动式、反动式。

反动度 $\Omega_m = 0.05 \sim 0.30$ 的级称为带反动度的冲动级，简称冲动级。它的特点是蒸汽的膨胀大部分在喷嘴叶栅中进行，只有一小部分在动叶栅中继续膨胀。反动度 $\Omega_m \approx 0.5$ 的级称为反动级。其特点是蒸汽在喷嘴叶栅中的膨胀和在动叶栅中的膨胀程度近似相等；动静叶栅称为互为镜内映射状叶栅。蒸汽在动叶栅中膨胀加速是在冲动力和反动力的合力作用下使叶轮转动做功的。反动级焓降较小，单级做功能力较弱。冲动级做功能力强，但效率小于反动级。

目前已投产的超超临界机组中，哈尔滨汽轮机厂有限责任公司和东方汽轮机有限公司（以下分别简称哈汽、东汽）多采用冲动式，上海汽轮机厂有限公司（以下简称上汽）采用反动式。但由于反动级的效率比冲动级高，因此哈汽、东方和上汽在最新型超超临界汽轮机设计中都有采用小焓降高效率反动式级的趋势。

2）进汽方式

哈汽采用喷嘴调节方式，东汽采用复合配汽（喷嘴调节加节流调节）方式。这两种方式在部分进汽情况下调节级叶片存在严重的强度、振动问题，不得不使用双流调节级，这对提高高压缸效率不利。上汽采用全周进汽加补汽阀调节方式，无调节级，高中压第一级斜置静叶、切向进汽，第一级动叶与一般压力级无异，不存在特殊的强度和振动问题；阀门（不含补汽阀）全开对提高汽轮机效率有利，但在夏季工况补汽阀开启后效率会降低，调频任务要由补汽阀来承担。

3）转子支承方式

哈汽、东汽采用双轴承转子支撑方式。上汽采用 $N+1$ 轴承转子支撑方式，轴承数量少，机组长度短 8～10m，对轴系的稳定性较为有利。上汽轮机型采用柔性基座。上汽的高中压模块在工厂总装后整体发货至电厂工地直接安装；低压缸分八件发货至电厂工地后焊接安装。

4）末级叶片

哈汽采用 1219.2m 整体围带加阻尼凸台/套筒拉筋整圈连接、圆弧枞树型叶根的末级叶片，排汽面积为 11.87m^2。此叶片由通用电气公司与东芝公司共同开发设计，2001 年完成了全部开发设计和试验，已于 2005 年在意大利 Torviscosa 电站联合循环机组投入运行。其抗水蚀方式为：末级内环、外环、静叶片采用空心除湿设计和疏水槽，动叶片采用与斯太立合金硬度（HV390）相当的15Cr高硬度材料（HV380～HV415）。

东汽采用 1092.2mm 整体围带加凸台阻尼拉筋整圈连接、8 叉叶根的末级叶片，排汽面积为 10.11m^2。该叶片于 2002 年在苫东厚真电厂 4 号机组上投运使用，其抗水蚀方式为：采用空心除湿静叶和除湿槽，动叶片顶部进汽边高频淬硬处理。

上汽采用 1146mm 枞树型叶根自由叶片作为末级叶片，排汽面积为 10.96m^2。该叶片自 1997 年开始使用，已有数万小时的运行业绩。其抗水蚀方式为：有抽汽槽的空心静叶，动叶片顶部进汽边激光硬化[18, 32, 33]。

2. 其他特点

1）防固体颗粒侵蚀

哈汽在高压调节级采用斜面喷嘴型线和表面渗硼，中压第一级静叶涂陶瓷材料并加大动静叶距离。

东汽在高压调节级采用斜面喷嘴型线和 Cr-C 保护涂层，中压第一级静叶采用 Cr-C 保护涂层并加大动静叶距离。

上汽轮机型无调节级，高中压第一级反动度约为 20%，侵蚀性低于冲动级；第一级静叶为切向斜置式，静动叶片的距离较大；全周进汽滑压运行使第一级的压比及焓降不会随负荷降低而大幅度增加，静叶出口流速较低，所以未采取表面处理措施。

2）高温区冷却措施

哈汽轮机型：电端调节级出口压力略高于调端调节级出口压力，使调节级出口的部分蒸汽从电端向调端流动，防止高温蒸汽在转子和喷嘴室之间的腔室内停滞，冷却高温喷嘴室和转子。对中压转子的冷却蒸汽来自一段抽汽和高压缸，两股蒸汽混合使温度达到要求，通过冷却蒸汽管进入中压汽轮机，并利用菌型叶根与叶轮的间隙流动，冷却中压前两级叶根。

东汽轮机型：主蒸汽依次经过主蒸汽管、进汽导管、进汽室及喷嘴组，即直接进入汽轮机通流部分，与高压外缸不直接接触；与内缸接触也被推迟到喷嘴组之后；在主蒸汽管上靠近外缸处引入来自高压第一段抽汽的冷却蒸汽（不高于400℃），流经外缸与导汽管之间及外缸与内缸之间形成的狭小间隙，对外缸内壁进行隔离与冷却。引入第一段抽汽冷却中压转子进汽段及第一、第二级叶根，并对中压内外缸夹层进行冷却。高压内缸中分面高温段螺栓孔设计有小孔与高压第六级后相通，利用螺栓小孔内蒸汽的自动倒流，启动过程中对螺栓进行加热，正常运行时对螺栓进行冷却，从而减小螺栓与法兰间的温差，降低正常运行时螺栓的使用温度，提高螺栓抗松弛性能。

上汽轮机型：高压第一级静叶内壁有屏蔽结构。中压进汽室上切向有四个孔，将蒸汽引入进汽室与转子之间并形成涡流冷却转子表面，转子表面金属温度可降低10℃。

3.2　超超临界汽轮机的结构特点

3.2.1　叶片

1. 叶片的结构和分类

叶片按用途可分为动叶片（又称工作叶片，简称叶片）和静叶片（又称喷嘴叶片）两种。

动叶片安装在转子叶轮（冲动式汽轮机）或转鼓（反动式汽轮机）上，接受静叶栅射出的高速汽流的作用，把蒸汽的动能转换成机械能，使转子旋转。

静叶片安装在隔板或汽缸上，两相邻静叶片组成喷嘴；在速度级中，静叶片可作为导向叶片，使汽流改变方向，引导蒸汽进入后面的动叶栅。

叶片是汽轮机中数量和种类最多的关键零件，其结构型线、工作状态将直接影响能量转换的效率，因此其加工精度要求高，加工量约为整个汽轮机加工量的30%，可批量生产。

由于叶型的气动特性对机组的效率有很大影响，且叶片的工作条件很复杂，除因高速旋转和汽流作用而承受较高的静应力和动应力外，还因其分别处在过热蒸汽区、两相过渡区（指从过热蒸汽区过渡到湿蒸汽区）和湿蒸汽区段内工作而承受高温、高压、腐蚀和冲蚀作用。故叶片事故在汽轮机事故中所占的比重较大，严重地威胁着机组的安全运行。在设计和制造叶片时，既要考虑叶片具有足够的强度和良好的振动特性，即避开其激振区以保证叶片安全运行，又要具有良好的叶片型线，以达到较高的效率。对于在高温区工作的叶片，应考虑材料的蠕变问题；对于在湿蒸汽区工作的叶片应考虑材料受湿蒸汽冲蚀的问题。

叶片一般由叶根、工作部分（或称叶身、叶型部分）、叶顶连接件（围带或拉金）组成[34]。

1）叶根

叶片通过叶根固定在叶轮或转鼓上。叶根的作用是紧固动叶片，使其在经受汽流的推力和旋转离心力作用下，不至于从轮缘沟槽里飞出来。因此要求它与轮缘配合部分要有足够的强度且应力集中要小。另外要求它尺寸紧凑，便于加工、装配。它的结构形式取决于转子的结构形式、叶片的强度、制造和安装工艺要求等。常用的结构形式有T形叶根、叉形叶根和枞树形叶根等，见图3-1。

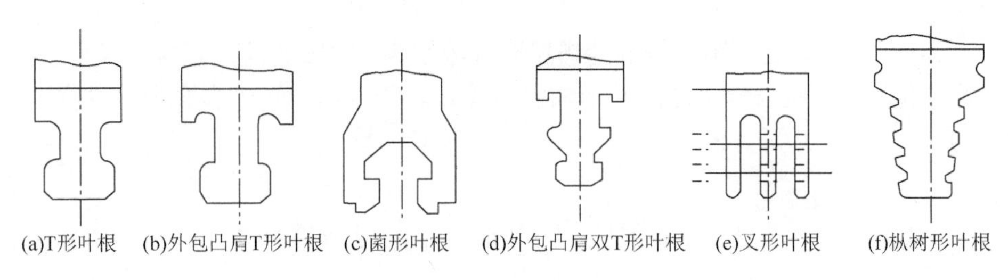

图 3-1　叶根结构

图 3-1（a）所示为 T 形叶根，此种叶根结构简单，加工装配方便，工作可靠。但由于叶根承载面积小，叶轮轮缘弯曲应力较大，使轮缘有张开的趋势，故常用于受力不大的短叶片，如调节级和高压级叶片。

图 3-1（b）所示为带凸肩的单 T 形叶根，其凸肩能阻止轮缘张开，减小轮缘两侧截面上的应力。叶轮间距小的整锻转子常采用此种叶根，例如，国产 200MW 机组，高压缸第二级以后和中压缸末级以前的级均采用此种形式。

图 3-1（c）所示为菌形叶根结构，这种叶根和轮缘的载荷分布比 T 形合理，因而其强度较高，但加工复杂，故不如 T 形叶根应用广泛。

图 3-1（d）所示为带凸肩的双 T 形叶根，由于增大了叶根的承力面，故它可用于叶片较长、离心力较大的情况。一般高度为 100～400mm 的中等长度叶片采用此种形式。此种叶根的加工精度要求较高，特别是两层承力面之间的尺寸误差大时受力不均，叶根强度将大幅度下降。

上述叶根属周向装配式，这类叶根的装配轮缘槽上开有一个或两个缺口（或称窗口、切口），其长度比叶片节距稍大，宽度比叶根宽 0.02～0.05mm，以便将叶片从该缺口依次装入轮缘槽中。装在缺口处的叶片称为封口叶片（又称末叶片），用两根铆钉固定在轮缘上，再用叶根底部的矩形状隙片或半圆形塞片固定，见图 3-2。

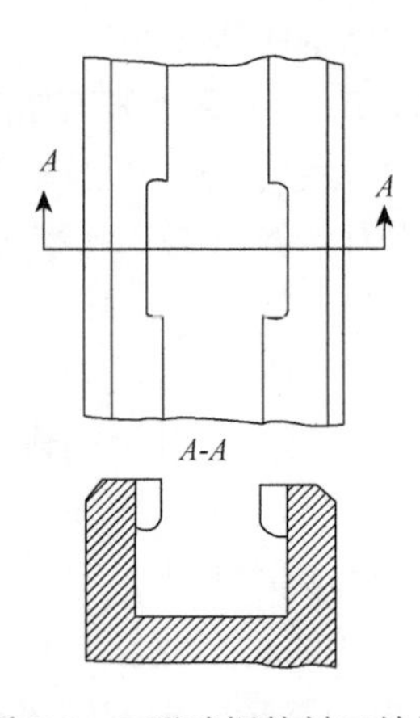

图 3-2　T 形叶根的封口结构

周向装配式的缺点是：叶片拆换必须通过缺口进行，当个别叶片损坏时，不能单独拆换，要将部分或全部叶片拆下重装，增加了拆装工作量。

图 3-1（e）所示为叉形叶根结构，这种叶根的叉尾直接插入轮缘槽内，并用两排铆钉固定。叉尾数可根据叶片离心力大小选择。叉形叶根强度高，适应性好，被大功率汽轮机末几级叶片广泛采用。国产 100MW 和 200MW 机组的末三级叶片均采用此种叶根。叉形叶根虽加工方便、便于拆换，但装配时比较费工，且轮缘较厚，钻铆钉孔不便，所以整锻转子和焊接转子不宜采用。

图 3-1（f）所示为枞树形叶根结构，这种叶根和轮缘的轴向断口设计成尖劈形，以适应根部的载荷分布，使叶根和对应的轮缘承载面都接近于等强度，因此在同样的尺寸下，枞树形叶根承载能力强、强度高、适应性好，叶根两侧齿数可根据叶片离心力进行选择。叶根沿轴向装入轮缘相应的枞树槽中，底部打入楔形垫片将叶片向外胀紧在轮缘上，同时，相邻叶根的接缝处有一圆槽，用两根斜劈的半圆销对插入圆槽内将整圈叶根周向胀紧，所以装拆方便，但是这种叶根外形复杂，装配面多，要求有很高的加工精度和良好的材料性能，而且齿端易出现较大的应力集中，所以一般只有大功率汽轮机的调节级和末级叶片使用。

2）工作部分

叶型部分是叶片的基本部分，它构成汽流通道。叶型部分的横截面形状称为叶型，其周线称为型线。为了提高能量转换效率，叶型部分应符合气体动力学要求，同时还要满足结构强度和加工工艺的要求。

由于工作原理的差别，冲动式叶片与反动式叶片的叶型不同，见图 3-3。

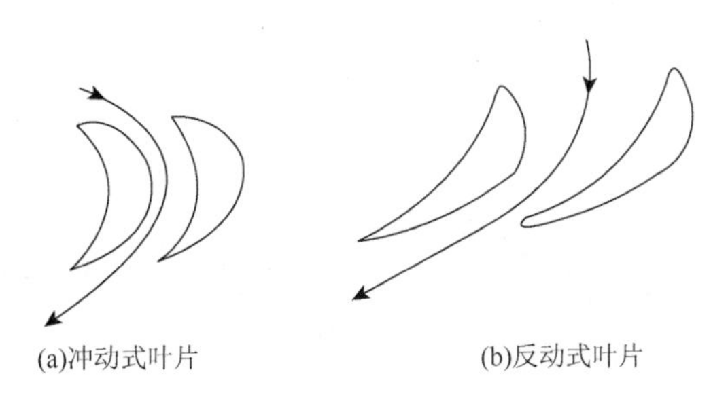

(a)冲动式叶片　(b)反动式叶片

图 3-3　叶型

按叶型沿叶高是否变化，将叶片分为等截面叶片和变截面叶片两种。等截面叶片的叶型沿叶高不变，它适用于径高比 $\theta = d_m / l_n > 10$ 的级（d_m 是级的平均直径，l_n 是叶片长度），这种叶片加工简单，但流道结构和应力分布不尽合理。对于较长的叶片级（$\theta < 10$），为了改善气动特性，减小离心应力，宜采用变截面叶片。此种叶片绕各横截面的形心连线发生扭转，通常又称为扭曲叶片。

在湿蒸汽区工作的叶片，为了提高抵抗水滴浸蚀的能力，其上部进汽边的背面通常进行强化处理，如镀硬铬、堆焊硬质合金或电火花强化处理。

3）叶顶连接件

汽轮机同一级中，用围带、拉金连接在一起的数个叶片称为成组叶片（叶片组）；用围带、拉金将全部叶片连接在一起的，则称为整圈连接叶片；不用围带、拉金连接的叶片称为单个叶片或自由叶片（一般只用于汽轮机末几级长叶片）。

采用围带或拉金可增加叶片刚性，降低叶片蒸汽作用力引起的弯应力，调整叶片频率。围带还构成封闭的汽流通道，防止蒸汽从叶顶逸出，有的围带还做出径向汽封和轴向汽封，以减少级间漏汽。因此，目前成组叶片用得最多。

随着成组方式的不同，叶顶结构也各不相同（图 3-4）。图 3-4（a）所示为整体围带结构形式，围带和叶片实为一个整体部件，叶片装好后顶板互相靠紧即形成一圈围带，围带之间可以焊接，这种结构称为焊接围带；也可以不焊接。整体围带一般用于短叶片。将 3～5mm 厚的扁平钢带，用铆接方法固定在叶片顶部，称为铆接围带［图 3-4（b）］。采用铆接围带结构的叶顶必须做出与围带上的孔相配合的凸出部分（铆头），以备铆接。考虑到有热膨胀，各成组叶片的围带间留有约 lmm 的膨胀间隙。

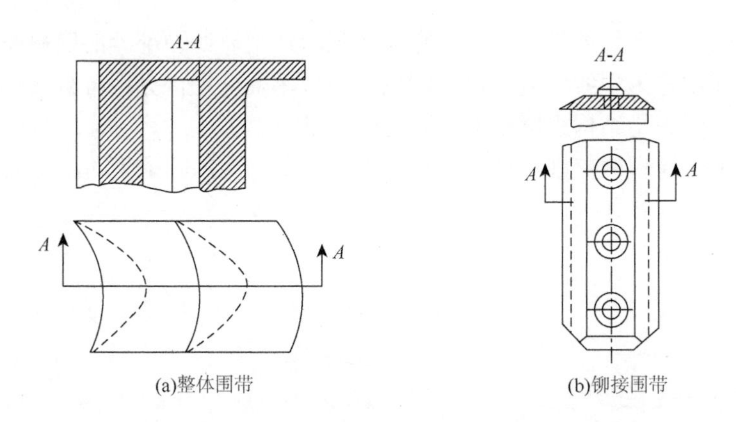

图 3-4　叶片围带结构形式

拉金一般是以 6～12mm 的金属丝或金属管，穿在叶身的拉金孔中。拉金与叶片之间可以是焊接的（焊接拉金）或不焊接的（松拉金）。焊接拉金的作用是减小叶片的弯应力，改变叶片的刚性，提高其振动安全性。松拉金的作用是增加叶片的离心力，以提高叶片的自振频率；增加叶片的阻尼，以减小叶片的振幅；同时对叶片扭振也起到一定抑制作用。但由于拉金处在汽流通道的中间，从而引起了附加的能量损失；同时拉金孔削弱了叶片的强度，所以在满足强度和振动要求的情况下，有的长叶片也可以设计成自由叶片。

当叶片不用围带而用拉金连接成组或为自由叶片时，叶顶通常削薄，可起到汽封齿的作用，同时可以减轻叶片的重量，并防止运行中与汽缸相碰时损坏叶片。

2. 超超临界汽轮机叶片

1）哈汽超超临界机组叶片的结构特点

（1）固体颗粒侵蚀（solid particles erosion，SPE）的防护。由于机组的蒸汽参数高，压力达到 25MPa，主蒸汽和再热蒸汽温度均为 600℃，并且采用直流锅炉，锅炉管道内壁锈蚀剥离物进入蒸汽中形成固体颗粒，使得高中压阀门、高压调节级、中压第一级固体颗粒侵蚀要比亚临界机组严重，设计中必须考虑如何减少固体颗粒侵蚀。通过实验验证和实际测试，高压喷嘴的冲蚀在出汽边的内弧损害较大，因此对于高压喷嘴采用渗硼的方法防止冲蚀。中压第一级静叶的冲蚀是由动叶片反弹回来的固体颗粒冲击产生的，主要在静叶片的出汽边背弧损害较大，因此对于中压第一级的静叶片采用涂陶瓷材料的方法增加叶片表面的硬度，防止冲蚀。喷涂厚度为（0.25±0.05）mm，硬度为 1000HV，大量运行经验表明，该喷涂方式效果良好、汽轮机机组运行安全可靠。

（2）48in[①]末级叶片。48in 末级叶片采用圆弧枞树形叶根，并以拉筋凸耳及套筒连接，提高了叶列的频率（与自由叶片相比），从而提高了叶片寿命。另外，此种结构通过相邻叶片接触部位的材料和机械减振作用进一步起到了减振效果。从环形面积来说，48in 末级动叶是世界上最长的全速（3000r/min）钢制末级动叶。48in 末级叶片如图 3-5 所示。

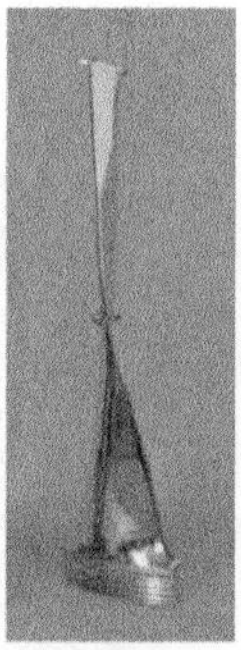

48in叶片设计参数	
叶高	1219.2mm
根径	1879.6mm
环形面积	11.87m²
叶顶圆周速度	678m/s
叶根形式	圆弧枞树形
连接形式	阻尼凸台/套筒+自带围带整圈连接
材料	15Cr钢

48in叶片开发历程			
1998年	1999年	2000年	2001年
气动设计和结构设计			
	性能验证试验		

图 3-5　48in 末级叶片及设计参数

（3）末级叶片除湿技术。与 48in 末级叶片相匹配的低压末级隔板由内环、

① in 为英寸，1in=2.54cm。

外环和静叶片组成。静叶片采用气动性能良好的“前掠”式空心结构。叶片的吸力面及压力面设有疏水缝隙，外环的内表面、内环的外表面均与空心静叶相接配并与冷凝器相连接，基本处于真空状态。末级通道中产生的水滴由疏水缝隙收集，通过空心静叶片、空心内环、空心外环，由下部的疏水管流入冷凝器。“前掠”式静叶结构能适当加大动、静叶片间的轴向距离，可以在不影响级间气动性能的情况下使汽流中剩余的水滴得到充分加速，使其与蒸汽速度基本一致，可有效减小对动叶片的冲击和腐蚀。同时在子午扩张的低压末级静叶栅顶部，采用“前掠”式静叶结构能在外端壁附近形成低压区，有利于水滴在离心力作用下进入疏水缝隙，可有效地降低湿汽损失。除湿叶片如图 3-6 所示[35]。

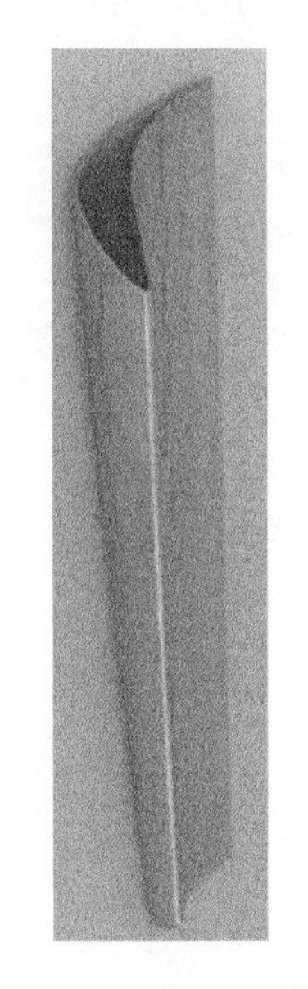

图 3-6 除湿叶片

2）东汽超超临界机组叶片的结构特点

（1）全三维设计技术。机组通流部分设计采用全三维设计技术[35-39]。叶片各截面沿叶高三维空间成形，在叶根、顶部沿周向不同的方向弯曲，叶道内沿径向形成 C 形压力分布，即压力两端高，中间低，二次流由两侧向中间流动汇入主流，从而减小了端部二次流损失[40]。采用先进的全三维设计技术设计的涡流喷嘴与常规喷嘴的比较如图 3-7 所示。

（2）先进的低型损层流静叶型线（SCH 叶型），静叶型线具有后加载气动布局特性，紊流转折点靠后，叶型背弧出汽段扩压区短，梯度小，不发生气流分离，因此损失小，通常把无分离、小型损、有后加载特征的称为层流叶型。图 3-8 为层流静叶叶型的损失分布。

(a)常规喷嘴

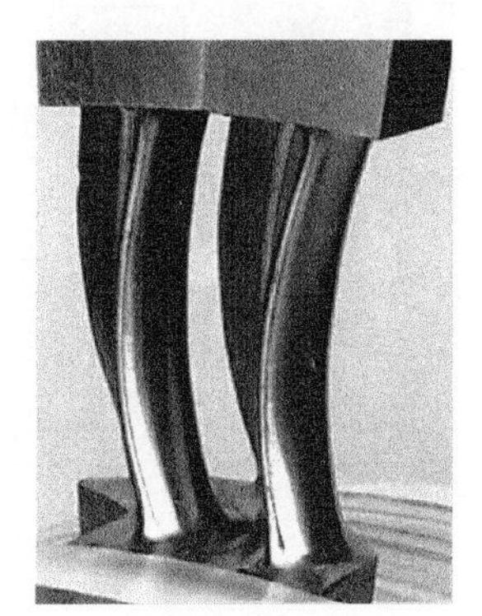

(b)先进涡流喷嘴

图 3-7 常规喷嘴与先进的涡流喷嘴

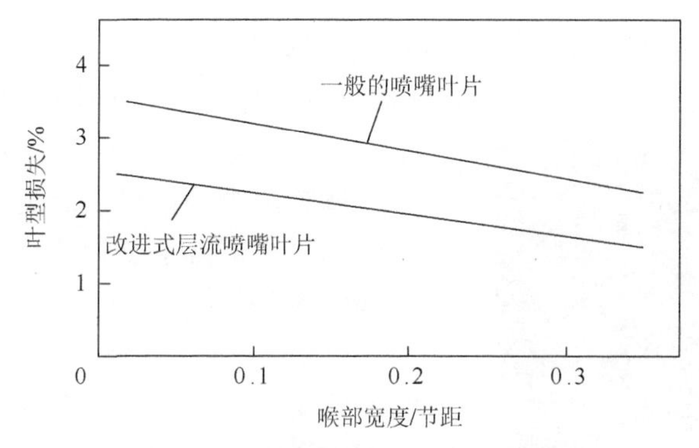

图 3-8　层流静叶叶型的损失分布

（3）自带冠动叶片。动叶片采用减振效果优良的单层自带冠结构。静态时连接件间留有最佳安装间隙，在一定转速下开始接触，在额定转速时连接件接触面产生一定的最佳正应力，在此正应力作用下，阻尼件将显著消耗叶片振动能量，衰减振动，降低叶片的动应力[41]。

（4）分流叶栅技术。传统的高压段静叶设计为窄叶片加强筋结构，由于加强筋的型线与叶型不匹配，且由于加工原因，加强筋与叶型通常不能对齐，造成静叶栅损失显著增加，采用后加载型的分流叶栅，可使叶栅损失大幅度降低。分流叶栅大叶片主要用来满足强度要求需要，小叶片则主要用来满足气动性能的需要。在设计叶栅时，大叶片前部不希望有明显的气动载荷，其后部气动载荷则应尽量接近小叶片的特征，这样就可保证分流叶栅在满足隔板强度要求的同时，具有良好的气动性能。采用分流叶栅后，高压级次的级效率可提高 1%～2%。

（5）平衡扭曲动叶（BV 叶型）。平衡扭曲动叶叶型是一种根据蒸汽的可压缩特性设计的平衡层式并具有压缩效果的叶片。由于叶片的凹面侧（受压侧）和凸面侧（吸气侧）的压力差减小，以致显著地减少了二次汽流损失、混合损失和分散损失[42]。采用扭曲成型使流型沿叶高优化，进口攻角减小，级效率明显提高。平衡扭曲动叶叶型与传统动叶叶型的动叶根部型线损失为 2.6%、1.9%，动叶顶部型线损失分别为 4.4%、3.1%。

（6）多维弯曲静叶技术。切向弯曲的喷嘴形成三维扩散流道，减少二次流损失。级效率提高 1%～2%。同时，静叶采用薄出汽边技术，静叶薄出汽边与厚出汽边相比，尾迹损失小，级效率可提高 0.6%～0.9%[40]。

（7）末级叶片的防水蚀措施，为了有效防止水分对末级叶片的腐蚀，机组采取了以下措施：①适当增大动、静叶间的轴向距离，以利于小水滴进入疏水槽，减小水滴对动叶的冲击能量，延缓水蚀的影响；②优化末级流场，提高根部反动度，避免在低负荷时动叶根部出现倒流，引起根部冲刷；③末级叶片顶部采用高频淬火；④机组运行时，通过监视低压排汽参数变化来监控末级叶片根部出汽边的水蚀状况；⑤低压湿蒸汽区有足够疏水槽除水[43]。

3）上汽超超临界机组叶片的结构特点

（1）高、中压第一级斜置静叶在高、中压汽缸两个径向进汽通道向轴向叶片级折转过程中配置了一种独特的斜置静叶[37]，如图 3-9 所示。主要特点如下。

图 3-9　独特的高压第一级斜置静叶设计

第 1 级为低反动度叶片级（反动度约为 20%），静叶有较大的焓降，可以降低转子的工作温度；采用切向进汽的第 1 级斜置静叶结构，结构合理紧凑，漏汽损失小，效率高；全周进汽模式对动叶片无任何附加激振力；采用滑压运行方式，大幅度提高超超临界机组带部分负荷时的经济性；动、静叶片间的距离加大，有利于避免硬质颗粒冲蚀；滑压运行及全周进汽使第 1 级动、静叶片的最大载荷大幅度下降，从根本上解决了采用单流程的第 1 叶片级强度设计问题[38]。

（2）与冲动式叶片相比，反动级叶片的全三维气动设计技术除了叶片及平衡活塞的漏汽损失稍大外，在其他方面均强于冲动式叶片：反动级叶片折转角较小，可减少二次流损失；叶片面积大，可减少高压端叶片的端部损失；动叶片大而进汽角下的冲角损失小等。因此，反动式叶片的级效率高于冲动式叶片。

上汽汽轮机“HMN”模块通流部分反动式叶片级中采取了一系列先进的气动及结构技术以进一步提高效率[35, 36]。

①所有的高、中、低叶片级（除了最末 3 级外）均采用弯扭的马刀形动、静叶片，如图 3-10 所示。该叶片具有新一代型损小、有宽广冲角适应范围的型线；采用全三维一弯扭的叶片成型技术，以减少二次流损失。

图 3-10　弯扭的马刀形动、静叶片

②采用变反动度设计原则，整个通流部分按最佳气流特性决定各级的反动度。反动度的变化范围为 30%～50%，使整个叶片级的总效率达到最佳，如图 3-11 所示。

③所有的高、中压叶片以及除末级之外的低压缸叶片均采用带 T 形叶根的整体围带结构形式，全切削加工。叶片采用预扭安装技术，使单个叶片成为整圈连接，强度高，大幅度降低动应力，抗高温蠕变性能好，安全可靠性高。

（3）低压缸末两级的弯扭静叶隔板根据计算气动力学设计，低压末两级隔板采用了高效的带前倾的 J 形弯扭静叶片。

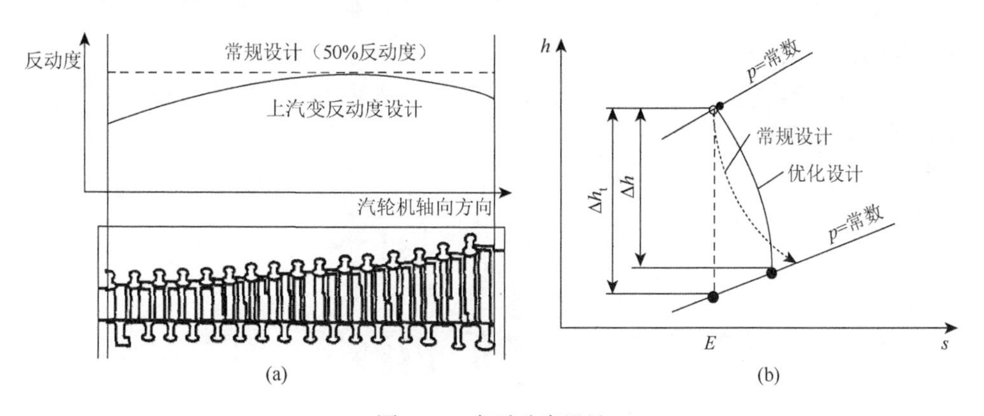

图 3-11　变反动度设计

（4）低压缸末级叶片为整圈阻尼钛合金 1430mm 叶片，目前西门子公司“N30”分流式低压缸有三种不同排汽面积的末级叶片配置。

3.2.2　转子

汽轮机的转动部分总称转子。转子主要由主轴、叶轮（或转鼓）、动叶栅、联轴器及其他转动零件构成，是汽轮机最重要的部件之一，它担负着工质能量转换及扭矩传递的重任。汽轮机工作时，转子处在高温蒸汽中，并以高速旋转，它承受着叶片、叶轮、主轴等质量离心力所引起的巨大应力，以及由于温度分布不均匀引起的热应力（不平衡质量的离心力还将引起转子振动）和振动。另外，蒸汽作用在动叶栅上的力矩，通过转子的叶轮、主轴和联轴器传递给发电机或其他工作机，转子承受非常大的扭矩。所以转子受力情况比较复杂。随着汽轮机单机容量的增大和结构的复杂化，转子的振动及热应力问题已成为十分突出的问题，因此转子要用高强度和高韧性的金属材料制成，在高温区工作的转子还要采用耐热高强度的材料。为了提高通流部分的效率，转子与静止部分要保持较小的相对间隙，要求制造精密，装配正确，转子上任何缺陷都会影响到汽轮机的安全运行，严重时会造成重大的设备和人身事故[34]。

1. 转子的结构与分类

汽轮机转子可分为轮式和鼓式两种基本形式。轮式转子装有用于安装动叶片的叶轮，鼓式转子则没有叶轮，动叶片直接装在转鼓上。通常冲动式汽轮机转子采用轮式结构，反动式汽轮机转子采用鼓式结构。

1）套装转子

套装转子的叶轮、轴封套、联轴器等部件是分别加工后热套在阶梯形主轴上的。各部件与主轴之间采用过盈配合，以防止叶轮等因离心力及温差作用引起松动，并用键传递力矩，见图 3-12（a）。汽轮机中压转子、低压转子和高压转子的低压部分常采用套装结构。

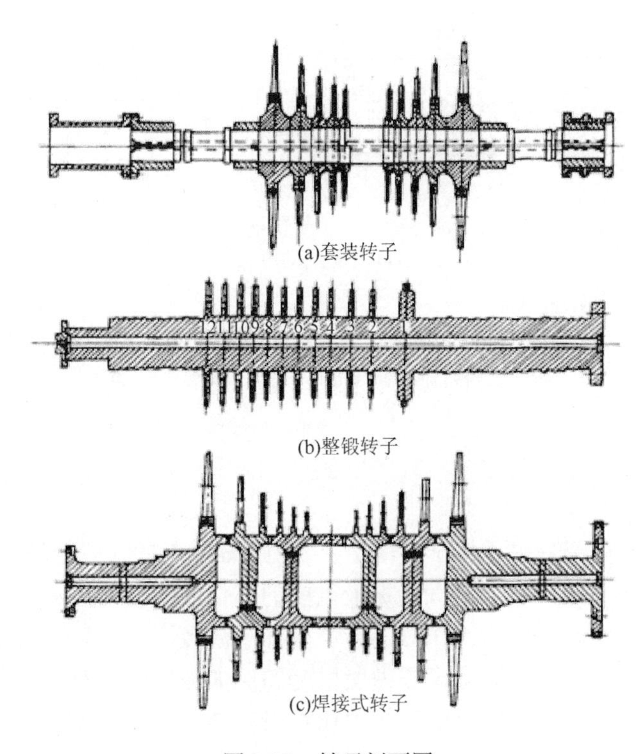

(a)套装转子

(b)整锻转子

(c)焊接式转子

图 3-12　转子剖面图

套装转子加工方便，生产周期短；可以合理利用材料，不同部件采用不同的材料；叶轮、主轴等锻件尺寸小，易于保证质量，且供应方便。但在高温条件下，叶轮内孔直径将因材料的蠕变而逐渐增大，最后导致装配过盈量消失，使叶轮与主轴之间产生松动，从而使叶轮中心偏离轴的中心，造成转子质量不平衡，产生剧烈振动，且快速启动适应性差。因此，套装转子不宜作为高温高压汽轮机的高压转子。

2）整锻转子

大型汽轮机组的转子广泛采用整锻转子［图 3-12（b)］。整锻转子的叶轮和主轴是成一体锻造出来的，所以，不存在键槽应力、腐蚀开裂和套装件的松弛等问题，锻件组织均匀，晶粒细小，脆性转变温度较低，从而保证了整锻转子良好的机械性能和启动运行的灵活性。

现代大型汽轮机转子广泛采用无中心孔的整锻转子。过去生产的大型汽轮机转子多数是有中心孔的。随着炼钢、锻造、热处理以及探伤技术水平的提高，无中心孔的整锻转子结构得到了广泛的应用。德国、俄罗斯、日本等国相继采用了无中心孔的结构。无中心孔转子归纳起来有以下优点：

（1）工作应力低；

（2）安全性能好；

（3）有利于使用更长的叶片；

（4）可以延长机组的使用寿命；

（5）有利于改善机组的启动性能，缩短启动时间；

（6）造价便宜。

3）焊接式转子

ABB 的超临界 600MW 机组，均采用焊接式转鼓型转子［图 3-12（c)］。ABB 采用焊接式转子已有 60 多年经验，在这 60 多年中，大大小小生产投运了 4000 多根转子，与套装转子和整锻转子相比，焊接式转子明显具有以下优点。

（1）焊接式转鼓型转子为中空腔室结构，其热应力和离心应力较低，启动灵活并能适应负荷的快速变化，使用寿命长。

（2）每个转子是用多块小锻件组合焊接的，各段的质量可得到保证，探伤比较彻底，即使个别段发生质量问题，处理也较方便。

（3）小块锻件，热处理淬透性好，残余应力低，材质均匀。

（4）材料可按需要灵活选用。例如，中压缸进汽温度为 566℃，中压转子必须使用价格昂贵的 12Cr 钢。但对于焊接式转子，仅在高温段选用 12Cr 钢，其余中、低温段便可使用中碳铬钼钢。这样不但显著地降低了成本，也免去了中压转子高温段第一级叶片根部的冷却措施，使机组的结构简单，而且运行经济性也有所提高。

对焊接式转子、无中心孔整锻转子和有中心孔的整锻转子三种形式转子的应力进行计算分析表明，焊接式转子具有中空腔室，传热较好，因而热应力较低。调节级叶轮的外表面最大热应力比整锻转子（有中心孔和无中心孔）约低 40%，对尺寸相似的焊接式转子和实心整锻转子，用相应的边界条件进行对比计算，其结果是：

机组冷态和停机 56h 后的温态启动，焊接式转子的寿命损耗仅为实心整锻转子的 1/3；热态启动和负荷变化时，焊接式转子的寿命损耗仅为实心整锻转子的 1/2。

4）组合转子

它的高压部分采用整锻结构，而中低压部分为套装结构。这种转子兼有前面两种转子的优点，国产高参数、大容量汽轮机的中压转子多采用这种结构。

2. 超超临界汽轮机转子

1）哈汽超超临界机组转子结构

哈汽 1000MW 超超临界汽轮机为冲动式，采用转轮式转子。其轴系由 1 个单流程反向布置的高压转子、1 个分流式中压转子和 2 个分流式低压转子组成。所有转子均为无中心孔整锻转子，转子与转子之间采用刚性联轴器相互连接，转子采用独立的双轴承支撑。每根转子在加工前，都要进行超声探伤和其他各种试验，以确保锻件满足物理和化学特性的要求。动叶组装好后进行动平衡试验，对转子进行平衡，并用高速动平衡机以额定速度对其进行最终平衡[32]。

由于蒸汽密度大，级间压差也大，因而蒸汽激振力也大。当动静部分不对中、汽封间隙周期性变化时，所产生的蒸汽激振力可能会引起转子低频振动。因此在考虑轴系稳定性时，必须考虑蒸汽激振力的影响。机组在设计上主要通过以下几方面来解决蒸汽激振力的影响：

（1）每根转子在制造厂内部进行低速和高速动平衡，将不平衡量降到最小；

（2）结构设计使转子的临界转速和额定转速之间有足够的避开余量；

（3）转子安装精确对中，保证在运转时不会产生额外的力和力矩；

（4）合理设计动静之间的间隙，保证在启动和停机时转子和汽封不会产生摩擦；

（5）在隔板汽封和高压缸的端汽封处安装防汽流涡动的汽封，防止在汽封圈环形位置的汽流压力分布不均导致的转子不稳定振动。

2）东汽超超临界机组转子结构

东汽 1000MW 超超临界汽轮机为冲动式，采用转轮式转子。其轴系由 1 个单流程反向布置的高压转子、1 个分流式中压转子和 2 个分流式低压转子组成，所有转子均为无中心孔整锻转子。该转子基本参数如表 3-1 所示。

表 3-1　东汽超超临界机组转子基本参数

参数	高压转子	中压转子	低压转子 A	低压转子 B
转子质量/kg	23900	31000	75600	77000
支撑内跨距/mm	5800	5650	6550	6550

东汽 1000MW 超超临界汽轮机转子设计具有以下特点。

（1）高、中压转子材料采用改良型 12Cr 钢，低压转子采用超纯净的 Ni-Cr-Mo-V 钢。其中，中压转子采用整锻结构，为了提高中压转子热疲劳强度，减轻正反第一级间的热应力，从一抽引入低温蒸汽与中压阀后引入的一股蒸汽混合后形成冷却蒸汽进入中压第一级前间隙，见图 3-13，通过正反第一、二级轮缘叶根处的间隙，冷却中压转子高温段轮毂及轮面，并显著降低第一级叶片轮槽和叶根的热应力。

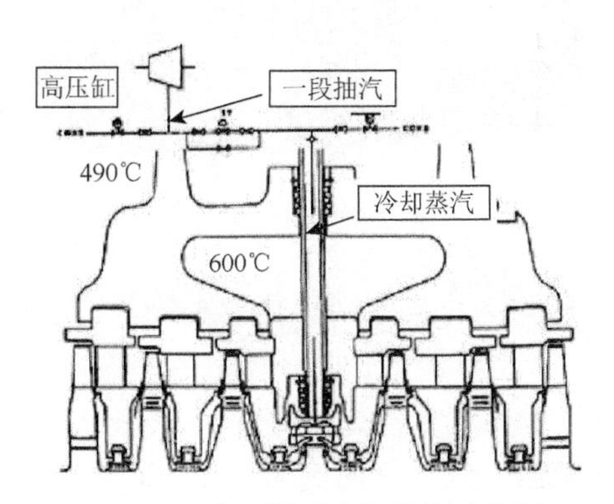

图 3-13　中压转子冷却结构示意图

（2）转子采用双支撑结构，转子跨度小，刚性高，设计转子临界转速与工作转速避开率大，这种合理的临界转速设计有利于汽轮机稳定运行。另外，当需要提高临界转速时不必被迫加大转子本体的直径而影响机组运行的灵活性，短而刚性好的转子减小了转子对不稳定的敏感性而无损于运行性能。

（3）双支撑结构有利于转子厂内高速动平衡，由于转子厂内高速动平衡动力状态与现场运行状态基本相同，相邻转子间由残余不平衡量产生的相互影响相对较小。

（4）双支撑结构具有较小跨距，因而转子挠度较小，使汽封可在整个机组使用期间保持较小的间隙，较小的转子直径尺寸和汽封间隙减小了汽封漏汽量，提高了机组性能。较小的直径尺寸亦可减小负荷变动时的热应力，同时汽封直径小，有利于减少汽隙激振。

3）上汽超超临界机组转子结构

上汽 1000MW 超超临界汽轮机为反动式，采用转鼓式转子。如图 3-14 所示，其轴系由 1 个单流程反向高压转子、1 个分流式中压转子和 2 个分流式低压转子组成。所有转子均为整锻转子，联轴器与主轴整锻成一体，均无中心孔，各级动叶片通过叶根嵌装在转鼓式转子外圆面的槽道内。高压转子、中压转子采用 X12CrMoWVNbN1O-1-1 合金钢锻件，具有良好的耐热高强度性能。低压转子采用 26NiCrMoV14-5 合金钢锻件，且具有良好的低温抗脆断性能。

图 3-14　上汽超超临界机组低压转子

高压转子工作蒸汽压力高、温度高，容积流量小、通流部分尺寸小。高压转子采用整锻无中心孔转子，由整锻主轴及一体锻造的连接法兰和插入式叶片组成。从机头侧看起，高压转子的结构依次为 1 号轴颈、轴封、15 个反动级叶轮、轴封、推力盘、2 号轴颈和联轴器。为了平衡高压转子的轴向推力，高压转子的进汽端设有平衡活塞（即将高压转子进汽侧的最高压力一段轴封段的直径放大），它的高压侧与高压缸进汽相通，压力高，低压侧与高压缸排汽相通，压力低。平衡活塞在此压差作用下产生与反动级方向相反的轴向推力，从而可以平衡一部分轴向推力。

中压缸的进汽是锅炉来的再热蒸汽，温度为 600℃。中压缸进汽质量流量比高压缸进汽质量流量小，但中压缸进汽压力低，比体积大，其容积流量比高压缸容积流量大。为使中压转子在转子直径不大的情况下增大通流面积，同时也为了平衡轴向推力，中压部分采用反向布置的双分流结构。

中压转子也是无中心孔整锻转子，由整锻主轴及一体锻造的连接法兰和插入式叶片组成中压转子的两个联轴器也与端轴锻成一体。在转鼓的两个端面上设有加平衡重块的调整孔，可以在不开缸的条件下进行动平衡。中压转子上布置有 2×13 列反动式动叶，由于中压缸两级抽汽口采用非对称排列，所以双分流动叶栅沿轴线方向也是不对称排列的。

高、中压转子通流部分的主要特点有：

（1）小直径、多级数，这样制造成本会增加，但轮周效率高，转子应力小；

（2）各叶片级与静叶对应的转子上装有汽封，形成较大的漏汽阻尼，减少漏汽损失；

（3）动叶基本采用 T 形叶根，与侧装式叶根相比，可减少轴向漏汽损失。

汽轮机低压部分的压力和温度都较低，该区域的蒸汽比体积相当大，所以蒸汽容积流量很大，所需的通流面积很大，叶片长度也相应增大。为使低压转子在直径不大的情况下保证低压部分具有足够的通流面积，同时也为了平衡轴向推力，低压部分采用两只低压缸，每只低压缸为反向布置的双分流结构。低压转子是无中心孔整锻转子，由整锻主轴及一体锻造的连接法兰和插入式叶片组成。低压转子的两个联轴器也与端轴锻成一体。在转鼓的两个端面上设有加平衡重块的调整孔，可以在不开缸的条件下进行动平衡[35]。

3.2.3　汽缸

1. 汽缸的作用

汽缸即汽轮机的外壳。其作用是将汽轮机的通流部分与大气隔开，以形成蒸汽热能转换为机械能的封闭汽室。汽缸内安装着喷嘴室、喷嘴、隔板、隔板套、汽封等部件。在汽缸外连接有进汽、排汽、回热抽汽等管道以及支撑座（架）等。

汽缸工作时受力情况复杂，它除了承受缸内外汽（气）体的压差以及汽缸本身和装在其中的各零件的重量等静载荷外，还要承受蒸汽流出静叶时对静止部分的反作用力，各种连接管道在冷热状态下对汽缸的作用力以及沿汽缸轴向、径向温度分布不均匀所引起的热应力。特别是快速启动、停机和工况变化时，温度变化大，将在汽缸和法兰中产生很大的热应力和热变形。

由于汽缸形状复杂，内部又处在高温、高压蒸汽的作用下，因此在其结构设计时，除了要保证足够的强度、刚度和通流部分有较好的流动性能外，还应考虑在满足强度和刚度的要求下，尽量减薄汽缸壁和连接法兰的厚度。汽缸的整体设计应力求简单、均匀、对称，使其能顺畅地膨胀和收缩，以减少热应力和应力集中。为了节省高级耐热合金钢，应使高温高压部分限制在尽可能小的范围。还要保持静止部分同转动部分处于同心状态，并保持合理的间隙。另外，在汽轮机运行时，必须合理控制汽缸温度的变化速度和温差，以避免汽缸产生过大的热应力和热变形，以及由此引起的汽缸结合面不严密或汽缸裂纹[34]。

2. 汽缸的结构

1）汽缸的分类

汽缸自高压端向低压端看，大体上呈圆筒形或近似圆锥形。由于汽轮机的形式、容量、蒸汽参数、是否采用中间再热及制造厂家的不同，汽缸的结构也有多种形式。例如，根据进汽参数的不同，可分为高压缸、中压缸和低压缸；按每个汽缸的内部层次可分为单层缸、双层缸和三层缸；按通流部分在汽缸内的布置方式可分为顺向布置、反向布置和对称分流布置；按汽缸形状可分为有水平接合面的或无水平接合面的和圆筒形、圆锥形、阶梯圆筒形或球形等。汽缸的高、中压段一般采用合金钢或碳钢铸造结构，低压段可根据容量和结构要求，采用铸造结构或由简单铸件、型钢及钢板焊接的焊接结构。

2）汽缸双层缸结构

大容量中间再热式汽轮机一般采用多缸，汽缸数目取决于机组的容量和单个低压汽缸所能达到的通流能力。通常初参数不超过8.83MPa/535℃，容量在100MW以下的中、小功率汽轮机，都采用单层汽缸结构。随着初参数的不断提高，汽缸内外压差不断增大，为保证中分面的汽密性，连接螺栓必须有很大的预紧力，因而螺栓尺寸加大。与此相应，法兰、汽缸壁都很厚，导致启动、停机和工况变化时，汽缸壁和法兰、法兰和螺栓之间将因温差过大而产生很大的热应力，甚至使汽缸变形、螺栓拉断。为此，近代高参数大容量汽轮机的高压缸多采用双层缸结构。有的机组甚至将高、中压缸和低压缸全做成双层缸。

高、中压缸采用双层缸结构的优点如下。

（1）把原单层缸承受的巨大蒸汽压力分摊给内外两层缸，减少了每层缸的压差与温差，缸壁和法兰可以相应减薄，在机组启停及变工况时，其热应力也相应减小，因此有利于缩短启动时间和提高负荷的适应性。

（2）内缸主要承受高温及部分蒸汽压力作用，且其尺寸小，故可做得较薄，则所耗用的贵重耐热金属材料相对减少。而外缸因设计有蒸汽内部冷却功能，运行温度较低，故可用较便宜的合金钢制造，节约优质贵重合金材料。

（3）外缸的内外压差比单层汽缸时降低了许多，因此减少了漏汽的可能，汽缸结合面的严密性能够得到保障。但双层缸结构的缺点是，增加了安装和检修的工作量。

双层缸结构的汽缸通常在内外缸夹层里引入一股中等压力的蒸汽流。当机组正常运行时，由于内缸温度很高，其热量源源不断地辐射到外缸，有使外缸超温的趋势，这时夹层汽流对外缸起冷却作用。当机组冷态启动时，为使内外缸尽可能迅速同步加热，以减小动、静胀差和热应力，缩短启动时间，此时夹层汽流即对汽缸起加热作用。

3）汽缸中分面分类

汽缸可做成水平对分形式，即分为上下汽缸，水平结合面用法兰螺栓连接，且上下汽缸的水平中分面都经过精加工，以防止结合面漏汽。也可以以一个或两个垂直结合面而分为高压、中压、低压等几段。和水平结合面一样，垂直结合面亦通过法兰、螺栓连接，所不同的是，垂直结合面通常在制造厂一次装配完毕就不再拆卸了，有的还在垂直结合面的内圆加以密封焊。

3. 超超临界汽轮机汽缸

1）哈汽超超临界机组汽缸的结构特点

哈汽超超临界汽轮机的高压缸为单流式、双层缸结构，包括 1 个分流式调节级和 9 个压力级，压力级采用全三维设计。中压缸为分流式、双层缸结构，每个流向包括全三维设计的 7 个压力级。2 个分流式低压缸，每个流向包括 6 个压力级。

主蒸汽通过 4 个主蒸汽阀和 4 个调节阀，由 4 根导汽管进入汽轮机高压缸的上下缸体。进入高压缸的蒸汽通过分流式调节级后流向调速端，在 9 个冲动式压力级做功后，由高压排汽口排入再热器。再热后的蒸汽通过再热主蒸汽—调节联合阀流回到汽轮机分流式的中压缸，均分两股汽流，各通过 7 个冲动式中压压力级做功后，由中低压连通管流入两个分流式的低压缸。蒸汽在低压级做功后向下排到凝汽器。

为了方便维修，高、中、低压汽缸的内外缸均采用水平中分面的设计。通过对水平中分面的准确加工或手工研磨，保证上下缸体中分面金属的紧密接触和气密性。对于受高温影响的部件，通过合理设计用冷却汽流降低温差和温度梯度来减少热应力。

单流式高压缸如图 3-15 所示。内缸和外缸之间的夹层只接触高压排汽，缸壁可以设计得较薄，高压排汽占据内外缸空间，从而使汽缸结构简化。

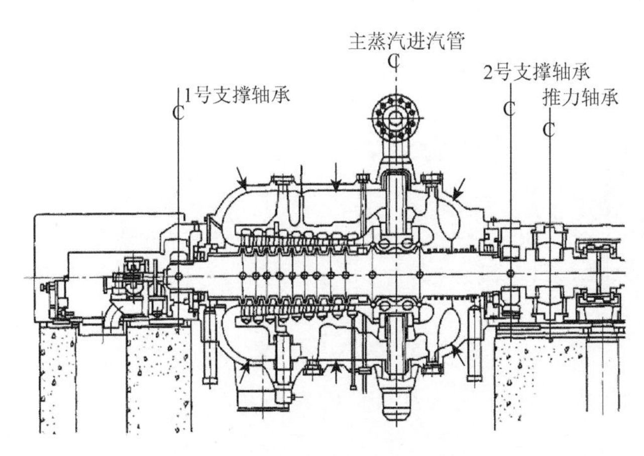

图 3-15　高压缸剖面图（哈汽）

箭头表示缸体夹层；C 表示定位支撑位置

中压汽缸为分流式、双层缸结构，结构和原理与高压缸相同。每个流向包括全三维设计的 7 个冲动式压力级，如图 3-16 所示。

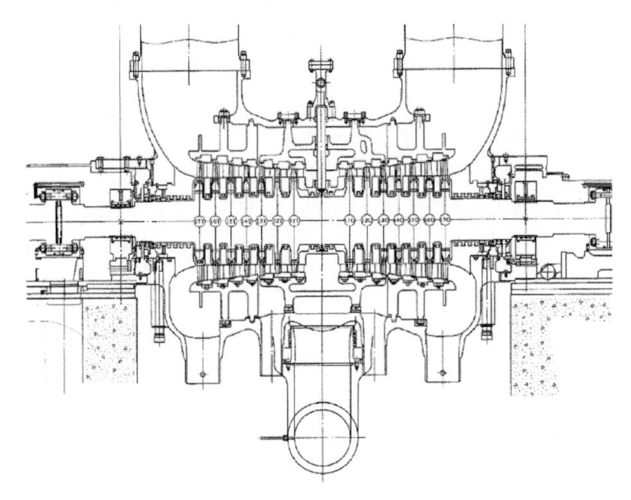

图 3-16　中压缸剖面图（哈汽）

哈汽 1000MW 超超临界汽轮机组具有两个结构相似的分流式低压缸。每个低压缸正反向各有 6 个冲动式压力级，对称布置。低压缸结构如图 3-17 所示。

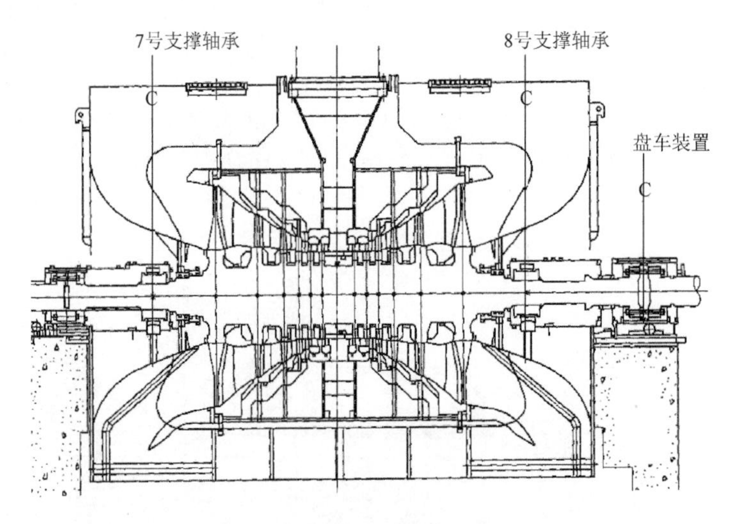

图 3-17　低压缸剖面图（哈汽）

C 表示定位支撑位置

为了减少温度梯度，低压汽缸设计成三层缸结构，减少了整个汽缸的绝对膨胀量。每个低压汽缸由外缸、1 号内缸和 2 号内缸组成。低压外缸和 2 个低压内缸全部由钢板焊接而成。低压外缸的上下缸体各由 3 部分组成：低压调端部分、低压电端部分和中部。各部分之间通过垂直法兰面由螺栓作永久性连接而形成一个整体，可以整体起吊[35]。

2）东汽超超临界机组汽缸的结构特点

东汽 1000MW 超超临界汽轮机是东汽和日本日立公司合作设计生产，汽轮机为冲动式，采用高压缸、中压缸和 2 个低压缸的结构。从机头到机尾依次串联的有：1 个单流高压缸，由 1 个分流式调节级与 8 个单流压力级组成，呈反向布置（进汽端对中压缸）；1 个分流式中压缸，共 2×6 个压力级；2 个分流式低压缸，压力级级数为 2×2×6。

（1）高、中压汽缸。汽轮机高、中压汽缸采用双层缸结构，水平中分，便于检查和维修。通过精确的机加工来保证汽缸接合面，实现直接金属面对金属面密封。高、中压汽缸结构如图 3-18 所示。

（2）低压汽缸。低压汽缸采用专利技术三层缸结构，解决了低压内缸进汽高温区对内缸二分面的影响，减少热变形，保证了汽缸中分面的密封性，其结构如图 3-19 所示[35]。

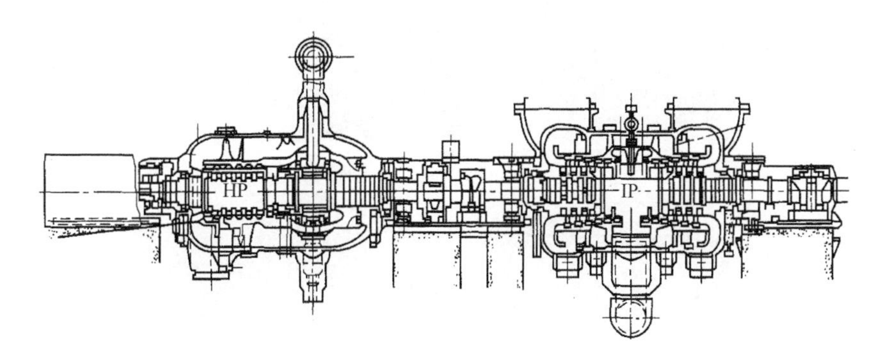

图 3-18　高、中压汽缸结构图（东汽）

HP-高压缸；IP-中压缸

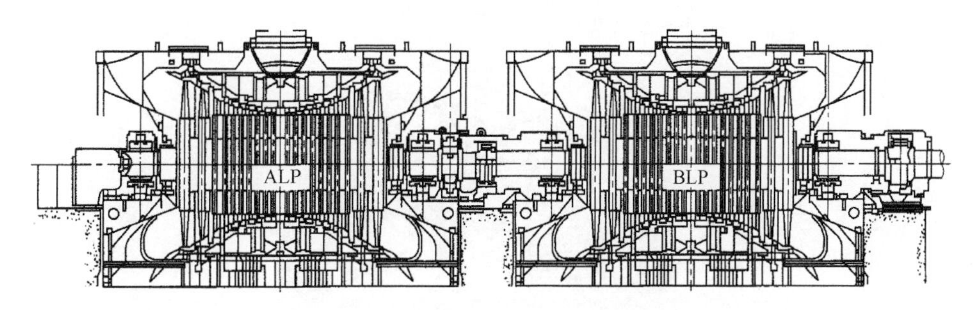

图 3-19　低压汽缸结构图（东汽）

ALP-前低压缸；BLP-后低压缸

3）上汽超超临界机组汽缸的结构特点

上汽 1000MW 超超临界汽轮机采用从德国西门子公司引进的单轴、“HMN”

积木块系列的四缸四排汽轮机型。其中，H 表示单流高压缸，M 表示分流式中压缸，N 表示分流式低压缸[35,36,44]。

（1）高压汽缸。高压汽缸采用单流圆筒型 H30 高压缸，为双层缸结构[45, 46]。高压缸内有 14 个反动级，没有调节级，反动级的静叶栅直接装在内缸内壁的环形槽道内。高压缸有两个回热抽汽口，向 1、2 号高压加热器供汽。二段回热抽汽口设在高压缸排汽逆止阀后冷再热蒸汽管上。

上汽 1000MW 汽轮机单流程、全周进汽的圆筒形高压汽缸如图 3-20、图 3-21 所示。高压外缸分为进汽缸和排汽缸两部分，通过圆周垂直中分面由螺栓连接，见图 3-22，主蒸汽门及调门通过罩形螺母与汽缸连成一体。高压内缸由轴向垂直中分面分为两半，静叶片直接安装于内缸，见图 3-23。

图 3-20　单流程圆筒形高压汽缸（上汽）

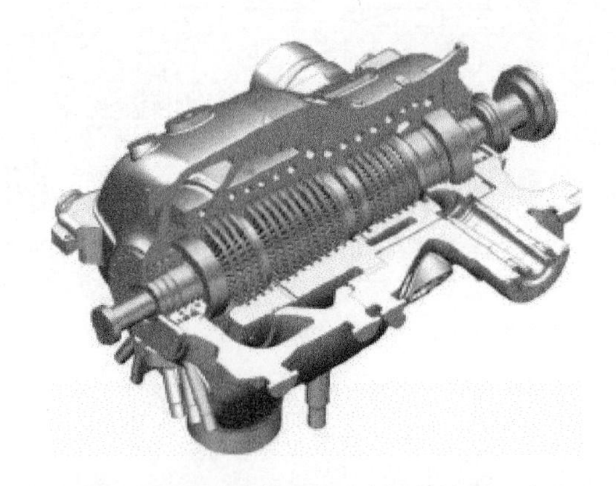

图 3-21　单流程圆筒形高压汽缸结构图（上汽）

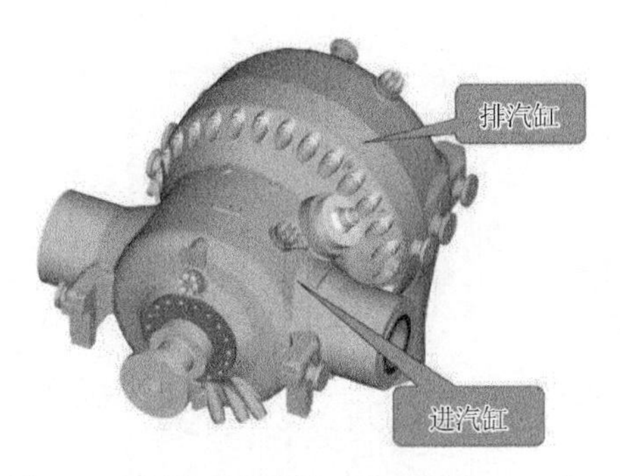

图 3-22　圆周垂直中分面高压外缸（上汽）

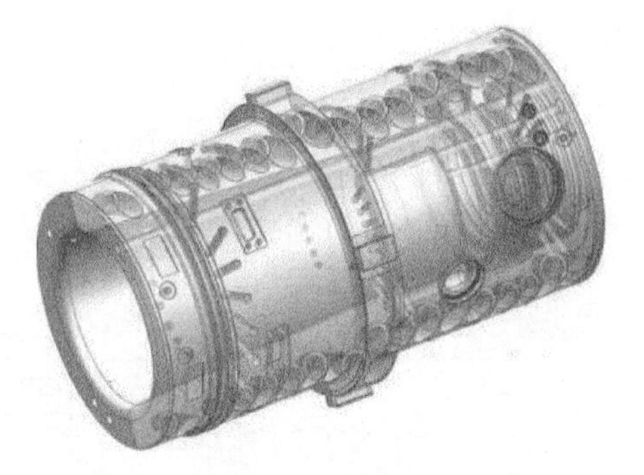

图 3-23　垂直中分高压内缸（上汽）

（2）中压汽缸。中压汽缸采用“M30”分流式中压缸，也为双层缸设计，共 2×13 级。“M30”分流式中压缸结构的特点之一是仅有两个进汽口和一个排汽口，再热蒸汽由中压缸侧面两个进汽口进入汽轮机中压缸，中压缸的内外缸均为水平中分面，中压缸剖面图如图 3-24 所示。

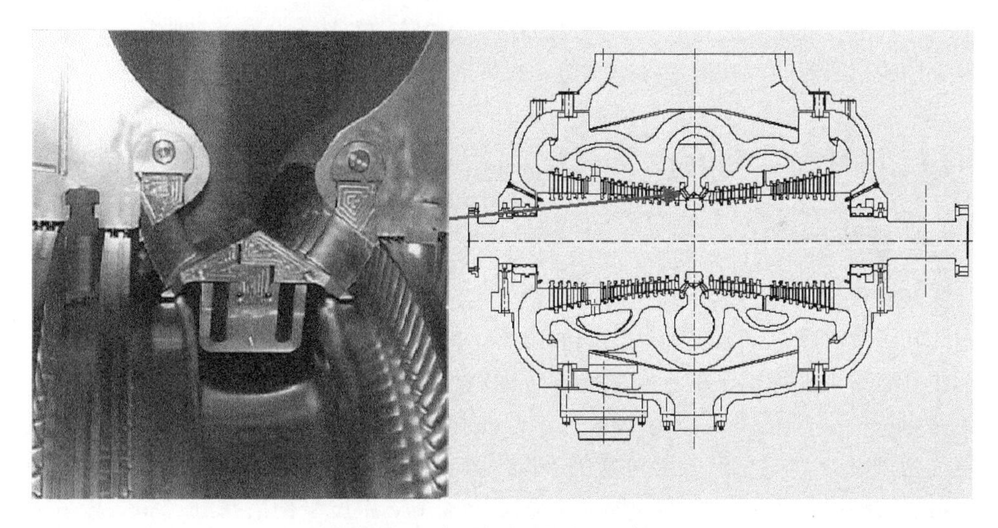

图 3-24　中压缸剖面图（上汽）

（3）低压汽缸。低压汽缸采用 2 个“N30”分流式低压缸模块设计，共 4×6 级，低压外缸由 2 个端板、2 个侧板和 1 个上盖组成。外缸与轴承座分离，直接支撑在凝汽器上，显著降低了运转层基础的负荷。低压内缸在中分面下方前后各 2 个“猫爪”伸出低压缸端壁之外，搭在前后 2 个轴承座上，支撑整个内缸、持环及静叶的重量，并以推拉装置与中压外缸相连，以保证动静间隙。其剖面图如图 3-25 所示。

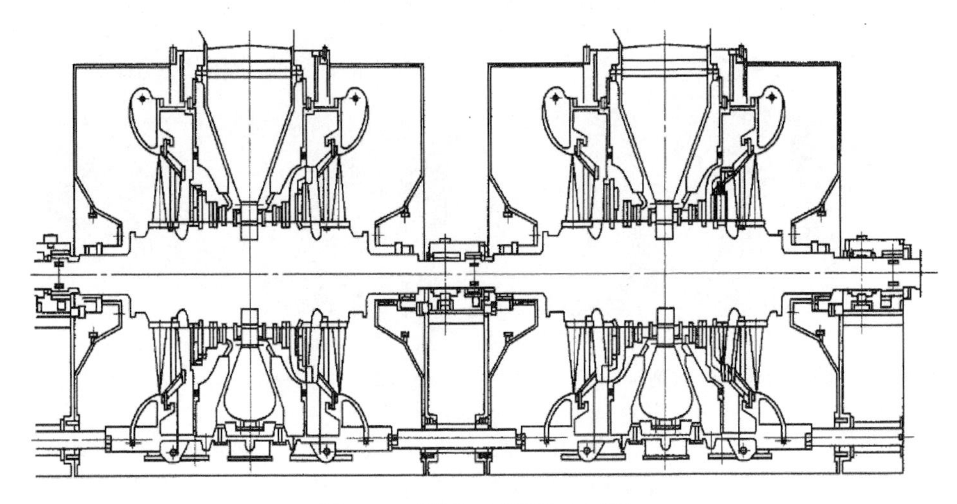

图 3-25　低压缸剖面图（上汽）

超超临界汽轮机在同样再热温度条件下，由于压力的增大，排汽湿度将增加。上汽轮机组在低压缸配置了一系列“除湿”及“防蚀”技术：静叶抽吸槽、表面有抽吸槽的空心静叶、减薄静叶出汽边、加大动静轴向间距、动叶进汽边激光硬化。

3.2.4　汽封

1. 汽封的作用

汽轮机运转时，转子高速旋转，汽缸、隔板（或静叶环）等静止固定不动，因此转子和静子之间需留有适当的间隙（也就是我们常说的动静间隙），从而保证不相互碰摩。然而间隙的存在就会导致漏汽（漏气），这样不仅会降低机组效率，还会影响机组安全运行。为了减少蒸汽泄漏和防止空气漏入，需要有密封装置（通常称为汽封）。汽封按其安装位置的不同，可分为通流部分汽封、隔板（或静叶环）汽封、轴端汽封（轴封）。反动式汽轮机还装有高、中压平衡活塞汽封和低压平衡活塞汽封[34]。

转子穿过汽缸两端处的汽封，称为轴封。高压轴封的作用是防止蒸汽漏出汽缸，造成工质损失，恶化运行环境，导致轴颈受热或蒸汽冲进轴承使润滑油质劣化；低压轴封则用来防止空气漏入汽缸，破坏凝汽器的正常工作，影响凝汽器真空。

隔板内圆处的汽封称为隔板汽封，用来阻碍蒸汽绕过喷嘴而引起能量损失及使叶轮上的轴向推力增大。

动叶栅顶部和根部处的汽封称为通流部分汽封，用来阻碍蒸汽从动叶栅两端逸散致使做功能力降低。

隔板汽封和通流部分汽封的位置如图 3-26 所示。

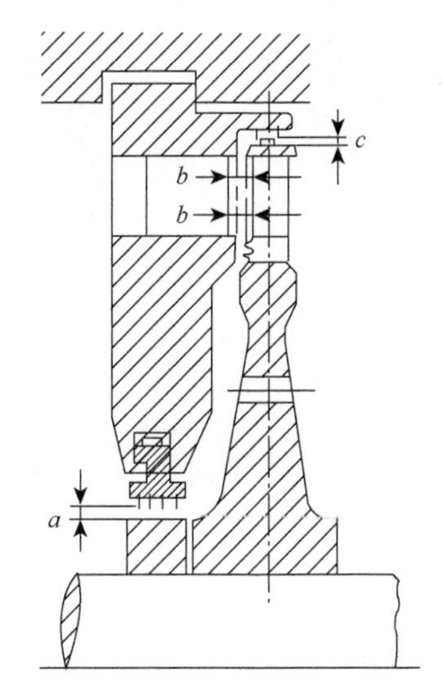

图 3-26　隔板汽封和通流部分汽封

2. 汽封的结构

汽封的结构形式有曲径式、碳精式和水封式等。现代电站汽轮机主要应用曲径式汽封，或称迷宫汽封，其主要有梳齿形、枞树形和 J 形（也称伞柄形）几种结构形式。

曲径汽封一般由汽封套（或汽封体）、汽封环及轴套（或称汽封套筒）三部分组成。汽封套固定在汽缸上，内圈有 T 形槽道；汽封环一般由 6～8 块汽封块组成，装在汽封套 T 形槽道内，并用弹簧片压住；在汽封环的内圆和轴套上，有相互配合的梳齿及凹凸肩，形成蒸汽曲道和膨胀室。蒸汽通过这些汽封齿和相应的汽封凸肩时，在依次连接的狭窄通道中反复节流，逐步降压和膨胀，以减少蒸汽的泄漏量。

1）梳齿形汽封

梳齿形汽封结构如图 3-27 所示。图 3-27（a）为高低齿梳齿形汽封。汽封环嵌入汽封体的槽中，并且用弹簧片压向中心。主轴套装有一排径向凸环的汽封套（或直接在主轴上车出径向凸环）。汽封环的梳齿高低相间，高齿伸入凸环底部，而低齿接近凸环顶部，这样便构成了一个多次曲折并且有很多狭缝的通道，对漏汽产生很大的阻力。运行时，即使转子与汽封环发生摩擦也不会产生大量的热量而危及转子的安全，这是因为梳齿片尖端很薄，而且汽封环被弹簧片支持着可以做径向退让。图 3-27（b）为平齿梳齿形汽封，其结构较高低齿梳齿形汽封简单，但汽阻亦较小，阻汽效果也差一些。

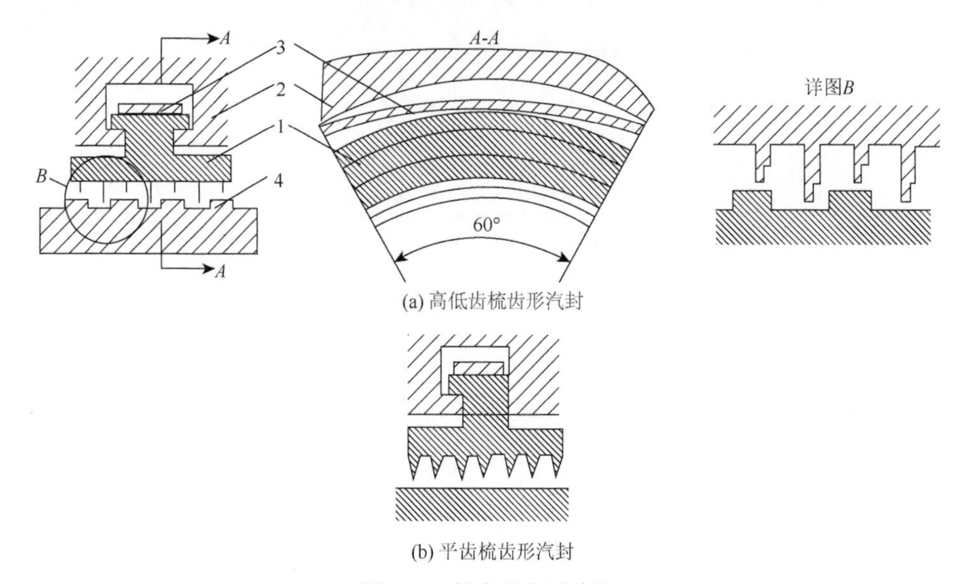

(a) 高低齿梳齿形汽封

(b) 平齿梳齿形汽封

图 3-27　梳齿形汽封结构

1-汽封块；2-汽封套；3-弹簧片；4-汽封凸肩

通常，汽轮机的高压轴封和高压隔板汽封采用高低齿梳齿形汽封，汽封环材料为不锈钢；低压轴封和低压隔板汽封采用平齿梳齿形汽封，汽封环材料为锡青铜。

梳齿形汽封是汽轮机中应用最广泛的一种汽封，汽封环一般由 8 块汽封块组成，分别嵌入相应部件的汽封槽中，并用四根带状弹簧片将汽封环压向中心。弹簧片用螺丝固定，为使弹簧片能自由变形，在螺丝头部都留有足够的间隙，允许弹簧移动，装配时冲铆每个螺钉以防松动，这样使得汽封环具有一定的径向活动性。运行时，即使转子与汽封齿发生摩擦，也因有退让的可能性，减小危及转子安全的程度。

2）枞树形汽封

枞树形汽封截面如图 3-28 所示。图 3-28（a）适用于高压部分，图 3-28（b）适用于低压部分。这种汽封不仅有径向间隙，而且有轴向间隙可以节流漏汽，汽流通道也更为曲折，故阻汽效果更好，并可显著缩短汽封长度，但因结构复杂，加工精度要求高，国产机组较少采用。

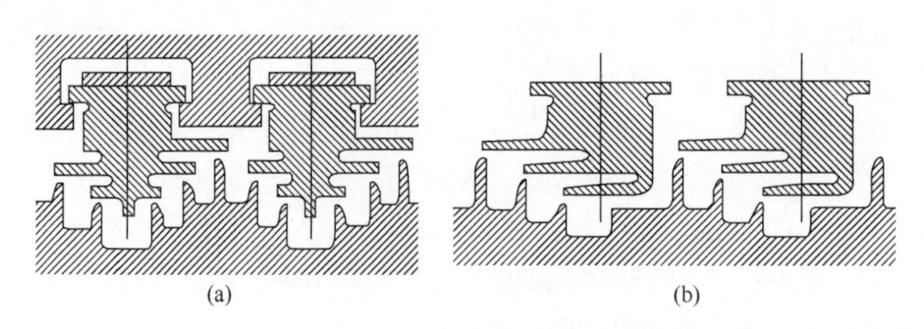

(a)　　(b)

图 3-28　枞树形汽封截面

3）J形汽封

J形汽封截面如图3-29所示。它的汽封片是截面为J形的软金属（不锈钢或镍铬合金）环形薄片，用不锈钢丝嵌压在转子或汽封环的槽中然后铆捻而成。薄片的厚度一般为0.2～0.5mm。这种汽封的特点是结构简单，汽封片薄而且软，即使动静部分发生摩擦，产生的热量也不多，且很容易被蒸汽带走，故其安全性较前两种汽封要好。

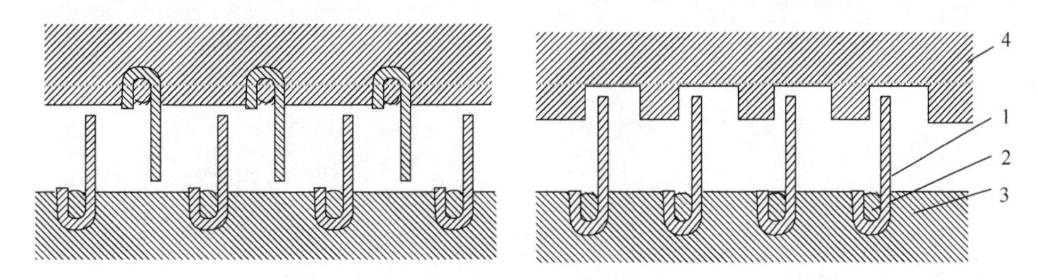

图3-29　J形汽封截面

1-J形汽封片；2-不锈钢丝；3-转子；4-汽封环

J形汽封的主要缺点是每一汽封片所能承受的压差较小，因而片数很多，而且拆装不方便，使安装和检修工作比较困难。

3. 超超临界汽轮机汽封

1）哈汽轮机组汽封特点

哈汽轮机组对以往的汽封形式进行了改进，隔板汽封采用迷宫汽封，动叶采用自带围带迷宫叶顶汽封，如图3-30所示。

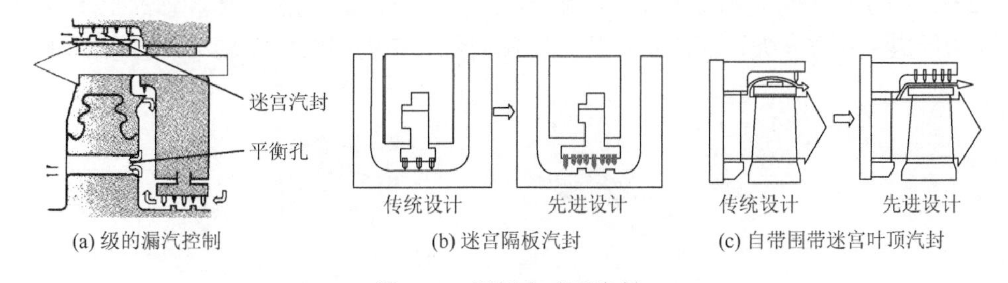

(a) 级的漏汽控制　(b) 迷宫隔板汽封　(c) 自带围带迷宫叶顶汽封

图3-30　隔板和叶顶汽封

自带围带与传统的铆接围带相比，能够更有效地减少叶顶漏汽，如图3-31所示。

从两者的比较来看，铆接围带汽封在叶顶部位仍然有较大的漏汽损失；自带围带汽封在叶顶处由于凸台的作用，能大幅度减少漏汽动能，从而能有效地减少漏汽，提高级效率。经过比较，采用自带围带汽封后，级效率提高1%。

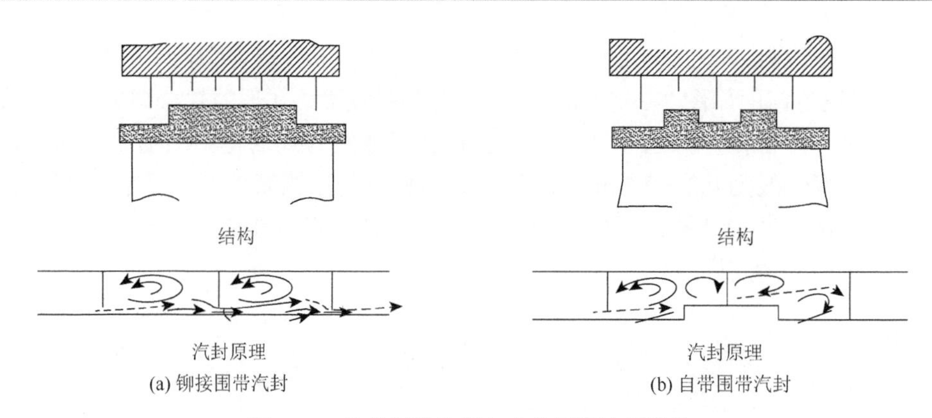

(a) 铆接围带汽封　(b) 自带围带汽封

图 3-31　铆接围带汽封与自带围带汽封比较

2）东汽轮机组汽封的特点

（1）隔板汽封高、中、低压汽缸除第 1 级外的所有隔板汽封和部分轴封采用保护齿汽封，汽封进汽、出汽边各有 1 个保护齿，保护齿用 16～18Cr 合金材料，摩擦系数低，比其他汽封齿高 0.13mm。该型汽封通过减少汽封间隙减小漏汽量，提高效率。在变负荷工况下，防止汽封齿的碰磨，延长了汽封的使用寿命。

（2）东汽对传统汽封和新型结构的汽封进行计算流体力学（computational fluid dynamics，CFD）分析和结构优化，设计出了适用于各系列机组和各级次的密封特性优良的汽封几何结构，提高了汽封的密封特性，减少了汽轮机的泄漏损失，优化主要表现在以下几个方面。①高压轴封和部分隔板汽封采用新型“Gabardine Seal”（保护型密封）汽封，进一步减小轴封间隙，提高内效率。②动叶叶顶多齿汽封技术动叶采用自带冠技术，动叶顶部叶冠采用城墙结构，使叶顶的汽封高低齿数由 2 个增加到 4 个，如图 3-32 所示，可使漏汽量减少 25%，缸效率提高 0.25%～0.65%。③椭圆形弹簧支撑敏感式汽封由于汽缸的热变形，轴的上下方向移动量比左右方向大，而汽封环片上下部内缘刀口磨损较大。这不仅会增加轴振

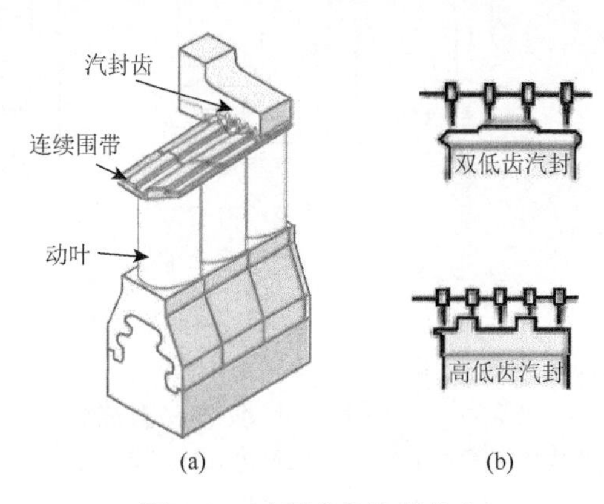

图 3-32　叶顶多齿汽封技术

动，还会降低汽封效率。根据实际经验，在机械加工时预先扩大了上下间隙，能有效减少轴振动和漏汽。椭圆形汽封环片如图 3-33 所示。④铁素体汽封进口铁素体不锈钢汽封齿不会淬硬，即使发生动静摩擦，仍保持较低硬度，不损伤转子，汽封间隙小，结合尖齿结构，可提高汽封效果[39]。

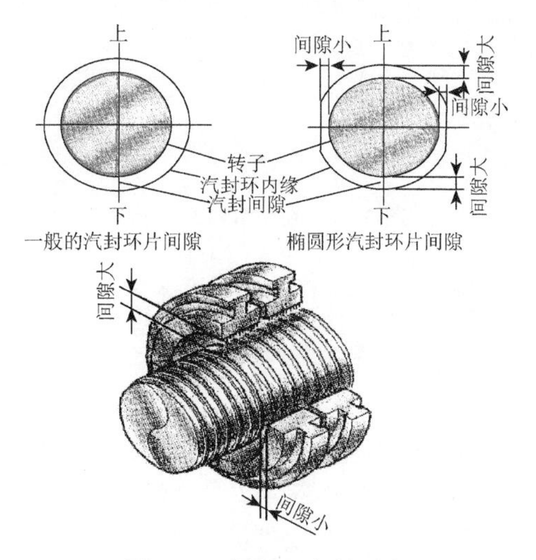

图 3-33　椭圆形汽封环片

3）上汽轮机组汽封特点

（1）高压缸轴封。

上汽超超临界汽轮机高压缸轴封结构如图 3-34 所示，高压缸轴封沿轴向分为不同直径的 4 段，中间形成 3 个汽室。在进汽端［图 3-34（b）］，汽封片嵌入转子、高压内缸、轴封体以及汽缸中线上独立的汽封环中，形成迷宫密封。采用直汽封，汽封片彼此相对地嵌入汽封环中。在排汽端［图 3-34（c）］，汽封片嵌入转子和外缸排汽端。轴封段内形成几个蒸汽空间。空间 Q 中的漏汽通过高压内缸中的开孔导入高压缸的排汽端。空间 R 中的漏汽被导出在汽轮机中得到进一步使用。空间 U 中的蒸汽被导出，在高压缸内继续利用。汽封集箱与空间 S 相连。通过汽封环泄漏进空间 T 中的少量蒸汽，从该空间进入轴封蒸汽冷却器。

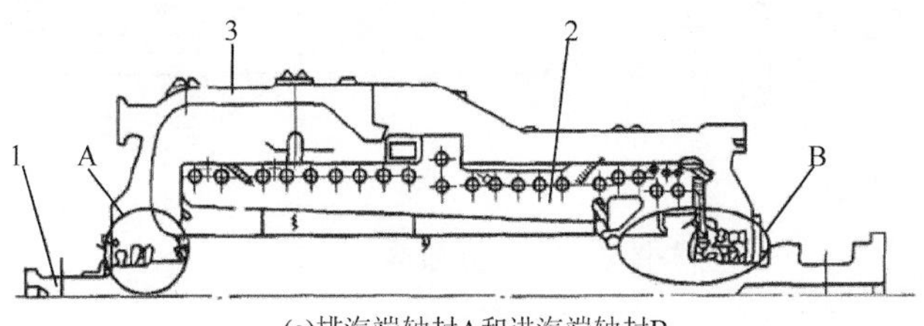

(a)排汽端轴封A和进汽端轴封B

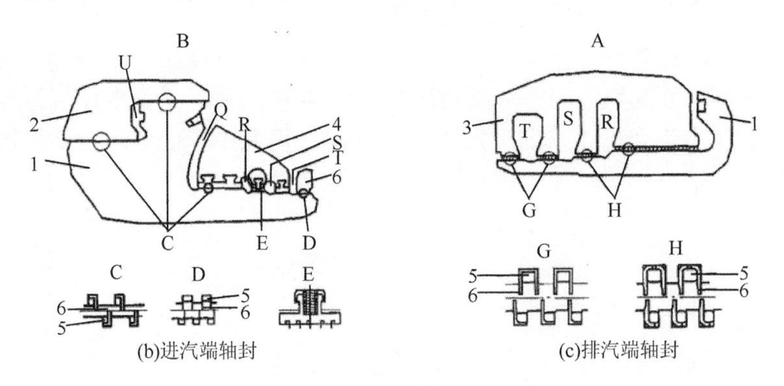

图 3-34　高压缸轴封结构

1-转子；2-高压内缸；3-外缸排汽端；4-轴封腔室；5-填料；6-密封条
A-排汽端轴封；B-进汽端轴封；C-转子凸肩；D-汽封齿；E-轴封体；G-前轴封环；H-后轴封环
U、Q、R、T、S-轴封和汽缸之间形成的空间

（2）中压缸轴封。

中压缸轴封结构如图 3-35 所示，中压缸轴封沿轴向分为不同直径的 3 段，中间形成 2 个汽室。汽轮机中压缸部分装有 2 个外轴封，用螺栓固定在外缸端面上。

中压缸采用交替布置的汽封片实现带齿的迷宫汽封。汽封片分别嵌缝入转子和缸体中，悬挂在缸体中的汽封环在热膨胀时可以自由移动。外轴封内形成 2 个蒸汽空间，汽封蒸汽室与空间 S 相连。通过汽封环泄漏进空间 T 中的少量蒸汽，被抽吸进入汽封冷却器。

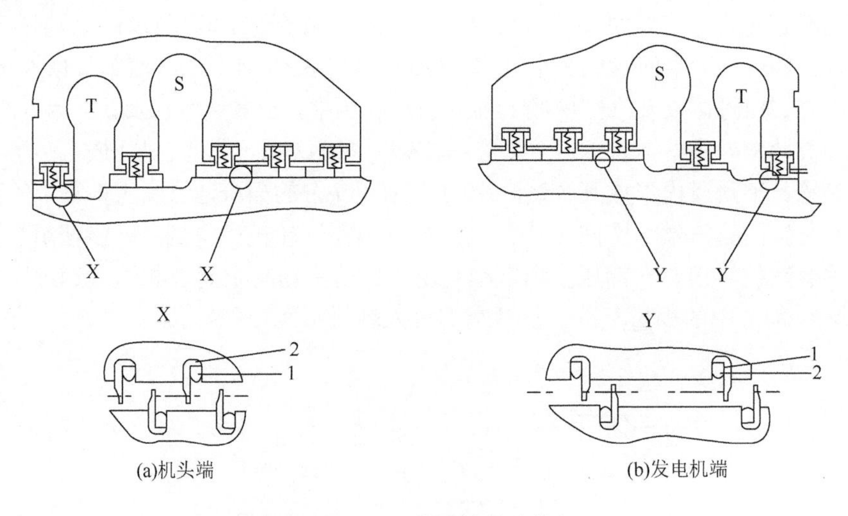

图 3-35　中压缸轴封结构

1-密封条；2-填料
X-机头端轴封；Y-发电机端轴封

（3）低压缸轴封。

汽轮机低压缸部分装有 2 个外轴封。低压缸轴封结构如图 3-36 所示，低压缸轴封为三段二室结构。

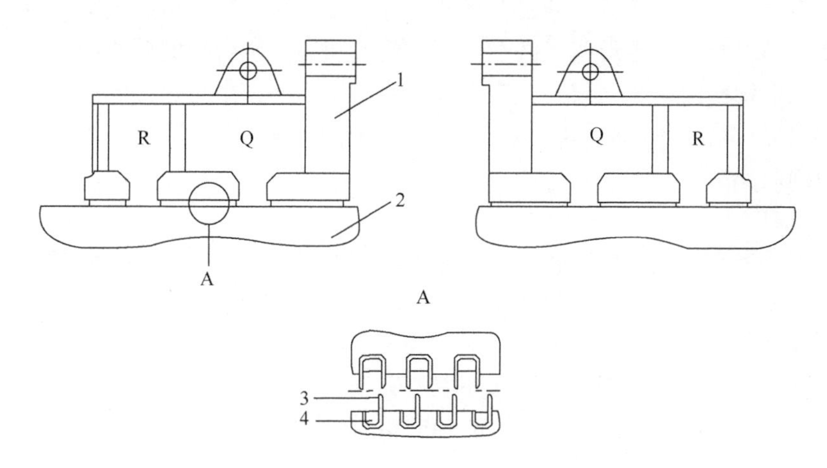

图 3-36　低压缸轴封结构

1-汽缸轴封；2-转子；3-填料；4-密封条

汽封片嵌进转子的环形凹槽及轴封缸体的环形凹槽中。在轴封内有蒸汽空间。在汽轮机启动与运行时，轴封蒸汽供入空间 Q，防止空气渗入低压缸。泄漏进相邻汽封环的少量蒸汽从空间 R 中抽吸进入汽封冷却器。

3.2.5　滑销系统

1. 滑销系统的作用

汽轮发电机组体积庞大，工作蒸汽的温度又高，特别是其在启动、停机和变负荷时，蒸汽温度变化较大，其绝对膨胀值较大，因此必须保证汽轮机能自由地热胀冷缩，否则汽缸就会产生很大的热应力和热变形，使设备损坏。但是如果让它任意膨胀而不加以约束，汽缸就会歪斜，造成动、静部件之间的摩擦与碰撞等重大事故。为了使汽缸在长、宽、高几个方向上胀缩自如，而又使汽轮机中心线不变，保证转子与汽缸的正确位置，使汽轮机的胀缩不至影响到机组的安全经济运行，因此汽轮机必须设置一套完善的滑销系统。滑销系统一般由立销、纵销、横销、角销以及猫爪和联系螺栓等部件组成，通过安装在不同部位，来控制汽轮机的膨胀方向[31,34]。

2. 滑销系统的种类

1）横销

横销一般安装在通流部分温度最低的部件上，在汽缸支撑面及基础台板上铣有销槽，销槽一般为矩形或半圆形，销子就安装在基础台板的销槽中。它和汽缸支撑面上的销槽间留有间隙，左右大致相等。横销的作用是保证汽缸在允许间隙的范围内可以沿横向自由膨胀，并限制汽缸沿轴向的移动。整个汽缸以此为死点，向前或向后膨胀。

2）猫爪

猫爪一般有上猫爪支撑和下猫爪支撑两种形式。它既起着横销推力键的作用，又对汽缸有支撑作用。上猫爪装在上汽缸，下猫爪装在下汽缸，一般 1 个汽缸的 4 个角铸上有 2 对猫爪，汽缸就是通过猫爪支撑在轴承座上。它的作用是：保证汽缸在横向的定向自由膨胀，同时随着汽缸在轴向的膨胀和收缩，推动轴承座向前或向后移动，以保持转子与汽缸的轴向相对位置不变。

3）纵销

所有纵销均位于汽轮机的纵向中心线上，一般纵销安装在低压缸的两端支撑面（轴承底部）或前、中轴承座的底部等和基础台板的结合面间。它的构造要求和横销一样。纵销可以保证汽缸沿轴向的自由膨胀，并限制汽缸横向膨胀，确保汽缸中心线不做横向移动。因此，纵销中心线和横销中心线的交叉点就形成了整个汽缸的绝对膨胀死点。当汽缸膨胀时，该点始终保持不变。不同制造厂生产的汽轮机，其绝对膨胀死点的设置不同，有单死点、双死点，甚至 3 个死点。由于低压汽缸很重，又与庞大笨重的凝汽器直接连接，机组膨胀要推动低压缸非常困难，一般都在低压缸设置膨胀死点，使机组向前轴承座端膨胀。对于多死点的机组，两死点之间的设备必须弹性连接，以便吸收两死点之间设备的膨胀量，保证其轴向能自由胀缩。

4）立销

立销的重要作用是保证汽缸在垂直方向 L 的定向自由膨胀，限制汽缸的纵向和横向移动。立销多安装于汽缸排汽室尾部与基础台板间、多缸汽轮机的高压缸两端与对应的轴承座间、中压缸两端与对应轴承座间。所有立销的中心线都对准轴线，它与纵销共同保持机组不偏向纵向中心线。

5）角销

角销一般安装在多缸汽轮机的前轴承座和中轴承座底部的左右两侧，以代替连接轴承座与基础台板的螺栓。它的作用是保证轴承座与基础台板的紧密接触，防止产生间隙和轴承座的翘头现象。

6）联系螺栓

联系螺栓的作用是保证汽缸与基础台板之间紧密结合，防止下缸在运行时由于热变形而被顶起。另外，联系螺栓的螺栓与螺栓孔之间留有充分的膨胀间隙，保证汽流能自由膨胀。

3. 超超临界汽轮机滑销系统

1）哈汽 1000MW 超超临界汽轮机组的滑销系统

哈汽超超临界汽轮机组的滑销系统图如图 3-37 所示。滑销系统共设有 3 个纵向绝对膨胀死点。分别位于 A 低压缸的中心、B 低压缸的中心和 3 号轴承座底部横销中心线与纵销中心线的交点。汽缸以此为基点，A、B 低压缸分别向机头和发电机方向膨胀，高、中压缸连同前、中轴承座一起向机头方向膨胀。高、中、低压内缸各自以它们的相对膨胀死点为基点，向前后自由定向膨胀。该汽轮机的相对膨胀死点位于高压转子的推力盘上。

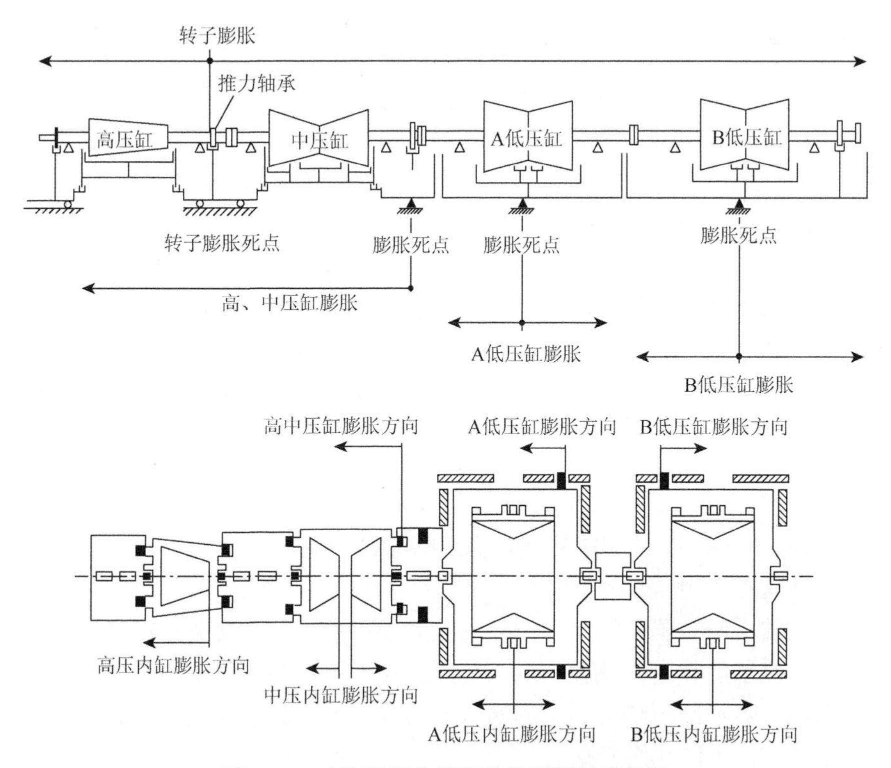

图 3-37　哈汽超超临界汽轮机组滑销系统图

2）东汽 1000MW 超超临界汽轮机组的滑销系统

该机组采用自润滑滑销系统。前轴承箱滑块采用石墨自润滑滑块，使机组膨胀顺畅；上滑块均可覆盖下滑块，避免灰尘杂质落入滑动面，使滑块能适应恶劣的工作环境，终生免维护。纵向键为圆头形，其导向能力好，避免卡涩。

轴承箱与高、中压外汽缸间采用上猫爪支撑，下猫爪推拉，避免了汽缸跑偏。3号轴承座是整个汽轮机滑销系统的绝对膨胀死点，高、中压汽缸以3号轴承座为中心，向机头方向膨胀。2个低压汽缸以各自汽缸中心点为死点向两端膨胀。推力轴承位于2号轴承座内，那也是机组的相对膨胀死点，整个轴系以此为中心向两端膨胀[31,35,39]。

机组共设有3个绝对膨胀死点，分别位于中压缸和A低压缸之间的中间轴承箱下，以及A低压缸和B低压缸的中心线附近，死点处的横键限制汽缸的轴向位移。同时，在前轴承箱及两个低压缸的纵向中心线前后设有纵向键，用于引导汽缸沿轴向自由膨胀并限制横向跑偏。机组在运行工况下膨胀和收缩时，1号和2号轴承箱可沿轴向自由滑动，见图3-38。

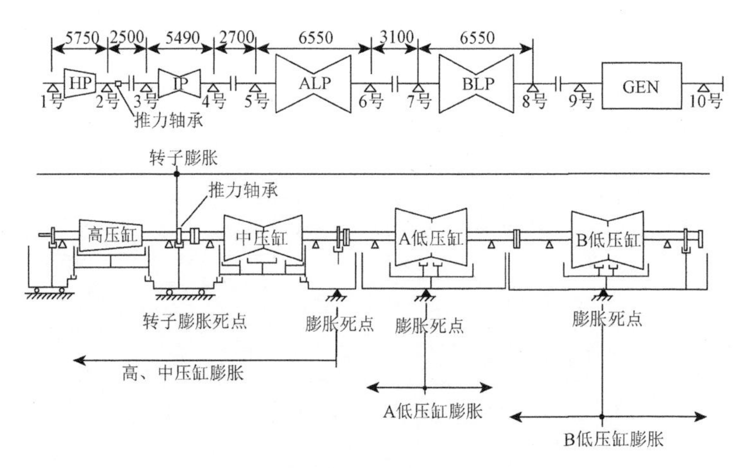

图3-38　东汽超超临界汽轮机组滑销系统图

单位：mm

3）上汽1000MW超超临界汽轮机组的滑销系统

（1）高压缸和中压缸。

高压缸前后两个猫爪搁置于前轴承座的猫爪上，以汽轮机中线高度为基准，由此可确定汽缸的标高。热膨胀时，高压缸猫爪可在与定位键组装在一起的滑块上水平滑动，可调节滑块与猫爪的间隙。通过弓形梁将猫爪伸进前轴承座相应的凹槽中固定住，可防止汽缸抬升。

中压外缸由前后两个猫爪支撑在2号、3号轴承座的支撑点上，支撑面的高度与水平中分面的高度相同。中压缸受热膨胀时，从径向推力联合轴承上的支架处开始发生轴向位移。由于内、外缸温度不同，中压内缸采用中分面支撑方式，使内缸从固定点轴向自由膨胀和径向沿各个方向上自由膨胀，从而保持汽缸与转子同心。

（2）低压缸。

低压外缸焊接并支撑在凝汽器上，外缸轴向膨胀从凝汽器定位键处开始，轴向位移始于低压缸前轴承座上凝汽器的固定死点。横向位移从中心导承处开始发生。汽缸垂直方向上的膨胀从台板的支架处开始发生，向汽轮机中心线膨胀。

低压内缸是单层缸结构。静叶持环和静叶环同轴，热膨胀时可在内缸上自由移动。低压内缸由四个整体铸造的猫爪支撑，这四个猫爪搭在前后两个轴承座上，支撑整个内缸、持环及静叶的质量。汽轮机端的猫爪通过穿过前轴承座的推力螺栓与上游汽缸连接，确定了内缸在轴向上的位置中心导承是一个叉式啮合键，固定在基础上。内缸外壳的精确对中通过滑板上的定位销实现[47, 48]。

上汽超超临界汽轮机组滑销系统见图 3-39。

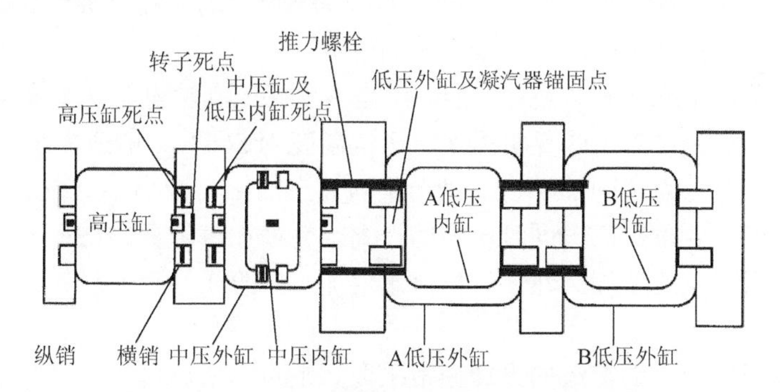

图 3-39　上汽超超临界汽轮机组滑销系统图

3.3　超超临界汽轮机调节系统

3.3.1　超超临界汽轮机的配汽方式

大容量超超临界汽轮机配汽方式一般分为两种：有调节级的喷嘴配汽方式和无调节级的全周进汽配汽方式。

1. 有调节级的喷嘴配汽方式

1）喷嘴配汽方式简介

将汽轮机高压缸的第一级（调节级）喷嘴分成多组（4～6 组），每一组喷嘴由一个调节汽门控制。变负荷时，这些调节汽门依次开启或关闭，改变进汽量。这种配汽方式称为喷嘴配汽。在部分负荷下，几个调节阀中，有的是全开的，有的是关闭的，但只有一个调节阀部分开启，这时调节级总是部分进汽的，即只通过部分开启的调节阀存在部分蒸汽节流损失。因此部分负荷时喷嘴的调节级效率仍较高。

喷嘴调节使机组的高压部分在变工况时温度和压力变化较大，从而引起较大的热应力，对汽轮机的安全产生不利影响。调节级的最危险工况发生在第一调节阀全开而其他调节汽门关闭时，此时该调节阀对应的调节级叶片前后压差最大，焓降也最大，而且流过第一喷嘴组的流量是所有工况下的最大流量，且这股流量集中在第一喷嘴组后的少数动叶上，使每片动叶分摊的蒸汽流量最大。因而，此时动叶做功达到了最大值，属于最恶劣工况。

2）分流式调节级

对于有调节级的喷嘴配汽方式，660MW 以下可采用单流调节级，但随着机组容量、主蒸汽压力和温度的增加，对于采用喷嘴调节的超超临界汽轮机，其调节级的安全性问题特别突出，其主要影响如下：

（1）主蒸汽温度达到 600℃以上，但是为了保证汽轮机第 1 级的安全，要求其工作应力不能比现有超临界机组（主蒸汽温度为 566℃）的应力水平高；

（2）主蒸汽压力达到 25MPa，调节级内蒸汽的比容减小，但级前后的压差增加，对级强度的要求提高，同时压力的提高也会增加汽隙激振的概率；

（3）机组容量的增加必然使蒸汽流量增加，则第 1 级叶片蒸汽载荷、工作应力按比例增加。

为了保证安全，调节级的设计通常采取如下技术措施：

（1）随着机组容量的增大，受到蒸汽流量及压差载荷的限制，允许的最小部分进汽度逐步增加，由 25%、33%提高到 50%。

（2）为尽量减少对动叶片的激振力，喷嘴弧段由 6 组、4 组减少到目前的 18°弧段的半圈形式，总的部分进汽度也提高到 98%以上。

（3）采取具有更好抗振性能、应力集中最小的结构形式，如整体三联体自带围带、双层围带等；在安全性设计中，除了校核最大应力的低负荷工况外，还应对冲击载荷、喷嘴的尾迹激振应力进行考核。

（4）采用多喷嘴数的小栅距叶栅，甚至以型线损失系数增加 2%～3%的代价减小动叶片的激振应力。

（5）受强度的限制，对于亚临界或压力为 24.2MPa、温度为 566℃的超临界机组，单流调节级只能用小于 700MW 等级的机组。对 700MW 以上容量汽轮机组，特别是 1000MW 等级的超超临界机组，要采用喷嘴调节，则必须采用分流式调节级。

分流式调节级的结构如图 3-40 所示。

高压第 1 级喷嘴分组的近似全周进汽形式，由 4 个调节阀控制进汽，称为调节级，通过改变其部分进汽度来调节机组的流量、进汽压力和焓降。对于这种结

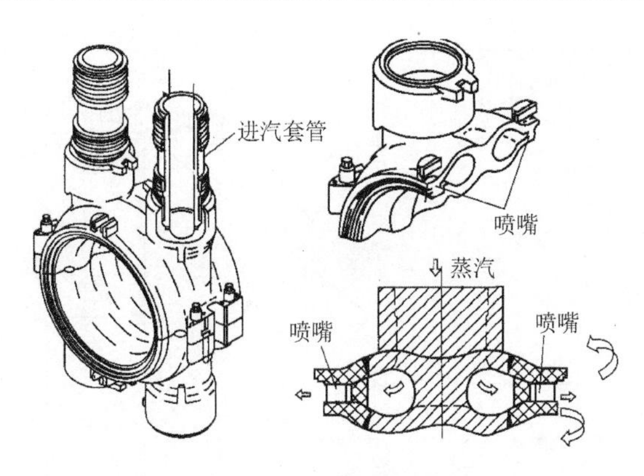

图3-40 分流式调节级

构，高压第1级（调节级）叶片在低负荷、最小部分进汽时的应力远大于额定负荷工况，加上部分进汽的冲击载荷等因素，使该级叶片的动强度设计成为整个机组安全性关键环节之一。

3）变压复合配汽方式

对于有调节级的超超临界汽轮机，也可采用变压复合配汽方式，即在高负荷采用喷嘴配汽，低负荷采用节流配汽，并且运用阀门管理技术，实现在整个运行范围内两种运行方式的无扰切换。采用定-滑-定的运行方式，结合了滑压运行和定压运行的优点，上滑点可为90%，下滑点一般可为30%左右，下滑点的值主要受锅炉的限制。高负荷时采用定压运行，由于此时阀门开度比较大，对喷嘴调节的机组节流损失很小，而机组调频反应速度快，汽轮机、锅炉控制简单，在低负荷时，由于压力低，采用定压运行利于锅炉的稳定燃烧，当需要增加负荷时，调节阀开度变大，调节阀全开后依靠锅炉提升压力来增大负荷。复合滑压配汽喷嘴调节与全周进汽滑压运行方式相比在94%额定负荷以下经济性更佳，在94%以上喷嘴配汽方式比全周进汽滑压运行方式经济性略差，所以复合滑压配汽方式既具有较高的综合经济性，又具有很好的运行灵活性，更加适合目前国内火电站负荷率的具体国情[49]。

图3-41是某1000MW机型以90%负荷工况为上滑点的定-滑-定运行曲线。

2. 无调节级的全周进汽配汽方式

1）喷嘴配汽方式的不足

对于超超临界参数1000MW机组，高压级叶片的工作条件非常严峻，采用喷嘴配汽的结构形式有着明显的不足。主要体现在以下几个方面[50]。

（1）由于进汽压力高、蒸汽的流量大，叶片承受的离心力载荷和蒸汽弯曲应力较超临界600MW机组的强度极限工况有大幅度的提高，为了保证安全性，有

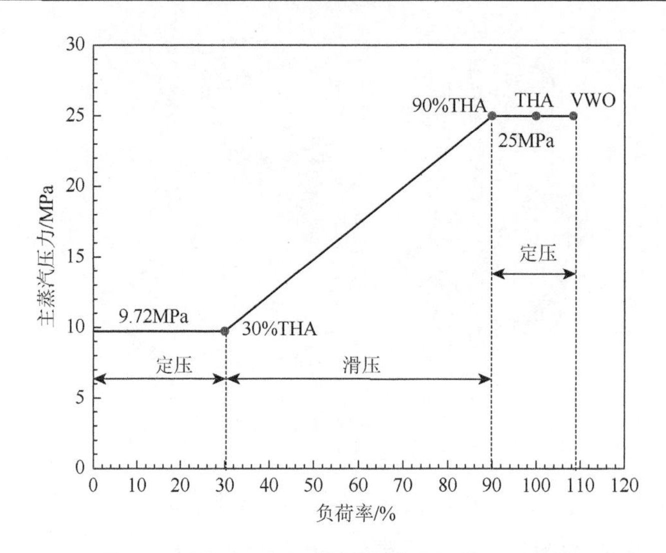

图 3-41　某 1000MW 机型的定-滑-定运行曲线

时不得不采取分流式调节级。若采用喷嘴调节，在低负荷工况调节级焓降很大，叶片的应力将超过材料的许用应力。而采用分流式调节级，使得叶片的端部损失大幅增加，效率明显下降。

（2）由于喷嘴分组以及部分进汽，在超超临界参数下将更容易形成汽隙激振源，不利于机组部分负荷下的安全运行。

（3）超超临界参数下热力循环滑压运行效率已高于定压喷嘴调节，采用喷嘴调节效率高的优势已不明显。

2）无调节级全周进汽模式

无调节级的全周进汽配汽方式，高压缸没有调节级，首级效率与其他压力级效率基本相当，整个高压部分效率相对于有调节级的喷嘴配汽方式有明显提高。因此，对于大容量带基本负荷的机组，无调节级的全周进汽配汽方式就显得更加合理，也更适合国内电厂目前追求经济性的国情[51]。其主要优势包括以下几个方面。

（1）由于采用了全周进汽，不存在对汽轮机高压第一级叶片的工况限制。即使对于 1000MW 的功率等级，高压缸仍然可采取单流程结构。这样不仅结构紧凑，而且叶片的通流面积及高度比分流式要大一倍左右，可以大幅度降低端部损失，效率可以得到明显提高。计算表明，1000MW 超超临界分流式高压缸的叶片面积（高度）与亚临界 300MW 机组相当，与单流程、小直径高压缸相比，在相同气动技术条件下的效率要相差 4.4%左右。因此，单流程的高压缸在经济性上具有明显的优势。

（2）全周进汽模式没有任何附加汽隙激振，提高了机组的轴系稳定性。

（3）全周进汽模式下高压第一级叶片的焓降仅为喷嘴调节模式的 1/5，最大载荷仅为 1/4 左右，彻底解决了第一级叶片的安全性问题。高压缸叶片不再约束机组参数的提高和功率的增大。现有的高压缸设计压力已经达到 30MPa，单流程功率达到 1200MW 等级。

（4）对超超临界参数热力循环，在部分负荷下经济性较高，如图 3-42 所示。在 50%额定负荷下，反动式全周进汽滑压运行的热耗比额定工况增加 4.69%，反动式变压-喷嘴调节的热耗增加 5.9%，冲动式变压-喷嘴调节则增加 7%。

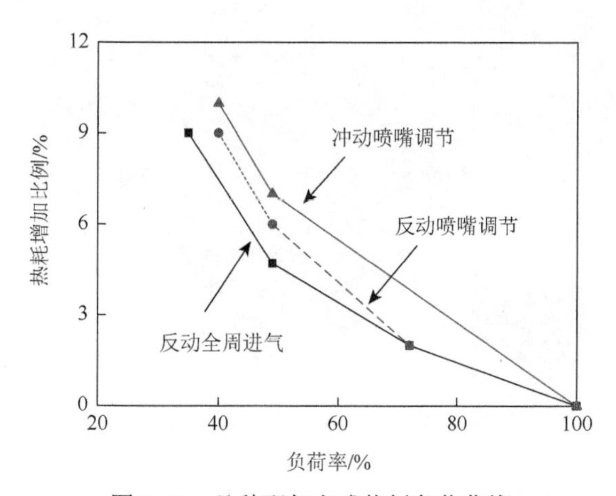

图 3-42　几种配气方式热耗负荷曲线

3）无调节级全周进汽结构

目前，多数现役的 1000MW 高效超超临界汽轮机组采用无调节级全周进汽方式，可减小阀门损失和部分进汽损失；阀门采用优异的扩散口流道设计，压力损失小；阀门与汽缸之间无蒸汽管道，阀门切向进汽，结构紧凑，且容易维修。高压进汽阀门采用联合汽阀，阀门型线均采用高效、低压损型线，经济性好，蒸汽力在全行程范围内都很小，能够保证阀门的安全稳定运行，且经流场模拟实验验证[52]。高压缸实体布置如图 3-43 所示。

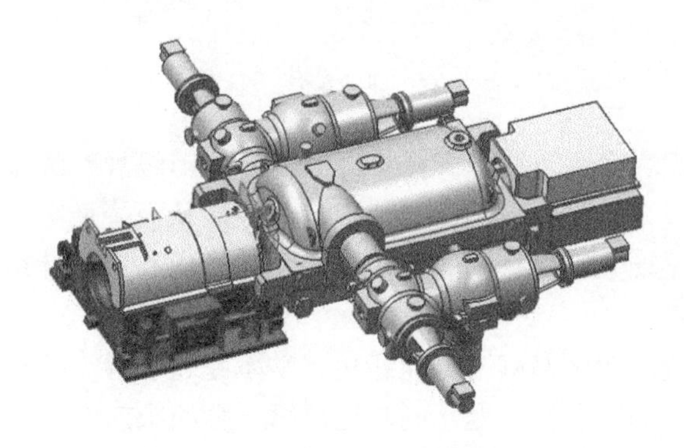

图 3-43　高压缸实体布置图

高压缸全周进汽剖面图如图 3-44 所示。高压缸的进汽采用切向蜗壳，减小第一级导叶进口参数的切向不均匀性，提高效率。蜗壳结构能够减小进口部分的流动损失，并优化第一级径向-轴向叶片蒸汽的出口。蒸汽在速度和方向不发生骤变的情况下流入叶片。在蜗壳上的流量损失明显降低，可允许提高蒸汽流速，并具有很高的蒸汽动能转换效率[53]。汽轮机进汽蜗壳实体图如图 3-45 所示。

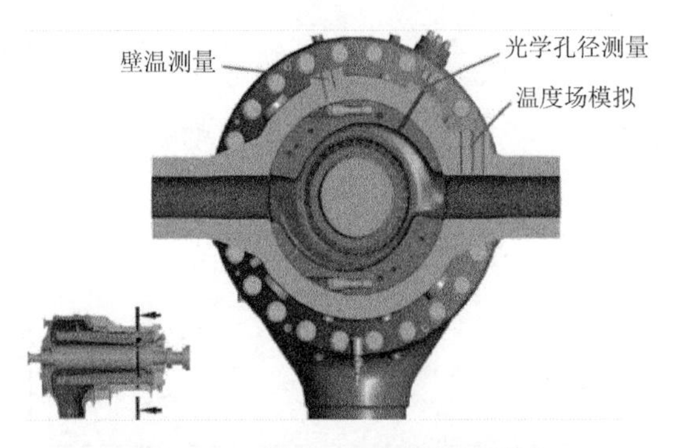

图 3-44　高压缸全周进汽剖面图

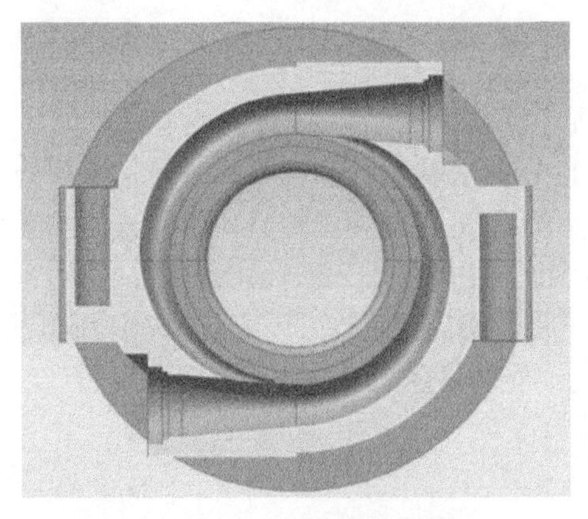

图 3-45　进汽蜗壳实体图

为配合切向蜗壳全周进汽形式，机组高压缸第一级静叶片有的采用横向布置形式，同时第一级采用了低反动度大焓降叶片级，从而降低第一级叶轮和转子表面的温度，为高压转子提供有利的工作条件[54]。横向布置静叶结构是目前较为先进的结构设计技术。

如此横向布置的第一级静叶，能避免大功率超超临界汽轮机单流调节级的强度问题及机组运行的可靠性问题，同时提高第一级的级效率[55]。第一级横向布置静叶布置图和实体图如图 3-46 和图 3-47 所示。

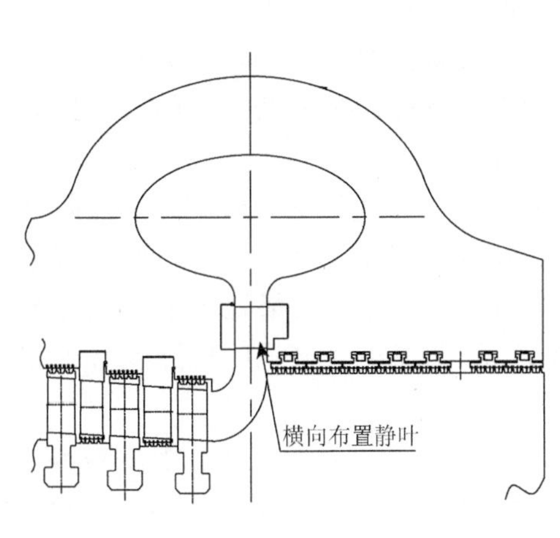

图 3-46　横向布置静叶布置图

图 3-47　横向布置静叶实体图

4）全周进汽配汽方式分类

无调节级的全周进汽配汽方式又可细分为 3 种形式：全滑压配汽方式、节流配汽方式和全周进汽加补汽阀方式。

（1）全滑压配汽方式。

汽轮机在全负荷范围都处于高压调节阀门全开模式运行。由于高压调节阀门始终全开，汽轮机本身不具有一次调频的能力，只能靠锅炉、凝结水节流调节及调整一号高加进汽量等方式调整负荷，负荷响应速度很慢，且这些调节手段尚在试验阶段，目前还不具备在国内推广应用的条件。

（2）节流配汽方式。

采用节流配汽的汽轮机，高压缸一般不带调节级，可以省下轴向空间布置更多的压力级，不带调节级的高压缸通常缸效率都较高。采用节流配汽的机组在运行时一般各个调节阀都处于全开或者基本全开状态（即使不是全开，也会达到 90%～95%的开度，目的是保证一定的调频功能，也是出于安全方面的考虑），这类机组变负荷时一般有两种措施：一是通过改变主蒸汽压力来改变汽轮机进汽量，从而起到调节汽轮机负荷的作用，主要是通过分布式控制系统（distributed control system，DCS）发送信号命令锅炉给水泵改变转速来实现。这种措施主要是正常升降负荷时采用，一般响应时间稍慢。二是通过同时改变几个调节阀门开度的方法，改变汽轮机进汽量来实现。这种措施主要是快速降负荷时采用，响应时间较快。使蒸汽流量及可用焓降改变，从而起到调节汽轮机负荷的作用。第一种措施的优点是在额定负荷时，机组调节阀节流损失最小，且不存在级效率较低调节级，压力级的级数也较多，因此容易得到很高的缸效率，机组的热耗率较低；缺点是当负荷降低时，蒸汽参数会下降很多，机组的循环效率下降，热耗率升高较多。第二种措施的优点是当机组降负荷时，各个阀门同时动作，操作简单，阀门特性容易控制和掌握；缺点是阀门的节流损失较大，部分负荷时缸效率下降较多，热耗上升。

节流配汽方式主要优点就是额定负荷时效率高，变工况时效率低。因此它应该主要应用在带基本负荷、基本不参与变工况的机组上，如百万机组、核电机组以及燃气-蒸汽联合循环机组等。这样的机组平时阀门都处于全开状态，只有在启机或者特殊情况下阀门才参与调节，让节流配汽方式的优点能够得到充分发挥。

机组变工况时，进汽量减少，由于各级通流面积不变，第一级前温度基本不变，各级的级前压力与流量近似成正比，因此第一级级前压力下降（阀门全开，所以进汽压力下降），导致机组的循环效率降低。但是叶片上所受的蒸汽作用力只是随着流量的增大而增大，故在最大流量时，叶片受力最大。另外，由于通流第一级喷嘴同时进汽，机组承担的气流不平衡力较小，无任何附加汽隙激振，提高了机组的轴系稳定性，相对于喷嘴调节运行较安全。

对于节流配汽的大容量超超临界机组，一般采用全周进汽＋滑压运行的方式，保证在宽负荷范围内的经济性均优于带调节级的机组。全周进汽机组滑压运行曲线如图 3-48 所示。在 40%至 VWO 的负荷区间，机组纯滑压运行，在 40%以下，定压运行，因此 0%～40%负荷为节流调节区。

不过，纯滑压运行的机组，虽无节流损失，经济性最优，但升降负荷响应较差。为兼顾负荷与经济性，根据用户需求的不同，可采用不同的滑压运行方式。目前各个汽轮机厂新出的百万超超临界汽轮机，基本采用的都是优化型滑压运行方式。即在稳态工况时，主蒸汽调节阀保持约 5%额定压力的节流压降，当需要变动负荷时，先由调门通过改变节流压降进行调节，以满足快速响应的要求。然后，再由机组的协调控制系统调节锅炉的热负荷及汽压，直至调节汽门压降恢复正常值。当负荷升至汽轮机 TMCR 到 VWO 工况区域内时，调门逐步减少预留节流压降值直至全部开启，在此过程中，流量增加，主蒸汽压力不变，如图 3-48 所示。由图 3-48 可见，这种调节方式，除了 VWO 点，在任何稳态负荷，调门均存在着节流损失。而在 TMCR 后，节流压降逐步减小，直至 VWO 工况时节流压降为零。

（3）全周进汽加补汽阀方式。

全周进汽加补汽阀方式是对节流配汽方案的一个补充，即针对采用全周进汽的机组，在汽轮机的某一压力级后设置一个补汽阀给后边压力级补汽，以提高机组的快速调频能力。补汽阀门也由电液控制系统单独的油动机控制开度，由弹簧安全关闭。采用补汽调节阀的目的是：①保证在额定参数、额定功率时高压调节

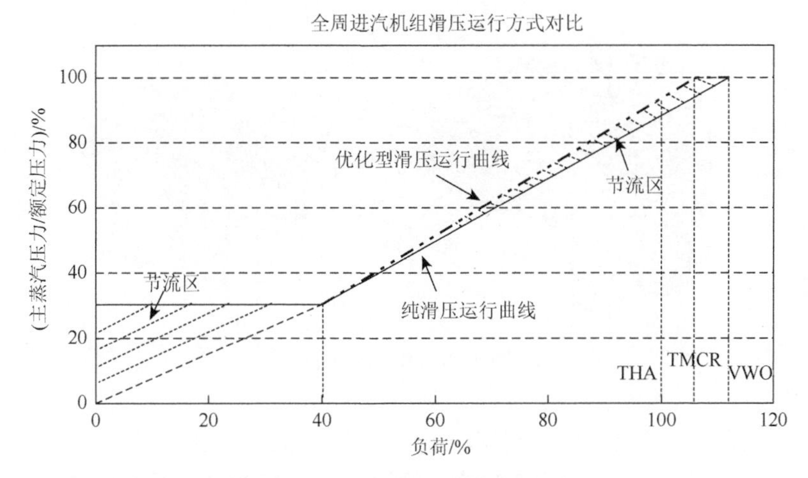

图 3-48　全周进汽机组滑压运行曲线

阀全开，若机组调频时需要短期过负荷或蒸汽参数偏低仍要求带额定负荷，补汽调节阀开启，增加进气量；②在机组滑压运行时，可保持高压调节阀全开，且具有快速加负荷的调频功能。

以德国西门子公司为我国生产的高效百万等级机组为例，其高压缸为单流结构，原配有两个主蒸汽门和两个调节阀。在每个主蒸汽门后、调门前引出一个管道，接入一个或两个外置的补汽调节阀，该阀门结构类同于主调门，是单座阀，位于高压缸下部或上下部。蒸汽从阀门引出后进入某一中间级，补汽调节阀开启时，可提高下一中间级的进汽压力，增加机组的进气量。与该补汽阀相关的高压缸结构为：在高压外缸与内缸之间有一个封闭腔室，该腔室通过高压内缸上的径向孔与高压通流部分相连。补汽阀在高压缸上的接口及布置如图 3-49、图 3-50 所示。

图 3-49　补汽阀在高压缸接口图

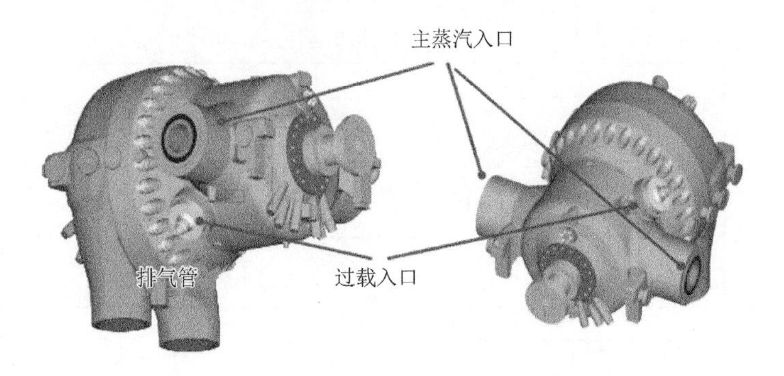

图 3-50　补气阀布置

一般来说，补汽阀具体接到哪一级后要从经济性、温度场热应力、补汽对主调门通流能力的影响等几方面来确定。例如，玉环 1000MW 超超临界机组，补汽与高压第 5 级动叶出口相通。根据节流前后焓值相等的原理，主蒸汽门后的蒸汽经补汽阀到第 5 级时，蒸汽温度将降低 3℃左右，使得补汽与主流蒸汽的温差明显缩小。按常规的温度场及热应力计算分析表明，当温度场的温差在 70℃以内时，可以不计热应力对寿命的影响。由于补汽阀在关闭时可能有微小的泄漏，加上该汽流与主蒸汽流来源相同，因此补汽与主蒸汽的温差在所有工况下几乎是稳定的，即使工况变化，汽缸也不存在过大的附加热应力。

开启点可以设置在 THA 工况或 TMCR 工况。以 THA 工况开启点为例，机组在设计边界条件下，额定出力及以下的部分负荷，该补汽阀处于关闭状态。超过额定功率点，补汽阀逐步开启直至最大出力，即相当于 VWO 工况。在补汽阀开启后直至 VWO 工况，机组流量增加但主蒸汽压力保持额定不变，反之亦然。稳态工况下，主蒸汽调节阀在最低定压运行点以上的所有负荷均处于全开状态。

值得注意的是，补汽调节阀开启时，其本身产生节流损失，且补汽点前的各级蒸汽流量减小，补汽点后的各级蒸汽流量增大，偏离设计工况，使级效率降低，因此补汽调节阀只能作为动态调节元件使用，不能长期开启补汽调节阀运行，否则会使机组的运行经济性降低。另外，补汽量也受低压级允许的最大流量限制。

根据全周进汽加补汽阀配汽方式机组现场投运的情况，补汽阀开启后汽轮机大都存在 1 号、2 号瓦轴承振动偏大的情况，正常运行时，轴振最大值在 50μm 左右，开启补汽阀后达到 90～100μm，甚至更高，对机组的轴系存在极大的安全隐患。而且每个电厂都反映补汽阀开启后，对汽轮机高压缸效率影响较大，某电厂汽轮机投运后，补汽阀全开后，热耗率与 THA 工况相比差了 66kJ/(kW·h)。故目前几乎所有电厂的补汽阀长期不用或强制关闭，所在电厂实际投运后都采取节流配汽方式运行，将高压调节阀门节流，开度控制在 40%～60%范围内，牺牲一部分经济性，提高负荷响应速度，以便满足电网对一次调频及自动发电控制（automatic generation control，AGC）考核的要求。图 3-51 是某 1000MW 机组以 THA 工况为上滑点压力的设计滑压曲线。

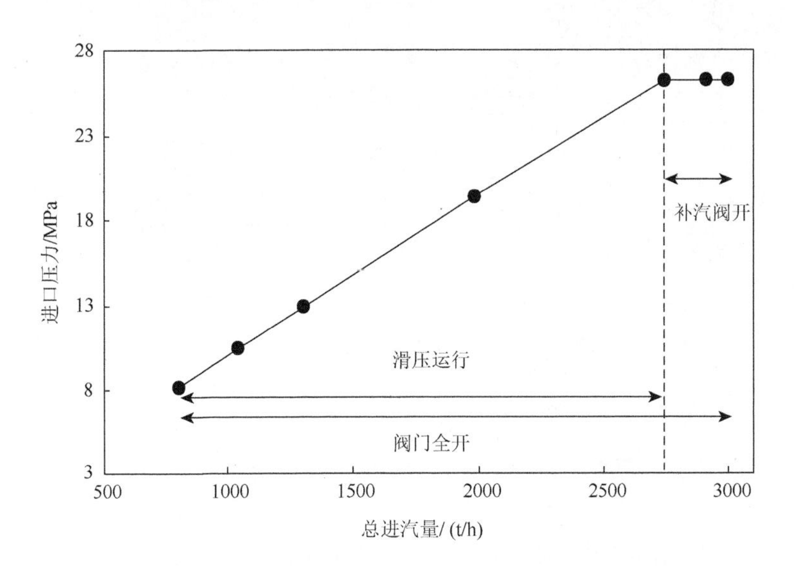

图 3-51　某 1000MW 机组以 THA 工况为上滑点压力的滑压曲线

主蒸汽压力曲线对应两阀全开的滑压运行和补汽阀开启的定压运行两种运行方式，该曲线仅供参考

3.3.2　超超临界汽轮机的进汽阀门

汽轮机的进汽阀门是汽轮机调节系统中最终控制进汽的重要部件，分为高压主蒸汽阀及调节汽阀和中压（再热）主蒸汽阀及调节汽阀。

1. 哈汽超超临界机组进汽阀门的结构特点

哈汽超超临界机组高压主蒸汽阀与调节汽阀为一体式结构，由耐热合金钢铸件制成，如图 3-52 所示。主蒸汽阀内部装有精过滤网，实现多层过滤，可有效避免固体颗粒侵蚀。为了消除汽流不稳定和冲击波引起的阀杆振动，选用了低振动型调节汽阀，提高了调节的可靠性。中压主蒸汽阀和中压调节汽阀共用一个壳体，也由耐热合金钢铸件制成。中压主蒸汽阀碟与中压调节阀碟共享一个阀座，主蒸汽阀与调节阀可以各自独立、互不干扰地全行程移动，不受对方位置的影响。

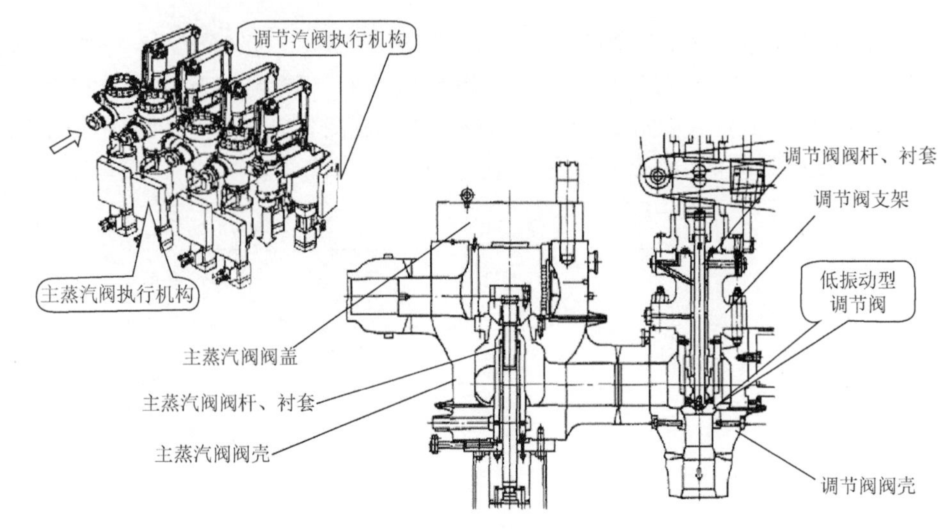

图 3-52　哈汽高压主蒸汽阀和调节汽阀

2. 东汽超超临界机组进汽阀门的结构特点

东汽超超临界机组采用喷嘴调节方式，配汽机构由 4 个高压主蒸汽阀、4 个高压调节汽阀及 2 个中压联合汽阀组成。4 个高压主蒸汽阀和 4 个高压调节汽阀整体组焊连接，4 个高压主蒸汽阀的进汽侧相互连通，减少了进汽压力和温度偏差。4 个高压调节汽阀分别连接 4 根导汽管，由高压缸上、下各 2 根进入喷嘴室。阀体为 12Cr（KT5917）铸钢，阀体上焊接 F92 材料的短节以连接 P92 主蒸汽管道。高压主蒸汽阀和高压调节汽阀的布置如图 3-53 所示。

东汽轮机组进汽阀门设计的主要特点是：①四进四出式高压主蒸汽阀和调节汽阀浮动悬吊在运行平台下，中压主蒸汽调节联合汽阀单支点弹簧支撑在汽缸下半两侧，厂房整洁美观、检修方便，机组轴向热膨胀对汽缸接口作用力小，汽缸

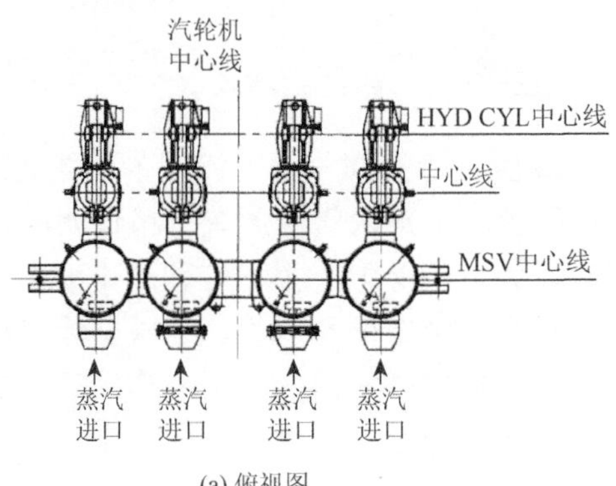

(a) 俯视图

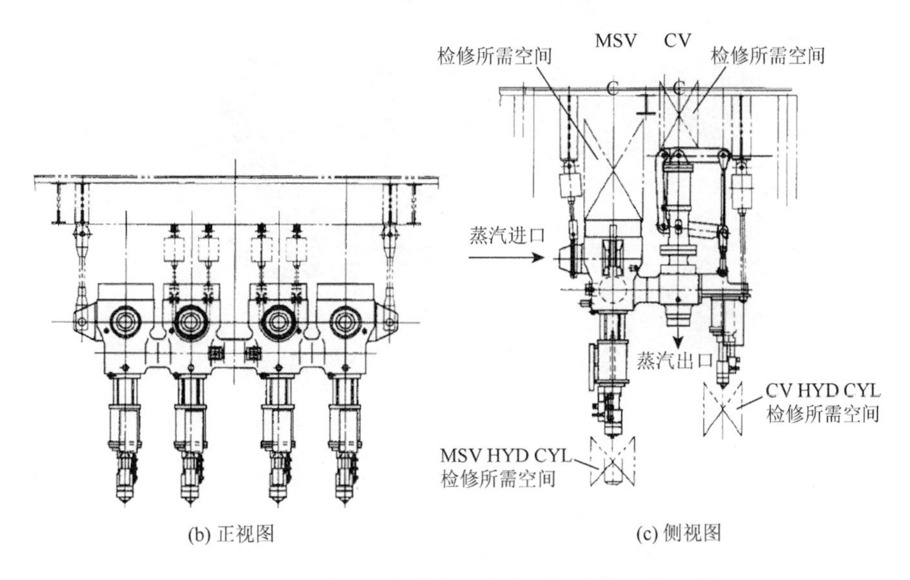

图 3-53　东汽高压主蒸汽阀和高压调节汽阀的布置

和轴系稳定；②阀杆套筒和阀杆上设计有司太立合金自密封凸台，主蒸汽阀入口设蒸汽滤网，以防止异物进入汽轮机通流部分；③靠液压驱动，主蒸汽阀开闭快速；④各阀门均由独立的油动机控制，可实现节流配汽和喷嘴调节的无扰切换，既提高效率，又可减少应力和寿命损耗；⑤阀座采用螺栓固定在阀壳内，拆卸方便；⑥各阀可独立做全行程在线活动试验[39]。

3. 上汽超超临界机组进汽阀门的结构特点

上汽 1000MW 超超临界汽轮机组设置有两个高压主蒸汽阀、两个高压调节汽阀、两个中压主蒸汽阀和两个中压调节汽阀。

1）高压主蒸汽阀和高压调节汽阀

本机组设置两只高压主蒸汽阀和高压调节气阀组合件，与传统的布置方案相比，阀门安置在汽轮机高压缸的两侧，阀门直接和汽缸相连。每个组合件包括 1 个高压主蒸汽阀和 1 个高压调节汽阀，两个阀体垂直组合成一体，这样布置减小了主蒸汽管道的流动损失，如图 3-54 所示。

2）中压主蒸汽阀和中压调节汽阀

汽轮机中压主蒸汽阀和中压调节汽阀安置在汽轮机中压缸的两侧，其结构图如图 3-55 所示，每侧的中压主蒸汽阀与中压调节汽阀阀体组合成一体。每只中压主蒸汽阀与中压调节汽阀分别由各自的执行机构来控制，各执行机构均安放在运转层两侧。

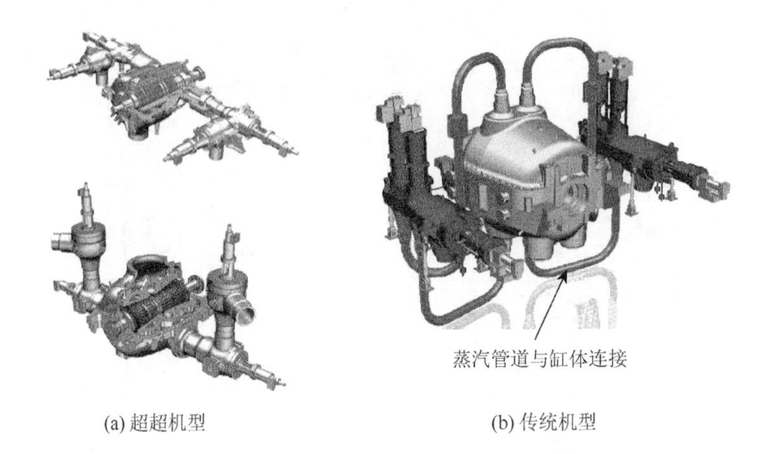

图 3-54　上汽机型与传统机型布置方案比较

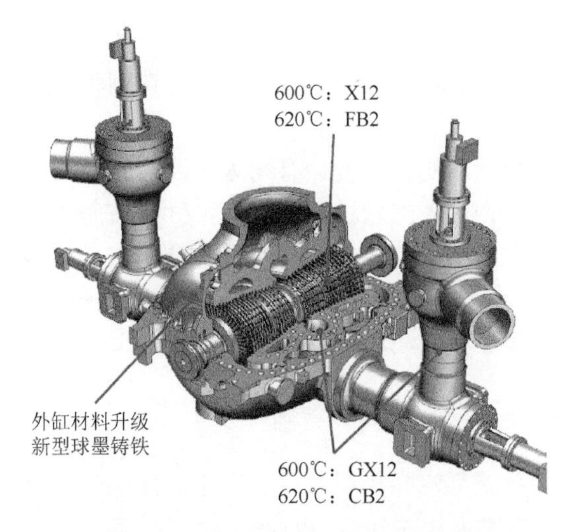

图 3-55　上汽中压调节汽阀的结构图

3.3.3　超超临界汽轮机的 DEH 系统

1000MW 超超临界汽轮机组采用数字电液（digital electro-hydraulic，DEH）调节系统，它将固体电子器件（数字计算机系统）与液压执行机构的优点结合起来，使汽轮机调节系统执行机构（油动机）尺寸显著缩小，能够解决日趋复杂的汽轮机控制问题，并且具有迟缓率小、可靠性高、便于组态和维护等特点。

1. DEH 调节系统的组成

DEH 调节系统由数字式控制器、阀门管理器、液压控制组件、进汽阀门和供油系统组成，从功能上可划分为三部分：基本控制、汽轮机自启停和保护装置。它与工作站（操作员站和工程师站）、数据采集系统、机械测量系统、防超速保护、跳闸保护系统、自动同期装置相连接，实现对汽轮机的转速和负荷控制及保护，还留有与锅炉燃烧控制系统等的通信接口。它又是分布式控制系统的一个子系统，可实现机、炉协调控制。

2. 1000MW 超超临界汽轮机 DEH 调节系统简介

国内某 1000MW 超超临界汽轮机组采用全周进汽、滑压运行的调节方式，同时采用补汽阀技术，改善汽轮机的调频性能。全机设有两个高压主蒸汽门、两个高压调节汽门、一个补汽调节阀、两个中压主蒸汽门和两个中压调节汽门，补汽调节阀分别由相应管路从高压主蒸汽阀后引至高压第 5 级动叶后，补汽调节阀与主蒸汽调节阀和中压调节汽门一样，均是由高压调节油通过伺服阀进行控制。

机组的 DEH 调节系统采用西门子公司的 T3000 控制系统，它是一个全集成的结构完整、功能完善、面向整个电站生产过程的控制系统。液压部分采用高压抗燃油的电液伺服控制系统，由 T3000 与液压系统组成的数字电液控制系统通过数字计算机、电液转换机构、高压抗燃油系统和油动机控制汽轮机主蒸汽门、调节汽门和补汽阀的开度，实现对汽轮发电机组的转速与负荷的实时控制。该系统满足对可扩展性、高可靠性、有冗余的汽轮机转速/负荷控制器的需要。

T3000 控制系统同时提供了汽轮发电机组跳闸保护功能，其主要功能包括收集和处理汽轮机、发电机保护系统的所有信号，保护内容的判断与实施，以及跳闸报警等几个方面[56]。

3.4　超超临界汽轮机的关键技术

3.4.1　防固体颗粒侵蚀

1. 固体颗粒侵蚀

固体颗粒侵蚀（也称硬质颗粒侵蚀）是超超临界汽轮机组面临的主要问题之一，是一种发生在锅炉启动或长期低负荷运行情况下，其过热器管和再热器管因热冲击引起管子汽侧氧化铁剥离形成固体颗粒而造成的对汽轮机高中压缸第一级叶片的侵蚀。

1）固体颗粒侵蚀的成因及危害

超超临界机组采用的是直流锅炉，相对亚临界机组的汽包锅炉，由于没有汽包，给水品质要求比较高。若凝结水处理设备发生故障时，杂质和污染物进入锅炉后由于不能进行定期排污，给水中的杂质将进入汽轮机，有可能对汽轮机的高温叶片等部件造成固体颗粒侵蚀。超超临界机组温度较高，锅炉高温受热面管内易产生氧化垢（Fe_2O_3、Fe_3O_4）。试验结果表明，当蒸汽温度高于 600℃时，锅炉受热面管子高温腐蚀和汽侧氧化问题十分显著；奥氏体管材最大腐蚀（汽侧腐蚀）出现在 640～700℃。超超临界锅炉的过热器、再热器、主蒸汽和再热蒸汽管道内表面剥离的微型固体颗粒，随着蒸汽进入汽轮机内。固体颗粒以蒸汽的流速通过汽轮机的流通部分时，会造成喷嘴和动叶损伤。特别是对于超超临界汽轮机调节级、高压缸和中压缸第一级喷嘴和动叶，其固体颗粒侵蚀比较严重。

固体颗粒侵蚀较多发生在锅炉启动阶段，因锅炉受热面受热冲击引起管子汽侧氧化铁剥离，剥离的氧化物根据其质量、形状的不同及该处蒸汽动量的大小，或在管内沉积，或随蒸汽运动并形成固体颗粒，使汽轮机调节级和高、中压缸第 1 级叶片产生侵蚀。另外，机组长期低负荷运行也会出现固体颗粒侵蚀问题。沉积的氧化物会危及炉管的安全运行，严重时将导致过热器、再热器管爆破。高速运动的氧化物产生的金属颗粒侵蚀不但会使汽轮机级效率迅速下降，而且影响了汽轮机的可靠性。美国、日本等国在这方面都有很多经验教训，有的机组运行 3～4 年就要进行焊接修补，有的机组运行 40000～70000h 后，受损伤的叶片必须予以更换，因此对机组的安全性和经济性均有不利影响[57,58]。被固体颗粒侵蚀后的叶片情况如图 3-56 所示。

图 3-56　被固体颗粒侵蚀后的叶片

2）固体颗粒侵蚀模式

固体颗粒侵蚀率与其固体颗粒的撞击速度和入射角、汽轮机类型、材料耐腐蚀性、机组的运行方式以及锅炉的启动系统等因素有关。固体颗粒侵蚀有两种机理，固体颗粒入射角等于 90°时为变形侵蚀，入射角小于 90°时为切削侵蚀，如图 3-57 所示。固体颗粒侵蚀率主要与汽流速度（撞击速度）和固体颗粒入射角有关。在相同的固体颗粒入射角下，汽流速度越大，固体颗粒侵蚀越严重。在相同汽流速度下，不同的固体颗粒入射角对应不同的侵蚀率。试验研究表明，当固体颗粒入射角在 20°～25°时，叶片侵蚀率达到最大值[58]。固体颗粒侵蚀率与入射角的关系如图 3-58 所示。

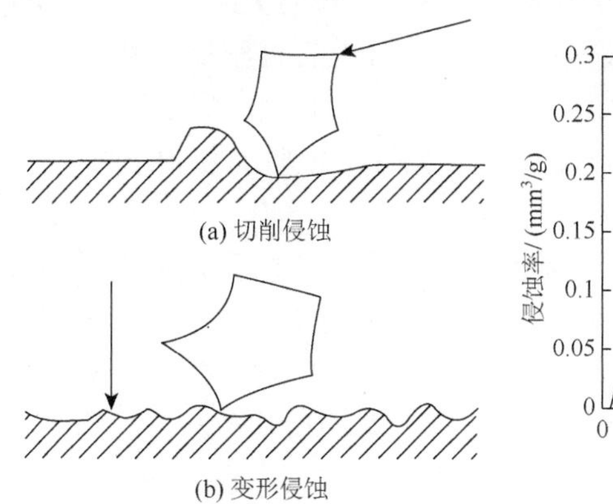

图 3-57　固体颗粒侵蚀的两种机理

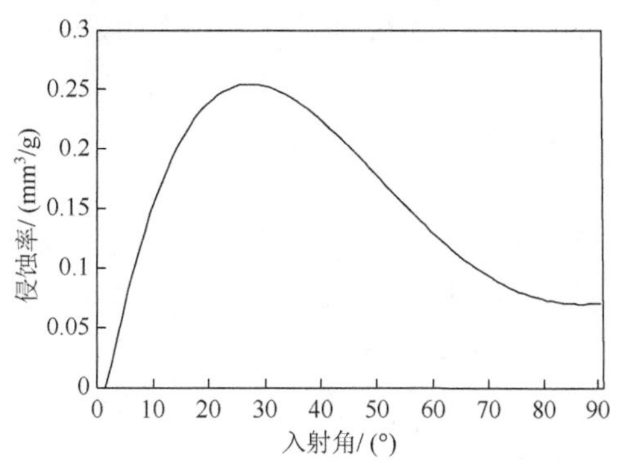

图 3-58　固体颗粒侵蚀率与入射角的关系

2. 影响固体颗粒侵蚀的几项重要因素

1）入射角度

入射角度对侵蚀率的影响会因靶材性质不同而有显著的差异。塑性材料如碳钢，在入射角为 30°时有最大侵蚀率，因为塑性材料在低角度高速度冲击下，有利于切削或挤伸等塑性侵蚀方式的进行；而脆性材料如陶瓷，因为是撞击应力引发微裂纹所致，故最大侵蚀率发生在具有最大冲击能时，即当入射角度为 90°时，材料损耗量较高，而在低角度入射时，材料损耗量较低。

2）冲击速度

无论塑性材料还是脆性材料，砂粒冲击速度的提高均会使侵蚀量增加，一般认为，两者间存在着以下的关系式：

$$\varepsilon = KVn$$

式中，ε 为侵蚀率；V 为冲击速度；K 为常数；n 值则与材料性质有关，在塑性材料中，n 取值为 2～2.5，而脆性材料对冲击速度较为敏感，n 值可高达 6。

3）颗粒大小

一般情况下，靶材的侵蚀速率与颗粒大小呈正比关系，但当颗粒直径大于某一临界粒径时，则对侵蚀影响不大。有学者针对塑性材料做过系列研究，发现这一临界值为 120～130μm。此外，不同颗粒粒径下的侵蚀，会改变脆性材料的侵蚀机理，例如，以较大粒径的颗粒冲击玻璃或全硬化钢时，会出现脆性侵蚀形式，但以较小粒径颗粒冲击时，磨损形态转变成塑性侵蚀。因此，脆性材料侵蚀率对砂颗粒大小的敏感度远高于塑性材料。

4）粒子形状

粒子形状对侵蚀的影响与冲击角度有关。在相同颗粒半径、质量、速度的情况下，球状颗粒在 90°下的磨蚀强度较不规则多角形颗粒要大。同样地，多角形颗粒在低角度下的侵蚀强度则较为明显。这种现象往往对侵蚀结果有很大的影响。例如，碳化物含量较多的白口铸铁，虽然硬度较高，其对球状颗粒的抗侵蚀性反而弱于碳化物含量较低的白口铸铁，但面对多角状颗粒侵蚀时，则出现完全相反的结果。

有学者就粒子硬度对侵蚀率的影响得出如下结论：当粒子硬度超过被侵蚀靶材的表面硬度时，粒子硬度变化对靶材侵蚀率的影响不大，仅当粒子硬度低于表面硬度或某一硬脆相的硬度时，粒子硬度对侵蚀率的影响才较显著。另外，硬度较低的粒子，如果在高速冲击时具有高动能，对硬质靶材一样会造成严重的侵蚀损耗。

3. 防止固体颗粒侵蚀的对策

现国内外汽轮机制造厂商防止固体颗粒侵蚀主要有如下方法与措施。

1）消除固体颗粒源

防止和减轻固体颗粒侵蚀的最合理办法是消除固体颗粒源，主要方法如下。

（1）在炉管内壁渗铬以防止产生金属氧化物是一个持久办法。但该工艺在已运行的机组上采用尚有困难（除非更换炉管）。

（2）对过热器和再热器进行酸洗，清除管壁上的金属氧化物。

（3）锅炉酸洗后，对炉管进行铬酸洗钝化处理，改善磁性氧化铁的黏附力。

处理过的表面同蒸汽接触后产生一层含铁铬的氧化膜。该氧化膜通过降低 Fe^{2+} 的活动能力和减少水气向内部扩散，使金属氧化物的增长速度减少 2/3。氧化膜的化学稳定性很高，热膨胀系数与铁素体管材的热膨胀系数相似，从而使它具有长期抗剥落的能力，这样减少了金属氧化物的形成和剥落，也减少了过热器、再热器和主蒸汽管道所需的化学清洗次数。

2）减少通过汽轮机通流部分的固体颗粒数

为减少固体颗粒进入汽轮机通流部分的数量，推荐采用汽轮机旁路系统，在汽轮机启动前先将锅炉蒸汽引入旁路。从一系列研究的取样看，一些机组达到满负荷后蒸汽中的金属氧化物颗粒浓度才从高峰值回落；而采用旁路系统的一些机组尚未达到满负荷时蒸汽中的金属氧化物颗粒浓度已从高峰值回落。因此，采用汽轮机旁路系统可显著减少通过汽轮机通流部分的固体颗粒，但启动多长时间后停用旁路则需要根据机组的运行方式及负荷速率来决定。

装有旁路系统的机组，在启动时还可通过旁路系统较好地控制温度偏差，可在一定程度上减少过热器和再热器中金属氧化物产生裂纹和剥落。

此外，要充分重视机组调试阶段防止炉内固体颗粒异物进入汽轮机通流部分，测试启动时可延长采用旁路的时间，或设置临时细目滤网。

运行中要采取改善锅炉燃烧和调整运行控制技术，注意防止超温，抑制超温引起的氧化加剧情况，同时避免温度的大幅度变化造成过热器、再热器和主蒸汽管壁上大的温度梯度，减轻氧化层和管壁分离现象。

3）减轻固体颗粒侵蚀的通流部分设计

固体颗粒进入汽轮机通流部分是很难完全避免的，为减轻进入通流的固体颗粒对通流部件的损害，设计上主要有以下措施。

（1）改进调节级喷嘴叶片型线或数量。

从现场检查可知，调节级的固体颗粒侵蚀主要产生在喷嘴出汽边内弧上，这主要是由于来自进气管的粒子被汽流加速后以小角度冲击在压力面出汽边上，加上喷嘴的转折角较大，出汽边内弧正好处于颗粒冲击轨迹上，因而容易在该部位产生严重侵蚀。从调节级的固体颗粒侵蚀机理可知，解决调节级固体颗粒侵蚀的一种有效措施是改变固体颗粒入射角度，重新设计喷嘴型线，减少汽流的转向转折角、增大折转半径，使颗粒较容易地通过。这样撞击在喷嘴出汽边内弧面的固体颗粒数目将减少，从而减轻侵蚀量。根据美国通用电气公司理论分析和运行实践经验，采用新的斜面喷嘴型线技术和保护涂层技术，可有效解决调节级的固体颗粒侵蚀问题，实现调节级在一个大修期内的无老化设计，提高持久效率。另一种方法是减少喷嘴数目、增大横截面积，使颗粒可以顺利通过喷嘴。

（2）再热第一级的颗粒侵蚀及预防措施。

再热第一级固体颗粒侵蚀主要发生在导叶出汽边背弧上，固体颗粒侵蚀机理不同于调节级，是静动叶片间颗粒复杂的多重反射冲击现象。来自导叶出口的粒子首先打在动叶进汽边背弧上，粒子在动叶上获得巨大切向速度，并以小角度冲击导叶出汽边背弧表面，对导叶形成严重的侵蚀。因此，防止再热第一级的固体颗粒侵蚀的有效措施是合理加大动、静叶轴向间隙，这样可以显著减少固体颗粒反弹造成的喷嘴侵蚀，增加动、静叶间轴向间隙后，可以使蒸汽有更长的时间来使动叶进口反弹回来的固体颗粒改变方向重新进入动叶，使从动叶反射的颗粒被主流吹回动叶流道而不能打在静叶出汽边背弧上（图3-59），切断颗粒多重反射的途径；同时对静叶采用表面保护技术，提高静叶的耐侵蚀性能，从而有效防止固体颗粒侵蚀，提高持久效率[59]。

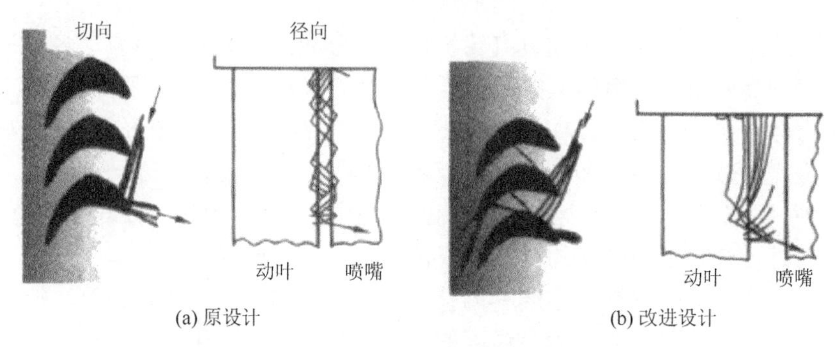

(a) 原设计　　(b) 改进设计

图 3-59　再热第一级防固体颗粒侵蚀的有效措施

4）改善通流部分零部件表面的耐侵蚀特性

改善通流部分零部件表面的耐侵蚀性主要措施有喷涂硬质耐侵蚀涂层、扩散渗层技术。

（1）喷涂硬质耐侵蚀涂层。

对汽轮机通流部分所用材料侵蚀损伤的速率极大地依赖于固体颗粒的入射角度，侵蚀最严重时的入射角为 15°～30°。然而，对硬度很大的材料则不同，入射角度小时所受到的侵蚀损伤也小，这样就可以在汽轮机通流部分中采用硬质涂层以减少损伤。等离子喷涂碳化铬和等离子喷涂碳化钨增加了喷嘴和动叶的耐侵蚀性，高耐侵蚀性的陶瓷等离子喷涂技术已应用在汽轮机喷嘴和动叶上。

耐侵蚀试验结果表明，没有涂层的 12Cr 钢基材受到严重侵蚀，采用多次喷涂工艺的层状结构碳化铬等离子喷涂层(涂层厚约 0.3mm)的耐侵蚀性为无涂层 12Cr 钢基材的 10～20 倍。

等离子喷涂装置可对汽轮机通流部分进行匀质喷涂，喷涂过程采用低于 260℃的温度，不会影响基材金属的性能和尺寸。等离子喷涂技术几乎可用于通流部分所有需要耐侵蚀涂层的部件。

（2）扩散渗层技术。

扩散渗层技术采用的是一种渗入金属工艺，它将需要渗层的部件装箱放入惰性粉末混合物中。粉末混合物是用于扩散到部件表面的金属元素及诸如卤盐类的活化剂。装箱部件被加热到 899～1093℃并保温数小时，然后再冷却拆箱。要求冷却速度很低，同时还需要对部件进行热处理，以恢复其设计的机械性能。由于受扩散渗层自身特性的限制，其最大厚度约为 0.07mm。扩散渗层技术可解决已投运机组第一级喷嘴室和用螺栓固定的喷嘴弧段耐侵蚀问题，以及喷涂枪接触不到的喷嘴出汽边内弧表面耐侵蚀问题。

耐侵蚀试验结果表明，渗层的耐侵蚀性约为 12Cr 基材的 30 倍，耐侵蚀性与扩散渗层的工艺有关。图 3-60 所示为母材与渗硼材料侵蚀率的比较，母材的侵蚀磨损特性显现出塑性材料的特性，最大侵蚀率出现在入射角为 15°～30°时。

渗硼材料的侵蚀磨损特性显现出脆性材料的特性，最大侵蚀率出现在入射角约 75°处。

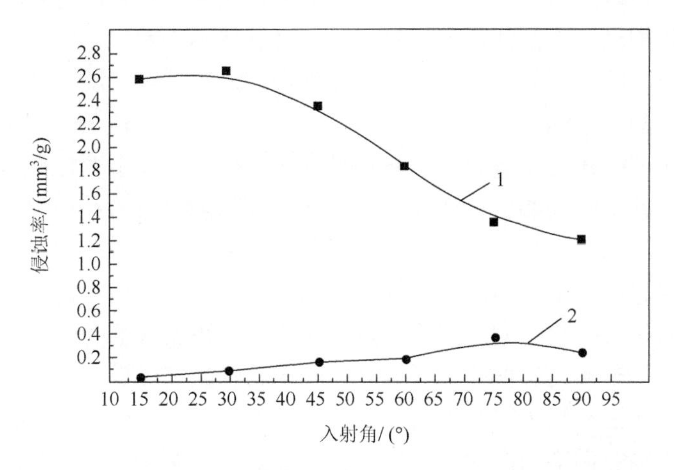

图 3-60　粒子速度 220m/s、温度 566℃时母材与渗硼材料侵蚀率比较

1-母材；2-渗硼材料

3.4.2　防汽流激振

人们首次发现汽流激振是在 1940 年，美国通用电气公司生产的一台汽轮机在试验中，当提高负荷时产生了强烈的振动，采用平衡方法并不能将该振动消除。后来通过改变汽轮机通流部分结构消除了这种振动，同时确定这类振动是由汽流诱发引起的。汽流激振是由汽轮机内部汽流激振力激励的振动，已成为超超临界汽轮机面临的另一个主要问题，也是影响超超临界汽轮机可靠性的特有因素之一。虽然亚临界汽轮机、常规超临界汽轮机也可能发生汽流激振，但由于超超临界汽轮机主蒸汽参数比较高，蒸汽密度比较大，其产生汽流激振的可能性要高得多。

多年来，国内外对汽流激振的机理研究有了显著的进展。国外电站设备大企业都积累了自己处理汽激振动的方法和经验。随着超临界、超超临界汽轮发电机组的应用，国内对汽轮机汽激振动的研究也越来越重视，不仅在汽流激振理论和程序开发方面做了很多工作，而且还建起了汽封-转子试验台，进行了试验研究。

1. 汽流激振的成因

汽流激振（或蒸汽激振、蒸汽涡动）是汽轮发电机组运行中，轴系可能产生的两种不稳定自激振动的一种，是超超临界汽轮机轴系失稳的重要原因。它呈现突发性的振动特征，是一种低频振动，通常与机组所带负荷有关。事实已经表明，蒸汽涡动、由调节级汽流扰动造成的强迫振动、由转子和汽缸间摩擦造成的强迫振动等是造成汽流激振的原因。蒸汽涡动是机组在高负荷下高中压转子轴系中一阶振动模式的自激振动。一般认为，以下情况是产生汽流激振的原因。

（1）运行中汽轮机部件在承受热变形、碰磨或不正常的径向力等因素的作用下，隔板汽封、叶顶汽封和轴封不同程度磨损，出现动静间隙沿圆周方向的径向间隙分布不均匀。由漏汽量的不同引起轴向力不均匀，在转子上产生一个不正常的力矩。高负荷时该力矩增大，引起轴承支座反作用力发生变化导致轴系失稳。另外，汽轮机转子的偏心也会造成圆周方向叶顶间隙分布的不均匀，导致同一级中各叶片上的气动力不相等。叶片上的周向气动力除合成一个扭矩外，还合成一个作用于转子轴心的横向力。这一横向力随转子偏心距的增加而增大，形成转子的一个自激激振力，它的大小取决于转子的偏心距和蒸汽密度。

（2）由于转子的动态偏心，导致高压转子的轴封和隔板汽封内蒸汽压力周向分布不均匀，产生与转子偏心方向垂直的合力，使转子运动趋于不稳定。

（3）对于喷嘴调节的汽轮机，为了使汽缸的上下温差均匀，机组启动时一般先开启下半部分的调节汽阀。这种调节级进汽的非对称性引起不对称的蒸汽力作用在转子上，在某个工况下其合力可能是一个向上抬起转子的力，从而使轴承比压减小，导致轴系稳定性降低，使转子处于不稳定状态。此力的大小和方向取决于各个调节阀的开度、开启的顺序以及调节阀的喷嘴数量等。

（4）轴封或隔板汽封腔室内高压端的间隙大于低压端的间隙，偏心的转子在轴封腔室内转动，引起轴封或隔板汽封腔室内蒸汽压力分布不均匀。

（5）轴承选型或设计不当，轴系稳定性设计裕度偏小，高压转子的对数衰减率偏小。

2. 汽流激振的特征

汽流激振易发生在汽轮机的大功率区及叶轮直径较小和短叶片的转子上，即易发生在汽轮机高压转子上，高参数超超临界机组居多。汽流激振一般在较高负荷情况下（一定负荷以上）发生，振动随着负荷（或蒸汽流量）的增大而加剧。突发性振动有一个门槛负荷值，超过此负荷，立即产生汽流激振。而当机组高于某一负荷时，激振便会消失，而且具有很好的再现性。汽流激振的振动频率等于或略高于高压转子一阶临界转速，在大多数情况下，振动成分以接近工作转速一半的频率分量为主。由于实际蒸汽激振力和轴承油膜阻尼力的非线性特点，有时会呈现一些谐波分量。由于汽流激振属于自激振动，因此不能用动平衡的方法来消除。

3. 防止汽流激振的措施

汽流激振是一种蒸汽力造成的自激振动，最终表现为机组轴系振动超标而导致停机，防止措施主要有两个方面：一方面减小汽流激振力，主要是在通流部分汽封结构、间隙和配汽方式上采取措施；另一方面是加大转子轴承系统的负阻尼，提高系统的稳定性，主要措施集中在为系统提供阻尼的轴承上。防止汽流激振的具体措施主要有以下几条。

（1）提高汽轮机高压转子临界转速，增加高压转子刚度。通过改变转子结构的几何尺寸、缩短轴承之间的距离，可以提高汽轮机高压转子的刚度和临界转速。

（2）改进叶顶汽封、隔板汽封和高压转子前后轴封的间隙、结构，减小汽流激振力，增加阻尼。汽轮机围带上的动态不稳定蒸汽力对蒸汽激振影响很大，此蒸汽力在很大程度上取决于叶顶汽封中的径向和轴向间隙之比，较好的措施是适当增大径向间隙、减小轴向间隙。防汽流涡动汽封圈如图 3-61 所示。

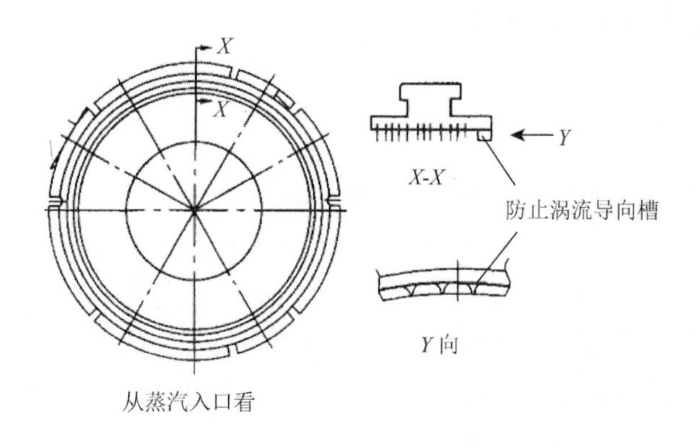

图 3-61　防汽流涡动汽封圈

（3）在动叶和静叶上采用迷宫汽封，每个汽封齿的间隙沿蒸汽轴向流动方向顺序适当增大，这种使汽封间隙沿蒸汽流动方向呈发散型的汽封，能消除汽流激振力对轴系稳定性产生的不利影响。

（4）设计阶段充分考虑汽流对轴系稳定性计算结果的影响，超临界、超超临界机组轴系稳定性裕度要比亚临界机组大，良好轴系稳定性设计是超超临界汽轮机避免发生汽流激振的基本保证。

（5）在叶顶汽封间隙等处安装止涡装置或逆向注入蒸汽，利用该装置或流体的反涡旋，干扰间隙内工质的周向流动，减小蒸汽在汽封中的切向流动速度，以减小汽流激振力。

（6）采用节流调节全周进汽和变压运行，可以避免部分进汽产生的汽流激振力。

（7）汽缸等静子部件运行中，应有可靠的滑销系统保证热态中心与转子中心一致，使圆周方向的动静间隙尽量均匀，消除汽缸跑偏，避免运行中转子和汽缸中心发生明显偏移。

（8）改变调门的开启程序或开启重叠度，避免转子在单侧蒸汽力作用下发生明显的径向偏移和在转子上产生不平衡力矩。重新调整高压配汽机构，提高失稳功率的阈值。

（9）采用油膜动特性系数交叉耦合项小、稳定性更好的轴承，如采用可倾瓦轴承。

（10）增大汽轮机高压转子轴承的载荷，如上抬标高、增大轴承的比压，这样对减小蒸汽振荡的负面影响有一定作用。

（11）改变轴承几何形状和运行参数，如减小轴承长径比、减小轴承顶隙、提高润滑油温度，可提高轴系稳定性。

3.4.3 超超临界汽轮机冷却

1. 汽轮机部件冷却概述

超超临界汽轮机采用蒸汽冷却技术的部件有高压喷嘴室、中压蒸汽室、高压转子、中压转子、高压汽缸、中压汽缸、高中压进气管等。超超临界汽轮机不同的部件根据各自厂家的结构和习惯而采用不同的冷却结构。

随着蒸汽温度的升高，材料的力学性能有所下降，为了保证超超临界汽轮机的部件有足够的强度和寿命，除了采用高温强度更好的钢材外，还广泛采用蒸汽冷却技术，高温部件的蒸汽冷却技术现已成为超临界、超超临界汽轮机研制和生产的关键技术之一。

蒸汽冷却是采用温度比较低的蒸汽（如高压排汽、高压抽汽、喷嘴后或调节级动叶后蒸汽）来冷却超临界、超超临界汽轮机的高温部件，以降低其工作温度。在工程实践中，对于汽轮机的高温部件，CrMoV 钢应用于 566℃、12Cr 钢应用于 600℃、奥氏体钢应用于 650℃时一般需要采用蒸汽冷却措施；对于蒸汽参数为 25～28MPa/600℃/600℃的超超临界汽轮机，高温部件使用 12Cr 钢，需要采用蒸汽冷却技术。

超超临界汽轮机的喷嘴室、转子、汽缸等部件采用蒸汽冷却技术，既可以提高现有材料使用等级，充分利用材料的机械性能，又可以延长这些部件的设计寿命。在超超临界汽轮机的启动、停机和负荷变动的过程中，汽轮机部件承受相当大的热应力，最大热应力通常位于汽轮机部件高温区域的应力集中部位。采用蒸汽冷却可以降低汽轮机高温部件的工作温度和部件的温度差，可以降低这些部件的热应力。

2. 高压转子冷却结构

1）单流高压转子的蒸汽冷却

超超临界汽轮机单流高压转子的蒸汽冷却常用以下三种方法。

（1）第一级叶型根部设计成负反动度，级后温度比较低的蒸汽经第一级动叶枞树形叶根底部间隙流入前轴封的高压侧。冷却蒸汽的流动使高压第一级轮缘和前轮面得到了冷却。

（2）从汽轮机高压调节阀后引出少量主蒸汽，喷入凝结水使其温度降低后作为冷却蒸汽，通过改变喷入的凝结水量控制冷却蒸汽的温度，冷却蒸汽经高压第一级和第二级动叶根底部间隙以及静叶与动叶之间的间隙流入主流，使冷却蒸汽流过的转子表面得到冷却。

（3）高压第一级后温度比较低的蒸汽的一小部分，经喷嘴室与内缸之间的腔室，回流至高压第一级前轮面和前轴封之间的空间，使喷嘴室、内缸和第一级叶轮的前轮面得到冷却。

单流冷却结构如图 3-62 所示。

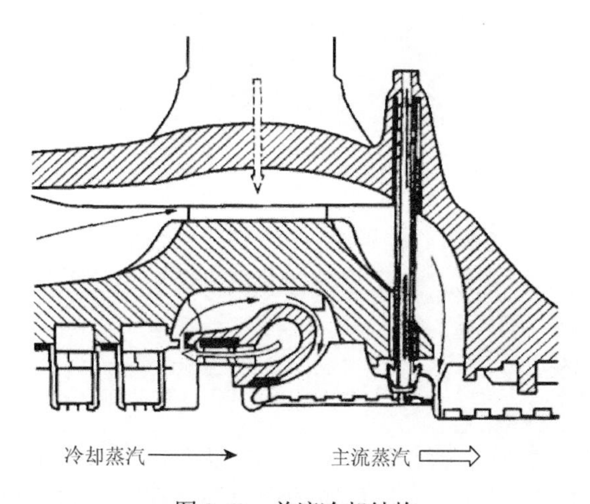

图 3-62　单流冷却结构

2）双流高压转子的蒸汽冷却

喷嘴室双流压力级的机组高压第一级采用双流结构，高压第二级以后的压力级采用单流结构。采用双流喷嘴室结构，喷嘴室和高压转子的双流冷却结构如图 3-40 所示，从前轴封侧喷嘴根部流出的小部分蒸汽，经喷嘴室与转子之间的腔室流入另外一侧喷嘴后作为主流。随着转子的转动，由于主流的抽吸作用，腔室中的蒸汽流出，使转子和喷嘴室得到冷却。哈汽超超临界汽轮机高压转子就是采用这种结构。

另一种双流喷嘴室和高压转子的冷却结构如图 3-63 所示，调节级后一小部分蒸汽经过 180°转弯后，流经调节级叶轮上的冷却孔（斜孔）和喷嘴室外表面与转子之间的腔室，再流经双流喷嘴室中间小孔返回到调节级后，在此流动过程中，冷却了高温喷嘴室和高压转子的外表面。调节级叶轮上打有斜孔，由于叶轮旋转产生离心泵的作用，把调节级出口小部分蒸汽吸过来，流过喷嘴室与转子之间的腔室，冷却了喷嘴室和高压转子高温部位的外表面。

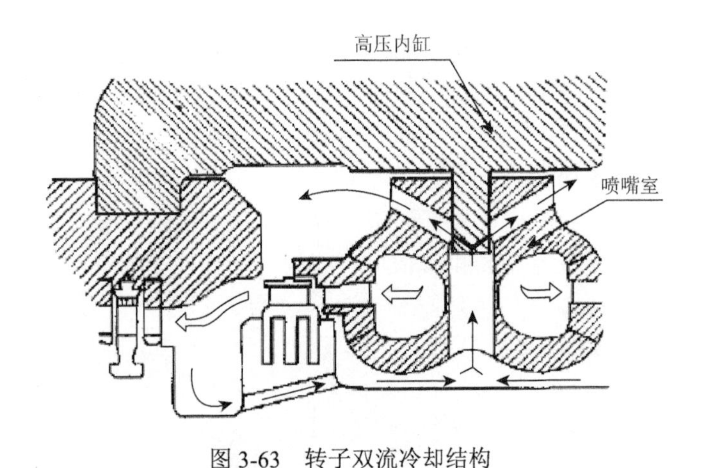

图 3-63　转子双流冷却结构

3. 中压转子冷却结构

为了提高超临界、超超临界汽轮机中压转子的热疲劳强度和蠕变强度，降低中压转子高温区域的热应力，可采用外部蒸汽来冷却中压转子和采用内部蒸汽自流冷却方法来冷却中压转子。

1）外部蒸汽冷却

（1）反动式汽轮机。

反动式汽轮机双流中压转子的冷却结构如图 3-64 所示，把高压汽轮机排汽或抽汽 350℃以下的蒸汽引入中压汽轮机的进口导流环下部的空间，对中压转子高温部位进行冷却。该冷却蒸汽中小部分通过第一级动叶与静叶间的汽封流入主流；大部分冷却蒸汽通过第一级动叶枞树形叶根底部间隙或蒸汽冷却孔流入第二级静叶前和第二级静、动叶之间；还有一小部分冷却蒸汽通过第二级动叶枞树形叶根底部间隙，流入第三级静叶前和第三级静、动叶之间。在中压转子的冷却结构中，必须合理设计冷却蒸汽出口汽封与转子的间隙、第一级与第二级动叶枞树形叶根底部冷却蒸汽通道面积以及第二级与第三级静叶环内侧汽封间隙，这些参数对转子的冷却效果影响比较大。

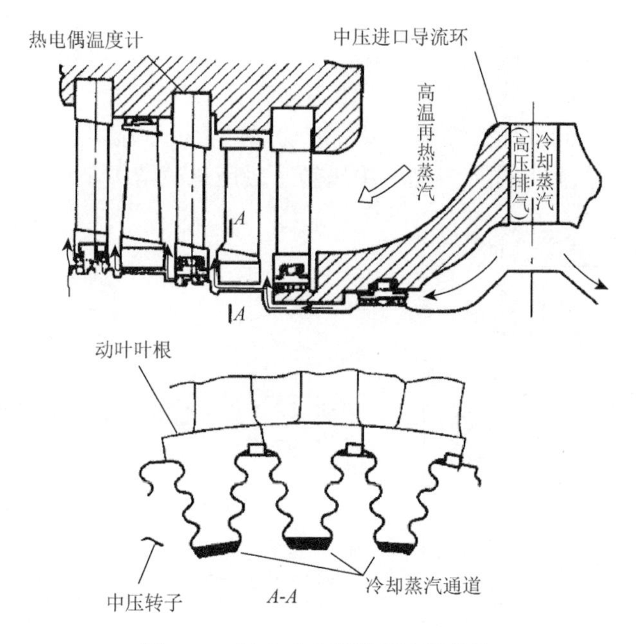

图 3-64　反动式中压转子冷却结构

（2）冲动式汽轮机。

冲动式汽轮机中压第一级隔板采用特殊的结构形式，使中压进汽与中压转子隔开，如图 3-65 所示。同时在汽轮机运行时抽取适量的高压调节级后经过节流的蒸汽与第一段抽汽混合后，引入中压第一级隔板与叶轮组成的封闭空间内对转子表面进行冷却。中压前两级动叶片采用枞树形叶根。这样冷却蒸汽到达转子表面之后再通过第一级隔板汽封，其中一小部分通过第一级动叶与静叶之间的径向汽封流入主流蒸汽；大部分则通过第一级动叶枞树形叶根底部间隙流入第二级静叶前和第二级静、动叶之间；还有一小部分冷却蒸汽通过第二级动叶枞树形叶根底

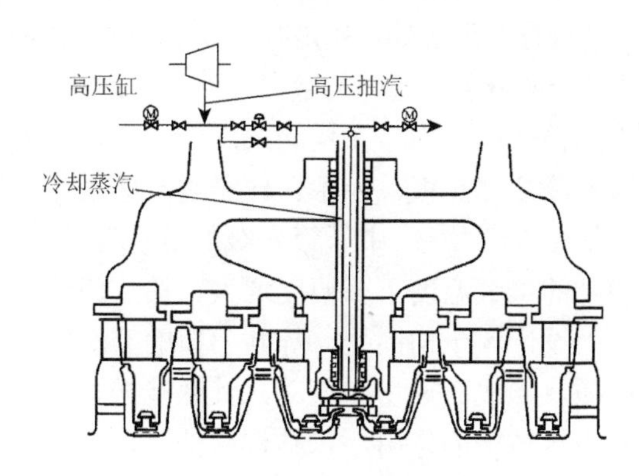

图 3-65　冲动式中压转子冷却示意图（一）

部间隙流入第三级静叶前和第三级静、动叶之间。在结构设计中，必须合理设计冷却蒸汽流量和蒸汽参数，以及第一级与第二级动叶枞树形叶根底部冷却蒸汽通道面积，使转子达到设计的冷却效果。冲动式汽轮机双流中压转子的冷却结构如图 3-66 所示，哈汽超超临界汽轮机中压转子采用这种结构。

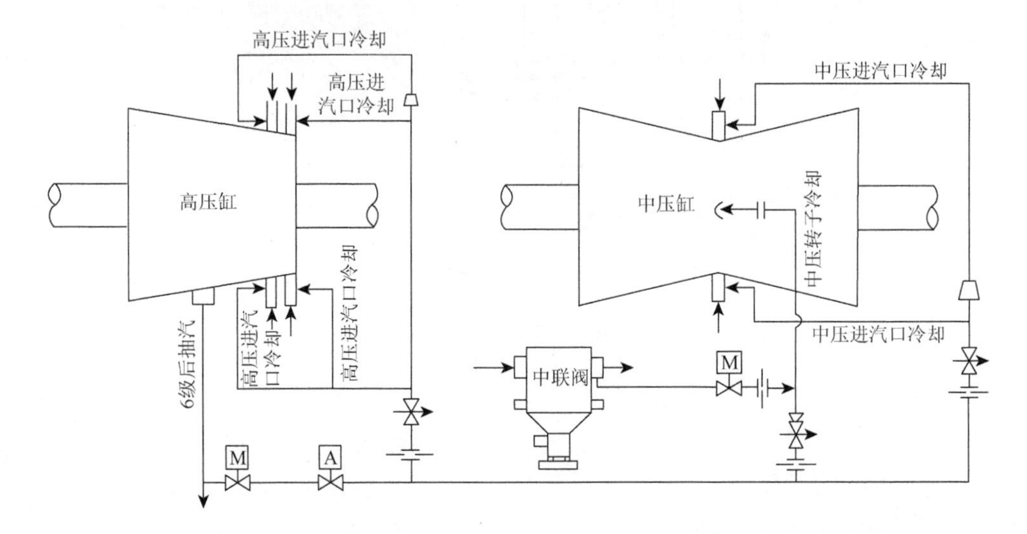

图 3-66　冲动式中压转子冷却示意图（二）

2）内部蒸汽冷却

采用内部温度较低蒸汽自流冷却的方法包括如下。

（1）中压第一级设计为负反动度。超超临界汽轮机中压转子采用双流式结构时，可将中压第一级叶型根部设计成负反动度，负反动度使得动叶根部出汽侧的压力比静叶根部出汽侧的压力高，使得做功后的蒸汽经动叶叶型根部和枞树形叶根底部的间隙流向静叶出口。这种汽流的循环流动使轮缘和转子的表面得到了冷却。但是，叶型根部采用负反动度也有不足之处，就是叶型高度增加 10%～20%，引起叶根离心应力的增加，抵消了一部分蒸汽冷却的效果，而且还降低了效率。

（2）采用涡流冷却挡热板结构。在反动式双流中压转子进汽部分的中压第一级静叶内径处设计涡流冷却挡热板，使中压转子进汽区工作温度下降。中压转子涡流冷却挡热板结构如图3-67所示。中压第一级的反动度设计得比普通反动级小，使流经中压第一级静叶的蒸汽温度下降幅度增大，第一级静叶出口温度下降。在静叶内径处的挡热板上设计 4 个切向孔，静叶出口的蒸汽经过 4 个切向孔进入挡热板与转子之间的区域，形成高速切向流动，其热能转换为动能后，温度可下降 15℃左右，起到冷却中压转子的作用，该结构简洁且可靠性好。上汽超超临界汽轮机中压转子就是采用这种结构[58,60]。

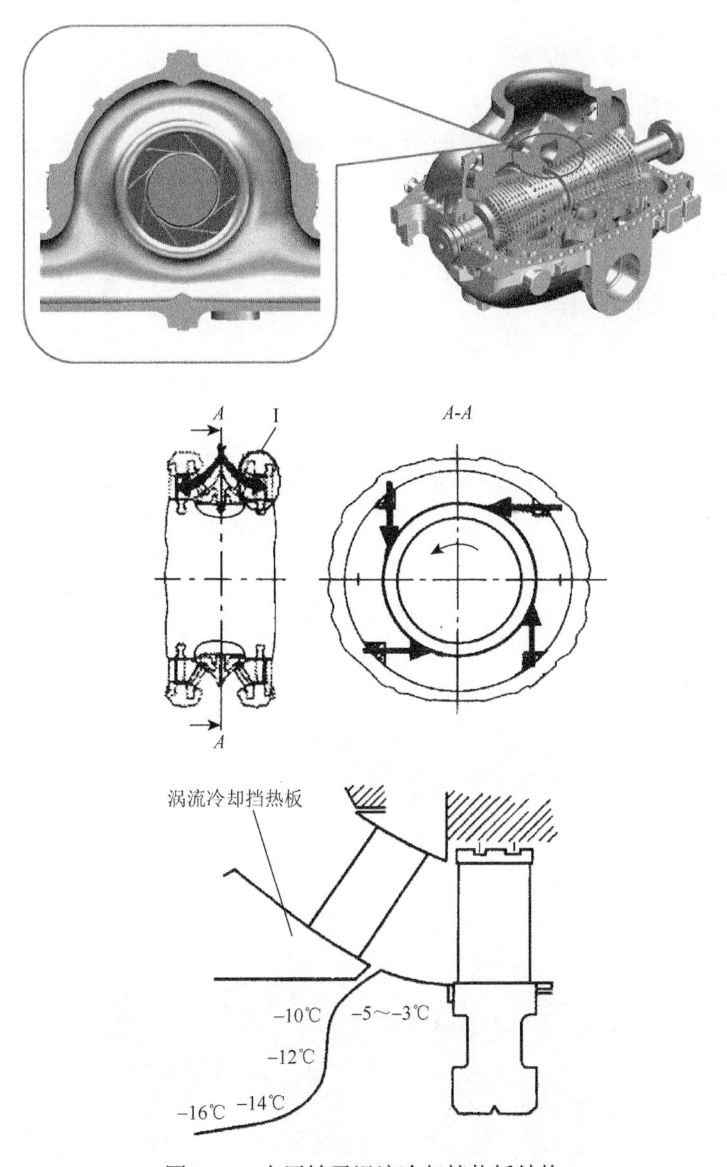

图3-67　中压转子涡流冷却挡热板结构

4. 汽缸冷却

1）喷嘴室和内缸的冷却

无论反动式还是冲动式超超临界汽轮机，高压第一级喷嘴和动叶大多数采用冲动级。采用冲动级高压第一级喷嘴有相当大的焓降，使调节级后的蒸汽压力和温度都有较大幅度的下降，从而使内缸承受的热负荷下降，内缸壁厚减薄，中分面螺栓尺寸减小。合理组织喷嘴、内缸之间的蒸汽流动，可采用外部冷却蒸汽或内部动叶后的低温蒸汽连续流过喷嘴室与内缸之间的夹层达到冷却的效果。

2）汽缸的夹层冷却

高压汽缸夹层冷却示意结构如图 3-68 所示，从高压缸通流部分引出部分蒸汽在内外汽缸夹层中流动，可以冷却内缸，限制内缸向外缸的热交换和热辐射。汽缸夹层应设计成取较小的蒸汽流量，内缸外表面和外缸内表面的对流换热的放热系数不宜过大，应注意防止汽缸的高温部位被过度冷却而引起比较大的热应力，避免内缸外表面的强对流，以减小内缸的热应力和热变形。

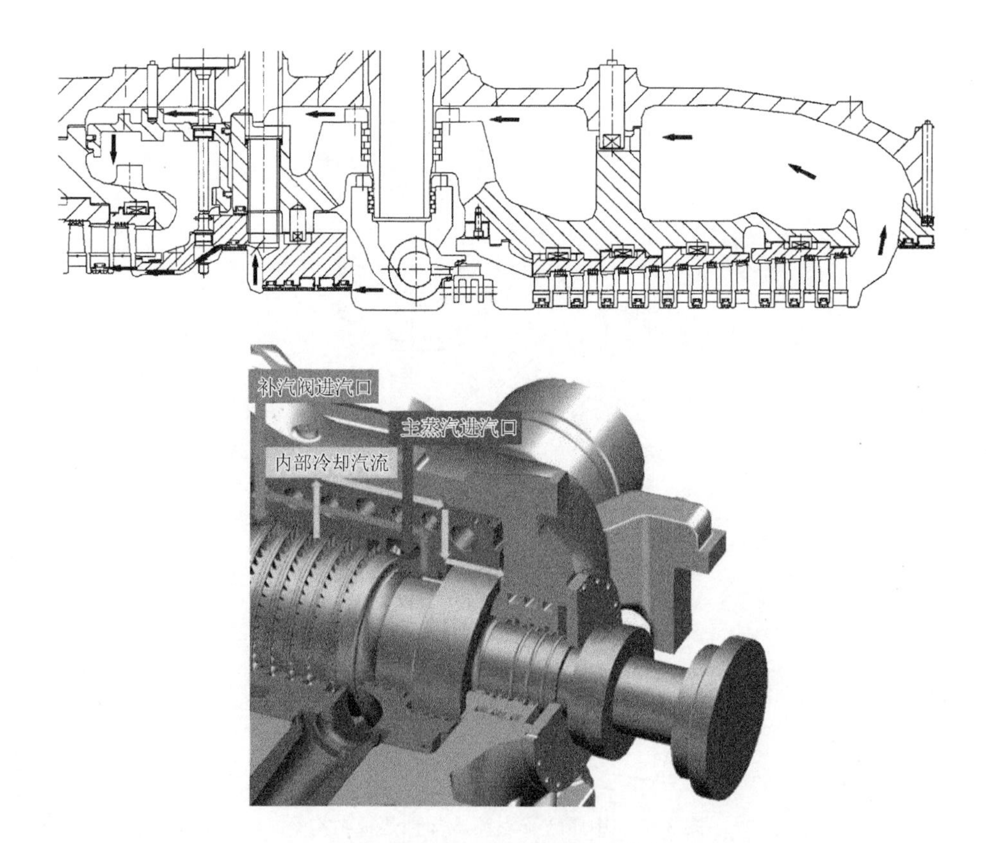

图 3-68　高压汽缸夹层冷却结构

中压汽缸夹层冷却结构如图 3-69 所示，中压内缸内表面再热蒸汽温度为 593℃，中压内缸外表面流过约 460℃的中压抽汽，中压内缸内外表面的金属温度差比较大，运行中热应力有可能引起内缸热变形。为了减小中压内缸内外表面的金属温度差，在中压内缸内表面处设计一个遮热罩。国外运行机组的测量数据验证了采用遮热罩后中压内缸内外表面金属温度差减小的效果。

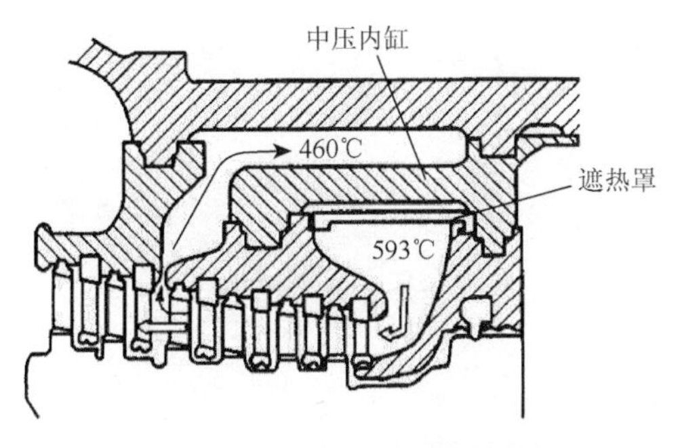

图 3-69　中压汽缸夹层冷却结构

3.5　超超临界汽轮机的材料

超超临界汽轮机蒸汽压力的提高要求增加承压部件厚度，影响承压部件的材料消费量。压力提高使过程线在焓熵图上向左移动，汽轮机末级湿度增大，湿汽损失增加，末级动叶片的水蚀趋于严重。低压缸的排汽湿度与机组的初参数、再热蒸汽参数的选择以及汽轮机背压存在一定的关系。根据工程经验，排汽湿度一般控制在 10%左右，最大不应超过 12%，否则将造成末级叶片严重的水蚀，影响安全运行。若蒸汽参数选择 28MPa/600℃/600℃、背压 4.9kPa 时，排汽湿度 9.5%，已经达到了较大的排汽湿度。而再热温度越高，机组排汽湿度越小，对末级的经济性安全性越有利。因此蒸汽压力提高的同时必然伴随着温度的提高。而蒸汽温度的提高对材料的选择，以及材料的热强性能、抗高温腐蚀性能、抗蒸汽氧化性能、工艺性能都有更高的要求。总结来说，超超临界汽轮机的高参数给材料带来的问题主要如下：①原有材料高温强度不足；②高温腐蚀；③蒸汽氧化；④热疲劳；⑤固体颗粒侵蚀；⑥低压转子脆性。

超超临界机组汽轮机主要部件包括汽轮机的转子、动叶、汽缸、阀门以及螺栓等。目前，世界上适用于超超临界汽轮机组的高温材料已有 Cr-Mo-V、12Cr、改良 12Cr、新 12Cr 等铁素体耐热钢，奥氏体钢以及正在研发的镍基合金钢。使用温度限制范围大致如图 3-70 所示。

汽轮机用铁素体耐热钢具有热导性好、热膨胀系数小、价格低廉等优点。早期投运的超超临界机组大量采用奥氏体钢出现很多材料问题后，铁素体耐热钢受到了更多关注。特别是 9～12Cr 系列耐热钢的改良和发展，将铁素体耐热钢的使用温度提高到 620℃，并已开发出用于 650℃的试验材料。

铁素体耐热钢用于超超临界机组，遇到的主要问题是：蠕变强度不足，抗氧化性和抗腐蚀性不良，高温下长期组织稳定性不够。抗氧化和抗腐蚀性能主要由 Cr 的含量决定；蠕变强度的提高主要通过优化成分，冶炼、热加工工艺，提高固溶强化、沉淀强化，以及增强微观组织的长期稳定性来实现。

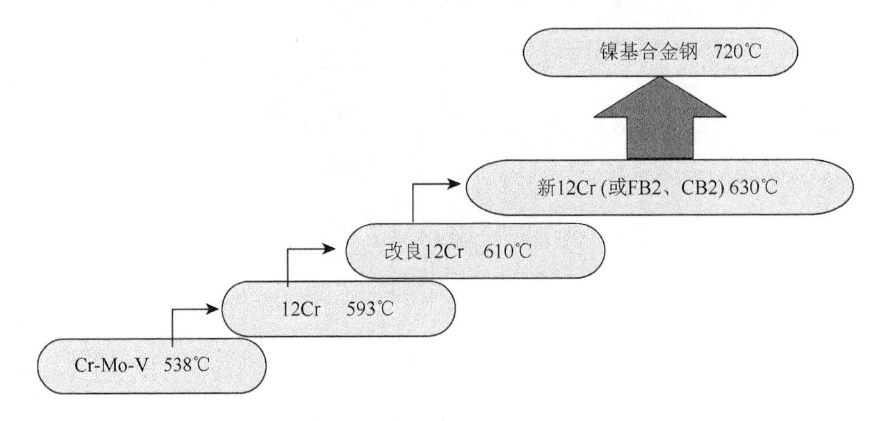

图 3-70 高温材料的温度限制范围

当今世界正在进行中的先进超超临界机组技术开发，蒸汽温度都超过了700℃，铁素体钢和奥氏体钢已不能承受这样的高温，高温部件材料需要采用镍基高温合金。镍基高温合金具有很高的蠕变强度和抗蒸汽氧化能力，热膨胀系数介于铁素体钢和奥氏体钢之间，但价格昂贵，加工难度大。

镍基高温合金目前广泛应用于航空发动机和燃气轮机，对于超临界、超超临界机组，镍基高温合金目前只有少量应用于汽封、螺栓和叶片。

3.5.1 高温高压部件材料

1. 汽轮机高温部件对材料性能的要求

（1）低热膨胀系数。材料的热膨胀系数高容易使零部件产生热应力，发生疲劳损伤。早期的超超临界汽轮机就是因为使用了大量的高热膨胀高温材料，在投运后出现一系列问题，不得不降低参数运行。因此，要求材料具有很低的热膨胀系数。

（2）良好的高温强度。汽轮机关键零部件要在高温下承受复杂的高应力作用，因此要求材料具有良好的高温强度，包括拉伸强度、蠕变持久强度、疲劳强度等。

（3）良好的组织稳定性。汽轮机关键零部件要在高温环境下长期服役，因此要求材料具有良好的组织稳定性。

（4）良好的铸造和锻造性能。转子、汽缸等尺寸都很大，因此要求其材料应具有良好的铸造和锻造性能。

2. 转子材料

汽轮机转子是大锻件，工作时高速旋转，承受离心力、扭矩、弯矩、热应力、振动等复杂应力。因此，转子材料应具有良好的热加工工艺性能和淬透性，在工作温度下，应具有足够的蠕变和持久强度、塑性和韧性、疲劳强度、抗蒸汽氧化能力；低压转子锻件应有相当高的屈服强度和断裂韧性，足够低的韧-脆性转变温度和回火脆性，良好的抗应力腐蚀能力。

高压转子采用从东芝公司引进的改良 9～12Cr 铁素体耐热钢 TOS 107，国内某制造厂转化牌号为 14Cr10.5Mo1W1NiVNbN。

14Cr10.5Mo1W1NiVNbN（TOS 107）钢近似于日本三菱公司开发的 TMK1 钢（12Cr-MoVNb）和欧洲 COST501 计划开发出的 COST E 钢（10.5Cr-MoVNbWN）。三种钢的化学成分比较如表 3-2 所示。

表 3-2　TOS 107 钢、COST E 钢与 TMK1 钢的比较　　单位：%

材料	C	Mn	Si	Ni	Cr	Mo	V	Nb	N	W	Fe
14Cr10.5Mo1W1NiVNbN（TOS 107）	0.14	0.6	0.05	0.7	10.0	1.0	0.2	0.07	0.05	1.0	86.19
COST E	0.12	0.4	0.01	0.75	10.5	1.0	0.19	0.05	0.06	1.0	85.92
TMK1	0.14	0.5	0.05	0.6	10.2	1.5	0.17	0.06	0.04	—	86.74

从表 3-2 可以看出，TOS 107 钢和 COST E 钢的化学成分基本一致。钨的原子量是 184，钼的原子量是 94，约为钨的 1/2。因此，从质量分数看，1.0%钨相当于 0.5%钼。也就说，从质量分数来说，TOS 107 钢的化学成分与 TMK1 基本一致。TOS 107 钢、COST E 钢和 TMK1 钢都已有十余年的运行经验，最高运行温度达 610℃，具体情况如表 3-3 所示。

表 3-3　转子钢的运行业绩

电厂	功率/MW	主蒸汽压力/MPa	(主蒸汽/再热蒸汽温度)/℃	运行年份	效率/%	转子材料
橘湾 1 号	1050	25.0	600/610	2000	42.1	TOS 107
Isogo New1 号	600	28.0	605/613	2002	42.0	COST E
橘湾 2 号	1050	25.0	600/610	2000	42.1	TMK2、TMK1
三角 1 号	1000	24.5	600/600	1998	43.0	TMK2、TMK1
广野 5 号	600	24.5	600/600	2004	43.0	TMK1
舞鹤 1 号	900	24.5	595/595	2004	—	TMK1
苓北 2 号	700	24.1	593/593	2003	—	TOS 107
松浦 2 号	1000	24.1	593/593	1997	41.7	TMK1
Nanao-Ohta 2 号	700	24.1	593/593	1998	41.5	TOS 107
橘湾	700	24.1	566/593	2000	42.7	TOS 107
碧南 4 号	1000	24.1	566/593	2001	42.2	TOS 107
碧南 5 号	1000	24.1	566/593	2002	42.2	TOS 107
苓北 1 号	700	24.1	566/566	1995	42.1	TOS 107

3. 高温叶片

汽轮机高温动叶片在机组运行时高速旋转，承受着高速旋转的离心力、蒸汽流动造成的叶片弯曲应力和扭转应力，以及机组启停、汽流扰动引起的交变应力和振动等复杂应力作用。由于超超临界锅炉没有汽包，锅炉给水中的杂质和管子内壁剥落的蒸汽氧化物随蒸汽直接冲向汽轮机喷嘴和叶片，造成固体颗粒侵蚀。因此，超超临界汽轮机的叶片材料应具有高蠕变、持久强度，良好的塑性、韧性、振动衰减特性、抗疲劳性能及耐侵蚀性能等。对于蒸汽温度更高的700℃汽轮机，国外采用超声速火焰喷涂技术在叶片表面喷涂耐磨涂层以缓解颗粒侵蚀问题。

在蒸汽参数为24MPa/566℃的机组上，采用9～12Cr钢（如12CrMoVNbN钢），当蒸汽温度提高到600℃时，其蠕变、持久强度显得不足，必须使用经改良的9～12Cr钢或性能更好的材料。主要通过增大马氏体不锈钢中Mo（Mo＋1/2W）和Nb的含量以提高材料蠕变断裂强度，其典型代表为12CrMoVWNbN钢等。600～650℃时，需采用高温强度更优良的叶片材料。最初采用的是奥氏体耐热材料，但由于奥氏体材料对机组工况的适应性差、加工工艺性较差等原因，国际上仍普遍采用在传统12Cr马氏体不锈钢基础上添加高温强化合金元素，形成新9～12Cr的马氏体耐热钢，其主要代表为TAF650及MTB10A。前者是在以往12Cr钢的基础上增加Mo当量，使Mo/W平衡向W偏移，添加Co和B，降低N和Mo的含量，以进一步提高材料的蠕变强度和组织稳定性。后者是通过添加一定量的Co、W以及微量B元素，以提高材料的高温蠕变持久性能。

按超超临界汽轮机不同的设计进汽温度，国际上超超临界汽轮机高温段叶片代表材料选择如表3-4所示。

表3-4　超超临界汽轮机高温段叶片代表材料

温度等级	代表材料	
593℃级	12CrMoVWNbN	12CrMoVWCoNbBN
620℃级	12CrMoVWCoNbBN	TAF650
650℃级	TAF650	R26

根据欧洲经验，超超临界汽轮机前几级高温叶片采用高温合金更好，如采用西门子技术的华能玉环电厂超超临界汽轮机前三级叶片采用Nimonic80A。

4. 汽缸与阀体

汽缸、主蒸汽门和调节汽门阀体都是静止部件，将高温高压蒸汽与大气隔离。

机组运行时，汽缸在高温高压蒸汽条件下承受转子和其他部件的重力、各种连接管道的作用力和汽缸内外压差、温差等引起的应力作用。汽缸是壁厚变化大的厚壁部件，在机组启停和负荷变化时承受较大的热应力。主蒸汽门和调节汽门阀体也是厚壁部件，用于实现蒸汽流动的启停和调节功能，机组运行时，除承受蒸汽温度和进出口压差以及热应力的作用外，还要承受蒸汽和蒸汽中固体颗粒的侵蚀。

超超临界汽轮机的汽缸、阀壳、阀盖等材料采用铸件材料，主要材料包括 ZG1Cr9Mo1VNbN 和 ZG13Cr9Mo2Co1VNbNB。上述两种材料分别是欧洲 COST501、COST522 和 COST536 等材料研究项目开发出的具有优异高温性能的 9～12Cr 铁素体耐热钢，其与欧洲牌号对照如表 3-5 所示。

表 3-5　铸钢材料对照表

序号	国内某制造厂牌号	欧洲牌号	备注
1	ZG1Cr9Mo1VNbN	GX12CrMoVNbN9-1	简称 GP91
2	ZG13Cr9Mo2Co1VNbNB	GX13CrMoCoVNbNB9-2-1	简称 CB2

上述两种材料均是欧洲开发的耐高温铸钢，欧洲蠕变合作委员会（European Cooperation Committee on Creep，ECCC）是专门从事材料高温性能研究的机构，对汽轮机高温材料进行了大量的性能试验。

3.5.2　高温紧固件材料

高温紧固件材料主要是高温螺栓，最关键的是其抗应力松弛性能、缺口敏感性和热膨胀系数。作为螺栓材料，要求有高的屈服强度、蠕变强度、抗松弛能力、塑性、韧性，低的缺口敏感性和应力腐蚀敏感性，以及与汽缸材料匹配的热膨胀系数，保证机组在运行过程中有足够的紧固力。超超临界机组蒸汽温度高，因此需要性能更好的螺栓材料。通常用于高温叶片的材料也可用于螺栓材料，如 TAF650、MTB10A、Nimonic80A、R26 等。目前，还有采用 Ni 基的 INCONEL783 这种低膨胀系数高温合金作为螺栓材料。国内专家认为，用新 12Cr 钢材料和 Inconel718Ni 基合金作为高温紧固件材料能满足超超临界机组（25MPa/600℃/600℃）的要求。由于 Inconel718Ni 基合金的原材料成本较高，建议在超超临界机组上尽量少采用，在强度许可时尽量采用新 12Cr 钢材料作为高温紧固件。

3.5.3　高温汽封用弹簧片材料

对于超超临界汽轮机组高温汽封用弹簧材料，国外汽轮机制造厂一般使用与亚临界参数机组一样的镍基高温合金材料或钴基高温合金材料，例如，Inconel-X750 镍基高温合金材料或 R-26 含钴的高温合金以及其他相近牌号等，但技术要求和热处理工艺等与亚临界机组汽封用弹簧材料有所不同。

在高温长期使用时，弹簧的松弛性能将降低，国内汽轮机制造厂在超临界与超超临界汽轮机组高温汽封用弹簧材料方面的研究现为空白。国外汽轮机制造厂所能提供的有关材料性能数据与工艺性能数据等资料有限，应对国外使用的镍基高温合金弹簧材料，如 Inconel-X750 镍基高温合金材料或 Inconel-718 镍基高温合金材料等进行工艺与应用性能研究，全面掌握该材料用于制造高温汽封用弹簧的性能数据。国内专家认为，用 InconelX-750Ni 基合金材料和 Inconel718Ni 基合金材料作为高温汽封用弹簧材料能满足超超临界机组（25MPa/600℃/600℃）的要求，建议在使用要求高的部位采用 Inconel718Ni 基合金材料，在使用要求较低的部位采用 InconelX-750Ni 基合金材料。

INX-750 高温合金材料经“1150℃固溶化处理＋840℃保温 24 小时时效＋700℃保温 20 小时时效”处理后的弹簧，以及 IN-718 高温合金材料经“980～1010℃固溶化处理＋720℃保温 8 小时时效＋620℃保温 8 小时时效”处理后的弹簧，均可用于 600℃等级的超超临界机组的高温段隔板汽封、轴封等零件上。

超超临界汽轮机主要部件材料的选择如表 3-6 所示。表 3-7 是汽轮机高温部件材料的化学成分。

表 3-6　超超临界汽轮机主要部件材料的选择

主要部件	600℃/600℃级	620℃/620℃级
高、中压转子	TR1150、TR1100 COST F	TR1200、TR1150 COST E
高、中压内缸（铸件）	9.5Cr1MoVNbN 9.5Cr1Mo0.8WVNbN	10Cr1Mo0.8WVNbN 10Cr0.7Mo1.8W 3CoVNbNB
高、中压外缸（铸件）	1.25CrMoV	1.25CrMoV
主蒸汽阀、调节阀、再热汽阀阀壳	F91 9.5Cr1MoVNbN 10Cr1Mo0.8WVNbN	10Cr1Mo0.8WVNbN 10Cr0.7Mo1.8W 3CoVNbNB
高温段叶片	TAF650、MTB10A Nimonic80A	TAF650、R26 Nimonic80A
汽缸螺栓	TAF650、MTB10A GH4145、Nimonic80A	R26、Nimonic80A GH4145、TAF650
低压转子	3.5NiCrMoV 超纯 3.5NiCrMoV	超纯 3.5NiCrMoV

表 3-7　汽轮机高温部件材料的化学成分

单位：%

钢号		C	Si	Mn	P≤	S≤	Cr	Ni	Mo	W	V	Nb	Co	N	B	备注
转子	30Cr1Mo1V	0.27～0.34	0.20～0.35	0.70～1.0	0.012	0.012	1.05～1.35	≤0.50	1.00～1.30	—	0.21～0.29	—	—	—	—	
	St461TS	0.17～0.25	≤0.30	0.30～0.59	0.015	0.018	1.20～1.50	0.50～0.80	0.70～1.20	—	0.25～0.35	—	—	—	—	石洞口焊接转子
	St12TS	0.18～0.24	≤0.50	0.30～0.80	0.025	0.020	11.0～12.5	0.30～0.80	0.80～1.20	≤0.60	0.25～0.35	≤0.05	—	—	—	石洞口中压转子
	10CrMoVNbN	0.10～0.18	≤0.40	≤1.00	0.025	0.025	8.00～11.00	≤1.00	1.30～1.90	—	0.12～0.25	0.03～0.08	—	0.02～0.08	—	GE 转子
	TMK1（TR1100）	0.15～0.23	≤0.40	0.50～1.00	0.015	0.015	10.0～12.0	≤1.00	0.80～1.20	—	0.15～0.25	0.03～0.10	—	0.04～0.08	—	用于 593℃ Mo 含量为 1.40～1.80
	COST F	0.10～0.16	0.01	0.45	0.01	0.005	9.5～12.0	0.5～1.0	1～2	—	0.2	<0.06	—	≤0.070	—	
	TMK2（TR1150）	0.13	0.05	0.50	—	—	10.7	0.70	0.4	1.8	0.17	0.06	—	0.045	—	
	COST E	0.10～0.16	0.5	0.5	0.010	0.005	10.0～12.0	0.1～1.0	1	1	0.2	<0.06	—	<0.070	—	
	TR1200	0.13	0.05	0.50	—	—	11.0	0.80	0.15	2.5	0.20	0.080	—	0.050	—	
	HR1200	0.11	0.05	0.50	—	—	11.0	0.50	0.15	2.6	0.20	0.080	3.00	0.025	0.015	
	X12CrCoWMoVNbB 1122	0.11	0.06	0.55	—	—	11.2	0.40	0.26	2.63	0.22	0.065	2.66	0.027	0.010	COST FN5
叶片与螺栓	St12T1	0.18～0.24	≤0.50	0.30～0.80	0.025	0.020	11.0～12.50	0.30～0.80	0.80～1.20	≤0.60	0.25～0.35	≤0.05	—	—	—	石洞口电厂动叶
	10705MBU	0.12～0.16	≤0.10	0.30～0.70	0.015	0.015	10.3～11.0	0.35～0.65	0.35～0.50	1.50～1.90	0.14～0.20	0.05～0.11	—	0.04～0.08	—	Cu≤0.1
	StT17/13W	0.08～0.15	≤0.80	≤1.00	0.035	0.030	15.5～18.0	13.0～16.0	—	2.50～4.00	—	Ti 5×% C～1.0	—	—	—	石洞口中压缸叶片
	MTB10A	0.09～0.15	≤0.10	≤0.15	0.015	0.005	10.0～10.5	≤0.02	0.65～0.75	1.70～1.90	0.10～0.30	0.03～0.07	3.00～3.50	0.02～0.03	0.003～0.008	

续表

	钢号	C	Si	Mn	P≤	S≤	Cr	Ni	Mo	W	V	Nb	Co	N	B	备注
叶片与螺栓	TAF650	0.1	—	—	—	—	11	0.5	0.15	2.6	0.2	0.08	3	0.025	0.015	
	X12CrMoVCoNbB9 11	0.13	0.05	0.82	—	—	9.32	0.16	1.47	—	0.20	0.05	0.96	0.019	0.0085	COST FB2
	Nimonic80A	0.1	—	—	—	—	20	余量	—	Fe：5.0	Al：2	Ti：3	2	—	—	
	GH4145	≤0.08	≤0.35	≤0.35	0.03	0.03	14.0～17.0	≥70	2.50～3.50	Fe：5.0～9.0	Al：0.4～1.00	Ti：2.25～2.75	≤1.00	Zr≤0.05	≤0.010	
	R-26（M-8B）	≤0.08	≤1.50	≤1.00	0.03	0.03	16.0～20.0	35.0～39.0	2.50～3.50	—	Al≤0.025	Ti：2.50～3.00	18.0～22.0	Zr0.01～0.1	0.001～0.01	
铸钢	ASTM A356Gr.8	0.13～0.20	0.20～0.60	0.50～0.90	0.035	0.030	1.00～1.50	—	0.90～1.20	—	0.05～0.15	—	—	—	—	
	ASTM A356Gr.9	0.13～0.20	0.20～0.60	0.50～0.90	0.035	0.030	1.00～1.50	—	0.90～1.20	—	0.20～0.30	—	—	—	—	
	ASME SA217 C12A	0.08～0.12	0.20～0.60	0.30～0.60	0.020	0.010	8.00～9.50	≤0.40	0.85～1.05	—	0.18～0.25	0.06～0.10	—	0.03～0.07	—	Al≤0.040
	MJC12	0.09～0.13	≤0.70	≤0.80	0.030	0.010	9.10～10.0	0.40～0.70	0.65～1.00	—	0.13～0.20	0.03～0.07	—	0.03～0.07	—	Al≤0.025
	9.5Cr1MoVNbN	0.10	0.70	0.70	—	—	9.5	0.5	1.0	—	0.15	0.06	—	0.040	—	
	10Cr1Mo0.8WVNbN	0.12	0.25	0.50	—	—	10	1.0	1.0	0.8	0.20	0.10	—	0.050	—	
	10Cr0.7Mo1.8W3CoVNbB	0.12	0.15	0.50	—	—	10	0.2	0.7	1.8	0.20	0.05	3.0	0.020	0.006	
	G-X12CrMoCoVNbB9 11	0.12	0.20	0.88	—	—	9.20	0.17	1.49	—	0.21	0.06	0.98	0.02	0.011	COST CB2

3.5.4　超超临界汽轮机高温铸钢件用 12Cr 钢

1. 高温铸钢件用 12Cr 钢材料的选择

关于超超临界汽轮机组（蒸汽温度为 600℃等级）用高压内缸、阀体等重要铸钢部件 12Cr 钢材料，国外研制了多种成分的改良 12Cr 铸钢件材料，并已逐步完善、实用化。使用较多且成熟的改良 12Cr 钢主要有不含 W 元素的改良 12Cr 钢和含 W 元素的改良 12Cr 钢。

国内开发的超超临界机组高压内缸、阀体等重要铸钢部件最终选定了含 W 元素的改良 12Cr 钢材料。此材料是在超临界缸体材料 ZG1Cr10MoVNbN 的基础上，添加质量分数 1%的 W 元素，以提高材料的高温性能。在 600℃超超临界汽轮机上已有应用的实例。

表 3-8 为改良 12Cr 钢材料的化学成分要求。

表 3-8　超超临界高温铸钢件用改良 12Cr 钢材料的化学成分要求（质量分数）　单位：%

C	Si	Mn	P	S	Cr	Mo	Ni	W	V
0.11～0.14	0.20～0.40	0.80～1.00	≤0.020	≤0.010	9.10～10.00	0.90～1.05	0.50～0.75	0.95～1.05	0.18～0.25
Nb	N	Al	Cu	As	Sn	Sb	H/(×10⁻⁶)	O/(×10⁻⁶)	—
0.04～0.08	0.04～0.07	≤0.020	≤0.10	≤0.025	≤0.015	≤0.001	≤7	≤90	—

2. 改良 12Cr 钢材料的冶炼方法和浇注温度

超超临界汽轮机用改良 12Cr（ZG1Cr10MoWVNbN）汽缸的冶炼方法应采用碱性电弧炉＋真空处理，材料的浇注温度在 1560～1580℃。

3. 材料的各种性能

材料的临界点的物理性能见表 3-9。

表 3-9　物理性能测试结果

密度/(kg/m^3)	临界温度/℃		线膨胀系数/(×10^{-6}/℃)		弹性模量 E/GPa	
7761	A_{c1}	657.7	50～100℃	10.83	25℃	239
			50～200℃	11.51	100℃	—
	A_{c3}	818	50～300℃	11.76	200℃	—
			50～400℃	11.99	300℃	—

续表

密度/(kg/m³)	临界温度/℃		线膨胀系数/(×10⁻⁶/℃)		弹性模量 *E*/GPa	
7761	A_{r3}	371	50～500℃	12.27	400℃	—
			50～600℃	12.45	500℃	—
	A_{r1}	244	50～650℃	12.53	600℃	—
			50～700℃	12.61	700℃	—

材料经 1100℃正火及 720℃回火处理后的高温瞬时拉伸力学性能见图 3-71 和图 3-72。

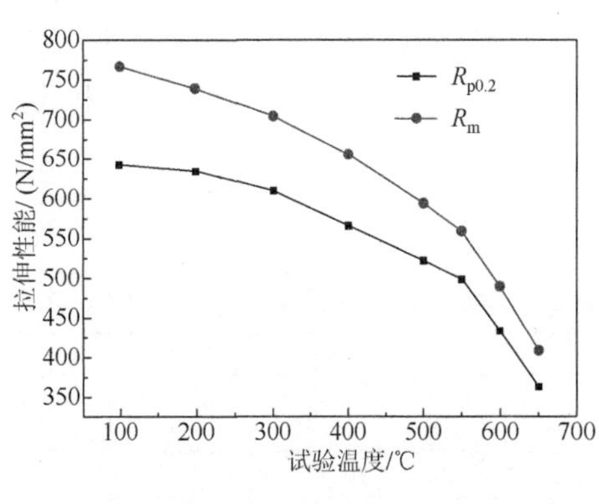

图 3-71 高温瞬时拉伸性能

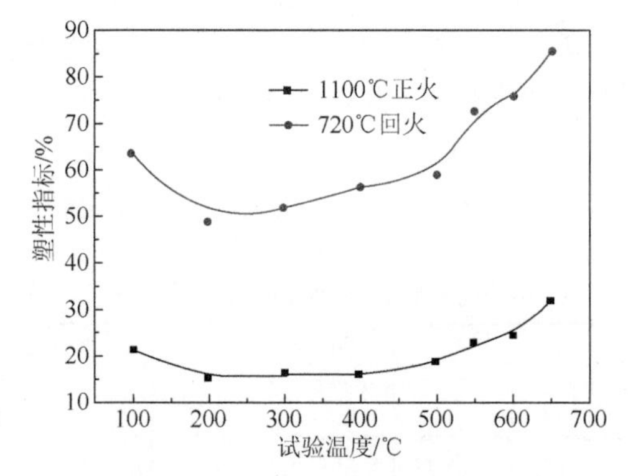

图 3-72 高温拉伸的塑性指标

随着拉伸温度的提高，材料强度随之下降，塑性指标也开始有所下降，超过 200℃时开始上升。在 600℃，屈服强度在 400N/mm² 以上。

材料的不同温度的蠕变持久强度如图 3-73 所示。改良 12Cr 钢在 600℃、100kh 的蠕变持久强度高达 86MPa。材料在 550℃和 600℃分别时效 6000h 后的组织，如图 3-74 所示。从图 3-74 中可以看出，经高温长时时效后，铸钢的组织依然稳定，$M_{23}C_6$ 等碳化物依然非常细小。

3.5.5 高中压转子用 12Cr 钢

1. 高中压 12Cr 转子锻件材料的选择

考虑到含 W 元素的改良 12Cr 钢的高温性能以及综合性能比不含 W 元素的改进 12Cr 钢更好一些，以及国际上 12Cr 钢转子材料的发展方向，我国超超临界机组高中压转子锻件选用含 W 元素的改良 12Cr 钢。

对于改良 12Cr 钢中 W 元素与 Mo 元素含量的高低与比例，参照国内外的有关资料发现：无论钢中 Mo、W 的含量配比如何，只要满足 Mo + 1/2W≈1.5%原

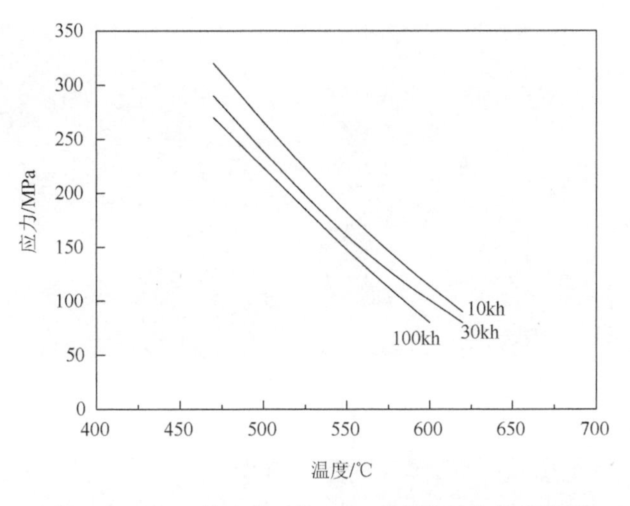

图 3-73　ECCC 给出的改良 12Cr 的蠕变持久性能数据

kh 表示千小时

① OM　　② TEM

(a) 铸钢原始状态金相组织

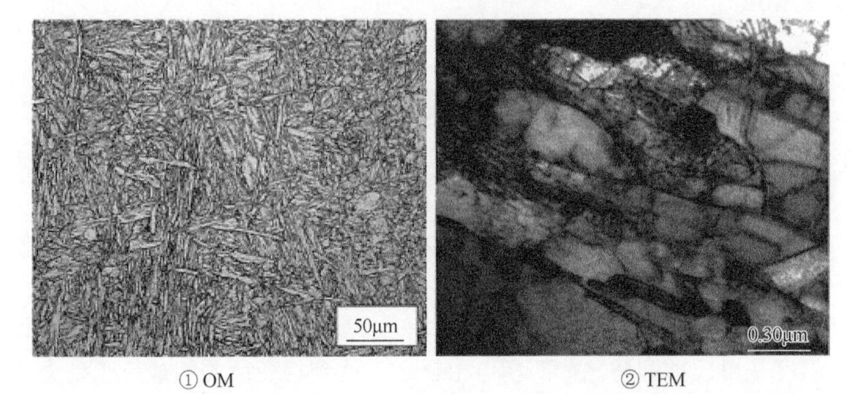

① OM　　② TEM

(b) 铸钢在550℃时效6000h后的金相组织

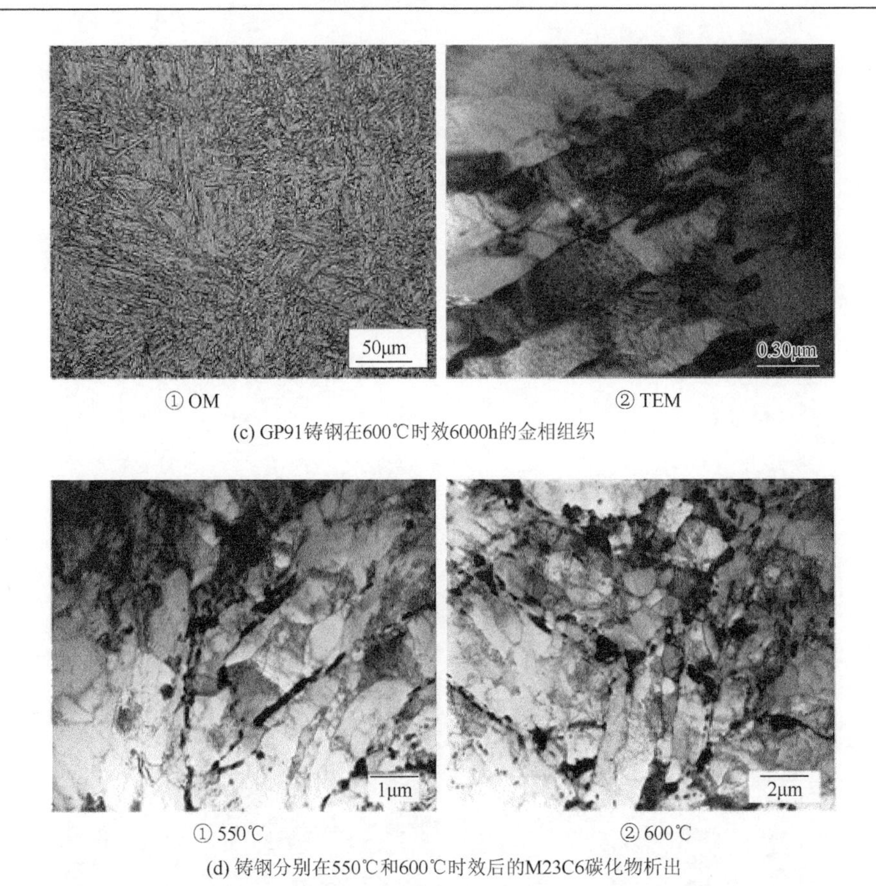

① OM　② TEM

(c) GP91铸钢在600℃时效6000h的金相组织

① 550℃　② 600℃

(d) 铸钢分别在550℃和600℃时效后的M23C6碳化物析出

图 3-74　铸钢经 550℃和 600℃分别时效 6000h 后的组织与原始状态对比

则即可，就能保证材料高温性能以及综合性能最佳。提高钢中 W 的含量仅是为了提高材料的蠕变断裂强度。综合各方面的因素，12Cr 钢中的 Mo、W 的质量分数均选定在 1.0%左右。

2. 12Cr 钢转子材料的工艺

12Cr 转子材料的组织转变温度区间与转变时间如下。

珠光体组织为铁素体与渗碳体层片相间的机械混合物，其转变温度区间为 760～640℃，开始转变时间为 5～10h。

贝氏体组织转变温度区间为 640～320℃，开始转变时间为 1～5h，呈黑色竹叶状，具有优良的综合力学性能。

马氏体组织转变温度区间为 320℃以下（马氏体点 Ms，Ms 表示马氏体转变的起始温度是奥氏体和马氏体两相自由解之差达到相变所需的最小驱动力），开始转变时间为 1～5h，获得马氏体是钢件强化的重要基础。

3. 12Cr 材料的性能

12Cr 材料的室温力学性能如表 3-10 所示，其晶粒度为 6～7 级，金相组织为回火索氏体（tempered sorbite）。回火索氏体是马氏体于高温回火（500～600℃）时形成的，在光学金相显微镜下放大 500～600 倍才能分辨出来，其为基体铁素体内分布着碳化物（包括渗碳体）球粒的复合组织。

表 3-10　材料的室温力学性能

屈服强度 $\sigma_{0.2}$/MPa	抗拉强度 σ_b/MPa	伸长率 δ_5/%	断面收缩率 ψ/%	冲击 A_{kv}/J	硬度 HB
745	920	19.5	63.0	53	286
735	920	20.5	62.0	56	295
785	920	18.0	62.5	53	293

1）物理性能

物理性能见表 3-11，材料的 CCT（continuous cooling transformation）曲线（连续冷却转变曲线）见图 3-75。

表 3-11　物理性能

<table>
<tr><th>密度 /(kg/m³)</th><th colspan="2">临界温度/℃</th><th colspan="2">线膨胀系数/(×10⁻⁶/℃)</th><th>温度/℃</th><th>热扩散率/(×10⁻⁶m²/s)</th><th>导热率/[W/(m·℃)]</th><th>比热容/[J/(kg·℃)]</th><th>温度/℃</th><th>E/GPa</th><th>G/GPa</th><th>μ</th></tr>
<tr><td rowspan="8">7842</td><td rowspan="2">A_{c1}</td><td rowspan="2">840</td><td>20～100℃</td><td>10.2</td><td>25</td><td>6.63</td><td>—</td><td>—</td><td>25</td><td>215.1</td><td>84.5</td><td>0.273</td></tr>
<tr><td>20～200℃</td><td>10.7</td><td>100</td><td>6.77</td><td>23.0</td><td>444.6</td><td>100</td><td>214</td><td>84</td><td>0.27</td></tr>
<tr><td rowspan="2">A_{c3}</td><td rowspan="2">880</td><td>20～300℃</td><td>11.3</td><td>200</td><td>6.77</td><td>25.4</td><td>487.7</td><td>200</td><td>210</td><td>82</td><td>0.28</td></tr>
<tr><td>20～400℃</td><td>11.8</td><td>300</td><td>6.58</td><td>27.7</td><td>541.2</td><td>300</td><td>203</td><td>79</td><td>0.29</td></tr>
<tr><td rowspan="2">M_s</td><td rowspan="2">375</td><td>20～500℃</td><td>12.2</td><td>400</td><td>6.19</td><td>29.6</td><td>608.4</td><td>400</td><td>193</td><td>75</td><td>0.29</td></tr>
<tr><td>20～600℃</td><td>12.4</td><td>500</td><td>5.60</td><td>30.7</td><td>692.4</td><td>500</td><td>182</td><td>70</td><td>0.30</td></tr>
<tr><td rowspan="2">M_f</td><td rowspan="2">260～280</td><td>20～700℃</td><td>12.6</td><td>550</td><td>4.82</td><td>30.2</td><td>796.2</td><td>600</td><td>168</td><td>64</td><td>0.31</td></tr>
<tr><td colspan="2"></td><td>600</td><td>3.84</td><td>27.5</td><td>912.5</td><td>700</td><td>153</td><td>58</td><td>0.32</td></tr>
</table>

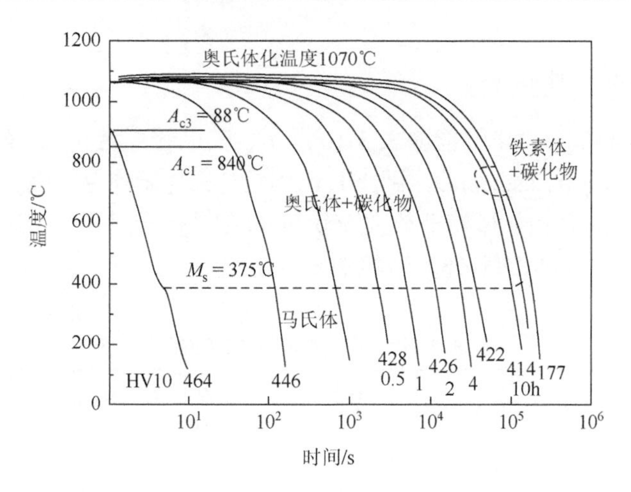

图 3-75　12Cr 材料的 CCT 曲线

2）材料的长时时效脆化性能

为了使实际使用的高中压转子能长期安全稳定运行，必须防止材料在高温下长时间加热时出现的脆化现象。经 600℃长时间时效处理后材料的冲击功基本未变化。脆性转变温度（fracture appearance transition temperature，FATT）在 3000h 后增加约 10℃，但是，此后即使加热到 10000h FATT 也几乎没有再增加。根据以上情况，虽然改良 12Cr 钢转子材料在高温长时间加热后略有脆化现象，但程度非常轻微，显然不存在实际使用上的问题。原始态材料与时效处理后材料的 FATT50 变化情况如图 3-76 所示。

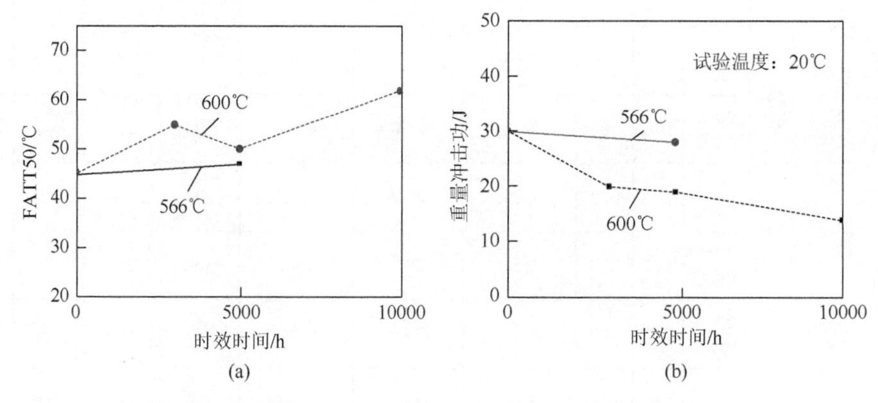

图 3-76　原始态材料与时效处理后材料的 FATT50 变化情况

3）断裂韧性

材料抵抗裂纹扩展断裂的韧性性能称为断裂韧性，是材料抵抗脆性破坏的韧性参数。断裂韧性参量一般通过紧凑拉伸试验获得，试验时通过加载孔对试样施

加拉伸载荷。紧凑拉伸试验中断裂力学参量的表达式为

$$J=(1-\nu^2)K_1^2/E$$

式中，J 为积分参量；K_1 为开型裂纹动态断裂韧度；ν 为泊松比；E 为弹性模量。

室温下 12Cr 转子材料的断裂韧性较低，$K_{1c}=86.95(\text{MPa·m})^{1/2}$，其断口为准解理机制。在 566℃和 600℃温度时，该 12Cr 转子材料显示了较高的断裂韧性数据，试样断口上表现出韧性断裂机制，呈韧窝断裂机制，断口未发现有准解理及晶间断特征。

4）疲劳强度

改良 12Cr 转子材料在不同条件下的疲劳强度见表 3-12。

表 3-12　改良 12Cr 转子材料的疲劳强度

试验温度/℃	理论应力集中系数 K_t	应力比 R	疲劳强度/MPa	指定寿命 No/次
20	1	−1	467.1	10^7
20	2	−1	216.4	10^7
20	1	−1	501.4	10^6
566	1	−1	322.7	10^7
566	2	−1	178.0	10^7
566	1	−1	366.8	10^6
600	1	−1	298.2	10^7
600	2	−1	171.7	10^7
600	1	−1	358.2	10^6

将 12Cr 转子材料在室温、566℃和 600℃下对光滑试样高周疲劳断口形貌进行扫描电镜分析，源区在试样表面产生，室温和高温疲劳裂纹扩展均以条纹机制为主。

3.5.6　620℃超超临界汽轮机改良新材料及工艺

二次再热超超临界汽轮机与常规超超临界机组的区别主要是再热蒸汽温度的提高，需要使用具有更高承温能力的耐热材料制造再热机组高温部件。改良 9～12Cr 钢，如 ZG1Cr10MoVNbN、TOS301、GX12CrMoWVNbN1011 等，可承受 590～610℃

的蒸汽温度条件；新 9～12Cr 钢，如 ZG1Cr10MoWVNbN、TOS302、NF616、SAVE12 等，可承受 630～650℃的蒸汽温度条件。加之 600℃/620℃机组的热端部件承温设计为 620℃，因此，主要的高温部件用材为改良 12Cr 钢或新 12Cr 钢。

目前，620℃等级大型超超临界汽轮机仅在中国有实际的制造和运行业绩，国内主要汽轮机厂对于其转子、汽缸/阀壳等均选用欧洲 COST 501 计划研出的 FB2、CB2 等高温材料；对于高温叶片、螺栓等部件，原 600℃等级超超临界机组即选用高温性能富裕度很高的高温合金材料，因此，各家仍沿用原高温合金材料。

600℃/620℃超超临界二次再热机组高温部件用钢在 620℃具有优良的高温蠕变强度（图 3-77），能满足 600℃、620℃的运行设计要求。

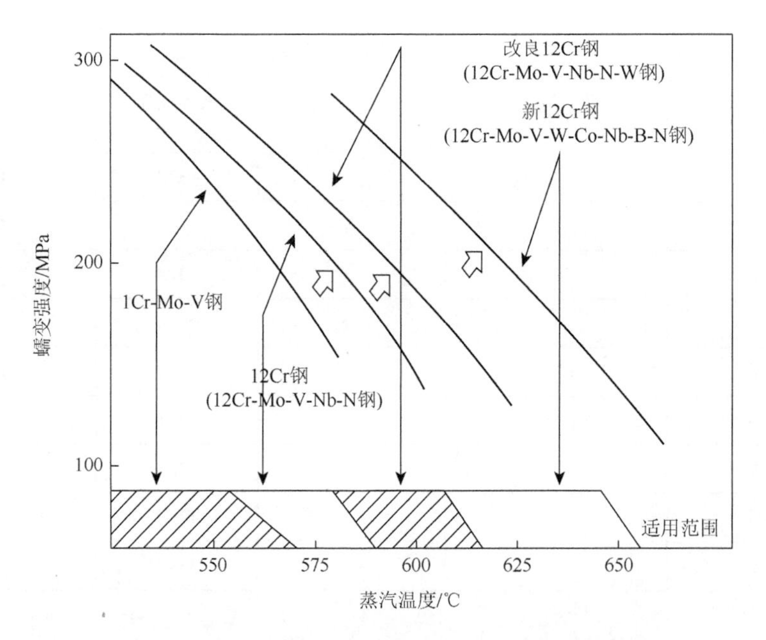

图 3-77　改良 12Cr 钢及新 12Cr 钢高温蠕变强度

1. 620℃超超临界汽轮机转子用材

600℃/620℃超超临界二次再热机组中，国内超高压和高中压转子主要选择 1Cr10Mo1NiWVNbN 和 FB2 耐热钢，其中 1Cr10Mo1NiWVNbN 是在 TMK1 转子钢的基础上降低约 0.2%的钼，增加约 0.4%的钨，主要用于制造超超临界机组高压、中压无中心孔转子；而 FB2 在 625℃时，100kh 外推持久强度极限为 100MPa，能满足 620℃超超临界二次再热机组超高压及高中压转子的强度设计要求，是 620℃超超临界机组转子用材的热门材料。

2. 620℃超超临界汽轮机高温内缸、阀壳用材

600℃/620℃二次再热汽轮机高温内缸及阀壳的构件尺寸大，且形状复杂，通常采用铸造成型，一般采用改良 12Cr 钢 ZG1Cr10Mo1NiWVNbN 与 CB2 作为高温内缸、阀壳用材。这类钢往往在锻件的基础上提高合金 Si、Mn 的含量，以提高合金的冲击韧性、焊接性能及铸造性能。

3. 620℃高温叶片用材和制造工艺

超超临界汽轮机发展 620℃等级的过程中，形成了马氏体耐热钢完善的固溶强化、亚结构界面强化、位错强化、MX 析出相弥散强化多种机制复合强化理论，也形成了众多应用广泛、技术成熟的系列铁素体耐热钢牌号。国内厂家普遍选用 12Cr10Co3W2MoNiVNbNB 或 1Cr11Co3W3NiMoVNbNB 这类含钴类新 12Cr 叶片钢材料作为 620℃二次再热机组的高温静叶片和动叶片材料，该类钢叶片与 9～12Cr 高中压转子材料有着良好的热胀性能匹配，并且成本低廉。

1）新 12Cr 叶片钢制造工艺

新 12Cr 叶片钢材料热处理工艺参数为：1140～1150℃保温 2h 油冷，690℃保温 6h 空冷。采用该热处理工艺后材料的室温力学性能见表 3-13。

表 3-13　材料的室温力学性能检验结果

屈服强度 $\sigma_{0.2}$/(N/mm^2)	抗拉强度 σ_b /(N/mm^2)	伸长率 δ_5/%	断面收缩率 ψ /%	硬度 HB	冲击 A_{kv}/J	晶粒度
925	1040	18	62	309	152736	4 级左右

2）微观组织和晶粒度

新 12Cr 材料的微观组织表现为：材料经 1140℃保温 1h 油冷、690℃保温 6h 空冷后的显微组织为回火索氏体。微观组织中未发现明显的组织和碳化物偏析，组织中 δ-Fe 质量分数＜1%，晶粒度 4 级左右。

3）抗疲劳性能

新 12Cr 材料具有优良的抗疲劳性能，在 620℃高温下的疲劳强度为：σ_{-1}（10^7）= 380MPa。

4）材料的高温持久性能

采用光滑-缺口复合试样材料进行高温长期持久试验，在 621℃时，50kh 外推持久强度为 126MPa，100kh 外推持久强度为 105MPa。所有试样均断在光

滑处，显示材料无缺口敏感性。

在 650℃时，应力大于 186MPa 条件下（试验应力为 200MPa、260MPa），材料的断裂时间均大于 55h，且均断在试样光滑处，表明材料无缺口敏感性。

5）材料的高温蠕变性能

材料经最佳性能热处理后，其高温蠕变极限见表 3-14。

表 3-14　新 12Cr 材料蠕变极限　　单位：MPa

温度/℃	稳态蠕变速率/(%/h)			
	0.0001	0.00005	0.00001	0.000005
580	289.8	262.0	202.7	179.9
600	235.2	209.6	157.3	138.3
620	186.6	164.2	120.9	106.2
650	128.2	111.9	82.9	73.6

6）材料的物理性能参数

材料的物理性能参数见表 3-15。

表 3-15　材料的物理性能参数

温度/℃	热扩散率/($\times10^{-6}m^2/s$)	热焓/(Cal/g)	平均定压比热/[J/(kg·℃)]	热导率/[W/(m·K)]	弹性模量 E/GPa	切变模量 E/GPa	泊松比 ν	线膨胀系数（从室温起）α/($\times10^{-6}$℃)	相变温度/℃	熔点/℃
100	6.10	9.5	388.0	26.1	217.3	85.1	0.277	10.02	848	1407～1437
200	6.28	20.1	497.7	28.0	212.2	83.0	0.278	10.77		
300	6.24	33.0	597.8	28.8	205.5	80.3	0.280	11.12		
400	5.97	48.3	678.6	28.6	197.0	76.7	0.284	11.51		
500	5.47	65.4	735.5	27.2	186.5	72.5	0.286	11.82		
600	4.75	83.2	773.2	24.4	173.8	67.4	0.289	12.09		
650	4.31	92.6	785.3	22.5	166.6	64.6	0.290	12.21		

7）材料的连续冷却转变曲线

新 12Cr 钢材料的 $A_{c1}=830$℃，$A_{c3}=880$℃，$M_s=350$℃，$M_f=135$℃。材料的连续冷却转变曲线见图 3-78。

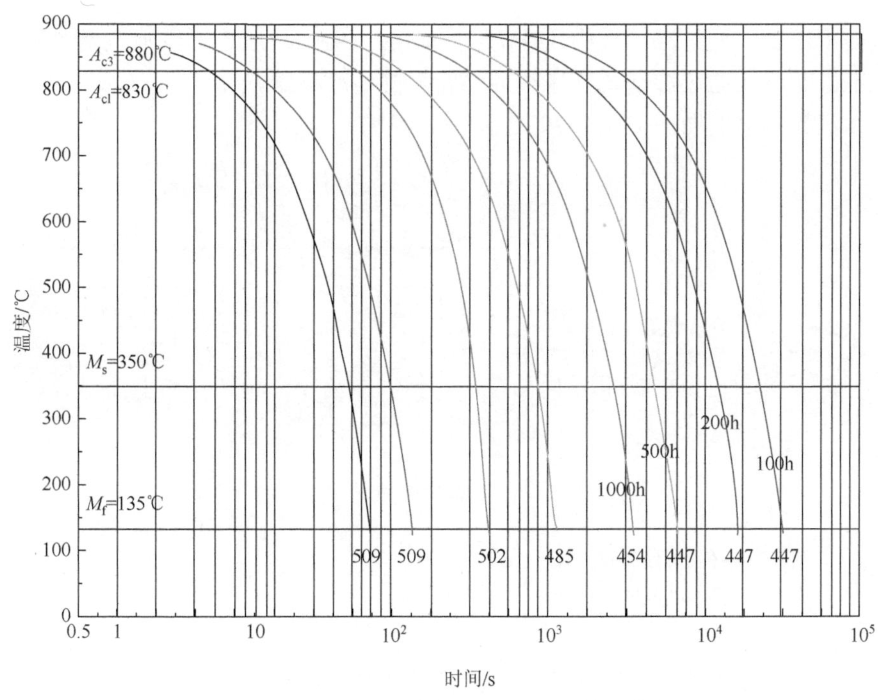

图 3-78　新 12Cr 钢材料的连续冷却转变曲线

3.6　典型的超超临界汽轮机

3.6.1　典型的 1000MW 超超临界汽轮机

1. 哈汽 1000MW 超超临界汽轮机

1）总体参数

哈汽超超临界 1000MW 冲动凝汽式汽轮机采用一次中间再热、四缸四排汽（双流低压缸）、单轴，型号为 CCLNI000-25.0/600/600。该机组设计额定主蒸汽压力为 25.0MPa、主蒸汽温度为 600℃，设计额定再热蒸汽压力为 4.529MPa、再热蒸汽温度为 600℃，末级叶片高度为 1219.2mm（48in）。汽轮发电机组设计额定输出功率为 1000MW，正常排汽压力为 0.0049MPa，额定给水温度为 294.3℃。从机头到机尾依次串联一个单流高压缸、一个双流中压缸及两个双流低压缸。高压缸呈反向布置（头对中压缸），由一个双流调节级与 9 个单流压力级组成，中压缸共有 2×7 个压力级。两个低压缸压力级总数为 2×2×6 级，总级数为 48 级，汽轮机总长为 40m。

主蒸汽通过 4 个主蒸汽阀和 4 个调节阀，由 4 根导汽管进入汽轮机高压缸上下缸，高压缸的蒸汽通过双流调节级流向调端，通过冲动式压力级做功后，再由高压排汽口排入再热器。再热后的蒸汽通过再热主蒸汽调节联合阀流回汽轮机双分流的中压缸。通过冲动式中压压力级做功后，由中低压连通管流入两个双流的低压缸。蒸汽在通过冲动式低压级后，向下排到冷凝器。

该汽轮机纵剖面图如图 3-79 所示。

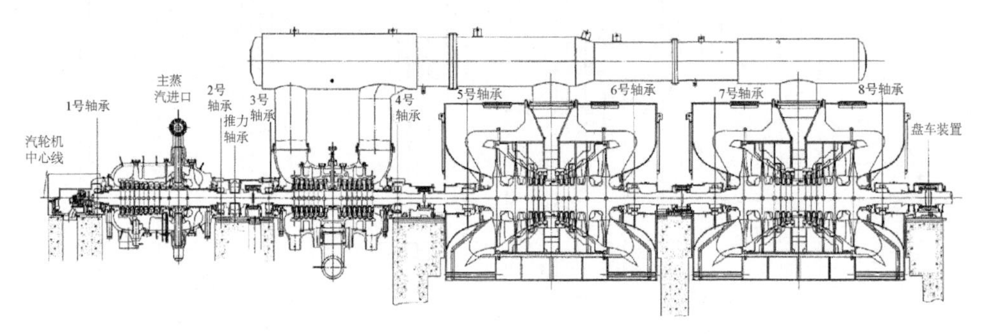

图 3-79 哈汽 1000MW 汽轮机纵剖面

2）独特的结构及技术特点

（1）汽缸结构的特点。

①高中压缸。

高压缸为单流式，包括 1 个双向流冲动式调节级和 9 个冲动式压力级。高压汽缸采用双层缸结构，内缸和外缸之间的夹层只接触高压排汽，可以使缸壁设计较薄，高压排汽占据内外缸空间，从而使汽缸结构简化。

中压缸为双流式、双层缸结构的 7 个冲动式压力级，结构和原理与高压缸相同。每个流向包括全三维设计中压转子是由具有良好的耐高温和抗疲劳强度的 12Cr 合金钢制成的双分流对称式结构。为了提高汽轮机中压转子的抗热疲劳能力和抗蠕变强度、减小转子高温区域的热应力，汽轮机中压进汽部分采用合理的结构设计对转子高温区域进行冷却。首先，双分流式中压第一级隔板采用特殊的结构形式，使中压进汽与中压转子隔开。同时在汽轮机运行时，抽取适量的高压调节级后经过节流的蒸汽与第一段抽汽混合，引入中压第一级隔板与叶轮组成的封闭空间内对转子表面进行冷却。

②低压缸结构。

哈汽超超临界 1000MW 汽轮机具有两个结构相似的双流低压缸。每个低压缸叶片正反向各有 6 个冲动式压力级对称布置。末级采用东芝公司与通用电气公司共同开发的火电站汽轮机用长度为 48in（1219.2mm，50Hz，3000r/min 机组用）的叶片。

（2）固体颗粒侵蚀的防护。

中压第一级的静叶片采用涂陶瓷材料的方法增加叶片表面的硬度，防止冲蚀。喷涂厚度为(0.25±0.05)mm，硬度为 1000HV。大量运行经验表明该方法效果良好、安全可靠。

（3）汽流激振的预防。

主要通过以下几方面来解决：

①每根转子在工厂内部进行低速和高速动平衡，将不平衡量降到最小；

②设计使转子的临界转速和额定转速不产生相互的影响；

③转子安装精确对中，保证在运转时不会产生额外的力和力矩；

④合理设计动静之间的间隙，保证在启动和停机时转子和汽封不会产生摩擦；

⑤在隔板汽封和高压缸的端汽封上面安装防汽流涡动的汽封，防止在汽封圈环形位置的汽流压力分布不均导致的转子不稳定振动。

（4）通流设计。

根据CFD的三维设计，先进流型（advanced flow pattern，AFP）技术被广泛采用。此外，采用动叶顶部与相邻叶片接触的整体围带全周连接叶片及高效的迷宫汽封，减少了动叶顶部的蒸汽泄漏，均有利于达到提高级效率的目的。

（5）末级叶片。

通过减薄叶型厚度同时实现了减轻质量和提高空气动力学性能的目标。采用圆弧枞树形叶根和具有高减振能力的整圈连接式整体围带，以及阻尼凸台套筒等结构有效地保证了叶片的安全性。

叶片材料以具有良好耐腐蚀和耐侵蚀性，并有运行业绩的15Cr钢为基础，优化其成分，改进了热处理规范，从而抑制了其对应力腐蚀裂纹的敏感性，提高了叶片的安全性。

（6）末级叶片除湿技术。

与48in（1219.2mm）末级动叶片相匹配的低压末级隔板由内环、外环和静叶片组成。静叶片采用了气动性能良好的“前掠”式空心结构，叶片的吸力面及压力面设有疏水缝隙；外环的内表面、内环的外表面均与空心静叶连接并与冷凝器相通，基本处于真空状态。

末级通流中产生的水滴由疏水缝隙收集，通过空心静叶片、空心内环、空心外环及在中分面处的连接管，由下半部的疏水管流入冷凝器。“前掠”式静叶结构能适当加大动、静叶片间的轴向距离，可以在不影响级间气动性能的情况下使汽流中剩余的水滴得到充分加速，使其与蒸汽速度基本一致，可有效减小对动叶片的冲击和腐蚀。同时在子午面扩张方向的低压末级静叶栅顶部，采用“前掠”式静叶结构能在外端壁附近形成低压区，有利于水滴在离心力作用下进入疏水缝隙，可有效地降低湿汽损失。

2. 东汽1000MW超超临界汽轮机

1）总体参数

该汽轮机为超超临界、一次中间再热、单轴、四缸四排汽、双背压、八级回热抽汽凝汽式汽轮机，型号为 N1000-25.0/600/600，设计额定主蒸汽压力为 25.0MPa、主蒸汽温度为 600℃，设计额定再热蒸汽压力为 4.25MPa、再热蒸汽温度为 600℃，末级叶片高度为 1092.2mm（43in）。汽轮发电机组设计额定输出功率为 1000MW，正常排汽压力为 0.0051MPa，最终给水温度为 298.5℃。从机头到机尾依次串联一个单流高压缸、一个双流中压缸及两个双流低压缸。高压缸呈反向布置（头对中压缸），由一个双流调节级与 8 个单流压力级组成。中压缸共有 2×6 个压力级。两个低压缸压力级总数为 2×2×6 级。采用一次中间再热，汽轮机总长为 35.6m，汽轮发电机组总长 54.652m。主蒸汽从高中外缸中部上下对称布置的 4 个进汽口进入汽轮机，通过高压 9 级做功后去锅炉再热器。再热蒸汽由中压外缸中部下半边的 2 个进汽口进入汽轮机的中压部分，通过中压双流 6 级做功后的蒸汽经一根异径连通管分别进入两个双流 6 级的低压缸，做功后的乏汽排入两个不同背压的凝汽器[48]。该汽轮机纵剖面图如图 3-80 所示。

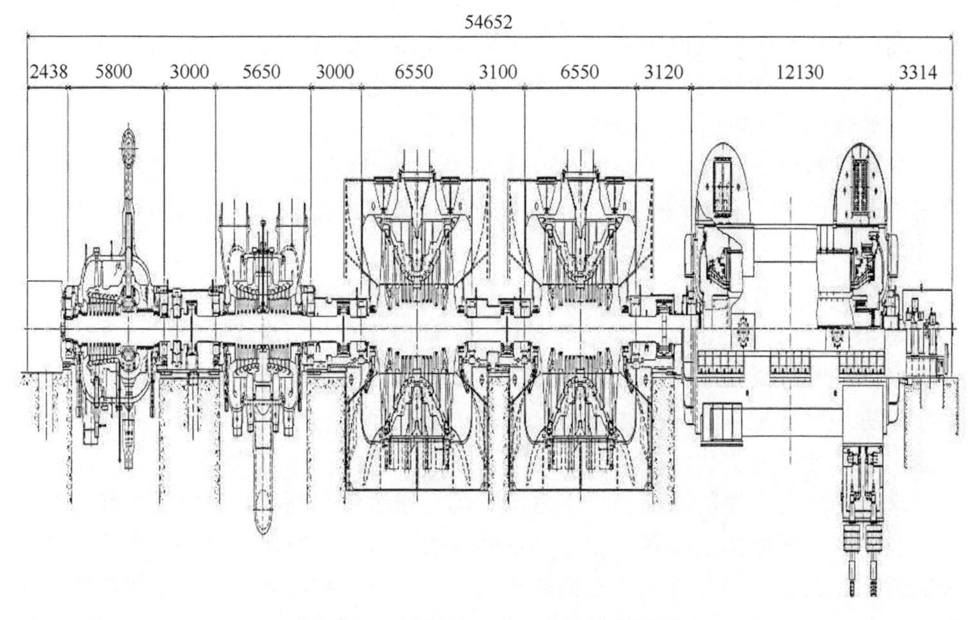

图 3-80 东汽 1000MW 汽轮机纵剖面

单位：mm

2）独特的结构及技术特点

（1）汽缸结构的特点。

①高中压缸。

高压汽缸采用双层缸结构，内缸和外缸之间的夹层只接触高压排汽，可以使缸壁设计较薄，高压排汽占据内外缸空间，简化汽缸结构。锥筒形外缸与排汽蜗壳相切，轴向刚性高。中分面法兰等高设计，避免中分面法兰高度剧烈变化对汽缸刚性产生影响。适当加大外侧密封面宽度，降低高压外缸的工作压力，使螺栓工作时所需的密封应力减小。螺栓直径从汽缸中部至两排汽端依次递减，避免螺栓直径突然变化。

②三层低压缸结构。

低压缸的设计采用专利技术三层缸结构，彻底解决了低压内缸进汽高温区对内缸中分面的影响，减少热变形，保证汽缸中分面的密封性。

（2）独特的冷却技术。

①高压双流喷嘴设计可以冷却高温进汽部分，有效降低调节级应力，如图 3-81 所示。

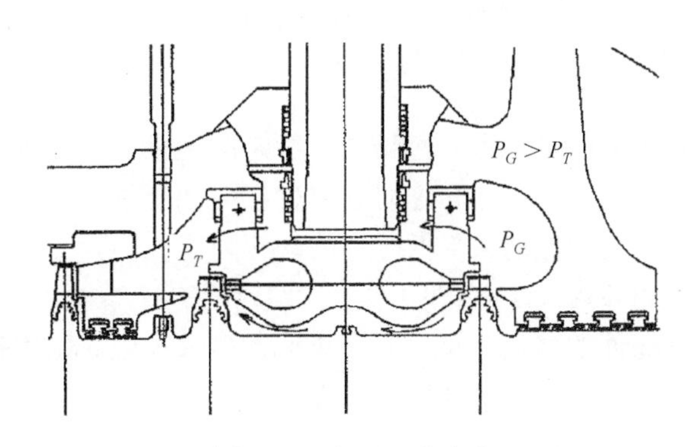

图 3-81　高压双流喷嘴

P_G-高压进汽管道压力；P_T-高压内缸压力

②高压内缸中分面螺栓冷却加热结构。

在主蒸汽管上靠近外缸处有一小口，引入来自高压第一段抽汽的冷却蒸汽，其温度不高于 400℃。该冷却蒸汽流经外缸与导汽管之间及外缸与内缸之间形成的狭小间隙，对外缸内壁进行隔离与冷却。高压内缸中分面高温段螺栓孔设计有小孔与高压第 6 级后相通。利用螺栓小孔内蒸汽的自动倒流，在启动过程中对螺栓进行加热，而在正常运行时对螺栓进行冷却，从而减少螺栓与法兰间温差，降低正常运行时螺栓使用温度，提高螺栓抗松弛性能。螺栓冷却系统如图 3-82 所示。

③中压缸冷却。

利用高压第 6 级后蒸汽和部分新蒸汽混合调温后对中压转子高温段轮毂及轮面进行冷却，降低第一级叶片槽底热应力。

（3）非定常全三维通流设计技术。

叶片各截面沿叶高三维空间成型，在叶道内沿径向形成“C”形压力分布，即压力两端高、中间低。二次流由两侧向中间流动汇入主流，减小了端部二次流损失。

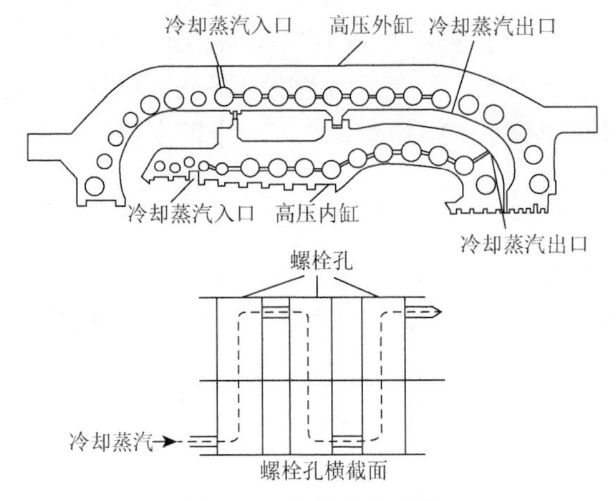

图 3-82　螺栓冷却系统

（4）自带冠动叶片。

采用减振效果优良的单层自带冠结构。静态时连接件间留有最佳安装间隙，在一定转速下开始接触，在额定转速时连接件接触面产生一定的压应力，可显著消耗叶片振动能量，衰减振动，降低叶片的动应力。

（5）平衡扭曲动叶片（BV 叶型）。

考虑了气体压缩性的层流叶型，具有更低的型线损失。采用扭曲成型使流型沿叶高优化，进口攻角减小，级效率明显提高。

（6）高负荷静、动叶技术。

对原平衡动叶叶型根部型线改进设计，叶片负荷提高，叶片数减少，型面损失及尾迹损失均减少 15%。通过叶型修型改善型面的气动布局特点，减小攻角损失，最低压力点向后移，减小了扩压区，型损下降。叶面的后加载气动布局特性使端部损失减小。

（7）多维弯曲静叶技术切向弯曲的喷嘴形成三维扩散流道，减少了二次流损失，级效率提高 1%～2%。

（8）薄出汽边技术。

静叶薄出汽边与厚出汽边相比，尾迹损失小，级效率提高 0.6%～0.9%，见图 3-83。

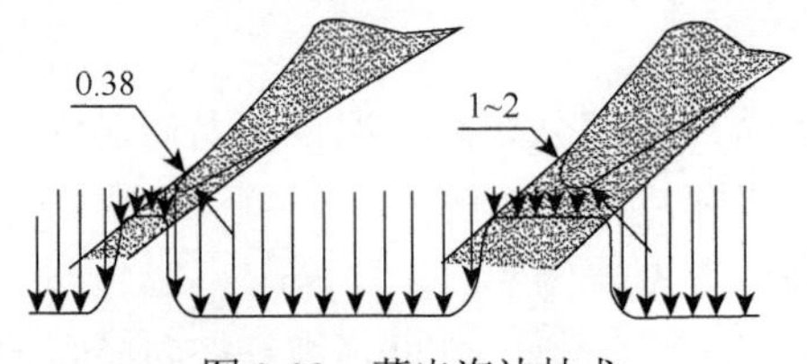

图 3-83　薄出汽边技术

单位：mm

（9）CFD 流场优化汽封技术。

对传统汽封和新型结构的汽封进行 CFD 分析和结构优化，得到适用于各系列机组和各级次的密封特性优良的汽封几何结构，提高汽封的密封特性，减小汽轮机的泄漏损失。

①高压轴封和隔板汽封。高压轴封和部分隔板汽封采用新型汽封，进一步减小轴封间隙，提高内效率，见图 3-84。

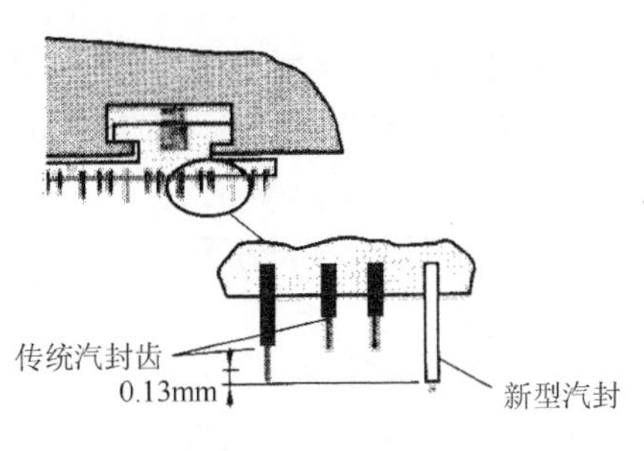

图 3-84　新型汽封

②动叶叶顶多齿汽封技术。动叶采用自带冠技术，动叶顶部叶冠采用城墙结构，使叶顶的汽封高低齿数由两个增加到四个，减少漏汽量，提高内效率，见图 3-85。

图 3-85　叶顶多齿汽封技术

③椭圆形弹簧支撑敏感式汽封。轴封及隔板汽封采用椭圆形弹簧支撑汽封，水平方向的动静间隙小于垂直方向的动静间隙，兼顾了机组启停时可能存在的垂直方向较大的振动及正常运行时的经济性。

④铁素体汽封。进口铁素体不锈钢汽封齿不会淬硬，即使发生动静摩擦，仍保持较低硬度，不损伤转子；汽封间隙小，结合尖齿结构，可提高封汽效果。可按动静间隙下限安装，不必人为放大汽封间隙。

（10）轴向扩压型排汽蜗壳。

①对扩压管应用流体力学计算软件进行数值计算和流场分析，采用正交试验法进行吹风试验，对低压排汽缸进行整缸的模型吹风试验及内部结构优化的试验研究。优化导流环型线，改善扩压管扩压效果。

②增设低压外缸导流环背后的导汽板，使扩压管出口汽流流向下半缸，改善汽流流动状况，增加低压外缸上半缸的刚性。

③适当增加排汽缸的径向和轴向尺寸，增强汽缸的扩压能力，使低压排汽缸具有良好的静压恢复能力，减少能量损失。

④优化排汽缸两侧锥体，增设曲线形导流板，顺应汽流的流线，降低流动损失。

⑤优化排汽缸中支撑筋板布置，减小流动损失。

⑥能量损失系数小于 0.85，远小于径向扩压。

（11）防水蚀措施。

机组运行时通过监视低压排汽参数变化，监控末级叶根部出汽边水蚀状况。优化末级流场，提高根部反动度，避免在低负荷时，动叶根部出现倒流引起根部冲刷。适当增大动、静叶间的轴向距离，以利于水滴进入疏水槽，减小水滴对动叶的冲击能量，延缓水蚀的影响。末级叶片采用高频淬火防水蚀，低压湿蒸汽区有足够疏水槽除水，见图 3-86。

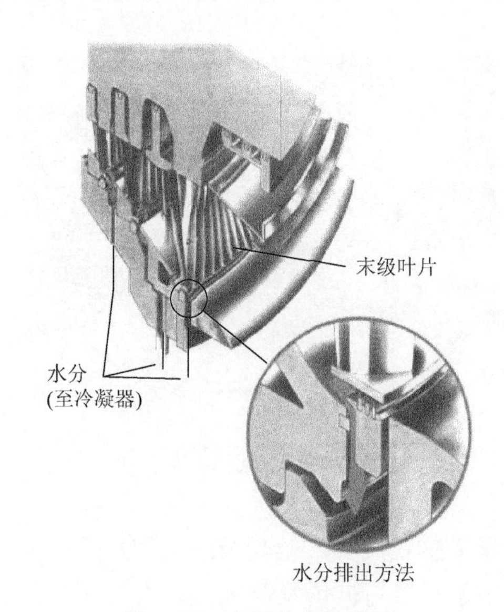

图 3-86　末级防水蚀措施

（12）高压主蒸汽调节阀和中压联合汽门调节阀（图 3-87）。

①高压主蒸汽调节阀浮动悬吊在运行平台下，中压联合汽阀单支点弹簧支撑

在汽缸下半缸两侧，整洁美观、检修方便，机组轴向热膨胀对汽缸接口作用力小，汽缸和轴系稳定。

②主蒸汽阀入口设蒸汽滤网，防止异物进入汽轮机通流。

③各阀均由独立油动机控制。

④液压开启，弹簧关闭使圆盘式卸载主蒸汽阀快速关闭。

⑤电气凸轮实现高压调节阀“复合调节配汽”。

⑥阀座采用螺栓固定在阀壳内，拆卸方便。

⑦各阀可独立做全行程在线活动试验。

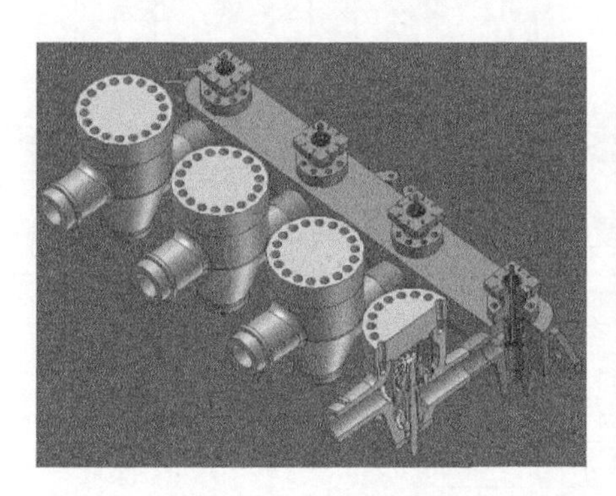

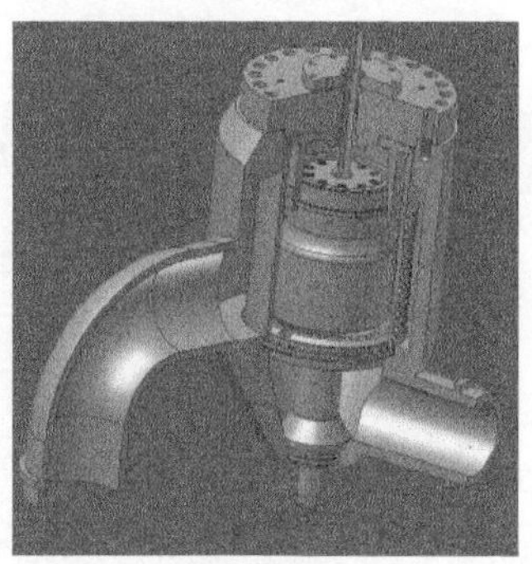

图3-87　高压主蒸汽调节阀和中压联合汽门调节阀

3. 上汽1000MW超超临界汽轮机

1）总体参数

上汽1000MW超超临界汽轮机由上海电气集团股份有限公司联合西门子公司设计，为超超临界、一次中间再热、单轴、四缸四排汽、双背压、八级回热抽汽、反动凝汽式汽轮机，型号为N1000-26.25/600/600（TC4F），设计额定主蒸汽压力为26.25MPa、主蒸汽温度为600℃，设计额定再热蒸汽压力为5.0MPa、再热蒸汽温度为600℃，末级叶片高度为1145.8mm。汽轮发电机组设计额定输出功率为1000MW，在TMCR工况下，汽轮机的热耗率保证值（正偏差为零）为7343kJ/(kW·h)；汽轮机的热耗率第二保证值（75%THA工况热耗率保证值，正偏差为零）为7417kJ/(kW·h)；TMCR功率为1059.904MW；VWO功率为1096.038MW；额定抽汽工况的功率（TRL工况进汽量，机组在带有调整抽汽量为400t/h时）为991.203MW；最大抽汽工况的功率（机组在带有调整抽汽量为600t/h时）为959.146MW[31]。

该汽轮机通流部分由高压、中压和低压三部分组成，包括1个高压缸、1个双流中压缸和2个双流低压缸，共设64级，均为反动级。高压部分14级；中压部分为双向分流式，每一分流为 13 级，共 26 级；低压部分为两缸双向分流式，每一分流为 6 级，共 24 级。对应 4 个汽缸转子由 5 个径向轴承支撑，并通过刚性联轴器将4个转子连为一体，汽轮机低压转子B通过刚性联轴器与发电机转子相连，汽轮发电机总长度约为 28m，高度约为 7.75m，宽度约为 10.4m。高压缸、中压缸、低压缸的纵剖面如图 3-88 所示。该汽轮机外观及三维立体视图如图 3-89 所示。

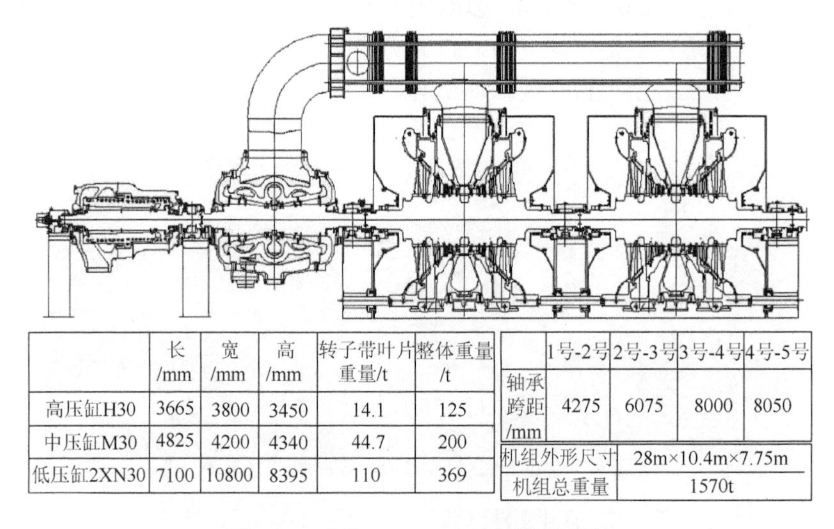

	长/mm	宽/mm	高/mm	转子带叶片重量/t	整体重量/t
高压缸H30	3665	3800	3450	14.1	125
中压缸M30	4825	4200	4340	44.7	200
低压缸2XN30	7100	10800	8395	110	369

	1号-2号	2号-3号	3号-4号	4号-5号
轴承跨距/mm	4275	6075	8000	8050

机组外形尺寸	28m×10.4m×7.75m
机组总重量	1570t

图 3-88　上汽 1000MW 汽轮机纵剖面

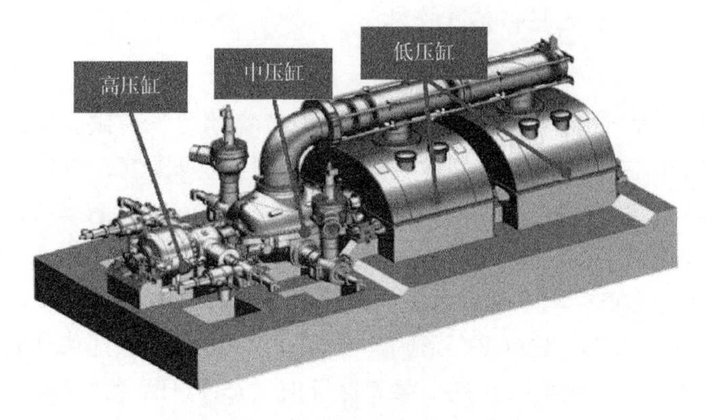

图 3-89　上汽 1000MW 汽轮机外观

该汽轮机采用全周进汽方式，高压缸进口设有 2 个高压主蒸汽门、2 个高压调节阀和 1 个补汽阀，高压缸排汽经过再热器再热后，通过中压缸进口的 2 个中压主蒸汽门和 2 个中压调门进入中压缸，中压缸排汽通过连通管进入 2 个低压缸继续做功后，分别排入 2 个凝汽器。

凝汽器采用双背压、双壳体、单流性、表面冷却式凝汽器。凝结水系统设有3台50%容量的凝结水泵。每台机组循环水系统设有两台50%容量的可抽芯式混流泵。

机组采用DEH调节系统，该系统转速的可调范围为(0～110%)×3000r/min。汽轮机允许频率变化范围为47.5～51.5Hz，汽轮机设计寿命为30年。

2）独特的结构及技术特点

（1）汽缸结构的特点。

①紧凑的筒形结构高压缸。

高压缸为超圆筒形外缸无水平中分面，单流程、高效、结构紧凑、热应力小、间隙小、快速启动，最高设计压力为30MPa，温度为600℃，叶片级通流面积比双流程要增加1倍，叶片端损大幅度下降，与其他公司机型的高压缸相比，其效率可提高4.5%～7%。高压缸装配三维视图见图3-90。

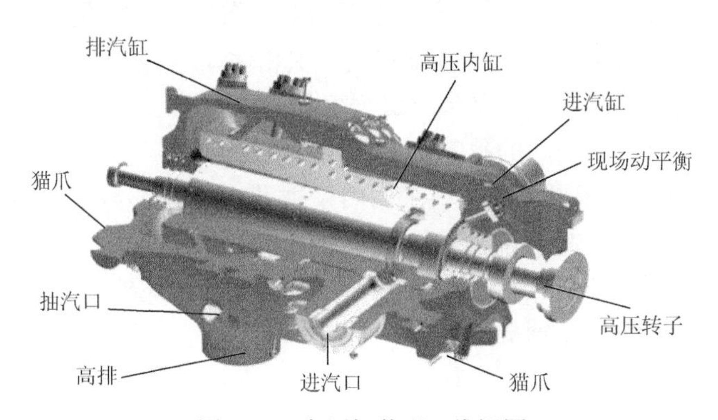

图3-90　高压缸装配三维视图

高压外缸分为进汽缸和排汽缸两部分，通过圆周垂直中分面由螺栓连接，见图3-22；高压内缸由轴向垂直中分面分为两半，静叶片直接安装于内缸，见图3-23。

高压转子的进汽端支撑在1号轴承上，排汽侧通过法兰与中压转子相连，中压转子支撑在2号轴承上。高压通流部分采用小直径多级数的原则，采用全三维的变反动度叶片级。为保证满足通道光滑条件下，叶片冲角最小，级效率最高，各级叶片的反动度不是固定的，其变化范围为30%～40%。

②中压缸结构。

中压缸积木块M30采用双流程和双层缸，共2只13级，见图3-24。中压高温进汽仅局限于内缸的进汽部分，中压缸进汽第1级除了与高压缸一样采用了低反动度叶片级（约20%的反动度）和切向进汽的第1级斜置静叶结构外，还采取了切向涡流冷却技术，降低了中压转子的温度。中压外缸只承受中压缸排汽的较低压力和较低温度，这样汽缸的法兰部分就可以设计得较小。同时，外缸中的压力也降低了内缸法兰的负荷，因为内缸只需要承受压差。

③低压缸的特点。

低压缸采用两个特大型双流积木块 N30 设计，共 4×6 级，见图 3-25。汽缸为多层结构，由内外缸、待环和静叶组成，以减少汽缸的温度梯度和热变形。外缸与轴承座分离，直接安装于凝汽器上，显著降低了运转层基础的负荷。低压内缸通过其前后各两个猫爪，搭在前后两个轴承座上，支撑整个内缸、持环及静叶的质量，并以推拉装置与相邻低压外缸或中压外缸相连，减小了动、静叶间的轴向间隙。低压内缸两侧底部设有横向定位键槽与基础埋件相连接，可防止低压内缸横向和轴向移动。所采用的末级叶片为自由叶片，长 1146mm。低压外缸由 2 个端板、2 个侧板和 1 个上盖组成。

（2）高压转子通流部分独特的技术风格。

①小直径、多级数，制造成本增加，但效率高，转子应力小。

②各叶片级与静叶对应的转子上装有汽封，形成较大的漏汽阻力。

③动叶基本采用 T 形叶根，与侧装式叶根相比，可减少轴向漏汽损失。

④全周进汽不存在其他机型调节级强度和进汽不均诱发汽轮机激振的问题。

（3）主调门及再热调门的独特技术风格。

上汽 1000MW 超超临界汽轮机采用两个主调阀及两个再热主调阀，其结构及布置风格与众不同。

①布置在汽缸两侧，直接与汽缸相连，切向进汽，损失小，起吊高度小。

②阀门直接支撑在基础上。

③阀门与汽缸采用大型罩螺母方式连接。

（4）补汽技术的应用。

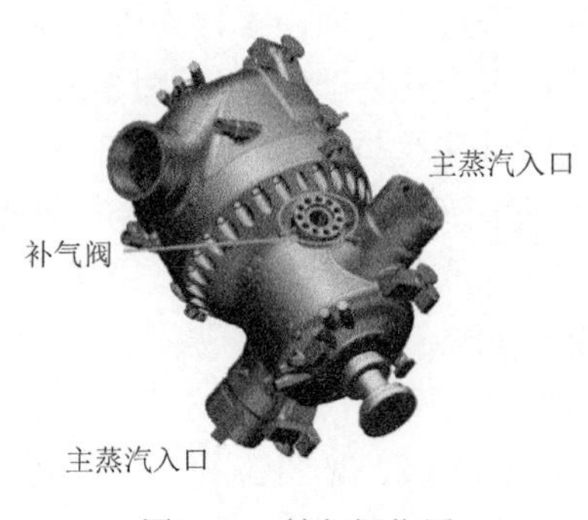

图 3-91　补气阀位置

上汽 1000MW 超超临界汽轮机运行方式采用全周进汽加补汽阀技术。在汽轮机的最大进汽量大于额定流量的情况下可采用补汽技术。补气阀位置如图 3-91 所示。采用补汽阀技术后，从主蒸汽阀后引出一路蒸汽，经过补汽阀进入高压缸的第 5 级后，形成全周进汽定-滑-定运行模式，使机组不必为能够快速调峰而让主调门保持节流状态，进一步提高了机组效率。汽轮机全周进汽加补汽阀的设计同时解决了正常滑压调峰负荷高效率、第 1 级叶片的安全性和部分进汽对转子产生附加汽隙激振 3 个技术问题。正常调峰及额定负荷运行时，补汽阀为全关状态。补汽阀全开流量是额定工况的 108%，即补汽阀流量为 8%，可使额定工况以及所有小于额定工况时的热耗下降23kJ/(kW·h)，而一旦开始补汽，机组的经济性将随补汽量的增加而下降。

（5）第1级叶片特点。

上汽1000MW超超临界汽轮机高压第1级叶片采用斜置静叶，不仅效率高，而且还成功地解决了大功率超超临界汽轮机调节级的强度及机组稳定运行的可靠性问题。主要特点如下：①自带内、外围带的结构可减少漏汽损失，而且低反动度（约20%）增大了静叶的焓降，可降低第1级动叶及转子的工作温度；②全周（100%）进汽，对动叶片无任何附加激振力；③滑压运行方式，大幅度提高超临界机组部分负荷的经济性；④滑压及全周进汽，从根本上消除了喷嘴调节造成的汽隙激振问题；⑤滑压及全周进汽，使第1级动、静叶片的最大载荷大幅度下降，解决了第1级叶片采用单流程的强度设计问题。

（6）低压末级及次末级叶片特点。

上汽1000MW超超临界汽轮机由于压力的提高，其低压缸的排汽湿度比同样进汽温度的亚临界机组大，从安全性、经济性的角度考虑，更应注重低压末几级叶片抗水蚀和抗腐蚀技术的应用，上汽1000MW主要的特点有下列五个方面：①末端叶片采用抗腐蚀性能好的17-4PH材料，与12Cr钢相比，17-4PH在钠盐及水中的疲劳强度均明显高于12Cr钢；②结构上有足够的疏水槽；③相当大的轴向间隙，这是公认的十分有效的防冲蚀措施；④末级静叶采取空心叶片结构，在内部抽出水分；⑤末级动叶片采用新型的激光表面硬化技术，这是西门子公司的一项特有技术，其特点在于最新的激光表面硬化技术，表面硬度可超过500HV。X5CrNiCUNB16-4即为17-4PH材料。激光硬化的最大优点是在表面形成的压应力不但不会降低，反而有利于提高材料的抗疲劳强度和抗应力腐蚀能力。

（7）全三维的弯扭（马刀形）叶片。

上汽1000MW超超临界汽轮机所有的高/中/低压叶片级全部采用马刀形，不仅静叶片，而且所有的动叶片（除末三级外）也是马刀形。根据最佳的气动设计，该形叶片已不是50%反动度的纯反动式叶片级，目前级的反动度控制在30%～40%的水平。

（8）汽缸落地设计。

所有高/中压汽缸和低压的内缸均通过轴承座直接支撑在基础上，汽缸不承受转子的质量，变形小，易保持动静间隙的稳定。

（9）独特的膨胀系统设计。

汽轮机膨胀系统设计见图3-92。汽轮机膨胀系统设计具有以下特点：①该机组的绝对膨胀死点及相对膨胀死点均在高/中压缸之间的推力轴承处，动静叶片的相对间隙变化最小；②汽缸之间有推拉装置；③汽缸与轴承座之间有耐磨、滑动性能良好的金属介质。

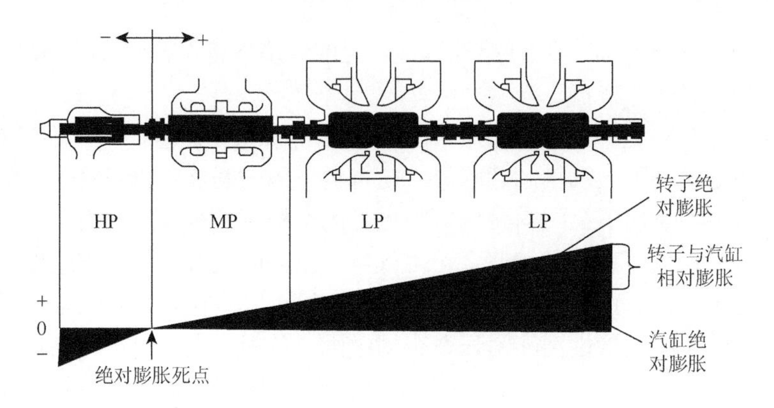

图 3-92　汽轮机膨胀系统设计

HP-高压缸；MP-中压缸；LP-低压缸

（10）特有的轴系高稳定性和防汽隙激振设计。

该机型转子具有较高的轴系稳定性和抗超临界压力汽隙激振能力。具体体现在以下几个方面：①单流高压缸，转子跨度小，刚性高，一阶临界转速比其他机型高 20%以上；②全周进汽的运行方式彻底消除了大汽隙激振源；③N + 1 单轴承支撑的轴承比压高，加上采用高黏度的润滑油，使轴承稳定性好；④小直径高压缸，多道汽封，包括各级叶片的转子部位也装有汽封，有利于减少汽隙激振；⑤管道系统简捷，无主蒸汽及再热蒸汽管道及单个连通管，使机组所受的外界推力小；⑥所有轴承座均直接支撑在基础上，低压外缸与凝汽器刚性连接，轴系不受汽缸及运行影响等。

除与发电机连接的低压转子外，其他两个转子之间只有一个轴承支撑，这样转子之间容易对中，不仅安装维护简单，而且轴向长度可大幅度减少。与其他厂家的四缸四排汽轮机型相比，西门子汽轮机的轴向总长要短 8～10m，因此轴系特性简单，厂房投资可下降。其转子支撑方式如图 3-93 所示。

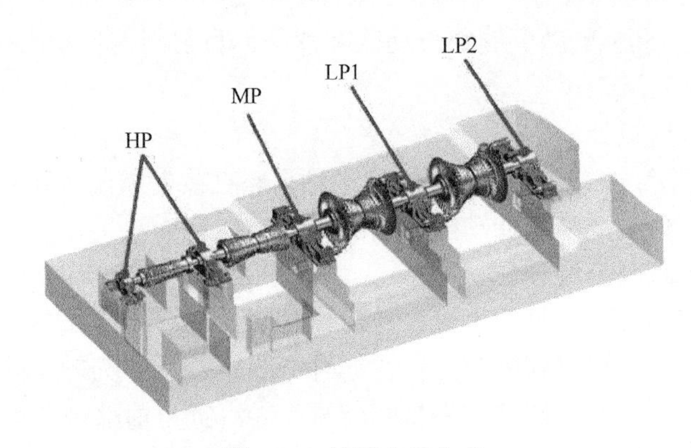

图 3-93　转子支撑方式

3.6.2 典型的1000MW超超临界空冷汽轮机

本节以哈汽1000MW超超临界空冷汽轮机为例，介绍空冷汽轮机的结构特点。

1. 哈汽1000MW超超临界空冷汽轮机结构特点及主要系统

百万等级超超临界空冷汽轮机，是哈汽在研制大型空冷汽轮机系列过程中积累丰富经验后，综合湿冷1000MW机组的基础上自行开发完成的一次中间再热、单轴、四缸、四排汽1000MW超超临界空冷汽轮机。

百万等级超超临界空冷汽轮机采用积木块式设计，高中压部分是在成熟的湿冷1000MW超超临界汽轮机高、中压缸基础上进行完善化设计而得到的，并保留了湿冷汽轮机的结构特点和先进的设计技术。低压部分是以哈汽公司两缸两排汽660MW超临界空冷汽轮机低压缸为母型，在原有基础上重新设计通流，同时保留低压缸的主要特点，如采用双层缸结构、内外缸都直接由基础支撑、排汽缸与轴承箱各自落地、端部汽封下半部分刚性连接在轴承箱上，即把低压转子轴端汽封固定在落地轴承箱上。这样，轴承中心（即转子中心）与端部汽封中心基本同心，所以不会产生动、静摩擦问题。端部汽封与低压外缸通过膨胀节连接，既起到密封作用，同时又能吸收相互膨胀的位移。应用有限元程序对端汽封进行刚度计算分析，以保证有足够的刚度。

汽轮机末级叶片采用大刚度、加强型、自带围带加凸台套筒拉筋的940mm叶片。叶片按扭转恢复预扭成型，强度振动性能好，并可通过凸台拉筋之间、围带之间的摩擦阻力来减少叶片的动应力。

本机组设计有2个相同低压缸。两低压转子之间、低压转子与中压转子之间，以及与发电机转子之间的联轴器结构形式和尺寸都与湿冷机组相同。机组的各轴径尺寸和各轴承尺寸形式均与湿冷机组相同。

1000MW超超临界、中间再热、空冷、凝汽式汽轮机纵剖面见图3-94。

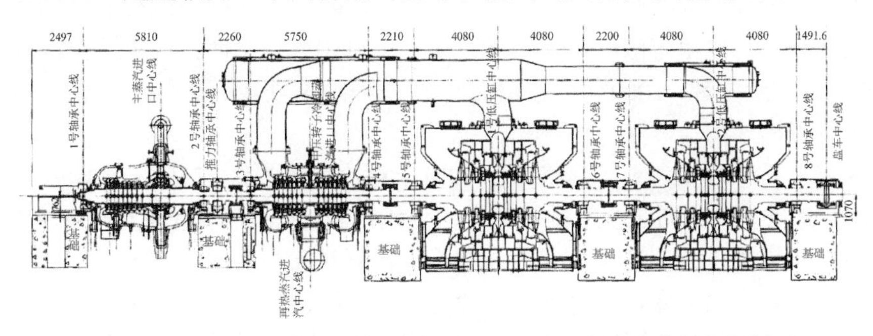

图3-94 1000MW超超临界、中间再热、空冷、凝汽式汽轮机纵剖面

单位：mm

2. 汽缸

(1) 高压缸、中压缸与1000MW超超临界、中间再热、凝汽式汽轮机相同。

(2) 低压缸。空冷机组低压缸结构设计特点与湿冷机组不同，空冷机组采用了轴承箱落地式低压缸，结构进一步简化，应力水平更低。汽缸由内外2层缸组成，外缸分成2段；内缸通过支撑臂坐落于基础上的外缸撑脚处，整个低压缸刚度分布合理。为了适应末级叶片短和容积流量小的特点，低压缸的结构尺寸与湿冷机组相比有所减小、强度有所提高。

落地低压轴承箱采用焊接结构。整个低压轴承箱通过基架牢固地与基础相连接，不脱空，不采用悬梁结构，从而有效地保证了轴系工作的稳定性。

由于低压轴承箱落地，因此在运行中，当低压排汽温度升高时，低压缸会发生热膨胀，其水平中心线会上升，即定子中心线会发生变化。而此时，转子中心线不动，故产生动、静间不同心的问题。为了解决这个问题，一方面，当排汽温度超过80℃时就投入喷水减温装置，以防止低压缸产生过大的热应力和热变形，从而降低动、静间的不同心度；另一方面，则对低压汽封采取措施，以防止发生动、静摩擦。把汽封做成椭圆汽封，其上、下间隙大于左、右间隙，这样就不会因动、静间隙变化引起不同心而产生碰摩。该椭圆汽封已在哈汽的机组上安全运行多年。

把低压转子轴端汽封固定在落地轴承箱上。这样，轴承中心（即转子中心）与汽封中心基本同心，所以不会产生动、静摩擦问题。同时，为了解决汽封与低压缸的密封和相互膨胀问题，机组中采用弹性膨胀节把轴端汽封与低压缸相连。

3. 转子及叶片

(1) 转子。高压转子、中压转子与1000MW超超临界、中间再热、凝汽式汽轮机相同；低压转子与660MW超临界、中间再热、空冷、凝汽式汽轮机相同。

(2) 叶片。空冷机组最重要的一项设计是末级叶片的选型设计，哈汽拥有多年长叶片的开发经验，也有多年湿冷机组和空冷机组长末叶的运行业绩。哈汽开发了一系列空冷机组末级叶片，本机组采用600MW两缸两排汽直接空冷汽轮机的940mm末级叶片。1000MW超超临界、中间再热、空冷、凝汽式汽轮机940mm末级叶片见图3-95。

该叶片设计时参考了超超临界1000MW湿冷机组末级1219.2mm叶片先进的超、跨声速叶型，并通过全三维设计技术优化得到，从而确保了其气动性能优良。

静叶采用先进的全三维流场设计软件进行弯扭联合成型，使末级不但在设计工况时具有较高的效率，同时使该叶片变工况性能良好。

940mm末级叶片采用大刚度、小动应力、加强型的自带围带整圈连接形式。该叶片自带围带上采用一道汽封，既可以最大限度地减小叶顶处的泄漏损失，又

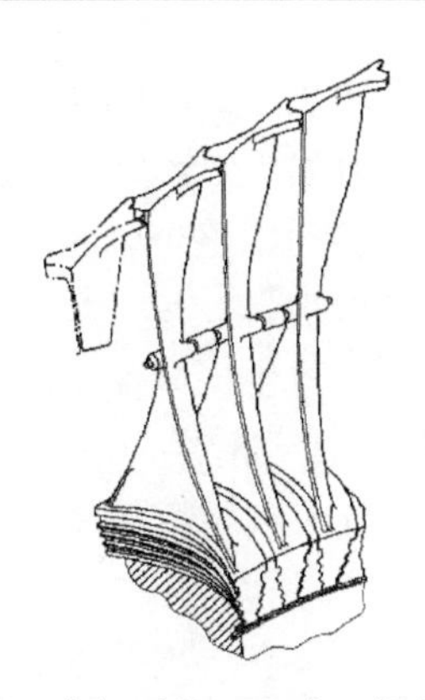

图 3-95　1000MW 超超临界、中间再热、空冷、凝汽式汽轮机 940mm 末级叶片

可以使析出的水滴沿缸壁顺利地导出，从而避免叶顶水蚀。叶片的材料采用高硬度钢，动叶进汽边不需要采取特殊防护也能有效地防止水蚀，从而提高机组效率和安全性。末级叶片采用圆弧枞树形叶根，这种叶根载荷大、强度高、载荷分布均匀、结构紧凑，是一种优良的叶根结构。

运行状态下，由于叶顶的扭转恢复使围带互相挤压，借摩擦阻尼消耗振动能量，与凸台套筒拉筋配合共同使叶片形成整圈连接，从而可将动应力降至最低和防止颤振。同时，该叶片比相应湿冷机组对应叶片的宽度大，由于其强度性能增强，因此刚性增大。所以，940mm 叶片为加强型。

空冷机组的背压变化范围大，末级总是处于变工况下运行；静强度危险工况来自低背压时，做功多、蒸汽弯曲应力大，同时阻塞干扰引起流场变化而增加了附加应力；动强度的危险工况来自小容积流量工况，此时根部出现大的负反动度，引起汽流回流、脱流，附加激振应力，甚至产生颤振，叶片动应力大增。但合理的结构和流场设计可以减小乃至避免危险工况的发生。940mm 叶片从流场设计和叶片结构形式上都考虑到了这些危险工况并加以调整避开，采用了加强型结构的叶片，从而使其静应力很低。

4. 阀门

高压主蒸汽调节联合阀、再热主蒸汽调节联合阀与 1000MW 超超临界、中间再热、凝汽式汽轮机相同。

5. 滑销系统

本机组有 3 个绝对膨胀死点和 1 个相对膨胀死点。绝对膨胀死点分别在 1、2 号低压缸及 3 号轴承箱的中心处，以键固定来防止轴向移动。机组在运行工况下膨胀和收缩时，1 号和 2 号轴承箱可沿轴向自由滑动，5 号轴承箱则以自身的死点独立膨胀。

汽轮发电机组各转子间以刚性法兰式联轴器相连接，以构成本机的轴系。轴系轴向位置的相对膨胀死点在推力轴承上，当机组定子部件膨胀时，推力轴承所在的 2 号轴承箱也相应地沿轴向移动。整个轴系以推力轴承内的推力盘定位，分别向调端和电端膨胀。

轴承箱和低压缸也要加以固定防止横向移动。为了使汽缸和滑销与台板能更好地接触与滑动，在二者之间装有铸铁滑块，并保证了足够的接触面积。1000MW 超超临界、中间再热、空冷、凝汽式汽轮机滑销系统见图 3-96。

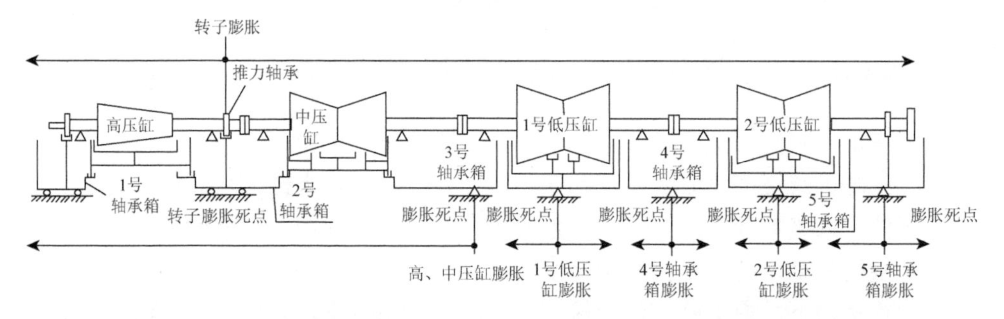

图 3-96　1000MW 超超临界、中间再热、空冷、凝汽式汽轮机滑销系统

3.6.3　二次再热超超临界汽轮机

1. 哈汽 1000MW 二次再热超超临界汽轮机

1）总体参数

1000MW 二次再热超超临界机组典型热力参数如下。

主蒸汽进汽压力：31MPa，主蒸汽进汽温度：600℃。

一次再热蒸汽进汽压力：9.9MPa，一次再热蒸汽进汽温度：620℃。

二次再热蒸汽进汽压力：3.2MPa，二次再热蒸汽进汽温度：620℃。

主蒸汽流量约为 2532t/h。

一般而言，进汽参数越高，电站的热经济性越高，相应的制造成本也越大。为保证经济性及安全可靠性，机组采用模块化设计理念。最终结构设计方案为：一个单流程的超高压缸、一个单流程高压缸、一个双分流中压缸和两个相同的双分流低压缸组成，各汽缸串列布置。超高压主蒸汽调节联合阀和高压主蒸汽调节联合阀分别对称布置在超高压缸和高压缸两侧，与汽缸上下半刚性连接，并采用弹性支架浮动支撑；再热主蒸汽调节联合阀对称布置在中压缸两侧，与中压缸刚性焊接，在中压阀门与基础之间采用弹簧支撑承担阀门重量的一部分。对于汽缸设计，降低缸体热应力集中与中分面螺栓的密封载荷是设计的控制指标。五个汽缸均采用了内、外双层缸结构，超高、高、中压缸采用双层缸结构可以改善汽缸的应力分布，提高机组对负荷变化的适应性。汽轮机各汽缸均设计为水平中分面结构，超高压、高、中压外缸用双头螺栓将汽缸上下半连接起来，并通过外缸下半伸出的猫爪支撑在轴承箱的支座上，两个低压缸利用外缸下半部的“裙板”坐落在基础台板上。整个机组以多级、高效、小焓降反动式设计为主要理念，采用十级回热系统，进汽形式采用全周进汽，机组保证较高效率和结构稳定性。

整个机组采用 N + 1 轴承支撑形式，有效控制机组整体长度，使其控制在 40m 以内。并且采用多死点滑销系统，转子膨胀死点设定在超高压缸与高压缸之间的轴承箱上，转子以此为基点，分别向两侧膨胀。机组汽缸死点位于低压缸 Ⅰ 和低压缸 Ⅱ 中心附近及 3 号轴承箱底部横向定位键与纵向导向键的交点处，每个低压缸分别以本身的死点向发电机、调节级端自由膨胀；超高压、高压连同前轴承箱、2 号轴承箱一起向机头方向膨胀；中压缸连同 4 号轴承箱向电机方向膨胀[61]。最终机组结构简图如图 3-97 所示。

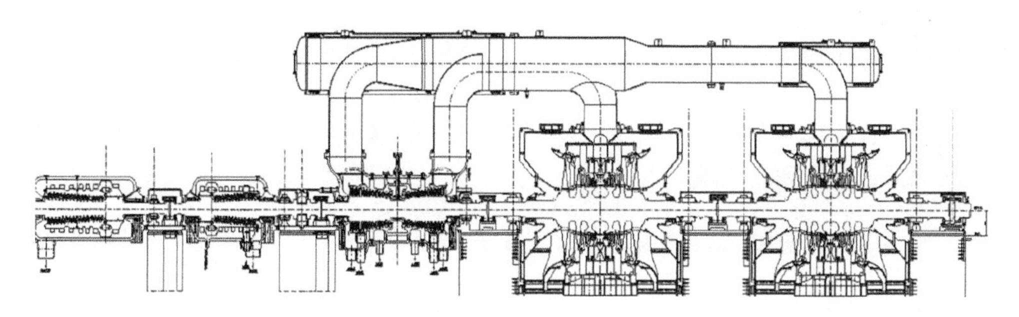

图 3-97　机组结构简图

2）本体结构设计

1000MW 容量二次再热机组继承了 1000MW 超超临界一次再热先进技术，一般用五缸四排汽（VHP-HP-IP-2LP）或者四缸四排汽（VHP + HP-IP-2LP）单轴布置。

（1）超高压模块进汽参数为 31MPa/600℃，进汽量为 2532t/h。相对百万级别机组一次再热 28MPa/600℃在压力上有了提升，进汽量基本相当。为了保证 31MPa 超高压的有效密封，选择合理的结构形式是保证安全可靠的必要手段。通过分析采用红套环结构密封是最为合理的，因为其相对螺栓密封受力接触面积放大很多，材料强度更易满足，并且此种技术在阿尔斯通及 ABB 汽轮机中得到广泛应用，效果非常明显。超高压模块解决密封问题后，便在保证高效上进行结构匹配，以百万级别机组一次再热高压模块为模型，单分流反动式设计，保证同流效率；2×180° 切向蜗壳全周进汽，配备第 1 级横向布置静叶，提高整体气动性能；超高压缸模块充分满足了参数提高的要求，并且具有较高效率。

（2）高压模块。高压模块再热蒸汽达到 620℃，压力接近 10MPa，二次再热机组与其他机组最大的不同在于设置了高压模块。目前一次再热高效汽轮机，再热蒸汽温度为 620℃，但压力均在 5MPa 左右。二次再热机组一次再热（高压）压力提高至 10MPa，蒸汽比容较小，如果采用双分流叶片高度相对较低，单只叶片效率较低，而采用单分流结构相比双分流结构不仅效率相当，并且可以有效缩短跨距。所以选择了与超高压模块基本相同结构，此种结构具有较高的效率，并且密封由于采用红套环结构，所有因蒸汽压力参数的提高带来的密封问题解决较为简单，结构设计时仅需考虑材料温度的匹配和壁厚强度的考核。通过材料对比分析，内缸、转子选用了适应 620℃以上的新 12Cr 钢，可以完全满足以上参数。高压模块同样具有高效性和可靠性，对整个机组的可行性提供了充分的保障。

（3）中压模块。由于二次再热机组二次再热（中压）参数与一次再热机组中压参数对比温度相同，压力降低，所以一次再热中压模块完全可以满足二次再热中压模块的需求，仅需对同流热力参数匹配即可。经济性、安全可靠性上均可以充分保障。

（4）低压模块。二次再热低压模块主要需考虑低压转子向电机端传导膨胀量较大情况，合理的动静间隙，将保证机组的安全稳定运行及较高的效率。整个低压模块设计采用了单独落地思想，基本结构与一次再热机组低压模块相同，可保证模块的合理性和稳定性。

2. 东汽 660MW 二次再热超超临界汽轮机

1）总体参数

东汽 660MW 超超临界二次再热汽轮机为超超临界、二次中间再热、单轴、四缸四排汽、凝汽式汽轮机，型号为 N660-31/600/620/620，该机组设计额定主蒸汽压力为 31.0MPa、主蒸汽温度为 600℃，设计额定再热蒸汽压力为 4.92MPa，再热蒸汽温度为 620℃，正常排汽压力为 0.0049MPa，从机头到机尾依次串联 1 个单流超高压缸、1 个单流高压缸、1 个单流中压缸和 2 个双流低压缸，单流超高压缸呈反向布置（头对高中压缸），包括 9 个单流压力级组成，单流高压缸共有 6 级，单流中压缸共有 8 个压力级，两个低压缸压力级总数为 2×2×6 级，总级数为 47 级。

机组采用无调节级、全周进汽设计，新蒸汽经超高压缸做功后经一次再热进入高压缸做功，然后再经过二次再热进入中压模块做功后进入 2 个双流低压模块，做功后排入凝汽器。汽轮机外形尺寸为 35m×8.2m×8.2m（长×宽×高）。东汽 660MW 超超临界二次再热机组热力系统图如图 3-98 所示，汽轮机外观及三维立体视图如图 3-99 所示。

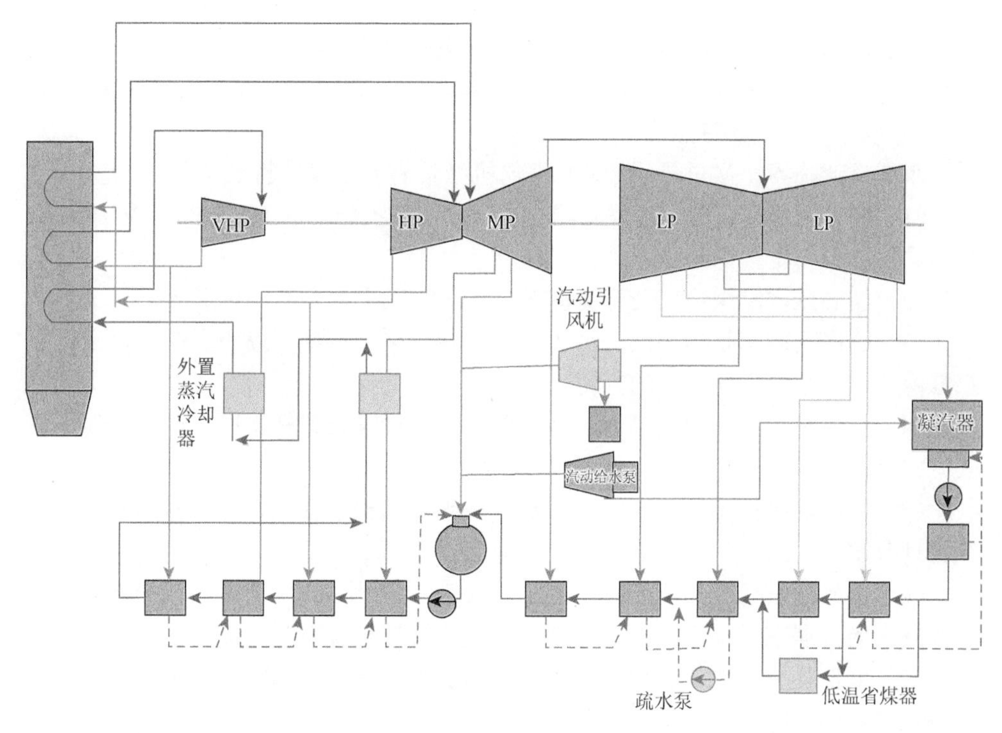

图 3-98　东汽 660MW 超超临界二次再热机组热力系统图

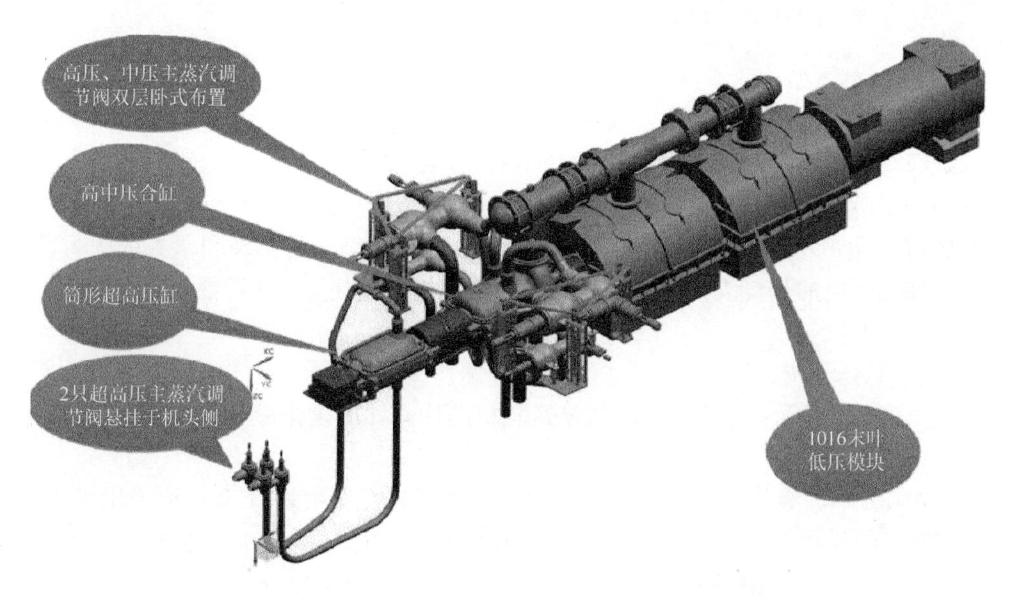

图 3-99　东汽 660MW 超超临界二次再热汽轮机外形图

660MW 高参数的二次再热汽轮机回热系统包括十级非调整抽汽，分别为五级高压加热、一级除氧、四级低压加热，每一级回热依次位于超高压排汽、高压三级后、高压进行排汽、中压三级后、中压六级后、中压八级后、低压布置四级回热。

2）本体结构设计特点

东汽超超临界二次再热 660MW 汽轮机结构有如下设计特点。

（1）汽轮机总体布置、轴系支撑结构、滑销系统与常规 1000MW 一次再热机组相同，轴系稳定性满足设计规范。

（2）超高压内缸采用红套环筒形汽缸，汽缸应力水平低、热变形小。

（3）超高压阀门切向进汽，高压、中压阀门采用浮动支撑布置在运行平台上汽缸两侧以减小管道对汽缸的推力。

（4）汽轮机进汽参数提高后，高温部件采用提升材料档次以不增加部件厚度的方式来保证机组运行的灵活性。

（5）汽缸、阀门均采用有限元分析方法确定结构尺寸，保证部件强度、刚性在合理范围内。

（6）合理组织高压-中压缸温度场。汽缸夹层采用隔热环等多项措施，保证内缸内外壁的温差在设计范围内，外缸温度不超过材料使用温度。

（7）低压模块为成熟模块，东汽可根据机组长期运行的背压和负荷率来选择经济性较好的末叶。

3. 上汽 660MW 二次再热超超临界汽轮机

1）总体参数

上汽 660MW 超超临界二次再热汽轮机为超超临界、二次中间再热、单轴、五缸四排汽布置、凝汽式形式，额定功率 660MW。该机型采用十级给水回热系统，其中外置两级蒸汽冷却器、四级高压加热器、五级低压加热器，另加一级除氧器。其先进的通流设计和结构设计技术保证了二次再热循环的实现和参数的大幅提升，使汽轮机的热耗大幅降低，比我国目前常规超超临界一次再热机组热耗降低 3.3%～3.6%[62]。

2）总体结构布置

上汽超超临界二次再热 660MW 汽轮机结构有如下设计特点。

（1）模块配置。

660MW 等级的二次再热机组采用 1 个单流超高压模块、1 个单流高压模块、1 个双流中压模块、2 个双流低压模块串联的布置方式。汽轮机 5 根转子分别由 6 个径向轴承来支撑，除超高压转子由 2 个径向轴承支撑外，其余 4 根转子，即高压转子、中压转子和 2 根低压转子均只有 1 个径向轴承支撑，如图 3-100 所示。

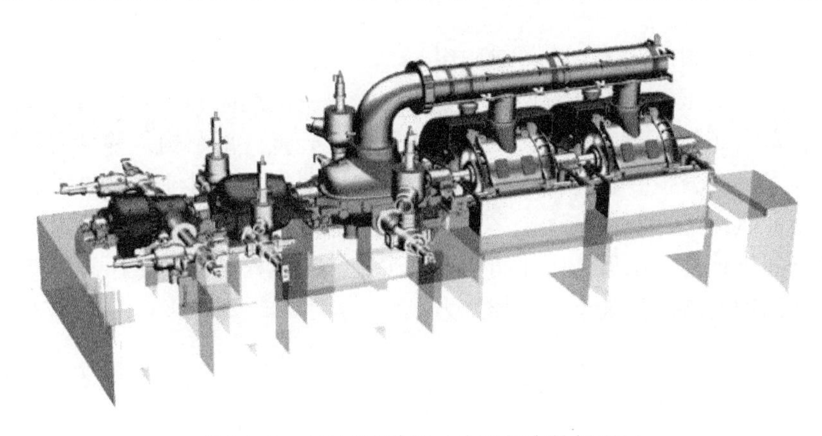

图 3-100　660MW 等级二次再热汽轮机布置

（2）滑销系统。

整个超高压缸静子件、高压缸静子件和中压缸静子件，由它们的猫爪支撑在汽缸前后的两个轴承座上。而低压部分静子件中，外缸重量与其他静子件的支撑方式是分离的，即外缸的重量完全由与它焊在一起的凝汽器颈部承担，其他低压部件的重量通过低压内缸的猫爪由其前后的轴承座来支撑，所有轴承座与汽缸猫爪之间的滑动支撑面均采用低摩擦合金。

2 号轴承座位于超高压缸和高压缸之间，是整台机组滑销系统的死点。在 2 号轴承座内装有径向推力联合轴承，如图 3-101 所示。

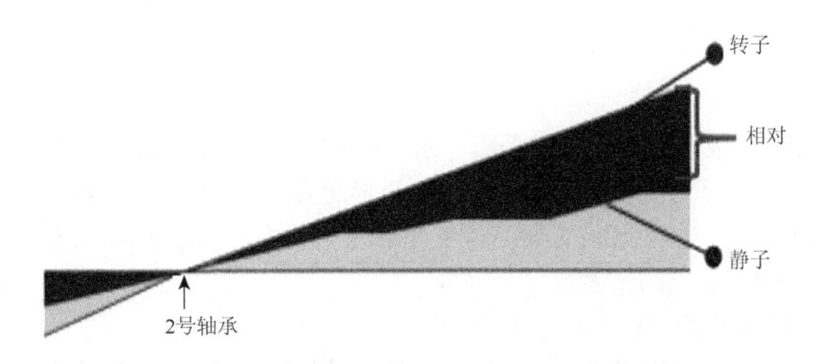

图 3-101　660MW 等级二次再热汽轮机膨胀滑销系统布置

整个轴系是以此为死点向两头膨胀；超高压缸和高压缸的猫爪在 2 号轴承座处也是固定的。超高压外缸受热后也是以 2 号轴承座为死点向机头方向膨胀。高压外缸、中压外缸与低压内缸间用推拉杆在猫爪处连接，汽缸受热后也会朝电机方向顺推膨胀，因此，转子与静子部件在机组启停时其膨胀或收缩的方向能始终保持一致，这就确保了机组在各种工况下通流部分动静之间的差胀比较小，有利于机组快速启动。

（3）主蒸汽阀门，一二次再热阀门。

超高压、高压、中压外缸两侧各布置由一只主蒸汽门和一只调门组成的联合汽门，主蒸汽阀门，一、二次再热阀门均采用提升式内部结构，并采用先进的双层阀盖技术梯度分担高温高压，满足超长大修周期内的密封性能，如图 3-102 所示。在布置风格上，阀门与汽缸之间设有蒸汽管道，超高压主调门采用大型罩螺母与超高压缸连接，高压、中压再热调门采用法兰螺栓与高、中压缸连接，这种连接方式结构紧凑、损失小、附加推力小。

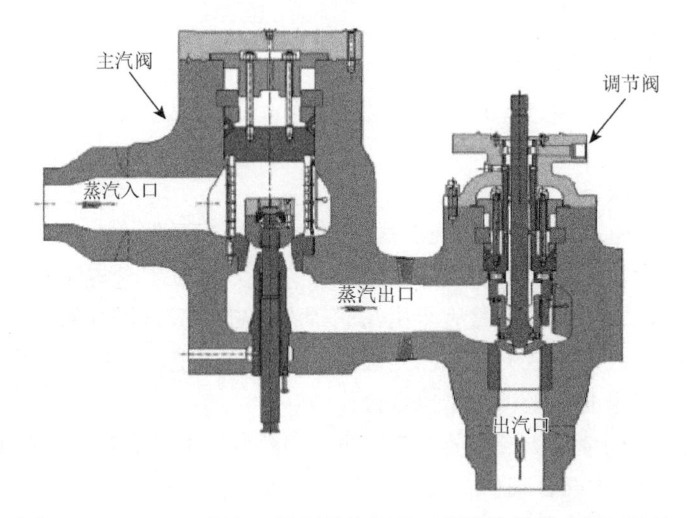

图 3-102　660MW 等级二次再热汽轮机双层阀盖提升式阀门结构

3）结构特点

660MW 等级二次再热机组采用一系列先进成熟、高效可靠的结构和技术，如整体通流优化技术、能够承受更高压力的筒形超高压缸、双层内缸结构的中压缸、带补汽阀的三阀一体主蒸汽门等，具备整装发运能力，保证了机组运行的高效灵活性和安全可靠。

（1）高效的通流设计。

二次再热 660MW 汽轮机各缸焓降的分配和通流的制定，此前并无先例，但直接影响汽轮机内效率。例如，二次再热 660MW 机组超高压缸压力高、容积流量小，导致叶片偏短，如何实现短叶片高效化是技术关键。超高、高、中、低压部分设计在先进通流技术优化平台上完成，机组整体通流效率达到最优。所有叶片级（除末三级外）均采用马刀形全三维弯扭动、静叶片，如图 3-103 所示，气动效率可提高 2%。通流结构具有以下显著特点。

①小直径，多级数，效率高。

②转子应力低，可靠性高。

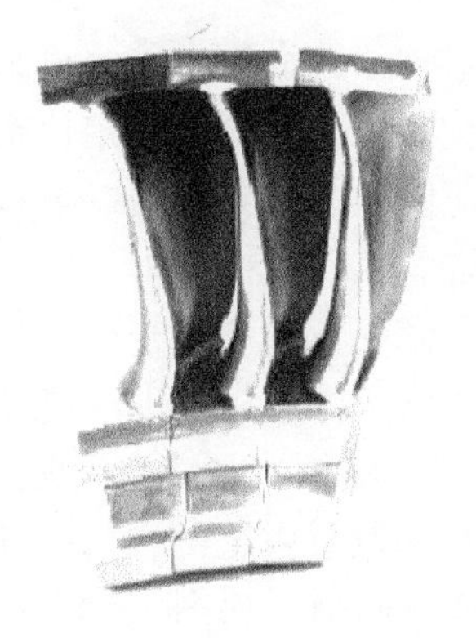

图3-103　弯扭叶片

③各叶片级与静叶对应的转子上也装有汽封，形成较大的漏汽阻尼。

④动叶采用无轴向漏汽的T形叶根。

（2）圆筒型超高压缸。

二次再热汽轮机初参数升至31MPa，大幅超过了原有高压模块的压力限制27MPa，超高压汽缸、阀门等厚壁复杂构件的强度安全性、密封持久性和运行灵活性是开发关键。超高压缸采用双层缸单流布置，如图3-104所示，全周切向进汽。外缸为无水平中分面的圆筒形，轴向分为前后两部分，整个周向壁厚均匀，避免了非对称引起的结构应力和局部热应力集中，使汽缸能够承受高温高压载荷。内缸采用垂直中分面结构形式，无外伸法兰。

图3-104　独特的圆筒形超高压缸结构

超高压内、外缸夹层内的压力将蒸汽的压力载荷分摊给圆筒形的外缸，明显地降低了高压内缸的内外压差与温差，解决了高压内缸中分面螺栓强度问题，所以不需要对螺栓等紧固件采用额外的冷却措施。预紧之后在设计温度下工作100000h仍能保证松弛性能合格，保证机组100000h后才需要开缸大修。

由于内外缸体均为旋转对称，应力集中小，机组在启停或快速变负荷时热应力水平较低。独特的筒形结构，以及内缸轴向定位推力对外缸的轴向紧固作用，使得超高压缸具有极高的承压能力，最大可达35MPa。

（3）双层内缸结构中压缸。

二次再热循环为汽轮机各缸配置增加了一个再热模块，根据系统参数匹配分压原则，中压缸体积流量大幅增加；中压缸进汽温度由常规超超临界660MW机组的600℃提高到了620℃，第一级抽汽参数也大幅度提高，突破了原有模块系列尺寸框架。中压缸采用了独特的双层内缸结构，即在内缸与外缸之间增加一个外内缸，优化高温区域的中分面密封性，如图3-105所示。

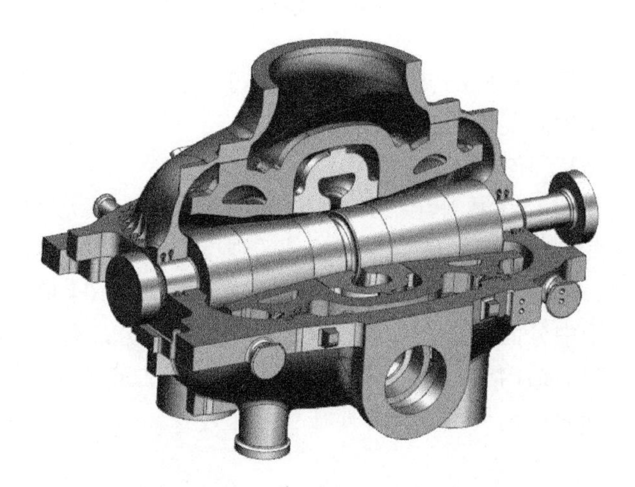

图3-105　双层内缸结构中压缸

为冷却高、中压转子进汽高温段，转子采用了切向涡流冷却技术，使一部分中压进汽切向进入进汽导流环与转子之间的腔室，蒸汽量约为进汽量的3%，将热能转换为动能，可降低转子表面温度10～15℃。

3.6.4　高效宽负荷超超临界汽轮机

1. 汽轮机本体设备

国内某制造厂自主研发的新1000MW等级超超临界汽轮机，为一次再热，单轴、四缸四排汽、反动湿冷凝汽式汽轮机，适用与国内市场主流的主蒸汽参数——28MPa/600℃/610～620℃和27MPa/600℃/600～610℃。机组具有独特的结构特点，采用当前国际领先的设计手段，使其各方面性能，尤其是在部分负荷下的性能，较“引进型1000MW产品”均有较大幅度提高。

图 3-106 为机组纵剖面图。其总体特点为：①机组通流采用先进的反动式通流技术；②叶片采用小直径多级数叶栅和 T 形叶根结构，通流效率高；③采用无调节级全周进汽方式，减小阀门损失和部分进汽损失；④通流轴向间隙大径向间隙小，在保证通流效率的同时有利于汽轮机快速启动和变负荷；⑤采用外引式中压转子冷却蒸汽，使得中压转子高温区域有更多的安全余量；⑥优化和降低中低压缸分缸压力，使得低压缸进口温度降低，可以减小低压缸进、排汽温差，降低低压缸热应力，减小低压缸的变形，避免低压缸出现内漏，提高机组经济性和可靠性；⑦高、中压第一级静叶采用渗硼强化技术，有效地防止固体颗粒侵蚀；⑧高、中压阀门布置在运转层，采用无导汽管设计，既消除了导汽管的流动损失，又简化了机组布置，使汽轮机运行层显得宽阔、畅通、整齐美观。其中，第①、②、④、⑥和⑧条特点均能使机组在宽负荷区间内的性能得到提高。

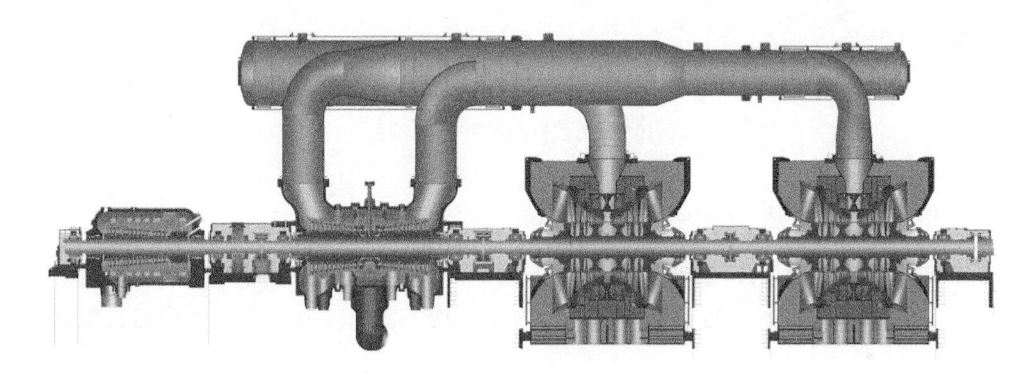

图 3-106　机组纵剖面图

2. 高效宽负荷叶型设计思路

“高效宽负荷”包含两个要求：一是高效，二是宽负荷，即在基本负荷工况下效率较高，而在变负荷运行时，效率变化不大。因此，叶型的开发应该在目前高效叶型的基础上，在维持高效的特点下，研究拓宽叶型的运行范围，使得特性曲线随负荷变化更加平缓。

目前的叶型根据载荷沿流动方向的分布，可以分为前加载叶型、后加载叶型和均匀加载叶型。前加载叶型即叶片的最大载荷在靠近进汽侧，以此类推，后加载叶型的最大载荷出现在叶型轴向 0.7 位置，靠近出汽测。从攻角适应性方面看，后加载叶型具有一定优势，实验表明，在±30°的来流攻角范围，平面叶栅的损失都维持较低值基本不变，说明了后加载叶型具有良好的攻角适应性。ABB 公司的研究结果也说明了这一点。因此，高效宽负荷叶型多为后加载叶型。

3. 高效宽负荷叶型的特点

根据机组运行实际情况，机组在变负荷运行时，各级叶片的汽流角和马赫数变化较大，尤其靠近进排汽和抽汽口位置，变化最大。因此，高效宽负荷叶型的特点主要有两个：一是内背弧进汽边平直，可以更好地适应攻角变化；二是合理控制喉部前后的流动，降低马赫数变化带来的附面层的变化，减小叶型损失。具体见图 3-107。

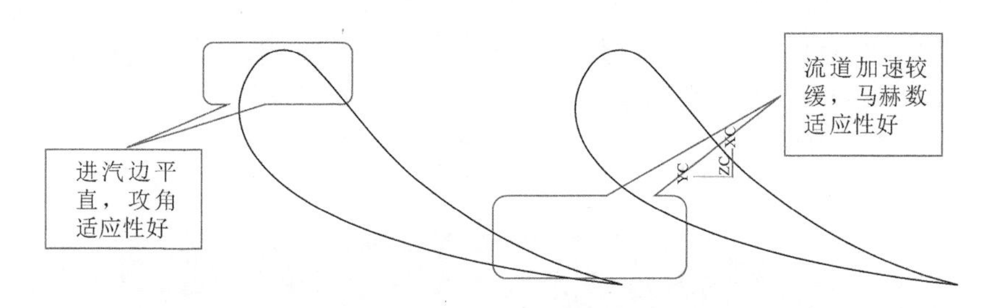

图 3-107　高效宽负荷叶型典型截面

4. 汽轮机高、中、低压缸部件设计

高压缸模块优化为单流程的圆筒形结构，取消水平结合面的法兰，配合该结构采用红套环技术进行密封，保证良好的气密性。图 3-108 为高压内缸红套环结构图。

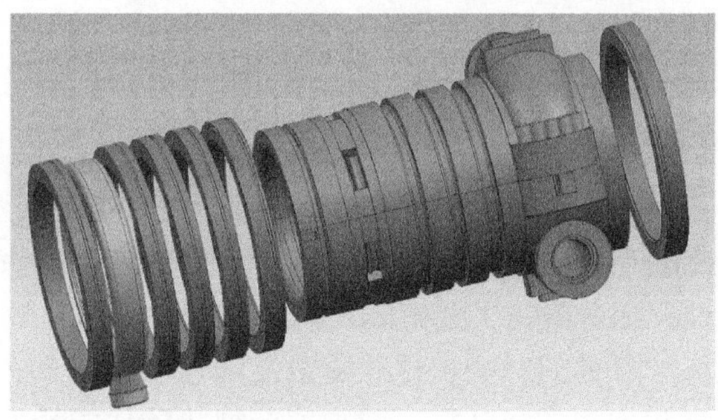

图 3-108　高压内缸红套环结构图

机组的配汽方式采用全周进汽，高压缸进汽结构优化为 2×180°切向蜗壳结构。该结构可减小第一级静叶进口参数的切向不均匀性，从而降低进口部分的流动损失。图 3-109 为高压进汽蜗壳的结构图。

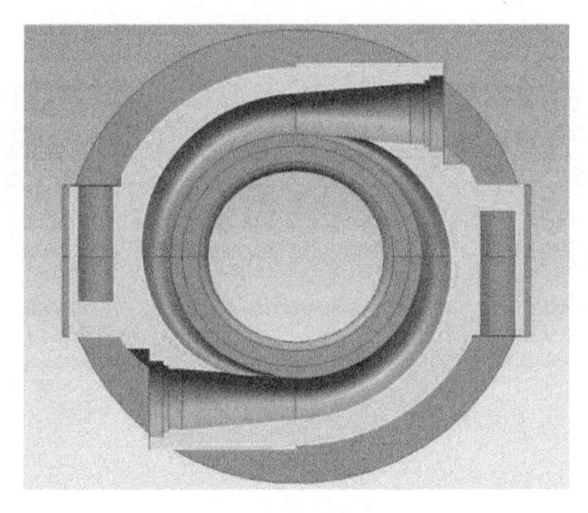

图 3-109　高压进汽蜗壳结构图

配合该结构将通流第一级静叶优化为轴向布置形式，即第一级静叶片镶嵌在内缸内壁的进汽口喉部，如图 3-110 所示。采用横向布置静叶片形式，可以有效减少进汽损失，降低转子表面温度。经计算，横直静叶的气动性能较传统径向布置形式提高 1.3%，与进汽蜗壳联合计算，总压损失系数仅为 0.6%。

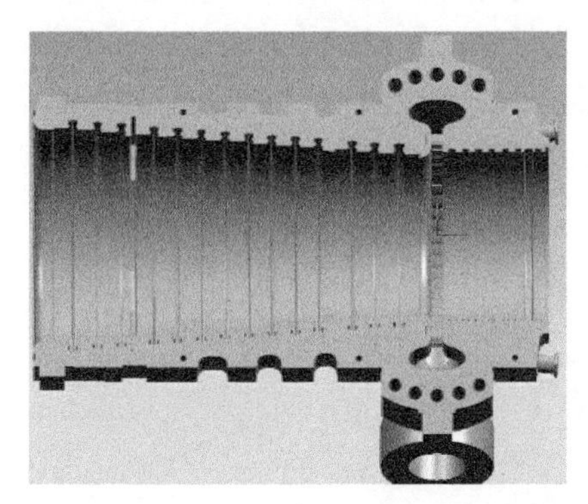

图 3-110　横直静叶实体布置图

中压模块为双层缸、对称双分流结构。采用双层缸结构主要是为了减小外缸的工作温度，节约耐高温材料及控制外缸的膨胀量，同时也方便布置环形进汽室。采用分流形式是为了降低中压缸末级叶片的高度。图 3-111 为中压模块的结构图。

低压轴承座为落地式焊接结构。整个低压轴承座通过基架牢固地与基础相连接，不脱空，不采用悬梁结构，有效地保证了轴系工作的稳定性。由于低压轴承座单独落地，在运行中，当低压排汽温度升高或真空发生变化时，低压外缸在发生热膨胀水平中心线上升或壳体变形时，不会影响轴承中心的高度，即转子中心将不会发生变化。

图 3-111　中压模块结构图

低压内缸也为落地式结构。汽缸两侧对称地设有一对侧翼，内缸通过侧翼支撑在外缸向外侧拓出的刚性撑脚上端面上，由于撑脚是刚性结构，同时又刚性地支撑在基础上，因此内缸侧翼也被刚性地支撑起来，降低了低压外缸的承载，可保证汽轮机机组运行时低压内缸中分面高度变化小，不受外缸膨胀和变形影响，保证了动、静部件的径向间隙不发生变化，杜绝了动静之间的径向碰磨，同时又能将径向间隙做到最小，从而充分减小汽封漏汽损失并增加汽轮机机组稳定性。

由于低压缸与轴承箱均有独立死点，为了吸收其相对热膨胀，采用波纹节结构进行补偿。低压端部汽封与轴承座刚性连接，波纹补偿节与外缸之间进行密封，低压外缸水平中心线的变化也不会影响端部汽封。端部汽封示意图如图 3-112 所示。

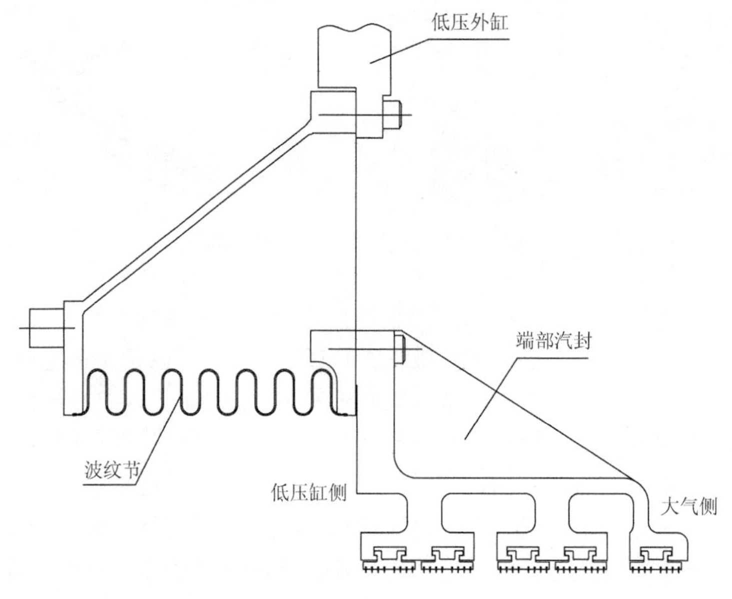

图 3-112　端部汽封示意图

5. 新型汽封技术

为进一步提高汽轮机组在宽负荷段内运行的经济性，国内某制造厂围绕着提高通流效率和减少漏汽损失做了大量的优化工作。其中采用新型专利汽封配合“小间隙启动方式”是针对减少漏汽损失采取的一项重要优化措施。

“小间隙启动方式”允许机组在传统通流径向间隙基础上进一步减小间隙，但汽封径向间隙太小，在启动时容易导致汽封片同转子发生摩擦，引起机组振动，甚至损坏转子或动叶片。国内某制造厂研究的新型专利汽封可以避免此类问题发生。图 3-113 为新型汽封研制过程中试验现场图。此种汽封可以在汽轮机启动过程中允许同转子摩擦，而不至于引起汽轮机过大的振动，同时不会磨损转子表面。

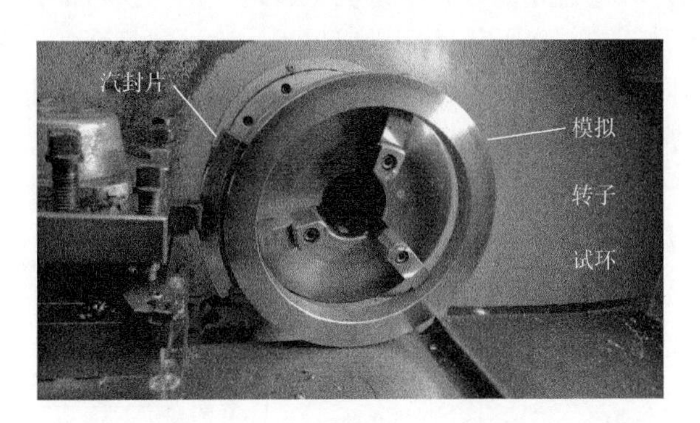

图 3-113　小间隙汽封试验现场

第4章　超超临界发电厂热力系统

将热力发电厂主辅热力设备按照热力循环的顺序用管道及管道附件连接起来的系统称为发电厂的热力系统。超超临界机组与超临界机组和亚临界机组在热力系统上基本相同。回热系统通常采用8级抽汽，设有3台高压加热器＋1台除氧器＋4台低压加热器。

目前，亚临界、超临界参数大容量机组普遍采用一次再热循环。超超临界机组采用一次再热循环或二次再热循环，但采用一次再热循环的占绝大多数。在超超临界参数范围内，同等级出力的机组，在相同的主蒸汽压力下，采用二次再热使机组热经济性得到提高，理论上其相对热耗率改善值为1.4%～1.6%。值得指出的是，该计算结果是基于对汽轮机通流效率的估算而得出的，不考虑汽轮机具体结构影响。表4-1列举了国外几台采用二次再热循环的机组[63]。

表4-1　国外二次再热机组统计

序号	国家	电厂	制造商	容量/MW	汽轮机参数	投运年份
					压力(MPa)/温度(℃)/温度(℃)/温度(℃)	
1	美国	EDDYSTONE 1	WH/CE	325	34.4/649/566/566	1958
2	美国	EDDYSTONE 2	WH/CE	325	34.4/649/566/566	1960
3	日本	川越 KAWAGOE 1	东芝/三菱	700	31/566/566/566	1989
4	日本	川越 KAWAGOE 2	东芝/三菱	700	31/566/566/566	1990
5	丹麦	ELSAM	GEC-ALSTOM	415	29/582/580/580	1998
6	丹麦	NORDIYLLANDVA 3	GEC-ALSTOM	414	28.5/582/580/580	1998

以目前国内某制造厂典型的一次再热和二次再热机组为例，其THA工况主要性能参数对比如表4-2所示[64]。

表4-2　一次再热与二次再热主要性能参数（国内某制造厂）

项目	单位	一次再热	二次再热
主蒸汽压力	MPa	26.25	29.25
主蒸汽温度	℃	600	600

续表

项目	单位	一次再热	二次再热
一次再热压力	MPa	5.35	6.975
一次再热温度	℃	600	600
二次再热压力	MPa	—	1.94
二次再热温度	℃	—	600
背压	kPa	4.9	4.9
回热级数	—	9	10
热耗	kJ/(kW·h)	7316	7224

从表 4-2 可以看出，国内某制造厂的二次再热机组比一次再热机组除增加了一次再热循环外，还增加了一级回热循环，并提高了主蒸汽参数。综合起来整机热耗降低了 92kJ/(kW·h)，相对改善了 1.26%。表 4-3 给出了各项差异对经济性能的影响。

表 4-3　经济性差异

项目	一次再热	二次再热	热耗改善量/[kJ/(kW·h)]	相对改善量/%
再热次数	一次	二次	70	0.96
主蒸汽压力	26.25MPa	26.25 MPa	15	0.20
回热级数	9	10	7	0.10
合计	—	—	92	1.26

但随着再热次数的增加，主蒸汽、一次再热蒸汽和二次再热蒸汽之间的调节更加复杂。部分负荷下再热汽温调节方式的合理选取直接关系到机组运行的可靠性与机组效率，甚至直接关系到电厂和电网的安全运行。表 4-4 为国内某二次再热锅炉的设计参数与汽轮机进口参数。从表 4-4 中可以看出，在 75%THA 负荷以上，一级和二级再热温度均可以保持额定 620℃，但低于 75%THA 负荷时，两级再热温度已经无法保证额定参数了[65]。

表 4-4　国内某二次再热锅炉设计参数

项目	单位	设计煤种		
		THA	75%THA	50%THA
过热器出口压力	MPa（g）	30.70	25.11	17.10
过热器出口温度	℃	605	605	605

续表

项目	单位	设计煤种		
		THA	75%THA	50%THA
一次再热器出口温度	℃	623	623	618
二次再热器出口温度	℃	623	623	611
主蒸汽阀前进口压力	MPa（a）	29.6	24.41	16.62
主蒸汽阀前进口温度	℃	600	600	600
一次再热阀前进口温度	℃	620	620	615
二次再热阀前进口温度	℃	620	620	608

4.1　主蒸汽与再热蒸汽系统

锅炉与汽轮机之间连接的新蒸汽管道，以及由新蒸汽管道引出的送往各辅助设备的支管，组成了发电厂的主蒸汽系统。

发电厂主蒸汽系统具有输送工质流量大、参数高、管道长且要求金属材料质量高的特点，它对发电厂运行的安全、可靠、经济性影响很大。对其基本要求是：系统简单、工作安全可靠、运行调度灵活、便于切换、安装和维修。

4.1.1　发电厂常用的主蒸汽系统

（1）单母管制系统（又称集中母管制系统），如图 4-1（a）所示，是指发电厂所有锅炉的蒸汽先引至一根蒸汽母管集中后，再由该母管引至汽轮机和各用汽处。

单母管上用两个串联的分段阀，将母管分成两个以上区段，它起着减小事故范围的作用，同时也便于分段阀和母管本身检修而不影响其他部分正常运行，提高了系统运行的可靠性。正常运行时，分段阀处于开启状态。

该系统的优点是系统简单，布置方便。但缺点是当母管分段检修时，与该区段相连的锅炉和汽轮机要全部停止运行。因此这种系统通常用于锅炉和汽轮机台数不匹配，而热负荷又必须确保可靠供应的热电厂[66]。

（2）切换母管制系统，如图 4-1（b）所示，其特点为每台锅炉与其相对应的汽轮机组成一个单元，正常运行时机炉成单元运行，各单元之间装有母管，每个单元与母管相连处设三个切换阀门。当某单元锅炉发生事故或检修时，可通过这三个切换阀门由母管引来邻炉蒸汽，使该单元的汽轮机继续运行，不影响从母管引出的其他用汽设备。同时，当某单元汽轮机停机时，可通过三个切换阀送出本单元锅炉生产的蒸汽给邻机使用。

该系统的优点是可充分利用锅炉的富余容量，切换运行，既有较高的运行灵活性，又有足够的运行可靠性，同时还可实现较优的经济运行。不足之处在于：系统较复杂，阀门多，发生事故的可能性较大；管道长，金属耗量大，投资高[66]。

（3）单元制系统，图 4-1（c）所示为“一机一炉”单元制系统，其特点是每台锅炉与相对应的汽轮机组成一个独立单元，各单元之间没有母管横向联系，单元内各用汽设备的新蒸汽支管均引自锅炉和汽轮机之间的主蒸汽管道。

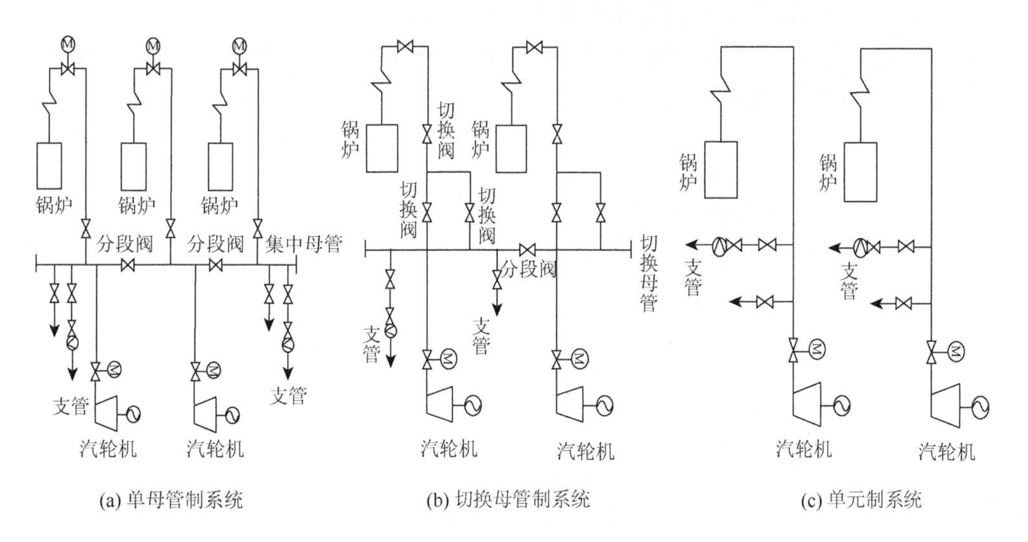

(a) 单母管制系统　(b) 切换母管制系统　(c) 单元制系统

图 4-1　发电厂常用的主蒸汽管道系统类型

单元制系统的优点是：系统简单、管道短、阀门少，可以节省大量高级耐热合金钢；事故仅限于本单元内，全厂安全可靠性高；控制系统按单元制设计制造，运行操作少，易于实现集中控制；管道短，工质压力损失小，散热少，热经济性较高；附件少，维护工作量少，费用低；无母管，便于布置，主厂房土建费用少。其缺点为：单元内锅炉或汽轮机发生故障停止运行时，将导致整个单元系统停止运行；负荷变动时对锅炉燃烧的调整要求高[66]。

单元制系统与单母管制系统和切换母管制系统相比较有明显的优点：①可节省大量高级合金钢管、阀门、相应的保温材料及支吊架，节省了投资；②避免了母管制系统布置的复杂性，提高了运行可靠性；③便于实现炉、机、电集中自动控制，减少了运行人员；④事故范围只限于一个单元，不影响其他单元机组的正常运行。单元制系统也存在一定缺点：①各单元之间的主蒸汽不能相互支援，不能进行切换，运行灵活性差；②机、炉检修时间必须一致；③符合变动时，对锅炉的稳定燃烧要求较高。

现代大型火力发电厂，容量在 100MW 及以上机组的主蒸汽系统几乎都采用单元制系统，特别是采用再热机组的电厂，由于各机组之间的再热蒸汽很难实现切换运行，因此，再热机组的主蒸汽系统必须采用单元制系统[65]。

4.1.2　再热蒸汽系统

再热蒸汽系统是指从汽轮机高压缸排汽经锅炉再热器至汽轮机中压缸联合汽门前的全部管道和分支管道组成的系统。如图 4-2 所示，它包括再热冷段蒸汽管道和再热热段蒸汽管道。再热冷段蒸汽管道是指从汽轮机高压缸排气口到锅炉再热器进口的再热蒸汽管道及其分支管道；再热热段蒸汽管道是指从锅炉再热器出口至汽轮机中压缸联合汽门之间的再热蒸汽管道及其分支管道。

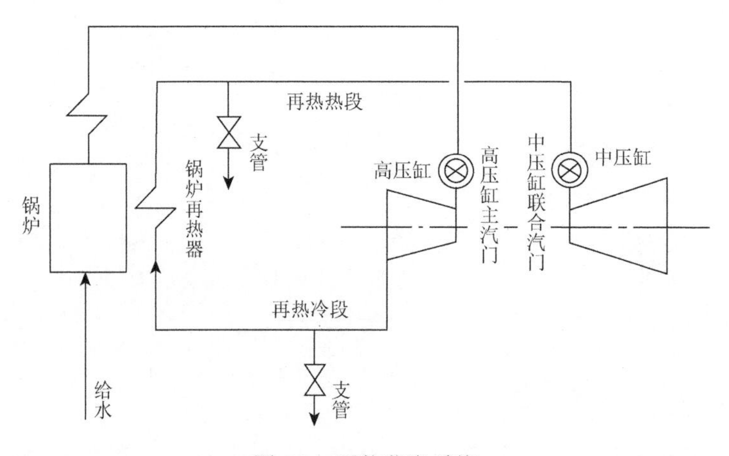

图 4-2　再热蒸汽系统

对于再热机组，也可把主蒸汽系统和再热蒸汽系统统称为主蒸汽管道系统。

4.1.3　双管主蒸汽系统的温度偏差和压力偏差

单元制主蒸汽系统的连接方式可分为双管式、单管-双管式和双管-单管-双管式系统。为了避免用直径大、管壁厚的主蒸汽管和再热蒸汽管，同时又能减小流动阻力损失，大容量机组单元制主蒸汽管道和再热蒸汽管道多采用并列双管系统，如图 4-3（a）所示。即从过热器引出两根主蒸汽管，分别进入汽轮机高压缸左右两侧的主蒸汽门，在高压缸内膨胀做功后其排汽也分为两根低温再热蒸汽管进入再热器，再热后的蒸汽仍分左右两侧沿两根（或四根）高温再热蒸汽管道经中压缸两侧的中压联合汽门进入中压缸继续膨胀做功。采用双管系统可避免大直径的主蒸汽管，从而较大幅度降低管道的投资。

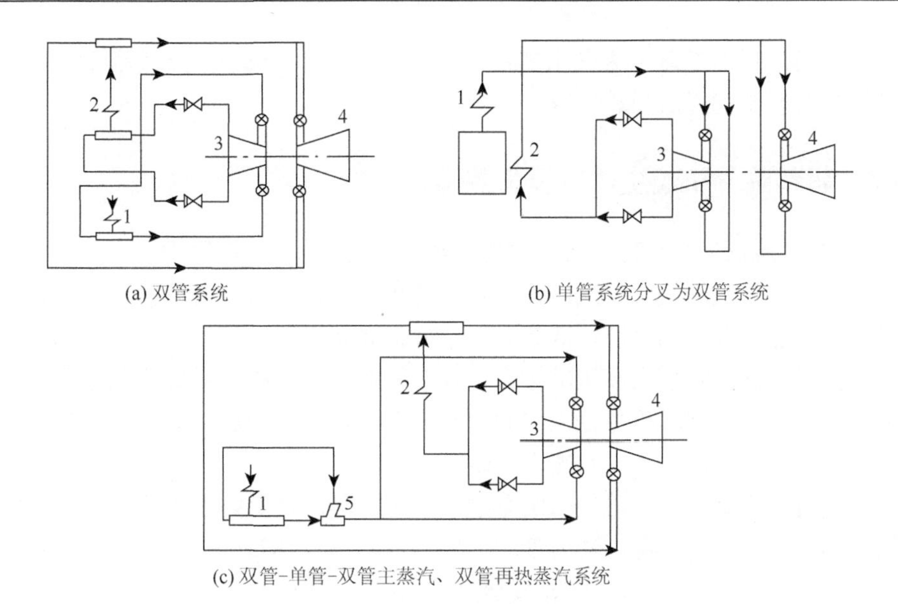

(a) 双管系统

(b) 单管系统分叉为双管系统

(c) 双管-单管-双管主蒸汽、双管再热蒸汽系统

图 4-3　再热机组的主蒸汽管道系统

1-锅炉过热器；2-再热器；3-汽轮机高压缸；4-汽轮机低压缸；5-Y 形三通

双管系统在布置时便于适应汽轮机高压缸双侧进汽的需要，在管道的支吊及应力分析中也比单管系统易于处理。但随着机组容量增大，炉膛宽度加大，以及烟气流量分布不均和烟气温度分布不均造成两侧汽温偏差增大，有的双管系统中主蒸汽温度偏差达 30～50℃，将使汽缸等高温部件受热不匀导致变形。国际电工委员会规定，最大允许持久性汽温偏差为 15℃，最大允许瞬时性汽温偏差为 42℃。

为防止发生温度变差和压力偏差过大现象，可采取以下措施。

（1）采用中间联络管。当主蒸汽管道为双管系统时，可在靠近主蒸汽门处的两侧主蒸汽管道之间装设中间联络管，以减小汽轮机进气的压力偏差，中间联络管管径大小应能够保证当一个主蒸汽门全开，另一个主蒸汽门全关时通过全部蒸汽量，同时要求过热器组采用交叉布置，以保证温差在极限范围内。

（2）采用单管-双管或双管-单管-双管系统。单管-双管系统是指采用一根管道从锅炉引出蒸汽，送到汽轮机设备附近再分为两根管道连接。图 4-3（b）所示主蒸汽系统为单管-双管系统。采用单管优点是没有温差，但单管的直径比较大、载荷集中、支吊困难。而且，单管直径必须按照最大蒸汽流量工况设计。

双管-单管-双管系统即在过热器出口联箱两侧各有一根引出管，经 Y 形三通后汇集为单根，至主蒸汽门前再分成两根。如图 4-3（c）所示，这种系统的优点在于均衡进入汽轮机的蒸汽温度。同时有利于节省管材。但是，通常单管长度应为直径的 10～12 倍，才能达到充分混合减少温度偏差的目的。而且，蒸汽在单管内的流动阻力较大，为了减少阻力，在主蒸汽门前的单管主蒸汽管道上不设置任何截止阀门，也不设置主蒸汽流量测量节流元件，汽轮机的主蒸汽流量可以根据汽轮机高压缸调节级后的蒸汽压力折算得到[67]。

4.1.4 超超临界机组主蒸汽及再热蒸汽系统

超超临界机组一般采用双管-单管-双管系统，主蒸汽管道从过热器出口集箱以双管分别接至汽轮机主蒸汽门。主蒸汽管道上不设流量测量装置，流量通过设在锅炉一级过热器和二级过热器之间的流量装置来测量。

低温再热蒸汽管道由高压缸排汽口以双管接出，汇成一根单管，在锅炉侧再分为双管分别接入锅炉再热器入口联箱。高温再热蒸汽管道由锅炉再热器出口联箱以双管分别接入汽轮机左右侧中压联合汽门。

一次再热机组及二次再热机组主蒸汽、再热蒸汽及旁路系统的设计参数选取原则相同，都是基于《电厂动力管道设计规范》(GB 50764—2012）确定。

主蒸汽系统管道的设计压力为汽轮机主蒸汽门进口处设计压力的 105%。主蒸汽系统管道的设计温度为锅炉过热器出口额定主蒸汽额定工作温度加锅炉正常运行时允许温度正偏差 5℃。再热蒸汽系统管道的设计压力为机组 VWO 工况热平衡图中汽轮机高压缸排汽压力的 1.15 倍[68]。高温再热蒸汽管道系统的设计温度为锅炉再热器出口额定再热蒸汽温度加锅炉正常运行时的允许温度正偏差 5℃。低温再热蒸汽管道系统设计温度为 VWO 工况热平衡图中汽轮机高压缸排汽参数等熵求取在管道设计压力下相应的温度。

表 4-5 为某汽轮机厂的一次再热及二次再热机组的主要设计参数。相对于一次再热机组，二次再热机组的主蒸汽压力提高了约 4MPa，一次再热蒸汽设计压力提高了 6MPa，一次低温再热蒸汽的设计温度超过 370℃，二次低温再热蒸汽的设计温度超过 460℃。

表 4-5　主蒸汽、再热蒸汽系统主要设计参数对比表

项目	单位	一次再热机组	二次再热机组
主蒸汽量（VWO 工况）	t/h	2955	2800
主蒸汽门前压力	MPa（a）	28	31.962
主蒸汽管道设计压力	MPa（g）	30.77	35.2
主蒸汽管道设计温度	℃	610	610
一次高温再热蒸汽管道设计压力	MPa（g）	6.8	12.8
一次高温再热蒸汽管道设计温度	℃	628	628
一次低温再热蒸汽管道设计压力	MPa（g）	6.8	12.8
一次低温再热蒸汽管道设计温度	℃	372	461
二次高温再热蒸汽管道设计压力	MPa（g）	—	4.1

续表

项目	单位	一次再热机组	二次再热机组
二次高温再热蒸汽管道设计温度	℃	—	628
二次低温再热蒸汽管道设计压力	MPa（g）	—	4.1
二次低温再热蒸汽管道设计温度	℃	—	468

4.2　超超临界一次中间再热机组系统

一次中间再热机组的主蒸汽、再热系统采用单元制系统。主蒸汽、高温再热蒸汽按双管制设置，汽轮机侧设联络平衡管，旁路从主蒸汽和再热蒸汽段联络管道引出；再热冷段采用 2-1-2 连接方式。

4.2.1　典型热力系统主要设计原则

国内典型的 1000MW 超超临界机组热力系统，除辅助蒸汽系统按母管制设计外，其余热力系统均采用单元制。1000MW 超超临界一次再热原则性热力系统参见图 4-4。

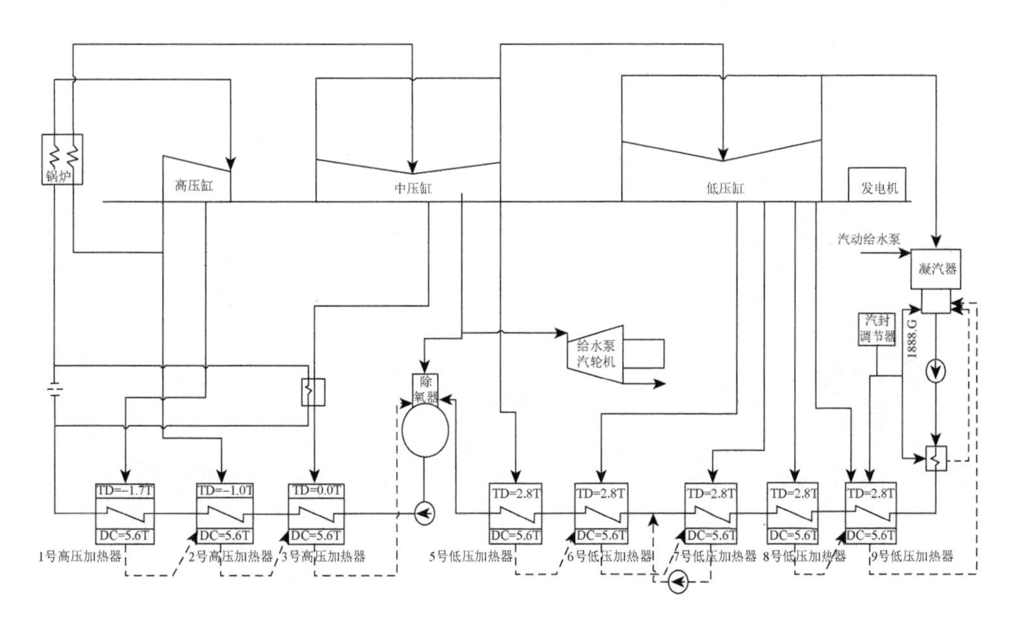

图 4-4　1000MW 超超临界一次再热原则性热力系统

东汽、哈汽和上汽 1000MW 超超临界机组均为单轴、四缸、四排汽、一次中间再热，汽轮机具有 8 级回热抽汽，均为典型的“3 高、4 低、1 除氧”形式的回热系统[69]。区别在于上汽汽轮机低压加热器疏水采用了疏水泵与疏水逐级自流相结合的连接方式，以便提高回热系统的热经济性。而哈汽和东汽的汽轮机低压加热器疏水采用了简单的疏水逐级自流方式，注重了系统的可靠性。另外，汽轮机回热抽汽点的分布略有区别。东汽汽轮机中压缸上只有 2 级回热抽汽、低压缸上有 4 级回热抽汽，而哈汽和上汽汽轮机中压缸上有 3 级回热抽汽、低压缸上有 3 级回热抽汽。

图 4-5、图 4-6 分别为东汽和上汽 1000MW 超超临界机组原则性热力系统图。

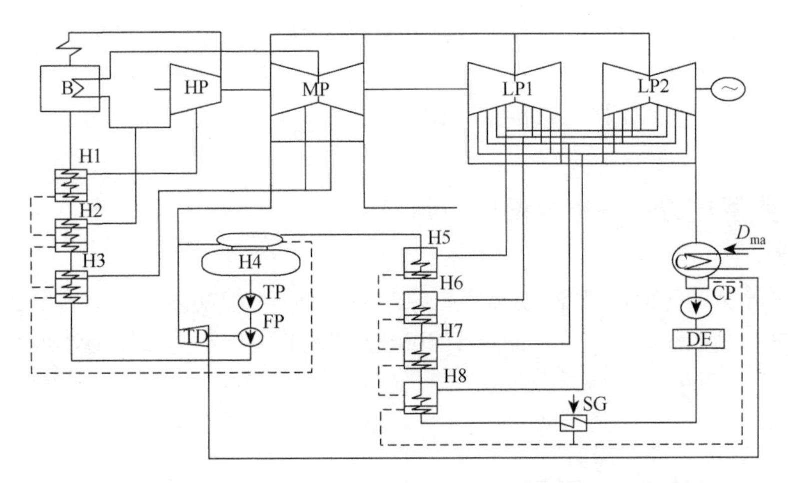

图 4-5　东汽 1000MW 超超临界机组原则性热力系统图

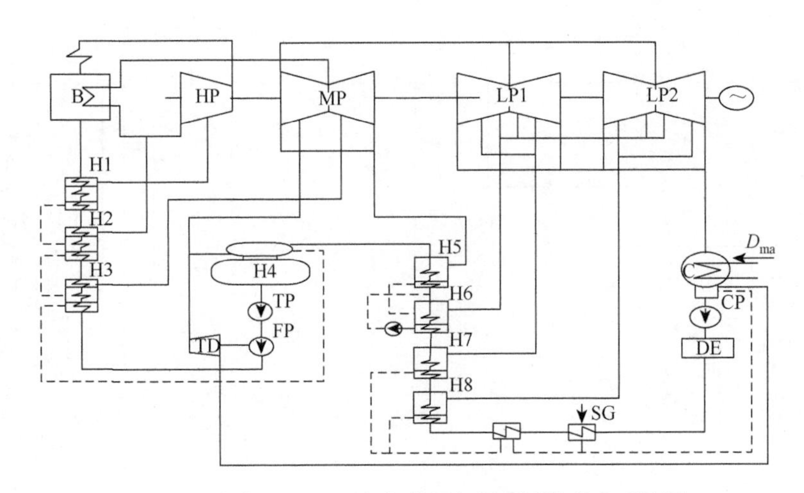

图 4-6　上汽 1000MW 超超临界机组原则性热力系统图

1000MW 超超临界机组的高压加热器有单列配置和双列配置两种形式，单列配置即各级采用单台容量为 100%的高压加热器，而双列配置即每一级加热器采用 2 台容量为 50%的高压加热器[70]。

配置高压加热器系统简单、管道简洁，但对于高压加热器的制造工艺要求很高，而双列高压加热器制造工艺要求较低。同时，采用双列配置高压加热器时，某一列高压加热器解列后，另一列高压加热器可继续运行，因此对机组热耗率的影响显著减小。

图 4-7、图 4-8 分别为世界单轴单机容量最大的 1200MW 凝汽式机组原则性热力系统和世界单机容量最大的双轴 1300MW 机组发电厂原则性热力系统。

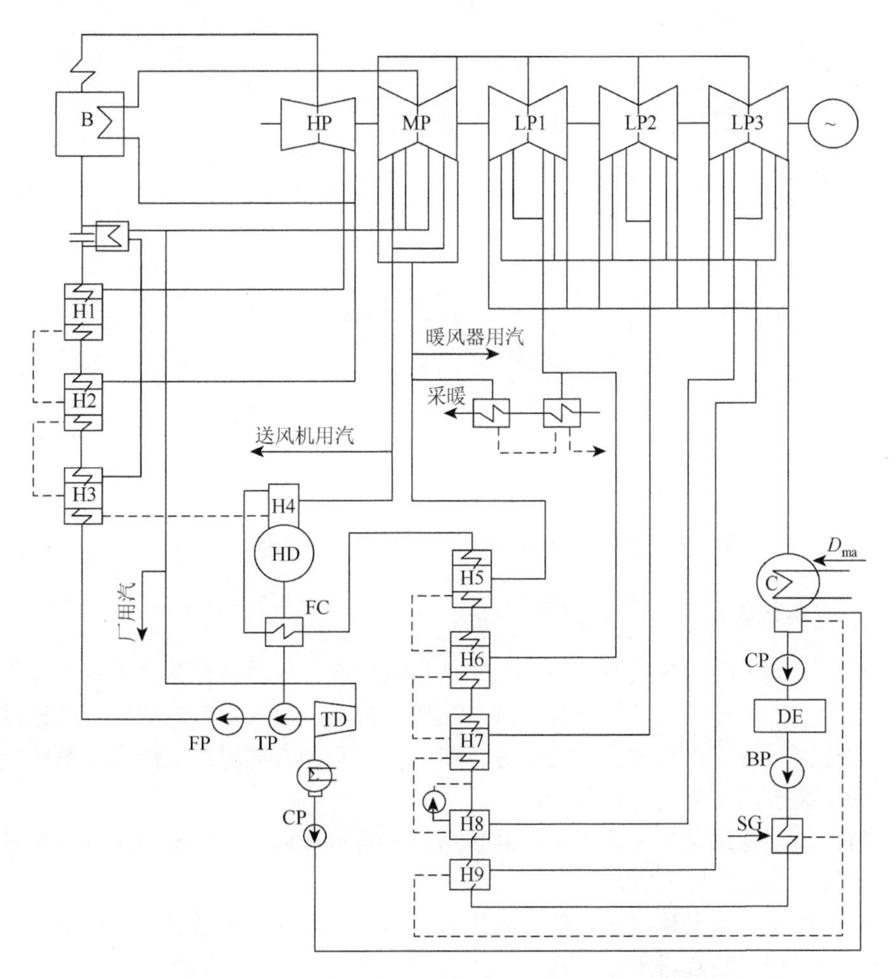

图 4-7　超临界 1200MW 凝汽式机组原则性热力系统

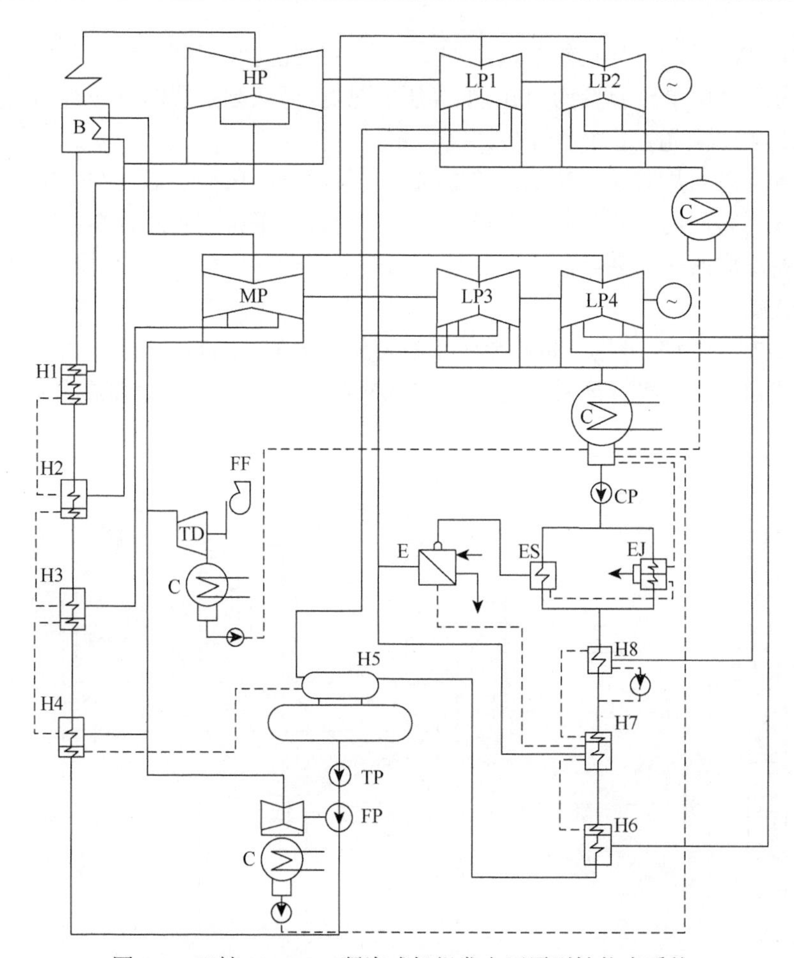

图 4-8　双轴 1300MW 凝汽式机组发电厂原则性热力系统

1. 汽轮机旁路系统

对于一次中间再热机组，旁路系统是指锅炉产生的蒸汽在某些特定情况下，绕过汽轮机，经过与汽轮机并列的减温减压装置后，进入参数较低的蒸汽管道或设备的连接系统，以完成特定的任务。图 4-9 所示为再热机组三级旁路系统示意图。旁路装置通常分为三种类型。

（1）高压旁路又称Ⅰ级旁路，其作用是将新蒸汽绕过汽轮机高压缸经过减温减压装置进入再热冷段管道。

（2）低压旁路又称Ⅱ级旁路，其作用是将再热后的蒸汽绕过汽轮机中、低压缸经过减温减压装置进入凝汽器。

（3）整机旁路（大旁路）又称Ⅲ级旁路，其作用是将新蒸汽绕过整个汽轮机，直接排入凝汽器。

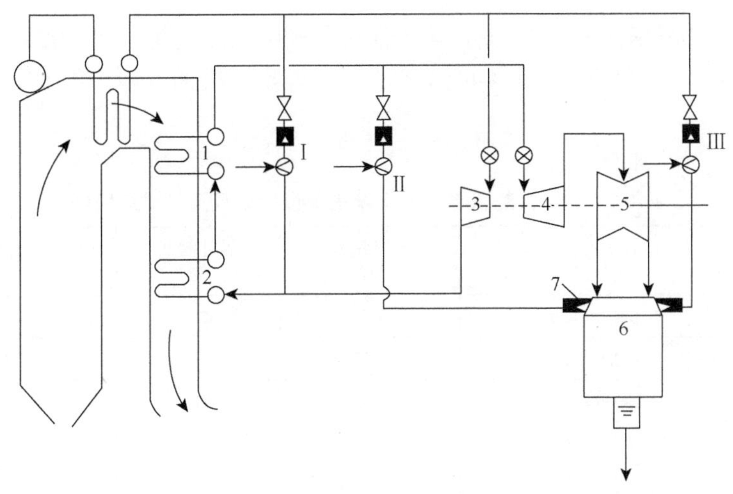

图 4-9　再热机组三级旁路系统

I -高压旁路；II -低压旁路；III-整机旁路
1-高温再热器；2-低温再热器；3-高压缸；4-中压缸；
5-低压缸；6-凝汽器；7-扩容式减温减压器

超超临界中间再热机组均配有旁路系统，以便满足机组启停、不同运行工况下带负荷特性、快速升降负荷、增强机组运行灵活性、事故处理及特殊运行方式的要求，从而解决低负荷运行时机炉特性不匹配的矛盾。即采用高压、低压两级串联系统，或一级大旁路系统，旁路系统容量根据旁路系统功能要求、汽轮机启动方式及机炉匹配参数等确定。

2. 抽汽系统

抽汽系统中的各级抽汽管道按汽轮发电机组 VWO 工况各抽汽点抽汽量进行设计。一次再热机组及二次再热机组抽汽系统的设计参数选取原则相同，都是基于《电厂动力管道设计规范》（GB 50764—2012）确定。

一次再热机组采用九级非调整抽汽（包括高压缸排汽）。一、二、三级抽汽分别供给 3 台高压加热器；四级抽汽供汽至除氧器、锅炉给水泵汽轮机和辅助蒸汽系统等；五、六、七、八、九级抽汽分别供给五台低压加热器用汽。三级抽汽管路上设置外置蒸汽冷却器，充分利用蒸汽过热度，减少不可逆换热损失，一定程度上提高给水温度。增设 0 号高加，加热汽源取自高压缸的第九级后，在 75%负荷以下时 0 号高加完全投入运行，通过抽汽管道上的调节门调整抽汽开度控制 0 号高加出口水温，提高低负荷时的给水温度，从而改善汽轮机在低负荷的运行经济性，实现机组的宽负荷高效运行[71]。在 75%负荷以上运行时，可选择性开启 0 号高加，通过控制调节阀，使最终给水温度保持在额定给水温度附近，降低机组热耗，但是此区间的收益随负荷增加而减小。

一次再热机组的三段抽汽是再热蒸汽进入中压缸的第一级抽汽，蒸汽温度较高，采用合金钢材料。表 4-6 给出了一次再热机组抽汽系统的设计参数和选用材料。

表 4-6　一次再热机组抽汽系统主要设计参数及管材选用表

序号	管道名称	设计压力/MPa	设计温度/℃	管材
1	一级抽汽管道	9.53	422	20
2	二级抽汽管道	6.72	372	20
3	三级抽汽管道	2.62	510	15CrMoG
4	四级抽汽管道	1.17	395	20
5	五级抽汽管道	0.54	304	20
6	六级抽汽管道	0.26	238	20
7	七级抽汽管道	0.2	172	Q235-A
8	0 级抽汽管道	13.03	521	12Cr1MoVG

3. 除氧给水系统

在发电厂的任何运行方式下和发生任何故障的情况下，都应保证锅炉给水的供应，因为锅炉缺水不仅对电厂的正常运行产生严重的破坏作用，而且对锅炉本身也将造成破坏。因此，除氧给水系统设计的一个基本条件，就是要保证在任何情况下，锅炉本身不断水。

除氧给水系统包括除氧系统和给水系统，主要由除氧器、给水下降管、给水泵、高压加热器以及管道、阀门等附件组成。

一次中间再热机组的给水系统采用单元制系统。每台机组设置 1×100%BMCR 容量汽动锅炉给水泵，前置泵与给水泵同轴，节省厂用电。给水系统配有两列 6 台半容量（或 3 台全容量）、卧式、双流程高压加热器，由于目前高压加热器可靠性较高，每列 3 台高加给水采用电动关断大旁路系统。

每台机组设置 2 台 50%容量（或 1 台 100%容量）汽动给水泵和 1 台 25%容量的电动启动/备用给水泵（扩建机组也可不设此泵）。

4. 主凝结水系统

主凝结水系统的主要作用是把凝结水从凝汽器热井由凝结水泵送出，经除盐装置、轴封冷却器、低压加热器送到除氧器。其间，还对凝结水进行加热、除氧、化学处理和除杂质。此外，凝结水系统还向各有关用户提供水源，如有关设备的密封水、减温器的减温水、控制水、各有关系统的补给水以及汽轮机低压缸的喷水等。

主凝结水系统一般由凝结水泵、凝结水储存水箱、凝结水输送泵、凝结水精除盐装置、轴封冷却器、低压加热器等主要设备及其连接管道、阀门等组成。

超超临界机组的主凝结水系统采用 2×100%容量或 3×50%容量的凝结水泵，1 台备用；设置一拖二的变频装置。

四台低压加热器，一台汽封蒸汽冷却器，一台除氧器，除氧器采用滑压方式运行。四台低压加热器分别设置凝结水大旁路。

主凝结水系统举例如下。

凝结水系统采用双背压凝汽器，低压侧凝结水在重位差作用下流至高压凝汽器。低压凝汽器凝结水通过淋水盘与高压凝汽器凝结水相遇，经过加热混合后聚集在高压凝汽器热井内。高压凝汽器热井内的凝结水由凝结水泵打出，这种方式有利于提高凝结水的温度。

凝结水从凝汽器热井水箱引出一根管道，用 T 形三通分别接至两台 100%容量凝结水泵（一台正常运行，一台备用）的进口，在各泵的进口管上装有电动蝶阀、临时锥形滤网和柔性接头。电动蝶阀用于水泵检修隔离，临时锥形滤网可防止机组投产或检修后运行初期热井中积存的残渣进入泵内，柔性接头可吸收系统管线的膨胀与收缩，减小应力，防止凝结水泵的振动传到凝汽器。在两台凝结水泵的出水管道上均装有止回阀和电动闸阀，以防止凝结水倒流及便于控制阀门。凝结水泵密封水采用自密封系统，正常运行时，密封水取自凝结水泵出口母管，经节流孔板减压后供至两台凝结水泵轴端。

由于凝汽器热井到凝结水泵处于负压状态，为了防止空气漏入，凝结水系统设有抽真空系统及密封系统。每台机组各设置一套凝结水补水系统。主要在机组启动时为凝汽器热井和除氧器进水、闭式冷却水系统和凝结水系统的启动注水及正常运行时提供系统补水，机组的补充水来自化学处理水及凝汽器热井的高位溢流水。

5. 加热器疏水

对于中间再热机组的凝汽式发电厂，可以不设全厂性疏水箱和疏水泵，而以汽轮机本体疏水系统和锅炉排污扩容器来替代全厂疏放水系统。因为机组启动疏水绝大部分经汽轮机本体疏水系统予以回收，其他疏水量很少，且水质很差。

超超临界机组正常运行时，每列高压加热器的疏水均采用逐级串联方式，即从较高压力的加热器排到较低压力的加热器，3 号高压加热器出口的疏水疏入除氧器；5 号低压加热器正常疏水接至 6 号低压加热器，然后通过 2 台 100%容量互为备用的加热器疏水泵引至 6 号低压加热器前凝结水管道。7 号、8 号低压加热器正常疏水分别接至疏水冷却器，疏水冷却器疏水接至凝汽器。

抽真空系统在机组启动初期将主凝汽器汽侧空间以及附属管道和设备中的空气抽出以达到汽轮机启动要求；机组在正常运行中除去凝汽器空气区积聚的非凝结气体。凝汽器汽侧抽真空系统设置3套50%容量的水环式真空泵。正常运行时，1套真空泵作为备用；在机组启动时，所有真空泵可一起投入运行，以更快地建立起所需真空度，从而缩短机组启动时间。

6. 辅助蒸汽系统

辅助蒸汽系统为全厂提供公用汽源，供除氧器启动用汽、小汽轮机调试及启动用汽、汽轮机轴封、锅炉空气预热器吹灰、锅炉燃油吹扫用汽、磨煤机灭火用汽、锅炉露天防冻用汽等，其供汽参数满足这些用户的要求。每台机设一根压力为0.8～1.3MPa（g），温度为320～380℃的辅助蒸汽联箱。第一台机组启动及低负荷时辅助蒸汽来自启动锅炉房[约50t/h，1.27MPa（g）]。机组正常运行后，辅助蒸汽来源主要来自运行机组的冷再热蒸汽（减压后）和四段抽汽。

4.2.2 主要辅机配备特点

电厂的辅机设备大致可分为两大类，即容器类和动力类。

在超超临界机组的容器类辅机中，只有高压加热器将承受更高的压力和温度，因此对其设计和制造要求更高。而低压加热器、凝汽器、除氧器和水箱等辅机的设计压力、温度等参数与主机参数没有明显关联。

超超临界机组动力类辅机中，只有选择给水泵时需更多地考虑安全性和经济性两方面的平衡，其他配套辅机如磨煤机、风机、除尘器等设备选择与超临界机组和亚临界机组基本相同；凝结水泵的压头与设计温度与超临界机组和亚临界机组的变化不大，仅在容量上有一些差别。

1. 高压加热器

对于容量为600MW等级超超临界机组，其高压加热器采用单列配置，受高参数的影响，其材料的选用和强度计算会有变化，但配置的形式和数量不变。对于大容量的1000MW等级超超临界机组，与600MW机组相比仅在容量上有一些差异，考虑到设备的制造成本，高压加热器也可采用双列形式，一列高压加热器的实际容量只有一半，其高加水室、筒身直径都小于600MW机组。目前国内1000MW机组高压加热器所采用的双列或单列配置技术均较为成熟。

2. 给水泵

相对于低参数机组，600MW等级超超临界机组给水泵的材料选择更严格，但配置的形式和数量不变。1000MW 级超超临界机组汽轮机本体设计中考虑了汽动给水泵用汽的分流，从而降低了汽轮机热耗，减少了低压缸的制造费用，但各电厂配置的汽动泵的容量、台数以及电动备用泵的配置均有不同选择。瑞士和德国的电厂采用 1×100%汽动泵，而日本则多采用 2×50%汽动泵，大多数电厂仍采用 1～2 台电动备用泵，主要是为了启动方便可靠，并兼顾备用。国内 1000MW 机组大多采用 2×50%汽动泵＋1×（25%～35%）电动备用泵（扩建机组可不设此泵）配置方式，个别也有采用 1×100%汽动泵且不设电动启动泵。随着国内节能要求的提高，工程中选用 1×100%汽动泵配置方式有增多趋势，但目前 1×100%容量的汽动给水泵均需采用进口设备，投资较大；50%容量汽动给水泵方案技术成熟、可靠性较高。给水泵最终的配置方案应综合考虑经济指标、运行可靠性、投资经济性等要求确定。

4.2.3　材料选择

超超临界机组与超临界机组和亚临界机组的主要区别在于：由于蒸汽压力和温度提高使得锅炉和汽轮机工作条件和材料发生变化，锅炉和汽轮机的高温部件采用了新型的高温耐热钢。与锅炉、汽轮机相比，发电机的工作条件没有发生变化，其出力主要取决于锅炉和汽轮机的容量。

超超临界技术的发展与大量新型耐热合金钢材的开发与应用是分不开的，燃煤发电技术的发展在很大程度上取决于材料技术的发展。无论汽轮机本体、锅炉水冷壁、过热器、再热器，还是四大管道，均应选择合适的高温材料。

超超临界机组主蒸汽、再热蒸汽及给水四大管道中，低压部分的管道所采用的材料与常规超临界机组以及亚临界机组基本一样，而高压高温部分的管道随着蒸汽参数不断提高，选用的材料等级及管道壁厚有一定变化。主蒸汽压力的提高对主蒸汽、给水管道的材质选择没有影响，与常规超临界机组管道选材相同；相同压力下，主蒸汽温度提高到 600℃后，对给水的管材、壁厚都不会有影响，仅对主蒸汽、再热蒸汽管材有影响。

1. 主蒸汽、再热管道材料选择

超超临界机组的高温材料选择主要考虑以下因素：具有较高的高温热强度、耐高温腐蚀、耐汽侧氧化、良好的焊接及加工性能。适用于 600℃等级的高温管道材料主要有 ASTM A335 P92、ASTM A335 P122 和 E911 三种。对于再热热段蒸汽管道部分，由于其温度与主蒸汽管道的温度相当，选择的管道材料也应耐同样的高温，因此仍可选用 P92、P122 和 E911 材料。

在高温热强度方面，P92 和 P122 有较大的优势，其管壁可以相对较薄，既可节省初投资，又可解决管壁过厚的焊接问题及管道设计问题。

三种耐热钢材的抗蒸汽氧化性能主要取决于 Cr 和 Si 的质量分数，P92 和 E911 的 Cr 质量分数都是 9%，其抗氧化能力相近，P122 的 Cr 质量分数为 12%，抗氧化能力较 P92 和 E911 稍强。

P122 因含有质量分数 1%的 Cu，在长期运行中稳定性最差，E911 和 P92 接近。在焊接方面，P92、P122 和 E911 三种钢材均为新材料，降低焊缝的脆性是一个重要的技术问题，需要从焊材和工艺方面进行解决。

综合三种耐热钢在高温热强度、抗氧化性能以及焊接性能等方面的优势，国内的主蒸汽管道较多选用 P92 作为主蒸汽材料。此外，P92 的焊接可利用较为成熟的 P91 焊接经验。

然而，P92 长期以来一直被国外企业所垄断。对于 P92 材料的生产厂家，目前国内以内蒙古北方重工业集团有限公司（简称北重集团）特殊钢分公司为首，早在 2008 年，该公司的 P92 产品就已经通过了国内多家权威机构的鉴定，但产能有限，不具备批量化生产能力，仅用于电站锅炉和汽轮机的制造[72]。

2011 年 4 月，国家发展和改革委员会及国家能源局正式实施超超临界火电机组关键阀门和四大管道联合研发工作，并确定北重集团为该产品的主研单位，加快了该高端产品的国际化进程。

2014 年 2 月 26 日，江苏南通 2×1000MW 超超临界火电机组顺利通过 168h 满负荷试运行，并网发电。该电厂一号机组使用了欧洲瓦卢瑞克管材，二号机组作为国产化示范项目，使用了北重集团 P92 钢管，标志着国产 P92 钢管在超超临界机组的全面应用[72]。

由表 4-7 可见，进口和国产 P92 钢的化学成分均符合 ASTM A335 标准对 P92 钢，以及《高压锅炉用无缝钢管》（GB/T 5310—2017）对 10Cr9MoW2VNbBN 钢的成分要求，并且杂质 S 和 P 的控制均明显优于标准要求[73]。

表 4-7　进口和国产 P92 钢的化学成分　　单位：%

条件	C	Mn	P	S	Si	Cr	W	Mo	V	Nb	N	B	Ni	Al
ASTM A335	0.07	0.30	≤	≤	≤	8.50	1.50	0.30	0.15	0.04	0.03	0.001	≤	≤
	0.13	0.60	0.02	0.01	0.50	9.50	2.00	0.60	0.25	0.09	0.07	0.006	0.40	0.04
《高压锅炉用无缝钢管》（GB/T 5310—2017）	0.07	0.30	≤	≤	≤	8.50	1.50	0.30	0.15	0.04	0.03	0.001	≤	≤
	0.13	0.60	0.02	0.01	0.50	9.50	2.00	0.60	0.25	0.09	0.07	0.006	0.40	0.20
新日铁公司产品	0.11	0.45	0.012	0.003	0.10	8.82	1.87	0.47	0.19	0.06	0.047	0.002	0.17	0.01

续表

条件	C	Mn	P	S	Si	Cr	W	Mo	V	Nb	N	B	Ni	Al
V&M公司产品	0.12	0.43	0.014	0.004	0.21	8.84	1.67	0.50	0.21	0.067	0.042	0.0033	—	—
国产P92钢（试验钢）	0.114	0.392	0.011	0.004	0.315	9.21	1.93	0.475	0.189	0.073	0.037	0.003	0.275	0.011

与进口P92钢相比，国产P92钢中的铬、钨、铌等合金元素的含量相对较高。铬元素的添加有助于提高P92钢的力学性能，同时使其具备良好的高温抗氧化和耐腐蚀性能；适当增加钨的含量，可以阻止晶粒长大，以达到细化晶粒的目的。铌是P92钢中最重要的合金元素，这对材料蠕变强度的提高至关重要。此外，国产P92钢中的硅元素含量相对较多，工业生产中经常添加硅来作为脱氧剂，虽然加入硅元素可以改善钢的抗氧化性能和耐高温腐蚀性，但是它的过度添加会引起蠕变脆裂和表面粗糙度降低。

对于P92钢的焊接性，突出的问题是接头金属的时效与蠕变强度的降低。要想解决接头金属时效与蠕变强度降低的问题，需要采用合适的热处理及焊接工艺[74]。

焊后热处理工艺控制曲线如图4-10所示，P92钢回火时，因析出物的沉淀强化作用，材料蠕变断裂强度得到改善。因其抗回火性高，回火温度达到750～770℃时才可得到含有包括碳化物及回火马氏体组织，但如果相变温度超过835℃，材料将再次奥氏体化而得到部分未回火的马氏体组织，导致接头的性能变差。因而需严格控制回火温度。

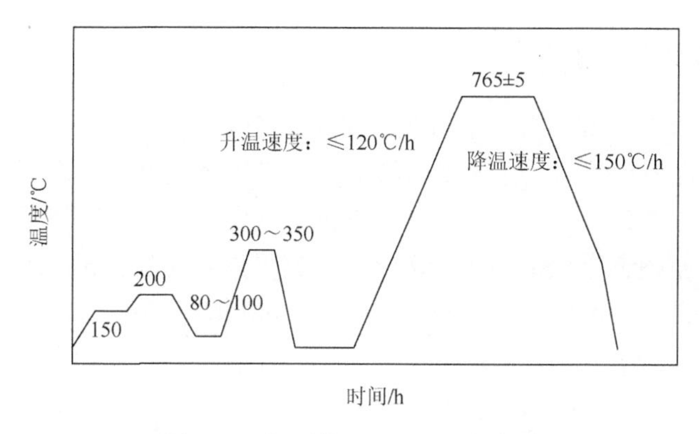

图4-10　焊后热处理工艺控制曲线

P92钢的焊接通常采用背面气体保护及氩弧焊打底，管口两端用胶带全部密封后放入氩气管后通入氩气进行焊缝背面保护，打底焊时，用石棉绳堵住焊口间隙处，随着焊接的进行逐步揭开，以利于气体保护。充氩保护流量开始时可为 20～30L/min，施焊过程中流量应保持在 8～15L/min，确保可靠保护。

对 P92 钢采用埋弧焊的方式有利于提高效率，与全部采用焊条电弧焊填充和盖面的工艺相比效率提高了一倍以上。

为得到细小的焊缝组织，在焊接过程中应严格控制线能量；埋弧焊更要注意这方面问题，应按规范严格控制焊接电流、电压及焊接速度符合规范。在整个焊接过程中，每道的焊接热输入控制在 22kJ/cm 以内。

2. 再热冷段蒸汽管道材料选择

对于再热冷段蒸汽管道，虽然超超临界主蒸汽压力提高，但受到低压缸排汽湿度的限制，高压缸的排汽压力变化不大，因此，其正常工作最高排汽温度不会超过 400℃。如果机组没有特殊要求，再热冷段蒸汽管道可采用最高允许使用温度为 427℃的 A672B70CL32 电熔焊接钢管。

对于欧洲技术流派的锅炉，由于其设置的 100%旁路代替锅炉的安全门功能在此情况下喷水减温失灵，为确保锅炉安全，高压旁路阀也要求必须开启，再热冷段管道必须全部选用低合金材料，如 A691Cr1-1/4CL22 电熔焊接钢管。

对于美国技术流派的锅炉，可以用 A672B70CL32 电熔焊接钢管，但考虑汽轮机高压缸排汽在某些状况会出现温度超过 500℃的时候，所以在高压缸排汽止回阀之前管道材料选用低合金 A691Cr1-1/4CL22 电熔焊接钢管。

超超临界 1000MW 机组的再热冷段蒸汽管道材料与超临界、亚临界机组一样，不涉及新材料的应用。

3. 高压给水管道材料选择

对于高压给水管道，由于受到烟气露点的限制，空气预热器出口的排烟温度很难做到低于 120℃，因此，尽管超超临界机组的蒸汽参数提高得较多，但给水温度仍维持在 300℃左右，而目前建设的超超临界机组给水管道压力只是略高于超临界机组，超超临界机组高压给水管道与超临界、亚临界机组一样，不涉及新材料的应用，仍采用 EN10216-2 标准的 15NiCuMoNb5-6-4 无缝钢管。

4.3 超超临界二次中间再热机组系统

由于二次再热机组提高了主蒸汽参数、增加了一级再热系统，其主要热力系统与一次再热机组有较大差异。总的来说，二次再热机组的主要热力系统配置更为复杂，控制运行难度更大，投资也更高。下面对主蒸汽、再热及旁路蒸汽系统，给水系统、凝结水系统以及抽汽系统等主要热力系统的配置进行对比。

二次再热机组的主蒸汽及高、低温再热蒸汽系统采用单元制系统。主蒸汽、一次高温再热蒸汽、二次高温再热蒸汽按双管制设置，汽轮机侧设联络平衡管，旁路从主蒸汽和一次高温再热蒸汽、二次高温再热蒸汽的联络管道引出；一次低温再热蒸汽管道采用“2-1-2”的布置方式。二次低温再热蒸汽管道管径较大，采用双管的布置方式。

超超临界二次再热循环的热力系统如图 4-11 所示。

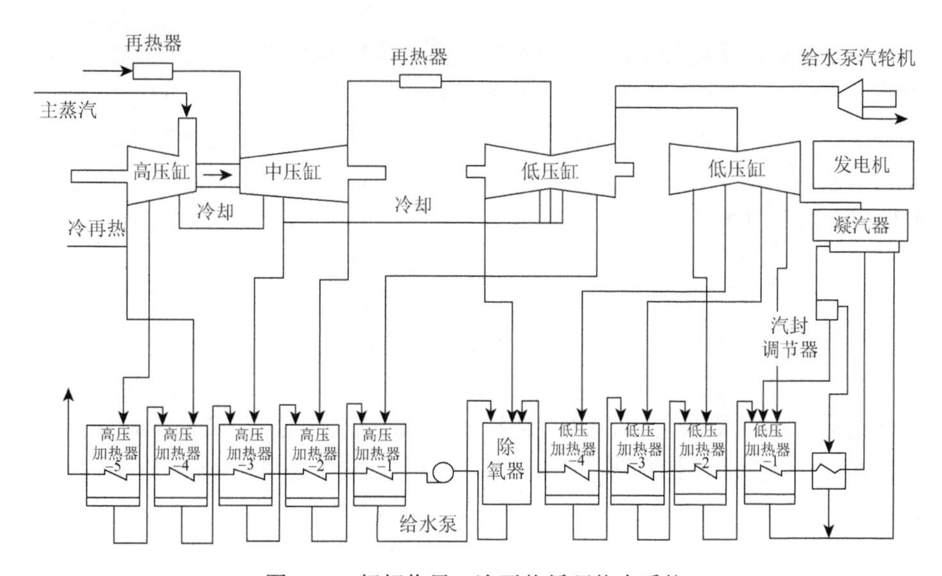

图 4-11　超超临界二次再热循环热力系统

与一次再热相比，二次再热有如下三个主要优点。

（1）降低低压缸的排汽湿度，减少末级叶片的腐蚀和侵蚀。

（2）降低再热器的温升。一次再热循环的温升为 280℃左右。而二次再热的温升为 200℃左右，这使得锅炉出口蒸汽温度更加均匀。

（3）降低高压缸的焓降。一次再热循环中高压缸的焓降通常为 400kJ/kg，而二次再热循环焓降为 300kJ/kg，且二次再热循环使得高压缸更短，刚性更好，提高了转子的稳定性。

相比于 600℃一次再热超超临界机组，二次再热超超临界机组可将发电热效率提高约 2%，同时较大幅度地降低温室气体和污染物排放。但二次再热机组在汽轮机、锅炉和热力系统的配置上较为复杂，因而投资增加。因此，近 30 年来，国际上二次再热机组应用较少，只有 1989 年日本东芝 2 台 31.0MPa/566℃机组，以及 1998 年丹麦 Nordjylland 电厂 2 台 29.0MPa/582℃机组，详见表 4-8。

表 4-8 国际二次再热机组参数及投运时间

机组	出力/MW	燃料	蒸汽参数		投运年份
			压力/MPa	温度/℃	
日本川越（Kawagoe）1 号机组	700	液化天然气	31.0	566/566/566	1989
日本川越（Kawagoe）2 号机组	700	液化天然气	31.0	566/566/566	1990
丹麦 Skaerbaek 3 号机组	415	燃气	29.0	582/582/582	1997
丹麦 Nordjylland 3 号机组	385	煤	29.0	582/582/582	1998

近年来随着技术的提高，机组的参数达到主蒸汽压力 28～35MPa、温度 600℃，再热汽温 620℃，采用二次再热的汽轮机可使机组热耗进一步降低。同时，随着一次能源价格的不断上涨，节能减排的要求将促进二次再热机组的发展和建设。

4.3.1 参数优化选择

1. 进汽压力和再热压力选择

目前我国 600MW 容量以上的燃煤发电机组汽轮机的主蒸汽压力按参数等级大致定型为：亚临界 16.7MPa，超临界 24.2MPa，超超临界 25～27MPa。提高主蒸汽压力可以提高整个电厂的循环效率，一般主蒸汽压力小于 27MPa 时，压力每提高 1MPa，可降低热耗 0.2%～0.25%；主蒸汽压力大于 27MPa 时，压力每提高 1MPa，可降低热耗 0.1%～0.15%。

但提高主蒸汽压力给汽轮机的高压缸设计，如阀门、内外缸的强度，中分面密封等带来一定难度；同时为保持最佳循环效率，再热与主蒸汽压力有最佳比值，提高主蒸汽压力意味着较高的再热压力，增加了中压缸的进排汽压比。另外，主蒸汽压力还受到进汽温度的限制，在再热温度不变的条件下，提高主蒸汽和再热蒸汽的压力将使低压缸的排汽湿度增大。因此，近十多年投运的超超临界机组中，主蒸汽压力大于 30MPa 的机组仅 3 台，其中 2 台是二次再热机组；600℃等级超超临界一次再热机组，主蒸汽压力基本都在 30MPa 以下。而对于二次再热机组，一次再热压力约为主蒸汽压力的 31%，二次再热压力约为一次再热压力的 28%。因此与一次再热机组相比，各缸的进排汽压比反而有所降低，为提高主蒸汽压力带来有利因素。虽然二次再热增加了锅炉和系统设计的复杂性，但却因二次再热，使超高压高温参数对应一个小直径、小焓降的高压缸汽缸，有效地化解了超高压部件强度和安全可靠性的设计风险。

在选择主蒸汽压力时必须考虑到第二级再热压力对汽轮机设计的不利影响，即：与一次再热中压缸相比，二次再热第二中压缸进出口容积流量将增加一倍以上；二次再热低压缸排汽湿度下降，使得进出次末级叶片的蒸汽有可能处于过热区，导致次末级叶片工作环境发生变化。提高主蒸汽压力使得二次再热汽轮机次末级叶片处在湿蒸汽环境。因此，对于二次再热汽轮机，从经济性、汽轮机容量匹配及可靠性的角度，二次再热应尽可能采取高的主蒸汽压力。目前超超临界二次再热汽轮机进汽压力一般为 30～35MPa。

但压力的提高增加了锅炉压力部件、主蒸汽管道、给水管道、汽轮机高压缸的设计压力，造成主蒸汽管道壁厚增加，导致材料成本上升，尤其是耐高温的热强钢的成本上升。管道及汽轮机壁厚增加还会导致启动、停机灵活性下降。

2. 进汽温度选择

主蒸汽压力为 30～35MPa 时，如果同时提高主蒸汽温度，则锅炉、汽轮机、主蒸汽管道的造价相应增加较多；国内外近年来建设的先进铁素体材料超超临界机组的主蒸汽温度均未超过 600℃。因此，主蒸汽温度宜采用 600℃。

对于二次再热机组，一次再热压力约为主蒸汽压力的 30%，二次再热压力约为一次再热压力的 28%，远低于新蒸汽压力。管道的允许工作温度将随着压力的降低而升高，因此，在机组采用相同材料的前提下，再热温度高于新蒸汽温度是可行的。同时再热温度越高，机组排汽湿度越小，对汽轮机末级叶片的经济性安全性越有利。不过，随着再热蒸汽温度的提升，锅炉侧现有材料已用至极限。因此，在现有的高温材料条件下，一次和二次再热蒸汽温度可选择 610℃或 620℃。

4.3.2　回热系统优化

回热作为一个最普遍、对提高机组和全厂热经济性最有效的手段，被当今所有火电厂的汽轮机所采用。影响汽轮机回热系统效率的参数包括回热级数、给水温度、回热焓降分配、加热器形式、加热器端差和疏水收集方式、抽汽过热度利用方式和抽汽管道压降等，从理论上讲，同一给水回热系统，其回热级数越多，给水温度越高，循环效率就越高，但要升高给水温度，必须提高抽汽温度，这样就减少了抽汽做功的焓降，这显然是不利的。同时给水温度的升高，又将增加锅炉尾部受热面积，或将升高锅炉排烟温度，降低了锅炉效率。所以，对于一定的回热级数，存在着一个最有利的给水温度，即循环效率最高的给水温度。这个最佳给水温度可以通过整个装置的综合技术经济比较来确定。通常给水温度取为蒸汽初压下饱和温度的 65%～75%。

目前，超临界机组给水温度已达到给水温度的最高值，从已有的超超临界机组的给水温度来看，都不超过 305℃。当给水温度超过 305℃时，锅炉水冷壁的设计温度将超过 450℃，已有的材料 T12 将不能使用；如改用 T22，势必导致锅炉费用增加。

当给水温度一定时，随着回热级数的增加，附加冷源损失将减小，汽轮机内效率相应增高。回热级数增加，汽轮机抽汽口与回热加热器将增加，常规超超临界一次再热机组一般采用 8 级抽汽回热，二次再热汽轮机相比多 1 个中压缸，可以通过增加抽汽口并合理分配回热焓降来增加回热级数，可采用 10 级抽汽回热。

由于二次再热提高了第 1 中压缸和第 2 中压缸第一级抽汽的过热度，当与之对应的加热器出口水温不变时，该加热器的换热温差加大，不可逆损失就会增加，因此需要装设蒸汽冷却器。针对二次再热机组 2 个中压缸第 1 级抽汽（2 抽和 4 抽）过热度高的特点，可考虑回热系统设置 2 级外置式蒸汽冷却器，布置在 1 号高加出口，提高给水温度，进一步提高机组效率。

4.3.3　二次再热机组热力系统主要设计原则及特点

超超临界二次再热机组热力系统中除辅助蒸汽系统按母管制设计外，其余汽水系统均采用单元制。1000MW 超超临界二次再热原则性热力系统见图 4-12。

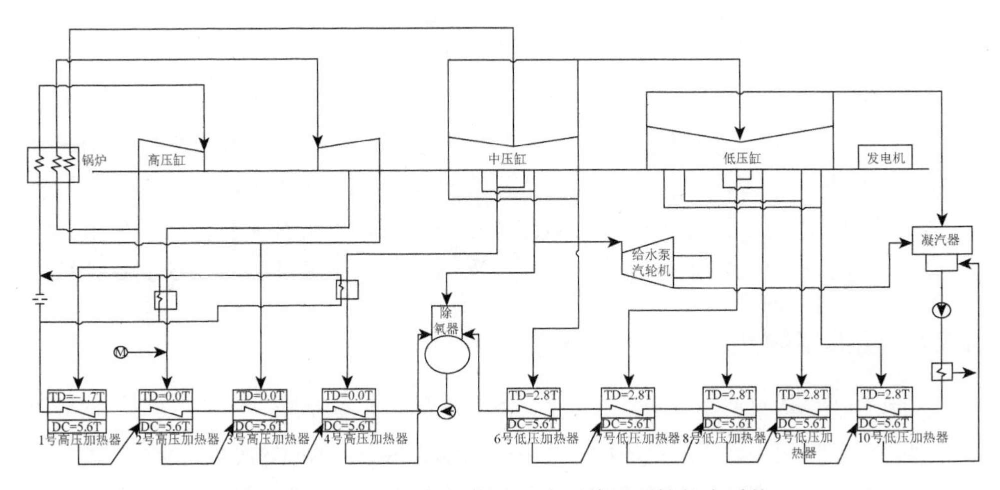

图 4-12　1000MW 超超临界二次再热原则性热力系统

1. 主蒸汽系统

主蒸汽为 4-2 布置方式，从锅炉联箱 4 个接口 4 根管道出来，中间合并为 2 根管道，进入汽轮机高压缸（超高压缸）的 2 个主蒸汽阀。

2. 再热蒸汽

再热蒸汽分为一次再热系统和二次再热系统。

一次再热系统包括一次低温再热和一次高温再热管道，其中，一次高温再热为 4-2 布置方式，从锅炉联箱 4 个接口 4 根管道出来，中间合并为 2 根管道，进入汽轮机第 1 中压缸的 2 个再热主蒸汽阀。

二次再热系统包括二次低温再热和二次高温再热管道，其中，二次高温再热为 4-2 布置方式，从锅炉联箱 4 个接口出来，中间合并为 2 根管道，进入汽轮机第 2 中压缸的 2 个再热主蒸汽阀。

3. 旁路系统

按照上汽二次再热汽轮机，采用高压缸、第 1 中压缸、第 2 中压缸联合启动的方式，汽轮机旁路需要设高、中、低压三级串联汽轮机旁路系统。

第一级旁路——高压缸旁路。蒸汽由锅炉过热器出口到汽轮机高压缸排汽，进入一级低温再热，同时起到锅炉主蒸汽安全阀的作用。旁路容量可按 100%BMCR（三用阀）考虑。

第二级旁路——第 1 中压缸旁路。旁路蒸汽由第一级再热器出口排入第二级低温再热器。旁路容量按启动工况主蒸汽流量加减温水量考虑。

第三级旁路——第 2 中压缸旁路。旁路蒸汽从第二级高温再热出口至凝汽器，旁路容量可按 65%BMCR 容量考虑。

4. 抽汽系统

与一次再热机组相比，二次再热的参数提升至 31MPa/620℃/620℃，最高给水温度提高了将近 30℃，使得增加一级回热成为可能，故汽轮机采用 10 级非调整抽汽回热系统（包括超高压缸排汽、高压缸和中压缸排汽）。一、二、三、四级抽汽分别供给 1 号、2 号、3 号、4 号高压加热器；五级抽汽供给除氧器、给水泵汽轮机和辅助蒸汽系统；六、七、八、九、十级抽汽分别供给 6 号、7 号、8 号、9 号、10 号低压加热器。另外 2、4 段抽汽设有 2 级蒸汽冷却器，以充分利用抽汽的过热度。

每级高压加热器由两台 50%容量的加热器组成。除氧器为 2 台 50%容量，并联设置。6 号～10 号低压加热器为 100%容量的加热器。8 号～10 号低压加热器布置在 3 台凝汽器接颈内。

二次再热机组再热之后的各级抽汽过热度显著增加，除六、七、八级抽汽管道外全部需采用合金钢材料。表 4-9 给出了二次再热机组抽汽系统的设计参数和选用材料。

表 4-9　二次再热机组抽汽系统主要设计参数及管材选用表

序号	管道名称	设计压力/MPa	设计温度/℃	管材
1	一级抽汽管道	12.8	446	15CrMoG
2	二级抽汽管道	6.5	543	12Cr1MoVG
3	三级抽汽管道	4.1	468	15CrMoG
4	四级抽汽管道	1.8	535	12Cr1MoVG
5	五级抽汽管道	0.9	442	A691Gr1-1/4CrCL22
6	六级抽汽管道	0.5	360	20
7	七级抽汽管道	0.3	296	Q235-A
8	八级抽汽管道	0.2	224	Q235-A

5. 给水系统

二次再热机组的给水系统采用单元制系统。每台机组设置 1×100%BMCR 容量汽动锅炉给水泵，前置泵与给水泵同轴布置。给水泵汽轮机按 1×100%配置，或 2×50%配置。

系统设置四级双列、8 台 50%容量、卧式、双流程高压加热器，以及两台外置式蒸汽冷却器。给水系统也提供高、中压减温水。高压加热器有较高的可靠性，因此，高加及蒸汽冷却器采用给水大旁路系统。

二次再热机组由于主蒸汽压力提高到约 32MPa，相比 1000MW 一次中间再热机组的给水泵其扬程增加约 400mH_2O，但 1000MW 二次再热机组的给水流量减少了。综合下来给水泵所需轴功率增加不是太多。二次再热机组给水泵的工作点基本是现有成熟一次再热机组给水泵性能曲线的延伸，曲线更陡些。表 4-10 和表 4-11 为一次再热机组和二次再热机组的给水泵及其汽轮机的主要技术数据。

表 4-10　给水泵主要技术数据

项目	单位	一次再热机组	二次再热机组
进水压力	MPa（a）	1.296	1.085
进水温度	℃	183.9	174.7
给水泵入口流量	t/h	3183	3080
给水出口流量	t/h	3103	2940
扬程	mH_2O	4035	4428

表 4-11　给水泵汽轮机主要技术数据

项目	单位	一次再热机组	二次再热机组
进汽汽源		再热冷段/5 段抽汽	二次低温再热蒸汽/5 段抽汽
额定低压进汽压力	MPa（a）	1.096	0.885
额定低压进汽温度	℃	380.5	427.4
转速调节范围	r/min	3000～5800	2800～5300
额定功率	kW	35.8	37.9
最大功率	kW	4000	4400

6. 凝结水系统

凝汽器热井中的凝结水由凝结水泵升压后，经中压凝结水精处理装置、汽轮机汽封冷却器、疏水冷却器和五级低加热器后进入除氧器。系统采用 2×100%容量的凝结水泵，1 台运行，1 台备用，并配置 1 台变频装置。

系统设置 1 台汽封冷却器、1 台疏水冷却器、五级全容量的表面式低压加热器和 1 台 100%容量除氧器。

7. 加热器疏水系统

正常运行时，高压加热器的疏水均采用逐级串联疏水方式，即从较高压力的加热器排到较低压力的加热器，4 号高压加热器出口的疏水疏入除氧器，6 号、7 号低压加热器疏水在正常运行时采用逐级串联疏水方式输至 8 号低压加热器，8 号低压加热器疏水通过 2 台 100%容量互为备用的加热器疏水泵引至 8 号低压加热器凝结水出口管道。9 号、10 号低压加热器疏水经疏水冷却器，最后经 U 形水封管输至凝汽器。

4.3.4　二次再热锅炉

1. 二次再热锅炉的调温方式

二次再热锅炉的难点是主蒸汽、一次再热蒸汽、二次再热蒸汽三个汽温之间的调节，三种蒸汽的出口温度调节复杂。再热蒸汽温度调节方式的合理选取直接关系到机组运行的可靠性、机组效率等，甚至直接关系到电厂和电网的安全运行，因此二次再热锅炉的调温方式及可靠性对二次再热锅炉设计而言至关重要。

1）1000MW 超超临界二次再热锅炉热量分配特点

与常规 1000MW 超超临界一次再热锅炉（600/600℃）相比，在 1000MW 超超临界二次再热锅炉（600/620/620℃）的 BMCR 中，主蒸汽系统吸热量减少 10%以上。

对于 1000MW 超超临界二次再热锅炉（600/620/620℃），在要求的负荷范围（50%～100%BMCR）内同时保证三个出口的蒸汽温度达到额定值的设计难度很大。从保证蒸汽温度的角度出发，炉膛出口烟气温度越高越好，以便保证各级高温受热面在不同负荷下都有一定的传热温差；但在实际工程上，要求炉膛出口温度控制在所燃用煤的灰软化温度之下甚至更低，以防止炉膛出口发生结焦。而二次再热器的进口温度一般在 420～440℃，给水温度也提高到 310℃以上，这样在部分负荷甚至高负荷下，位于烟气流程下游的受热面与烟气的温差就变得很小，仅依靠烟气的温差传热来满足额定蒸汽温度的要求难以实现。

针对以上条件限制，再热器的布置和调温方式重点考虑以下两点。

（1）在炉膛高温区布置再热器受热面，使再热器有足够的吸热温差并吸收更多辐射热，低温受热面布置在低温对流烟道的前后竖井，通过挡板开度调整低温受热面的热量分配，即采用双烟道或者三烟道布置。

（2）再热器的高温受热面布置在炉膛出口烟窗下游的中温烟道内，低温受热面布置在低温对流烟道内，通过烟气再循环来提供不同负荷下的换热量，即通过烟气挡板来调整再热器之间的热量分配。

2）二次再热 1000MW 超超临界塔式锅炉调温方式一：挡板调温 + 烟气再循环

单炉膛、四角切园燃烧方式，炉膛上部布置有双烟道，分别布置高低压再热器低温受热面和省煤器，双烟道出口布置调节挡板，同时布置两台再循环风机，从静电除尘器后抽取烟气，送入锅炉底部进行再热器温度的调节。

图 4-13 为 1000MW 超超临界二次再热塔式锅炉过热器和再热器布置示意图。

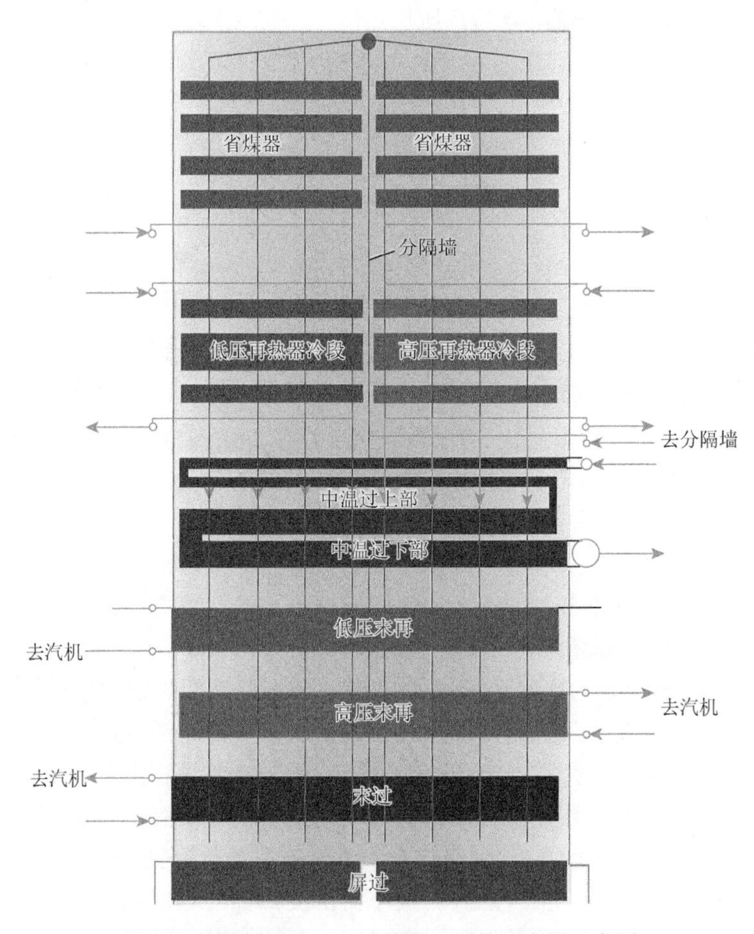

图 4-13　调温方式一：过热器、再热器布置示意图

3）二次再热 1000MW 超超临界塔式锅炉调温方式二：摆动燃烧器 + 烟气挡板调温

如图 4-14 所示，二次再热 1000MW 超超临界塔式锅炉也可以采用摆动燃烧器 + 烟气挡板作为再热蒸汽温度的调节手段，喷水减温作为事故情况下的备用措施。

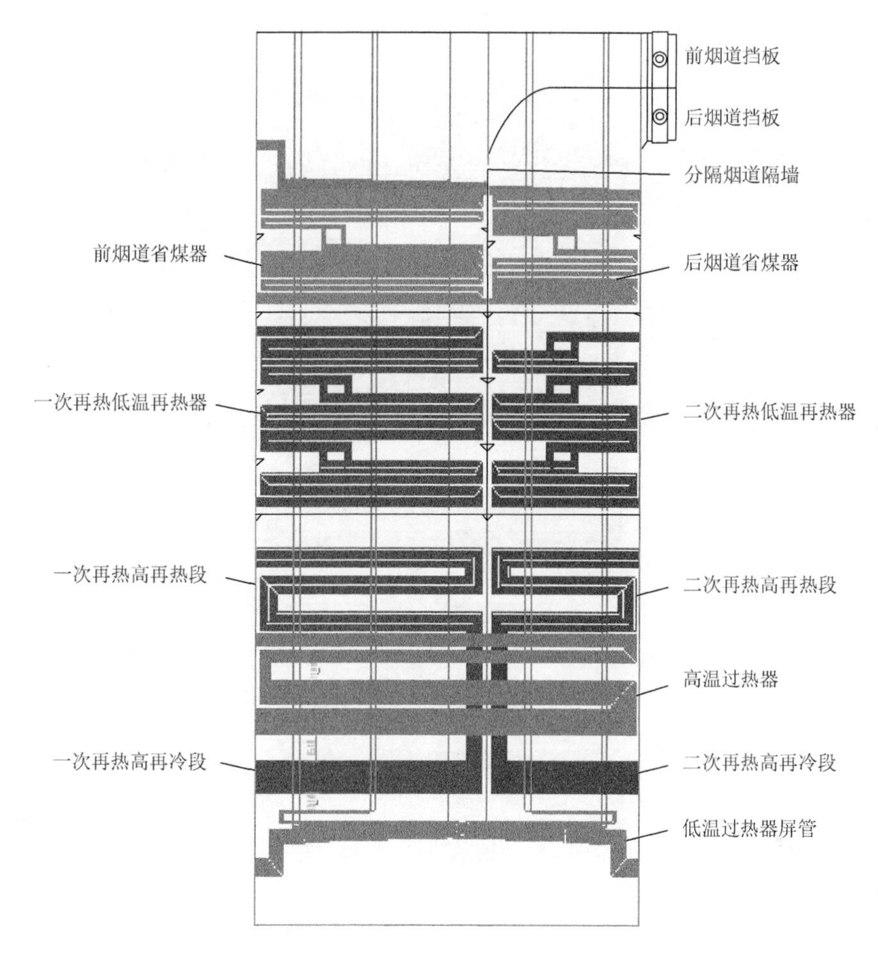

图4-14　调温方式二：过热器、再热器布置示意图

2. 锅炉受热面布置

采用二次再热锅炉时蒸汽吸热量增加，导致锅炉受热面设计和布置与一次再热锅炉有较大不同。例如，水冷壁面积将减少，锅炉启动系统在流程中的位置也有所变化，炉膛出口烟气温度也不同。图4-15为锅炉受热面的布置示意图，分隔烟道中并列布置低温再热器、省煤器。

3. 再热器阻力

对于二次再热锅炉，第二级再热蒸汽的压力很低（一般为2～2.5MPa），因此蒸汽的体积流量很大。为了使第二级再热蒸汽的阻力保持在低水平（如0.2MPa），需要合理考虑第二级再热器的蒸汽流速以及再热器管径和再热器管束的布置。

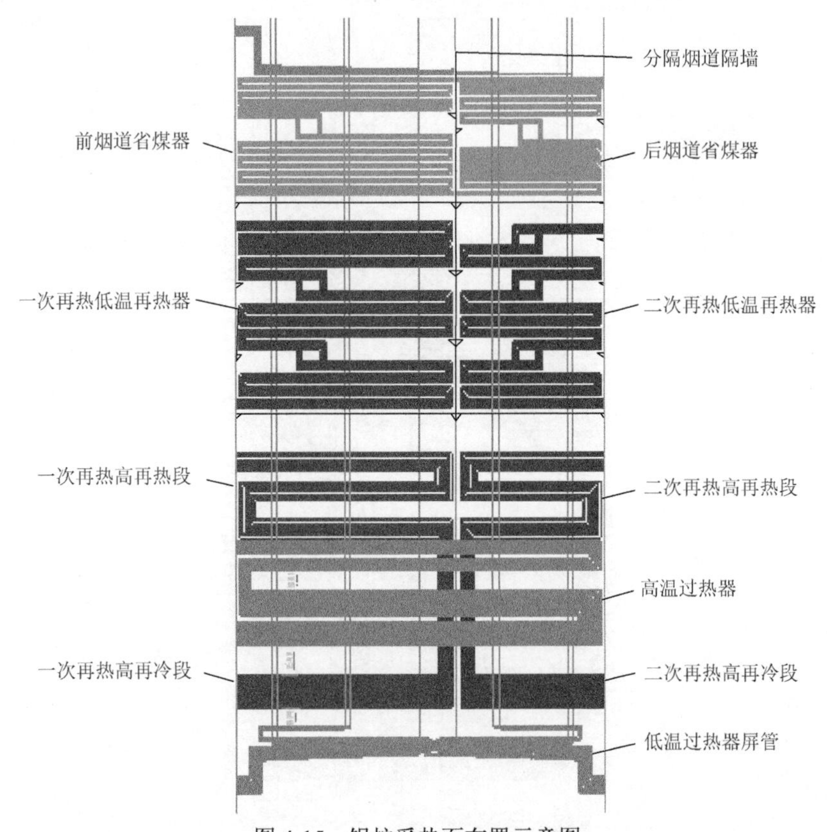

图 4-15　锅炉受热面布置示意图

4.3.5　二次再热汽轮机

二次再热要求汽轮机增加一个超超高压汽缸或一个中压缸，从热力性能的角度考虑，二次再热将对汽轮机的设计和机组产生下列影响。

（1）汽轮机设备成本将增加 30%（至少增加一个汽缸、一套阀门及高温管道）。

（2）运行成本增加，可靠性下降。

（3）增加一个新的超超高压缸（或一级中压缸），600～700MW 机组该汽缸为超-高压合缸，整个轴系也将为四个汽缸。1000MW 机组整个轴系为 6 个缸，分别为双流超超高压缸、双流高压缸、两个双流中压缸和两个双流低压缸，或者为双流高压缸、双流第一中压缸、两个双流第二中压缸和两个低压缸。因此 1000MW 及以上机组或将采用双轴机组。

4.3.6　一次再热机组及二次再热机组经济性比较

二次再热机组较一次再热机组增加了一级再热系统，采用二次再热的机组将导致投资增加，主要原因如下：①锅炉受热面增加；②汽轮机汽缸、阀门数量上升；③机炉连接管道数量增加；④汽缸增加导致主厂房尺寸增加，对于1000MW及以上机组，采用双轴汽轮机主厂房尺寸增加的幅度更大；⑤控制系统复杂；⑥对于1000MW及以上机组，采用双轴汽轮机，增加了发电机数量。

二次再热与一次再热比较，其热效率一般高出1.5%～2%，机组功率越大，效率收益越大。对于1200MW机组，机组的造价增加10%～15%，而机组的投资一般约占电厂总投资的45%～48%，即电厂总投资将增加4.5%～7.2%，同时机组的可靠性降低，强迫停机率增加1/3，运行成本增加。由于低压缸进口温度将大于400℃，使低压转子进入高温回火脆性区，必须对低压转子材料进行特殊处理。同时，由于采用了二次再热，对锅炉受热面布置以及再热汽温的控制也提出了新的要求，除采用常规的再热汽温调节方法外，也会采用喷水调温，这反而会降低机组效率。此外，二次再热循环系统复杂，压力损失也增加。由此可见，是否选择二次再热，还需从电厂投资以及热经济性角度进一步分析研究。

二次再热机组、一次再热机组所需增加的投资项目及投资差额见表4-12。

单台二次再热机组及一次再热机组热耗及发电标煤耗对比见表4-13。

表4-12　二次再热机组及一次再热机组投资差额（2台机组）　单位：万元

序号	主要变化项目	一次再热机组	二次再热机组
1	锅炉	基准	31737
2	汽轮机	基准	8459
3	给水泵、高加等辅机设备	基准	4300
4	高压管道	基准	23364
5	主厂房土建结构费用	基准	550
6	其他费用（含联合试运及预备费等）	基准	720
合计		基准	69130

表4-13　二次再热机组及一次再热机组热耗及发电标煤耗对比表（单台机组）

序号	项目	单位	一次再热机组	二次再热机组
1	THA工况热耗	kJ/(kW·h)	基准	–135
2	发电标煤耗	g/(kW·h)	基准	–4.96
3	利用小时数	h	5000	5000
4	标煤耗量差值	t	基准	24800

注：计算机组标煤耗时，管道效率取99%，锅炉效率取94%，机组的年设备利用小时数为5000h。

对二次再热机组及一次再热机组的经济性进行比较，比较方法采用最小年费用法。

年费用是计及资金时间价值的动态理论，用一个固定费用率f将投资、折旧、利息、税金、管理（人员工资和待遇）、保险等费用，平均分摊到电厂投产后至还贷折旧完毕期间的每一年之中，并加上年运行费用。其表达式为

$$NF = fZ_0 + U_0$$

式中，NF 为年费用；f为固定费用率，电力规划设计总院为了投标横向比较有可比性，避免标准不一致，除招标书有明确指定之外，规定固定费用率统一取$f = 0.17$，至今仍可适用，因此本工程也取 $f = 0.17$；Z_0 为设备投资，但省略去相同的设备运输、安装工程费用等；U_0为运行费，按定义应包含电耗费、小修费、用水费、材料费等。

由表 4-14 可知，由于二次再热机组增加的投资较大，其年费用较高，在目前火电利用小时下降和标煤价较低的行情下，其经济性较差。

表 4-14　二次再热机组及一次再热机组经济性对比表（单台机组）

序号	项目	单位	一次再热机组	二次再热机组
1	发电功率	MW	1000	1000
2	发电标煤耗	g/(kW·h)	基准	–4.96
3	利用小时数	h	5000	5000
4	标煤价	元/t	700	700
5	运行费用差值	万元	基准	–1736
6	设备初投资差值	万元	基准	5876.05
7	年费用差值	万元	基准	4140.05

4.4　超超临界空冷机组系统

从我国的能源生产布局来看，内蒙古、新疆、山西、陕西、甘肃、宁夏等西北和华北地区占据了我国大部分煤炭资源，特别是西部地区煤炭资源分布集中，煤层厚，开发条件好，适于大规模能源转换基地式开发，我国未来一半以上的火电机组都在这些地区运行。但是这些富煤地区水资源却极度缺乏，严重地制约了这些地区的火电发展。

直接空冷凝汽器（air cooled condenser，ACC）系统是指汽轮机的排汽直接用空气来冷凝，空气与蒸汽间进行热交换。所需冷却空气，通常由机械通风方式供

应。直接空冷的凝汽设备称为空冷凝汽器，这种空冷系统的优点是设备少、系统简单、基建投资较少、占地少、空气量的调节灵活。该系统一般与高背压汽轮机配套。这种系统的缺点是运行时粗大的排汽管道密封困难、维持排汽管内的真空困难、启动时为形成真空需要的时间较长、机组效率低、一次能源消耗大。

大型超超临界发电机组的发电效率比我国燃煤发电机组平均发电效率高约 9%，直接空冷机组比湿冷机组节水 80%以上，因此，建设 1000MW 级超超临界直接空冷机组，能够大幅度地解决上述瓶颈问题，同时实现明显降低煤电机组发电煤耗，大幅减排 SO_2、NO_x、CO_2 等污染物，大幅节约用水以及建设坑口电厂以实现西电东送、北电南送。发展 1000MW 级直接空冷机组技术，是电力工业的重大节能减排技术之一，是实现电力工业可持续发展的重要保障。

直接空冷发电技术主要包括直接空冷汽轮机技术、直接空冷凝汽器技术、大直径轴流风机技术和给水泵的驱动方式及其系统。直接空冷机组汽轮机的初参数（初温、初压、再热温度）与湿冷机组汽轮机初参数基本相同，所不同的是汽轮机背压高、变化范围大并频繁，汽轮机末端参数及低压缸部分设计特殊。

4.4.1　国内外研究现状

目前世界上掌握直接空冷发电技术最成熟的是美国的 SPX 公司和德国的 GEA 公司，尤其是大型直接空冷凝汽器技术，很长一段时间以来，大直径扁管蛇形翅片单排管的设计、加工制造技术都被美、德两国垄断，使得整个空冷系统造价居高不下。在华电宁夏灵武发电有限公司 2×1000MW 超超临界直接空冷机组投运之前，世界上最大的直接空冷汽轮机是西门子公司生产的 680MW 空冷汽轮机。我国自 20 世纪 80 年代初，从国外引进海勒间接空冷系统的设计制造技术。

自 20 世纪 60 年代中期开始，我国即开始了电站空冷机组的研制工作。哈尔滨空调股份有限公司是目前我国最具实力的空冷设备设计、生产厂家。在空冷散热元件和相关设备的研发设计、加工制造方面一直处于国内领先地位。由哈尔滨空调股份有限公司设计加工的大口径椭圆管套矩形钢翅片，因其良好的热工与防冻性能在化工行业得到了广泛的应用，2006 年自主开发成功的单排管空冷凝汽器，目前已在国内 4 台 600MW 机组上得到应用。哈尔滨空调股份有限公司对于空冷单元的另一关键设备——大直径低噪声轴流风机已积累了大量的设计、加工经验。

在空冷汽轮机组方面，我国自 20 世纪 60 年代起就开始进行了深入系统的研究，目前已经具备了相当的基础。由东汽生产的 2×200MW 空冷机组已于 1987 年在大同第二发电厂投运，2×200MW 空冷机组于 1994 年在太原第二热电厂投运[75-77]。1998 年向伊朗 Arak 电厂出口了四台 325MW 空冷机组。由东汽生产的首台亚临界

600MW 直接空冷汽轮机已在内蒙古大唐托克托电厂投运。目前亚临界 600MW 直接空冷汽轮机已投运 6 台。1993 年，哈汽为叙利亚阿尔扎电站设计了两台直接空冷 200MW 汽轮机组，开发设计的国内首台四缸四排汽直接空冷 600MW 汽轮机及国内首台两缸两排汽直接空冷 300MW 汽轮机分别于 2005 年、2004 年投运。此后，又陆续研制成功三缸四排汽空冷 600MW 汽轮机、三缸四排汽超临界空冷 660MW 汽轮机、两缸两排汽超临界空冷 660MW 汽轮机、三缸两排汽直接空冷 200MW 汽轮机、两缸两排汽间接空冷 135MW 汽轮机、两缸两排汽直接空冷 135MW 汽轮机和 100MW 汽轮机等系列产品。上汽制造的空冷汽轮机，包括 50MW、125MW、300MW、亚临界 600MW 和超临界两缸 600MW 汽轮机等，已经形成了完整的产品系列[78]。特别是为超临界两缸空冷 600MW 汽轮机开发的 910mm 叶片，是目前世界上最长的空冷叶片汽轮机。

以西北电力设计院为代表的国内电力设计院，通过长期的空冷系统设计和研究，取得了空冷系统设计研究的大量关键技术数据，积累了空冷工程设计经验，实现了直接空冷系统自主化设计关键技术突破。已经具备了 300MW、600MW、1000MW 大型机组空冷系统的自主化设计能力。

以华电为代表的我国几大电力集团公司已有几十台 600MW 空冷机组的建设和运行经验，科研院所围绕空冷关键技术进行了研究开发，以华电宁夏灵武电厂二期工程为依托，组织研制了世界首台 1000MW 超超临界空冷机组，开发了 1000MW 等级空冷系统的成套技术，华电宁夏灵武电厂 2×1000MW 机组分别于 2010 年 12 月和 2011 年 4 月投入生产运行，全部达到了设计指标，以此为标志我国是世界第一个掌握 1000MW 等级超超临界空冷机组成套设备和成套技术的国家，无疑会使我国跻身世界上掌握大型直接空冷发电技术的强国行列。

4.4.2 超超临界直接空冷机组特点

直接空冷系统的优点如下。

（1）可做成较大的空冷凝汽器组，翅片冷却管可长达 9m，布置在主厂房外的平台上，以适应大型机组的需要。

（2）因减少一套表面式换热器，可减少投资。

（3）因减少空冷塔和循环水管，占地面积少，为间接空冷占地的 1/3。

（4）空冷凝汽器组用单排直管，可调速风扇，用顺逆流空冷凝汽器组，具有较好的防冻功能，冬季真空度较好，经济性高。

（5）因采用单排管结构，空气流动阻力小，相应风扇耗功小。同时在运行中便于吹扫，保持表面清洁。

直接空冷也存在一些缺点，具体如下。

（1）受外界气象条件变化的影响较大。当有大风从锅炉侧吹来，易在汽轮机空冷装置上形成涡流，从空冷装置向上的热流部分可能会被卷入平台以下，形成热风反流，热风再经风扇吹向空冷凝汽器，反而加热排汽，使真空突然恶化。

（2）有多组空冷凝汽器，每组下有一风扇。因此，总耗功较循环泵耗功更大，厂用电增大约 1.5%。同时风扇台数多，将产生噪声。

（3）夏季直接空冷机组因真空度差，热经济性下降。

（4）真空容积大，为保证空气严密性，在施工时，对焊接等质量要求较高。

（5）凝结水接触面积大，为保证凝结水品质，需要对其进行精处理。

（6）空冷装置的自动调节系统更复杂。

4.4.3　超超临界空冷机组系统经济性影响因素

1. 直接空冷机组系统投资

直接空冷机组系统投资直接影响系统优化配置结果，系统投资大，则优化方案空冷配置小，进而影响运行背压，加大了电厂运行煤耗。目前，直接空冷系统已实现设计、设备和安装、调试的全过程国产自主化，单位千瓦时投资已从 2003 年的 400～450 元/(kW·h)降为 260～300 元/(kW·h)，降幅接近 35%。今后直接空冷系统的投资变化将主要依赖于市场金属等材料价格波动和人员等成本的变化。

2. 电价和煤价

电价和煤价是影响空冷机组运行经济性的主要因素，也是影响空冷系统优化配置结果的主要因素之一。电价或煤价高，即发电收益好或燃料成本高，空冷系统优化结果倾向于低背压的大配置方案。

若锅炉效率按 93%、管道效率按 98%、年利用小时数按 5500h、标煤价格按 350 元/t 计算，对于 2×1000MW 超超临界空冷机组和 2×660MW 超临界空冷机组，其发电标准煤耗分别计算如表 4-15 所示。

表 4-15　空冷机组煤耗比较

项目	2×1000MW 超超临界空冷机组	2×660MW 超临界空冷机组	2×660MW 亚临界空冷机组
发电标准煤耗/[g/(kW·h)]	283.8	290.5	302
年标煤耗/万 t	312	320	332
年标煤耗差/万 t	8	0	12
年节约标煤费用/万元	1500	0	4350

经过对同容量超超临界空冷机组与超临界空冷机组投资估算进行比较，2×1000MW 超超临界空冷机组投资比 2×660MW 超临界空冷机组的投资高 31000 万元。虽然 2×1000MW 超超临界空冷机组投资比 2×660MW 超临界空冷机组的投资高，但年标准煤耗低，在同样的评价因素及一定的标准煤价格下，2×1000MW 超超临界空冷机组含税上网电价有可能比 2×660MW 超临界空冷机组的含税上网电价低。经测算，某电厂的 2×1000MW 超超临界空冷机组含税上网电价比 3×660MW 超临界空冷机组的含税上网电价低约 4 元/(MW·h)[79]。

4.4.4 直接空冷系统气象和环境影响因素

1. 环境气温

环境气温是直接空冷系统设计的最基本、最重要的参数。环境气温增高将减小空冷系统冷却温差，导致空冷凝器散热能力下降，汽轮机背压上升，煤耗增加或出力降低。

2. 环境风向和风速

直接空冷系统受不同风向和不同风速影响比较敏感，特别是风速超过 3.0m/s 时，对空冷系统散热效果就有一定的影响。当风速达到 6m/s 以上时，不同的风向会对空冷系统形成热回流，降低风机效率和散热效率。

3. 海拔及大气压力

海拔增加，大气压力降低，空气密度减小，将影响空冷系统的配置和背压。

4. 太阳辐射热

太阳辐射对空冷系统的影响主要有直接辐射影响和间接辐射影响，前者系指太阳直接照射在直接空冷凝汽器上对空冷系统性能的影响，后者是太阳照射在周围环境区域、累积了一定热量而造成局部环境气温升高，产生间接辐射影响。但由于间接辐射影响难以量化，本节仅对直接辐射影响进行初步分析，见表 4-16。

表 4-16 太阳直接辐射对机组背压的影响

环境气温/℃	不考虑太阳辐射的估算背压/kPa	考虑太阳辐射的估算背压/kPa	背压差值/kPa
11	10.45	11.1	0.65
13	11.65	12.3	0.65
15	13	13.7	0.7

续表

环境气温/℃	不考虑太阳辐射的估算背压/kPa	考虑太阳辐射的估算背压/kPa	背压差值/kPa
17	14.45	15.2	0.75
30	28.72	30	1.28
32	31.6	33	1.4
34	34.7	36.2	1.5
38	41.6	43.4	1.8
42	49.7	51.8	2.1

由表 4-16 可知，随着气温升高，太阳直接辐射影响对背压的增幅也在增加，一般条件增幅在 1.5～3kPa；对于华电宁夏灵武电厂而言，极端最高温度为 41.4℃，由于太阳辐射影响机组背压，在设计工况条件下约为 0.7kPa，夏季工况则不大于 2kPa。

需要特别说明的是，根据实测资料分析，个别地区由于地形地貌的不同，太阳间接辐射影响造成短时局部环境气温升高已达 3℃以上，仅就间接辐射造成的背压升高可能达到 4～8kPa，大于直接辐射影响，因此工程设计中需予以重视。

4.4.5　直接空冷系统机组凝结水处理系统优化

1. 直接空冷机组凝结水的特点

直接空冷机组有大面积的铁质空冷凝汽器，凝结水中铁含量较高，通常每升凝结水的铁含量达几十微克，比湿冷机组的凝结水的铁含量（约每升水几微克）高几倍，因此防止水汽系统的腐蚀及减少系统腐蚀产物的携带显得很有必要。

此外，空冷机组的凝结水运行温度通常比湿冷机组高得多。在夏季，凝结水温一般可达 70℃甚至更高，因此，对凝结水处理所用的离子交换树脂等材料提出了耐高温要求。但高温下的运行仍然会使阴树脂的老化速度加快，交换容量降低，树脂寿命缩短，并且分解产物溶于水中污染水质，精处理系统的选取应考虑适应高温这一特点。

2. 各类机组的凝结水处理系统分析

本节分别就直接空冷汽包炉机组、超临界湿冷机组和超临界直接空冷机组的凝结水精处理系统进行比较。

1）直接空冷汽包炉机组凝结水精处理系统

目前，直接空冷汽包炉机组的凝结水精处理方案主要包括粉末树脂覆盖过滤器系统和阳阴分床串联系统，这两种方案各有特点，但均存在一定不足。

（1）粉末树脂覆盖过滤器系统。

粉末树脂覆盖过滤器系统是水的净化系统，主要使用一种极其微小颗粒（60～100 目）的离子交换树脂粉末预涂在管式过滤器的滤元外表面。粉末树脂是用彻底再生后的树脂再碾磨成粉末，而粉末的比表面积比球形树脂大得多，因此阴阳离子交换树脂粉末可根据运行各阶段的要求，按一定比例混合，覆盖到滤元上。此系统适用于频繁启动机组的凝结水精处理、凝结水含盐量较低的场合。由于直接空冷机组没有可能污染凝结水的冷却水，凝结水中的盐分杂质较少，且树脂粉失效后采取抛弃方式，可不考虑凝结水温度升高而造成的树脂老化问题，因此在我国首先被使用于直接空冷机组的凝结水处理中。

一般认为，树脂粉末与大颗粒树脂相比，由于树脂母体上所含活性部位更加分散，比表面积更大，因此有较高的离子交换速度和能力。空冷机组采用 100%凝结水全流量处理，需要 2 台粉末过滤器运行，但由于仅在滤元上铺涂层树脂粉薄层，铺膜所用树脂粉总量仅为 200～230kg，被交换的离子极易穿透，所以粉末过滤器的除盐能力有限，仅能维持 2～3h，特别是除硅效果较差。

此外，过滤器的滤元可以定期更换，当水温度过高时可仅铺阳树脂粉，但在发电厂现场不能自行调整阳阴树脂比例或铺膜，由于阳阴树脂粉末带有较强的静电荷，会造成树脂抱团现象，需加入添加剂，保证均匀地垫铺，必须在生产厂家完成。

（2）阳阴分床串联系统。

国外运行的直接空冷机组大部分采用阳阴分床串联系统。阳阴树脂的耐温性不同，强酸大孔型树脂的耐温均在 100℃以上，用在空冷机组上没有问题。而一般的强碱阴树脂耐温性较差，阴树脂最高耐温可达 70℃，如采用混床方案，则受限于阴树脂的使用温度。气温较高期间，精处理系统将不能运行。采用阳阴分床串联系统，当凝结水温度较高时，仅运行阳床，旁路为阴床，仍能满足凝结水除铁的要求。在凝结水温度过高时，精处理系统则全部旁路。

阳阴分床串联系统通常每台机组配备 1 套阳阴床系统，两台机组共用 1 套树脂再生装置。对于 1000MW 超超临界机组，每机设置 4 台高速阳床（ϕ3000mm）、4 台高速阴床（ϕ3000mm），阳阴床各为 3 台运行，1 台备用。阳床进出口母管间和阴床进出口母管间分别设有旁路，当系统压差过高或水温过高时，旁路自动开启，保护设备的运行安全。目前的设计为凝结水温超过 70℃时，两个旁路全部开启，水温超过 50℃时，开启阴床旁路，仅运行阳床。目前国内投运和在建的阳阴分床串联系统的阳阴树脂比例均采用 1∶1，树脂多采用进口大孔树脂。

阳阴分床的再生系统不需将混合的阳阴树脂彻底分离，所以系统简单，操作简便，但阳阴树脂必须分开储存，需增加树脂储存罐。由于树脂再生的需要，必须有酸碱等辅助设施。该系统出水水质比树脂粉末过滤器系统好，由于树脂不但有良好的除铁功能，又有很好的离子交换功能，出水电导率可以达到 0.12μs/cm，钠含量低于 1μg/L，树脂粉末过滤器系统很难达到该指标。

2）超临界湿冷机组凝结水精处理系统

目前国际国内已投运的超临界湿冷机组的中压凝结水精处理方案主要有前置氢型阳树脂过滤器＋高速混床、前置过滤器＋高速混床。

（1）前置氢型阳树脂过滤器＋高速混床系统的除铁情况。

在凝结水高含铁量的启动阶段，前置氢型阳树脂过滤器的除铁效果按 90%～98%计算（根据美国电力研究院导则介绍，启动阶段的除铁效果能达到 90%以上），后置的高速混床除铁效果按 59%计算，整个系统在启动阶段的除铁率可达到 96%～99.2%；在凝结水含铁较低的正常运行阶段，若前置氢型阳树脂过滤器的除铁效果按 59%～70%，其过滤效果可以使系统出水的铁含量达到更低的水平。

该系统的主要缺点是系统较复杂，需要为前置氢型阳树脂过滤器配置一套再生系统，占地面积大；此外运行的压差比高速混床大一倍左右，比前置过滤器＋高速混床系统略大；运行工作量比前置过滤器＋高速混床系统大。

（2）前置过滤器＋高速混床的除铁情况。

前置过滤器对于不同凝结水的铁过滤除去效果能达到 70%～92%，过滤除铁效果与前置氢型阳树脂过滤器＋高速混床系统相近。

该系统比前置氢型阳树脂过滤器＋高速混床系统简单；占地面积比较小；运行的压差比前置氢型阳树脂过滤器＋高速混床系统略小；运行工作量最小，运行的灵活性和安全性高。从考虑凝结水精处理系统的除盐、除铁效果，系统的复杂性、安全性、运行压差、运行工作量及设备投资的大小等情况，近年国内超临界机组凝结水精处理系统均选用前置过滤器＋高速混床系统。

3）超临界直接空冷机组凝结水精处理系统

从上述两种类型机组凝结水精处理系统可以看出，直接空冷机组的凝结水处理主要以除铁为主。而超临界机组因混床的离子交换特性决定其出水水质好，均配有混床，电导率可以达到＜0.1μs/cm。但混床并不完全适应超临界直接空冷机组凝结水温度高、铁腐蚀产物高的特点，关键在于直接空冷机组的凝结水温度较高，混床中的阴树脂长期在较高温度的水中运行，易造成树脂降解，阴树脂工作交换容量降低，使混床运行周期缩短，或在凝结水温度高时，混床退出运行，难以保证凝结水水质。此外，由于滤元问题，在超临界机组上不宜采用单纯的粉末过滤器系统。

因此要获得高品质的凝结水，超临界直接空冷机组宜将直接空冷机组的除铁与超临界机组的除盐设备结合，使凝结水处理系统既有良好的除铁功能，又有保证高品质出水的特点，因此推荐覆盖过滤器加混床的处理系统。当凝结水温度高于 70℃时，仅运行过滤器，而将混床旁路，保护阴树脂。

4.4.6 空冷系统度夏、防冻、防风关键技术

1. 直接空冷系统度夏技术

直接空冷系统对外界气象条件较为敏感，在夏季运行条件下，主要表现在对汽轮机背压的影响。除了环境气温影响汽轮机背压变化外，夏季强对流气候的风速、风向的急剧变化，在热风回流和对风机运行影响同时作用情况下，机组的背压将急剧升高，对直接空冷系统的运行造成重大威胁。在国外，南非 Matimba 电厂 6×665MW 电厂的机组跳闸事故为国际上直接空冷系统运行安全防范的典型案例。该电厂 6 台 665MW 机组于 1987～1991 年相继投产，在夏季强对流气象情况下，多次发生机组背压突升而跳闸事故，几乎每年发生 1～2 次。因此，如何保证直接空冷系统在夏季安全运行是直接空冷系统重点研究的主要问题之一。

直接空冷系统安全度夏主要从两个方面着手：一是要求汽轮机的安全允许背压有足够裕度；二是采取合理的度夏设计、运行措施。具体关键技术和措施如下[80]。

1）加装喷淋装置

机组的背压很大程度上取决于进入空冷凝汽器空气的干球温度，因此降低入口空气温度能够解决直接空冷机组夏季出力受阻问题，从而提高机组的经济性和安全性。为此，可在风机上部增设除盐水喷淋装置，如图 4-16 所示。

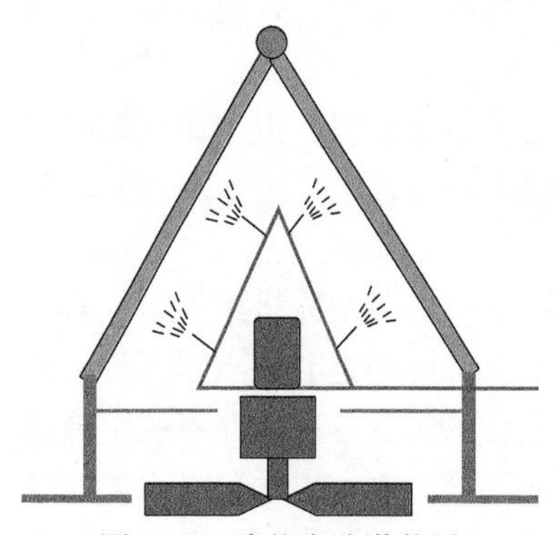

图 4-16 除盐水喷淋装置

水经过喷嘴雾化形成一定粒径的雾滴，雾滴在运动过程中与空气充分混合并迅速蒸发。由于水的汽化潜热较大，水蒸发时会吸收空气中大量热量，从而降低空气的干球温度。将降温后湿空气送到空冷散热器，从而提高了空冷岛的换热能力。为了使空冷器避免因喷水水质问题而产生结垢现象，喷淋用水一般采用除盐水。为了节约除盐水，喷淋装置可以选择单列、两列或三列同时运行，也可选择单列或两列循环切换运行。

2）延伸挡风墙

延伸挡风墙是防止热风回流的有效措施之一。当空气流经锅炉房和汽轮机房等钝体建筑物时，会在其下风一侧产生若干漩涡，漩涡中的气压低于其周围空气的气压，因此造成不合理的空冷平台高度，这会使得空冷平台的进气口处于尾涡中，而

出气口位于尾涡外，进出气口的压差相当于一个向下抽气的风机，降低了空冷平台的机械通风能力。不合理的平台高度设计也会使得空冷平台的出风口位于垂直漩涡的顺流部分，而进风口位于垂直漩涡的回流部分，从而导致热风再循环。因此，延伸挡风墙高度，不仅可以延长热风流程，而且能够降低漩涡的影响，如图 4-17 所示。

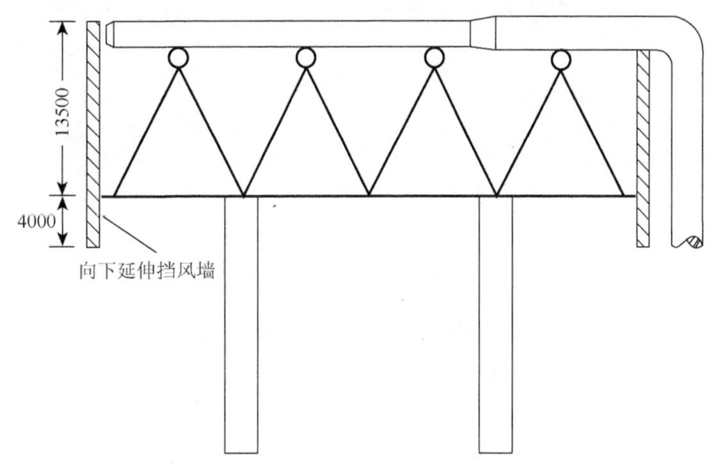

图 4-17　延伸挡风墙示意图

单位：mm

3）加装导流装置

由于很多的风机布置在一起，所需冷却用的风量很大，空冷凝汽器四周边的进风已形成了一定的风速，平行方向的风力在垂直方向的风机吸入口起了不良作用，使周边的风机排气能力下降，从而使该风机对应的换热管束的换热效率下降。当自然风的风力增大时，在风机的吸风作用和自然风力相加后，空冷凝汽器周边的风速更高，会造成周边风机吸入口形成负压，风机的效率下降，严重时会造成空冷凝汽器外围空冷单元空气倒灌现象，使该空冷单元停止工作，并形成热风回流现象，使整个空冷凝汽器的换热效率下降，从而使凝汽压力上升，降低发电量，自然风速高时会影响机组的安全运行。对于上述问题可以加装一种进风导流装置，即在挡风墙下方钢结构平台的外围竖向向下布置进风导流装置，用于改变空气进入空冷凝汽器外围风机吸入口的方向，使有害的自然风变为有用的自然风，提高空冷凝汽器的性能，确保电站安全运行，同时显著降低成本和运行费用，如图 4-18 所示。

2. 直接空冷系统防冻技术

直接空冷系统对外界气象条件较为敏感，在冬季运行条件下，主要表现在环境气温的影响。相对于夏季，环境气象条件的风速、风向的变化影响已处于次要

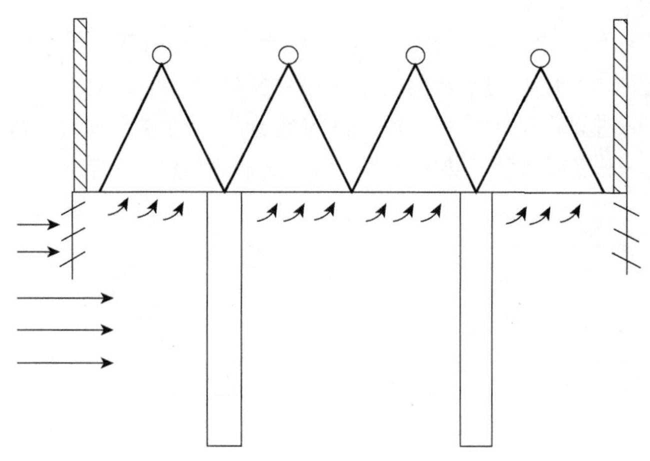

图 4-18　进风导流装置

位置，热风回流和对风机运行影响因环境温度的降低而大幅度减轻，取而代之，对直接空冷系统运行造成的重大威胁是空冷凝汽器内部凝结水结霜成冰所造成的影响。

空冷凝汽器的散热器以高架 A 字形布置暴露在大气环境中，采用机械通风方式冷却。当热负荷与风量确定的条件下，其冷却能力取决于环境空气干球温度。在冬季低温状态下，散热器翅片管内的饱和蒸汽等温冷凝段缩短，凝结水冷却段增加，使凝结水过冷度增大。若气温继续下降，散热器翅片管内的凝结水可能过冷过大，甚至发生冻结现象。其危害性会使传热性能降低；严重时，翅片管管束内部被冰块堵塞、从而阻塞汽轮机排汽流通，使机组真空下降，直至被迫停机；并会使散热器翅片管变形或冻裂，造成永久性损害。

1）防冻性能分析

（1）直接空冷系统的防冻性能。

直接空冷系统的防冻性能相对优于间接空冷系统，可以采用关停风机或降低风机转速而有效地控制进风量。高达 2400kJ/kg 以上的汽化潜热的换热冷却过程可以实施顺逆流散热器的合理配置，轴流冷却风机的调节控制及散热器翅片管的合理设计使直接空冷系统具有较好的防冻性能。在空冷系统设计中，冬季气温较低，甚至可能隔离部分受热面，着重于顺逆流比、翅片管形等的选择，无须进行空冷系统冬季的优化计算。

（2）防冻设计的温度条件。

空冷系统的冬季环境温度条件一般以该地区的历年极端最低气温，结合地区的最冷月平均气温考虑。通常以“历年极端最低气温”来衡量空冷发电厂所在地区的寒冷程度，当历年极端最低气温低于–30℃时，在空冷系统的应用中可认为属于极严寒地区，应采用直接空冷系统，并采取严格的防冻措施。而“最冷月平均气温”则表示该地区寒冷时间的长短，可根据机组的负荷特性选择空冷凝汽器的合理配置和特殊的防冻设计，如顺逆流比、风机的匹配、翅片管长度等方面的确定。

（3）最小防冻热负荷及流量。

直接空冷系统的防冻条件与环境气温、进入空冷凝汽器排汽热量和发生冰冻持续时间相关。在某一环境气温条件下，不发生冻结的允许运行时间内，进入空冷凝汽器所允许的热量或汽轮机排汽量称为“最小防冻热负荷”或“最小防冻流量”。控制适当的最小防冻热负荷或流量将是有效的防冻措施。

（4）空气冷凝器的顺逆流比。

根据翅片管内汽流和凝结水的流动方向分类，空气冷凝器的冷却元件可分为顺流段和逆流段。顺流段（kondensor，K）：蒸汽由配汽管自上而下进入翅片管束，与凝结水流向相同而进入下联箱；逆流段（dephlegmator，D）：将在顺流段中未被凝结的蒸汽通过下联箱由下而上的进入翅片管束，与自上而下进入下联箱的凝结水形成流向相反的逆流状态。顺流段与逆流段的冷却面积之比简称为顺逆流比（K/D）结构。设置逆流管束主要是使尚未被凝结的蒸汽与凝结水成对流加热状态，并将系统内的不凝结气体从上端排出，避免运行中在空气冷凝器内的某些部位形成死区而形成冬季冻结的情况。合理的顺逆流比将有效地提高空冷凝汽器的防冻性能。

（5）发生冰冻现象的几种状况。

蒸汽介质在空冷凝汽器中流量分配不均匀，例如，处于导汽管入口侧或末端的翅片管束，因蒸汽转角原因使其流量减少，易发生冰冻现象。

多排管冷却元件的各排翅片管冷却能力与蒸汽热负荷的不平衡，形成死区。

由于施工或运行的原因，造成凝结水端或管道的冰冻或堵塞，汽流堵塞而冰冻。

空冷系统内存在大量蒸汽中所含有的不凝结气体，或因制造或施工原因造成汽轮机空冷系统的真空泄漏而进入系统的不凝结气体，通常在逆流段的顶部由抽真空系统抽出，否则容易造成汽流阻塞。不凝结气体的焓值较低，当气温下降到一定极限时，易造成空气冷凝器管束内冻结现象的发生。因此，有效防止真空泄漏和及时有效地排除空气冷凝器内的不凝结气体是防冻和提高管束传热性能的有效措施之一。

2）直接空冷系统防冻措施设计

防冻技术研究主要集中在空冷凝汽器的合理配置，轴流冷却风机的调节控制及其他辅助防冻措施设计，从而使直接空冷系统具有较好的防冻性能，运行的合理控制也是直接空冷系统防冻安全运行的主要因素。

（1）冷却元件的翅片管形式选择。

为了提高翅片管的换热性能，它的形式经历了多排管、两排管、单排管的发展过程，防冻性能是形式改变的附加特性。由于翅片管束冷却能力与饱和蒸汽热负荷的不平衡，翅片管内易发生蒸汽冻结现象。多排管位于前排的管束容易产生死区，后排蒸汽又可能倒流至前排管，使它的下部存在死区而冰冻。单排管束内部空间大、阻力较小，没有蒸汽流量分配偏差问题，便于管内疏水，凝结水不易产生过冷现象，单排管的防冻性能优于多排管。改变翅片管的翅化比（散热面积/迎风面积）也是防冻措施之一。对多排管、两排管与冷空气接触的首排管束，采用翅化比较小、片距较大的翅片管，后排管则相反，使前排管蒸汽与空气温差加大。

（2）空气冷凝器顺逆流比的选择。

为保证空冷凝汽器的优化性能，K/D 的选用需进行分析研究。由于进入逆流段的蒸汽经过顺流段后有一定的压力降和温度降，逆流段的散热系数也略低于顺流段的散热系数，使空冷凝汽器逆流段的换热效率有所下降。而在翅片管内流动的蒸汽中的不凝结气体含量很小，从理论上认为逆流段的冷却面积可以设计得较小。但在空冷系统的设计中，K/D 的值则是通过空冷电厂所在地区的历年极端最低气温和最冷月平均气温考虑确定，通常按气象条件在 5∶2～6∶1 选择。在极严寒地区，为了有效地防冻，将逆流段的冷却面积适当增大，采用 5∶2～3∶1，如呼伦贝尔电厂空冷系统的 K/D 值采用 5∶2。

（3）调节风机控制进入空冷凝汽器风量。

对风量进行合理控制是一种有效的防冻措施[81]。随着环境温度的不断降低，通过减少进入空冷凝汽器的风量，达到与空冷凝汽器内部蒸汽热量的平衡，以降低凝结水的过冷度，避免冻结现象发生。通过调节风机控制风量一般采用以下几种方法：①采用变频调速控制风机，根据气温的变化合理地调节风量，还可以在冬季控制逆流段的风机反转运行，形成内部热风循环，提高或保持凝结水温，防止冻结；②配备双速运行风机，全速运行时供应大风量，半速运行时供应小风量；③在风机台数较多情况下可以考虑采用单速风机，在冬季根据气温停运部分风机，用运行风机数目控制风量；④部分采用变频调速电机或双速风机，部分采用单速电机，可减少工程投资，但控制系统较复杂。

（4）隔离部分散热器面积。

空冷系统防冻最严峻的时刻，发生在汽轮发电机组启动阶段或机组最低负荷运行时间，此时进入空冷凝汽器的蒸汽流量最小，最容易发生结冰现象。为避免冰冻，在部分空冷凝汽器的蒸汽分配管道上设置电动真空隔离阀，冬季通过关闭若干导汽管的进口关断阀，隔离部分散热面积，提高凝结水温度，防止冻结。相应的空冷凝汽器的散热面积需要按启动或低负荷阶段的环境气温条件、相应的空冷凝汽器的散热面积、到达不发生冰冻现象的蒸汽流量及允许运行时间确定。

隔离阀的数量，按不同的环境温度、在允许的运行时间内达到最小防冻热负荷或流量所确定。

采用真空隔离阀隔离部分散热器面积的另一个作用是，在机组冬季正常运行时作为空冷凝汽器运行控制的一个手段。除了采用变频调速控制风机来控制进入空冷凝汽器风量的防冻方式外，还可以采用真空隔离阀隔离部分散热器面积，如在冬季寒冷时期，关闭空冷凝汽器外侧的真空隔离阀，若关闭2只可以减少20%的散热器面积，就比较容易控制冰冻现象发生。

（5）采用冬季防冻的自动控制。

随着控制水平的提高，对空冷系统的防冻保护控制是一种非常有效的手段。如对凝结水温的控制，由于冷却程度不同可能有很大差异，当空气冷凝器各个管束的凝结水的温度降到某一设定值（如5℃）以下时，可以采用冬季运行模式运行，将各列空冷凝汽器按设定的程序顺序，自动定时分别停用或开启顺、逆流段风机，直至凝结水温度回升，周期性的对有关风机调速或反转。空冷系统冬季运行保护模式程序分为逆流风机回暖、顺流风机降速、单列风机跳出单独控制这几种运行方式。这些运行方式有机地结合运用将有效地解决冬季防冻问题。

（6）其他防冻措施。

设置挡风墙，防止冷风直接吹向散热器，引起两侧凝结水温相差较大。施工、安装过程中严格保证真空系统的严密性，并在空冷系统调试阶段进行空冷凝汽器气密性试验，防止不凝结气体漏入，造成管束内冻结现象的发生。

特殊的防冻措施：在冬季极严寒的情况下，采用局部临时封闭措施，在工程设计中可留有挂钩，以备临时挂帆布类封堵材料。

3. 直接空冷系统防风技术

直接空冷系统防风技术研究是研究环境风对空冷凝汽器的影响，主要是风向、风速的影响。环境风的风向及风速等气象因素对直接空冷系统的影响十分明显，风速、风向影响空冷凝汽器的进风和排风条件，直接影响汽轮机的背压，尤其在夏季强对流气象条件时，影响更显著。防风技术研究的目的是提高空冷系统在环境风速、风向变化情况下的抗风能力，尽可能减少对散热性能的影响，并防止发生负荷骤降及跳闸事故。从提高抗风能力角度考虑，直接空冷系统防风技术研究的方向与直接空冷系统度夏技术研究相同。

4.4.7　给水泵驱动方式及其系统优化

锅炉给水泵是发电厂中重要的辅机设备之一。不但系统庞大，初投资高，且其驱动功率居发电厂辅助设备之首，超超临界直接空冷机组因给水泵扬程高、流量大，其功率远高于同容量的亚临界机组，如1000MW超超临界直接空冷机组的给水泵驱动功率约为37000kW，如采用电泵，仅此一项则占机组出力的3.5%，因此，超超临界直接空冷机组锅炉给水泵驱动方式的合理选择，对控制电厂造价及节能降耗有重要意义。

另外，对于直接空冷机组，因其背压高，外部环境条件敏感性强，国内外早期建设的直接空冷机组大多采用了系统简单并对空冷机组运行影响甚小的电动调速给水泵。随着机组容量增加、机组参数提高，在提高发电效率的同时，如何降低厂用电率提高电厂经济效益越来越受到国内发电企业的重视。因此，对超超临界直接空冷机组给水泵驱动方式的选择研究是当前工程建设面临的实际问题。

下面针对 1000MW 级超超临界直接空冷机组，采用不同的给水泵驱动方式及其冷却系统的技术经济性进行系统的分析研究。

1. 1000MW 级超超临界直接空冷机组给水泵驱动配置方案及特点

可用于 1000MW 超超临界直接空冷机组的给水泵配置方案较多，综合考虑其实用性，仅对以下汽泵配置方案和电泵配置方案进行分析比较。

1）汽泵配置方案

汽动给水泵的驱动方式根据给水泵汽轮机排汽的冷却方式分为间接空冷汽泵、湿冷汽泵、直接空冷汽泵。

（1）2×50%间冷汽动给水泵＋30%电动启动（备用）泵。

此方案节水效果好，厂用电率较低，运行可靠性较高，但存在主机采用直接空冷系统，给水泵汽轮机采用间接空冷系统，辅机冷却水采用湿冷系统，造成厂内冷却系统多样、系统复杂、占地面积大、初投资较高。目前已用于华电宁夏灵武电厂二期工程。

（2）2×50%湿冷汽动给水泵＋30%电动启动（备用）泵。

湿冷汽动给水泵采用独立的凝汽器，给水泵组运行对主机影响不大，且系统相对简单，是 600MW 直接空冷机组配置汽动给水泵采用较多的方案。

（3）2×50%直接空冷汽动给水泵＋30%电动启动（备用）泵。

此方案系统较简单、节水效果好，但由于空冷机组汽轮机背压高，随气温变化频繁，若采用直接空冷汽动给水泵，排汽接入主机空冷凝汽器，存在给水泵汽轮机运行工况变化频繁和调节复杂等问题，在夏季大风时也易引起给水泵汽轮机跳机而影响锅炉给水安全性；另外，目前仅有一个 300MW 直接空冷机组电厂的运行业绩，尚无在 600MW 及以上容量机组的应用业绩，但现国内已完成 600MW 级超超临界机组直接空冷汽动给水泵方案对主设备、热力系统的调节性能及运行稳定性影响的仿真试验研究，且已有工程设计方案准备实施，其研究成果可供 1000MW 级机组参考。

2）电泵配置方案

对于 1000MW 级超超临界机组，如采用电动给水泵方案，其 50%容量电动调速泵的轴功率为 19668kW（含前置泵），而给水泵的轴功率为 19200kW，调速装置已不能采用常规的液力耦合器，使其设备价格增加较多。此外，单台电动机的功率为23000kW，电动机启动对厂用电系统的冲击很大，将影响其他辅机的安全运行。因此，1000MW超超临界机组采用50%电动调速泵方案没有优势，不宜采用，应重点考虑有实际意义的以下两个电泵方案。

（1）3×35%电动调速泵。

对于1000MW超超临界机组，35%电动调速泵的轴功率为12635kW（含前置泵），给水泵轴功率为11800kW，已超出液力耦合器调速的不大于11000kW使用范围，需采用行星齿轮调速。采用3×35%电动调速泵方案，其给水泵组形式相同，备品备件通用性好，且1台电动泵事故，2×35%电动调速泵运行可满足机组大于70%负荷的给水要求。

（2）4×25%电动调速泵。

1000MW级超超临界机组的单台25%电动调速泵轴功率为9834kW（含前置泵），给水泵的轴功率为9600kW，可选用常规液力耦合器R18K500M型，电机功率11500kW。给水泵组形式相同，备品备件通用性好，且1台电动泵事故，3×25%电动调速泵运行可满足机组大于75%负荷的给水要求，电机功率为11500kW，可采用国产电机，由于采用液力耦合器调速，可控制整体成本。

2. 给水泵驱动方式配置方案的技术分析

1）安全可靠性影响

采用电动给水泵：对于配置3×35%或4×25%电泵的方案，当一台电泵故障时，机组可带70%以上的负荷。电泵方案还有利于增加大汽轮机末级流量，改善其夏季高背压下的小容积流量工况的性能。故电动机驱动给水泵的方式是系统最简单、操作方便、安全可靠性最高的方案；但耗电量大，特别是超超临界机组，使全厂的厂用电率增加约3%。

采用汽动给水泵：①湿冷方案，一般可与辅助设备共设一套冷却水系统，由于背压运行的范围小，受环境大风影响非常小，故给水泵汽轮机运行对主汽轮机及系统运行的稳定性影响可以忽略不计[82]；②间冷方案，给水泵汽轮机背压运行的范围小于主汽轮机，且受环境大风影响稍延迟于主汽轮机，故其运行对主汽轮机及系统运行的稳定性影响较小，安全可靠性较高；③直接空冷方案，即给水泵汽轮机排汽接入主冷系统，正常运行中，给水泵汽轮机的背压比主汽轮机更高，末级变工况范围大，尾部运行条件恶劣，有效焓降小，对给水泵汽轮机的出力影响大，在夏季不利大风工况时，直接空冷给水泵汽轮机将出现与主汽轮机抢汽现象，此方案安全可靠性与机组运行模式有关，需要深入研究在典型工况下机炉及其辅助设备的调节、响应性能。

因此，安全可靠性的程度依次为：电动给水泵、湿冷汽动给水泵、间冷汽动给水泵、直接空冷汽动给水泵。

2）对主设备出力的影响

如果汽轮机进汽量相同，电动给水泵方案的机组出力最大，其他依次为湿冷汽动给水泵、间冷汽动给水泵、直接空冷汽动给水泵。其中，若采用电动给水泵方案，夏季工况出力可比汽泵方案高3%～4%，具有良好的度夏能力。

3）对配套辅助设备的影响

如果汽轮机进汽量相同，即对应各给水泵驱动方式的燃料量差别很小，则燃烧制粉系统、除灰渣等辅助系统的设备及热力系统中的主凝结水泵、加热器、除氧器配置基本相同。

若汽轮发电机组的额定出力相同，则电动给水泵方案的汽轮机进汽量最小，除给水泵设备不同外，燃烧制粉系统、除灰渣等辅助系统的设备及热力系统中的主凝结水泵、加热器、除氧器容量以及管道截面积均可减少3%～4%。

电动给水泵方案需采用10kV高压厂用电，汽动给水泵方案可采用6kV或10kV高压厂用电。

4）对主厂房布置的影响

电泵、汽泵方案均需采用设有除氧框架的主厂房布置格局，在主厂房总体积及造价方面，电泵方案均小于汽泵方案。

3. 给水泵配置方案经济性分析

（1）节水效果。

给水泵汽轮机间冷方案、直冷方案节水效果最好，其次是电动泵方案，较差是给水泵汽轮机湿冷方案。

（2）厂用电。

电动泵方案厂用电量最大，给水泵汽轮机直冷方案最小。

（3）供电功率。

按定流量比较，汽动给水泵汽轮机方案在额定负荷工况供电功率均大于电泵方案。

（4）煤耗。

发电煤耗方面，按定功率比较，电动泵方案的发电煤耗最小，直冷汽泵方案的发电煤耗最大。

供电煤耗方面，按定流量比较，湿冷汽泵方案供电煤耗最小，电动泵方案供电煤耗略大于湿冷汽泵方案，直冷汽泵方案的供电煤耗最大；按定功率比较，湿冷汽泵方案的供电煤耗最小，电动泵方案的供电煤耗最大，直冷汽泵方案的供电煤耗与电动泵方案相当。

（5）初投资。

无论采用定功率还是定流量方式选择汽轮机发电机组，由于电动给水泵方案系统简单，泵组设备价格低，尽管其排热量大使主机空冷设备投资较高，但总的初投资最低；而间冷汽泵方案的间冷塔及设备造价高，总的初投资最高。

4. 给水泵驱动方式优化选择

综合以上对 1000MW 超超临界直接空冷机组 5 种给水泵驱动配置方案的技术及经济性分析，可以看出采用汽泵湿冷方案，造成机组耗水量增大，耗水指标将增加约 $0.045m^3/(s·GW)$，对于空冷机组，与主机采用空冷机组的节水宗旨不符，如不采取其他非常规节水工艺系统（如干法脱硫等），整个电厂的设计耗水指标难以满足《大中型火力发电厂设计规范》（GB 50660—2011）中规定的空冷机组设计耗水指标为 $0.12m^3/(s·GW)$的要求，因此不宜采用此方案。汽泵直冷方案，对主汽轮机运行可靠性影响程度在比较方案中最高，且无论发电煤耗还是供电煤耗也基本处于最高。另外，目前应用业绩很少，仅有一个 300MW 直接空冷机组电厂投运，且其 600MW 机组虽然进行了较深入的仿真试验研究，并已有工程设计方案，但无投运业绩[83]，目前在 1000MW 机组直接空冷机组应用条件尚不成熟，暂不宜采用。因此，目前 1000MW 直接空冷机组给水泵驱动方式宜在电泵和汽泵间冷两个方案中经过综合技术经济比较后进行选择。

第5章　超超临界机组启动与运行技术

5.1　超超临界机组启动技术

5.1.1　超超临界锅炉启动技术

超超临界锅炉因其参数特性决定其均为直流锅炉，需配套特有的启动系统，以保证锅炉启动和低负荷运行期间水冷壁的安全和正常供汽。启动系统是保证超超临界机组安全、经济启动、低负荷运行及妥善进行事故处理的重要手段[84]。因蒸发受热面形式、启动系统的配置、高温受热面的材质、锅炉结构及炉内热负荷传热比分配的不同，锅炉启动在启动流量、工质回收方式及炉内热负荷变化速率上存在一定差异。

超超临界锅炉启动系统主要由启动分离器及其汽侧和水侧的连接管道、阀门等组成，有些启动系统还带有启动循环泵、热交换器和疏水扩容器。与自然循环锅炉的汽包一样，启动分离器起汽和水分离作用，但它仅在锅炉启动过程中水冷壁出口工质还没有全部变成蒸汽之前起作用，当水冷壁出口工质全部变为蒸汽，它将失去分离作用。目前已开发多种超超临界启动系统，采用哪种模式启动锅炉系统，主要考虑机组的运行方式、对启动时间的要求、设备初投资大小等因素。

1. 启动系统分类及特点

为了改善启动条件，尽可能减少启动损失，随着直流锅炉的发展和机组在电网中带负荷情况，启动系统出现了多种形式。

直流锅炉的启动系统按照分离器在正常运行时是否参与系统工作以及分离器在汽水流程中的布置方式，通常可分为外置式和内置式启动分离器。超超临界锅炉发展初期基本采用外置式启动分离器系统；随着超临界技术的发展，国内及大型超超临界锅炉均采用内置式启动分离器系统[83]。

1）外置式启动分离器系统

外置式启动分离器系统仅在机组启动和停运过程中投入运行，而在直流负荷以上运行时解列于系统之外的启动系统，该启动系统适用于定压运行。外置式启动分离器系统在我国亚临界直流锅炉上广泛采用，如125MW和300MW亚临界机组锅炉上均采用了外置式启动分离器系统；美国超临界锅炉也采用外置式启动分离器系统。

外置式启动分离器系统的优点是：分离器属于中压容器（通常压力为7MPa），

设计制造简单，投资成本低，对于定压运行的基本负荷机组，有可取之处。其缺点是：在启动系统解列或投运前后汽温波动较大，对汽轮机运行不利；切除或投运分离器时操作比较复杂，不适宜快速启停要求；机组正常运行时，外置式分离器处于冷态。该系统复杂，阀门多，维修工作量大。因此，欧洲、日本及我国运行的超超临界锅炉均未用外置式启动分离器系统[2, 3]。

2）内置式启动分离器系统

内置式启动分离器系统指在机组启动、正常运行、停运过程中，启动汽水分离器均投入运行。锅炉启停及低负荷运行期间，启动分离器呈湿态运行方式，起汽水分离作用；而在锅炉正常运行期间（负荷高于最低直流负荷时，通常为 30%BMCR 或 35%BMCR），从水冷壁出来的微过热蒸汽经过分离器，进入过热器，此时启动分离器仅作为系统内的蒸汽通道使用。内置式启动分离器设在蒸发区段和过热区段之间，汽水分离器与水冷壁和过热器之间没有任何阀门，系统简单，操作方便，不需要外置式启动分离器系统所涉及的分离器解列或投运操作，从根本上消除了分离器解列或投运操作所带来的汽温波动问题。但分离器要承受锅炉全压，对其强度和热应力要求较高。内置式启动分离器系统适用于变压运行锅炉。目前世界各国超超临界锅炉上，内置式启动分离器系统得到了广泛应用[85]。

内置式启动分离器系统又可分为扩容式（大气式、非大气式两种）、启动疏水热交换器和再循环泵（并联和串联两种）等方式。内置式启动分离器系统按疏水回收系统有无再循环泵（boilen circulation pump，BCP）可分为带 BCP 的循环系统和不带 BCP 的循环系统。几种内置式启动分离器系统的简单比较见表 5-1。除此之外，日立公司的超超临界锅炉还采用配 361 阀的启动分离器系统。

表 5-1　几种内置式启动分离器系统的比较

	大气式扩容器	非大气式扩容器	疏水热交换器	再循环泵
系统	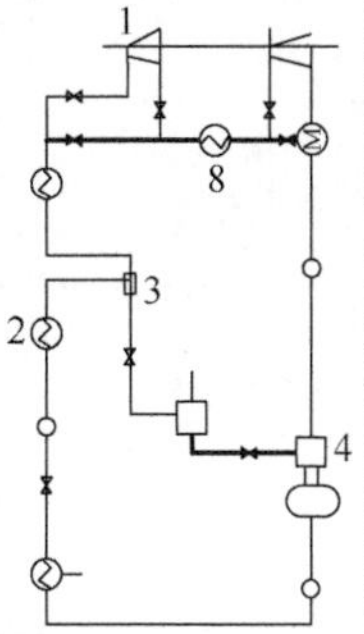	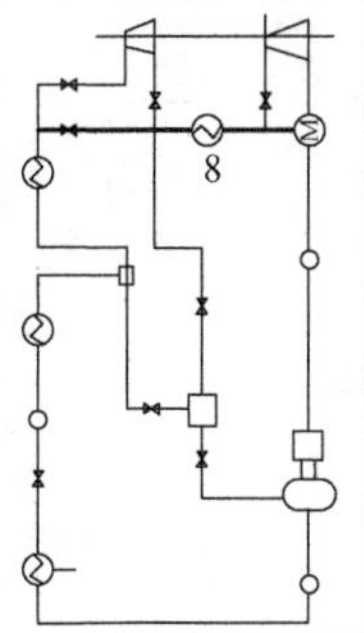	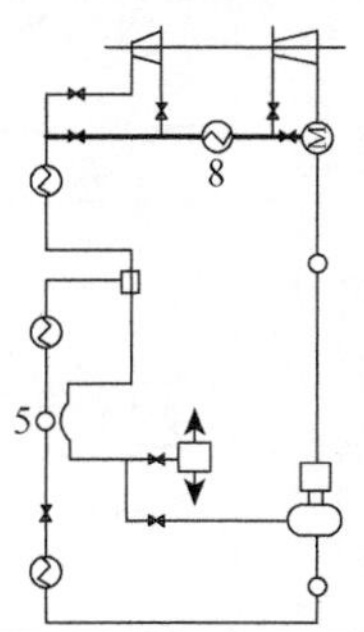	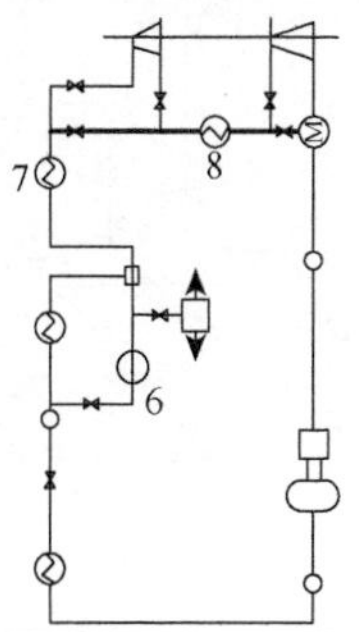
低负荷	差	差	中	良
频繁启停	差	中	良	良
投资	良	良	中	中

由表 5-1 可知，带启动疏水热交换器和带再循环泵的启动系统具有良好的极低负荷运行和频繁启动特性，适用于带中间负荷或两班制运行。而对于带扩容的启动系统来说，其低负荷和频繁启停特性较差，但初投资较低，适用于带基本负荷运行。

目前，国内几大锅炉厂引进超超临界锅炉技术的启动系统主要有带循环泵的再循环启动系统和不带泵的大气扩容式启动系统，两种启动系统在技术上均比较成熟，在国内超超临界机组上都有运行业绩。

（1）带循环泵的再循环启动系统。

带循环泵的启动系统通过再循环泵将分离器的疏水打回给水系统，适用于低负荷运行或具有频繁启动特性的机组使用。根据循环泵在系统中与给水泵的连接方式分为串联和并联两种形式。

并联布置的带循环泵的启动系统由立式分离器、锅炉循环泵、储水箱、水位控制阀、截止阀、管道及附件等组成，如图 5-1 所示。该启动系统的主要管道包括：冷却水管道（383）、循环泵入口管道（380）、循环泵出口管道（381）、高水位控制管道（341）、循环泵旁路管道（382）及暖管管道（384）等。该启动系统中设置有循环水泵，通过循环水泵建立蒸发系统的工质循环，保证水冷壁低负荷下良好的冷却效果所需的最小流量。给水经省煤器和水冷壁加热后，形成汽水混合物，流入汽水分离器，经汽水分离后的热水被循环泵重新送入省煤器。

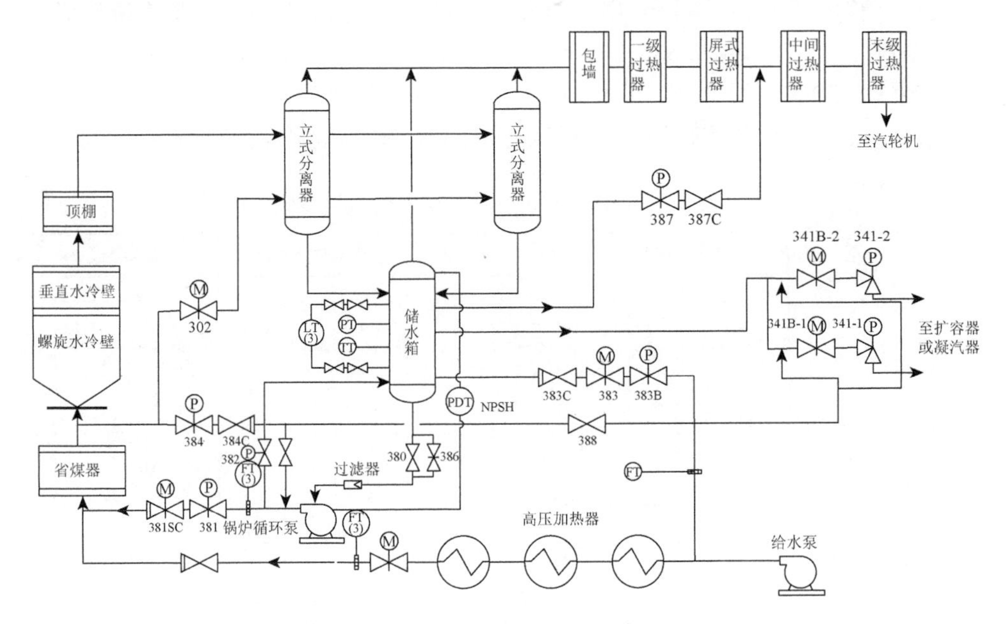

图 5-1　给水泵与循环泵并联的启动系统

采用循环泵可以减少工质流失及热量损失，提高机组的启动速度和对跟踪负荷变化的适应性能，节省启动燃料，提高电厂的经济性，同时可减少启动时对锅炉的冲击。一般情况下，与简单疏水扩容式启动系统相比，带循环泵的启动系统的启动时间可以显著缩短，冷态启动时，点火至汽轮机冲转时间可缩短 70～80min；温态启动时间可缩短 10～20min。该系统更适合两班制运行[86]。

（2）不带泵的大气扩容式启动系统。

不带泵的大气扩容式启动系统是将机组启动期间汽水分离器中的疏水先进行扩容器扩容，扩容后的二次蒸汽直接排入大气，二次疏水由疏水泵直接打入凝汽器。在汽轮机启停和低负荷运行（小于 37%BMCR）时能回收分离器的疏水和能量。

图 5-2 所示为一种带大气扩容器的启动系统。该启动系统主要由除氧器、给水泵、大气式扩容器、内置式分离器、分离器疏水阀（AA 阀）、液位控制阀（AN 阀）、液位控制旁路阀（ANB 阀）等组成。该系统简单可靠、操作方便、气温扰动小、有利于汽轮机安全运行，但这种启动方式低负荷运行能力以及适应机组频繁启动的能力均较差，会损失部分工质以及全部热量，启动热损失较大。

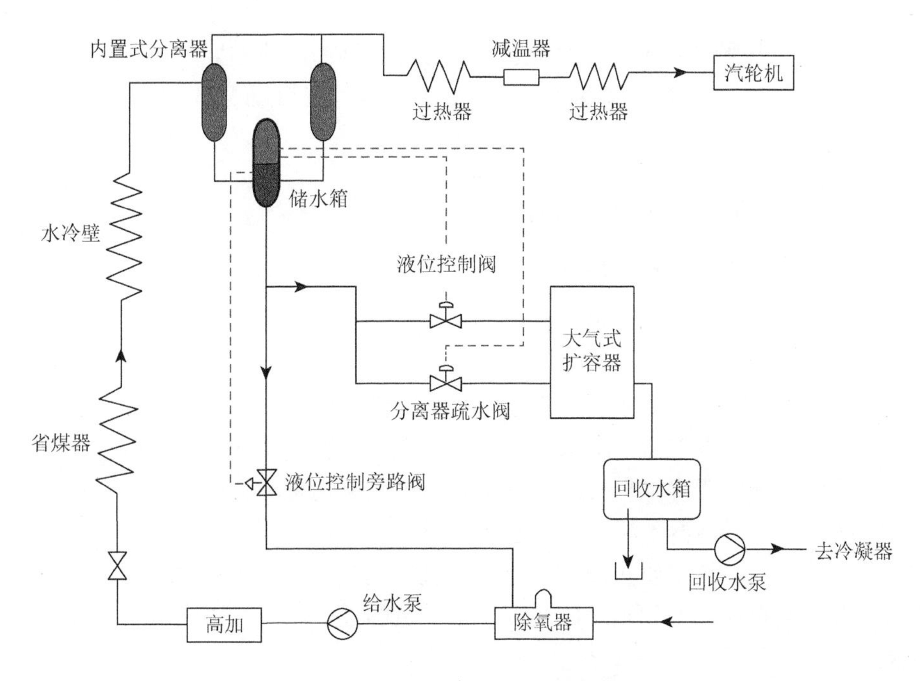

图 5-2　不带泵的大气扩容式启动系统

带循环泵系统从锅炉启动点火阶段到转入直流运行阶段，可以使锅炉给水在热力系统中循环，基本不向外排放热量，工质损失极少，可有效缩短冷态和温态启动时间，相比于大气扩容式启动系统，冷态启动时点火至汽轮机冲转时间可缩短 70～80min，温态启动可缩短 10～20min。不带循环泵启动系统，系统简单，投资较少，控制简单可靠，适合于非频繁启动机组。

锅炉启动按照停炉时间分冷态启动、温态启动、热态启动和极热态启动四种启动模式，每种启动过程的启动时间均受汽轮机汽缸壁温和分离器壁温的限制。表 5-2 列出了不同启动方式进入汽轮机的蒸汽参数、壁温和再热蒸汽温度。

表 5-2　启动方式对应的锅炉参数

项目	冷态启动	温态启动	热态启动	极热态启动
分离器壁温	≤120℃	120～260℃	260～340℃	≥340℃
汽轮机高压缸壁温	供方提供	供方提供	供方提供	供方提供
主蒸汽压力	供方提供	供方提供	供方提供	供方提供
主蒸汽温度	400℃	420℃	540℃	560℃
再热蒸汽温度	380℃	400℃	520℃	560℃

此外还可按照工质回收的程度又分为全部回收、局部回收和不回收三种；水的回收途径有省煤器、除氧器、凝汽器、地沟；启动分离器结构分方式和卧式。

2. *超超临界锅炉启动系统的功能*

超超临界锅炉一般配有容量为 25%BMCR 的启动系统，启动系统与锅炉水冷壁最低直流负荷的质量流量相匹配。启动系统的功能如下。

（1）实现汽水分离。锅炉启动和低负荷运行时要将水冷壁出口的汽水混合物进行汽水分离，保证启闭和低负荷运行时水冷壁安全。

（2）完成“湿态”与“干态”之间的转换。锅炉负荷升高到 30%以上时以直流方式运行，分离器为干态，启动系统处于热备用状态。当锅炉负荷下降到 30%时，系统可保证分离器平滑地从干态转向湿态。

（3）尽可能回收工质和热量，提高机组的经济性。回收锅炉启动初期排出的热水、汽水混合物、饱和蒸汽以及过热度不足的过热蒸汽，以实现工质和热量的回收。

（4）顺利地度过汽水膨胀器。当水加热到饱和温度时，继续加热会在很短的时间产生大量蒸汽，体积极速膨胀。系统要能满足顺利地度过汽水膨胀阶段的需求。这一阶段对于阀门的调节性能要求很高。

（5）完成启动初期的水清洗过程，保证汽-水品质。超超临界机组对水和蒸汽中的铁离子含量和混浊度的要求非常严格，锅炉初次投运或长期停炉后投运之前，必须对系统进行彻底的清洗，包括冷态清洗和热态清洗，将清洗水泵入省煤器及水冷壁系统，再经启动系统排出。

3. 超超临界锅炉的启动过程

图 5-3 为超超临界锅炉的启动过程简图。锅炉启动过程大致分锅炉启动前准备、凝结水和给水系统清洗、锅炉上水及冷态清洗、锅炉点火前的准备和点火、汽水膨胀、度过汽水膨胀后的阶段、热态清洗、锅炉升温升压、汽轮机冲转、汽轮机同步并网。

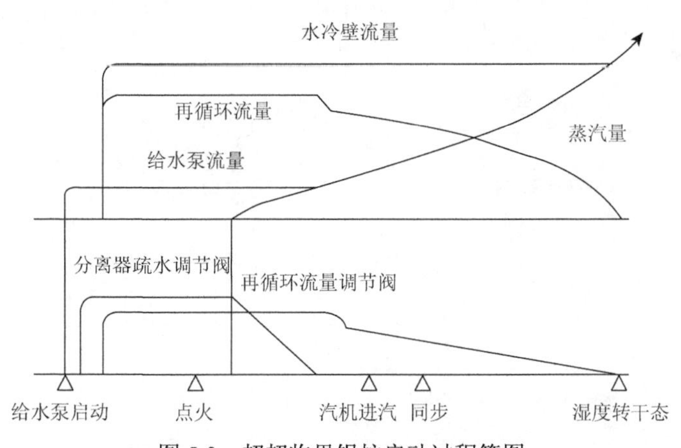

图 5-3　超超临界锅炉启动过程简图

1）锅炉启动前准备

锅炉启动前应对锅炉的相关辅助系统进行确认检查。启动应确认化学水处理系统、锅炉的废水系统、输煤系统、磨煤机石子煤系统、除灰除渣系统（包括电除尘）等正常，可以投运。做好锅炉的送引风机系统、给水系统、冷却水系统、辅汽系统、燃油系统、锅炉的启动系统、启动系统的疏水系统、锅炉本体、锅炉汽水系统、制粉系统（包括等离子点火系统）等的启动前的检查。

2）凝结水和给水系统清洗

由于制造、运输、储存和安装等方面的原因，在汽轮机凝结水系统和给水系统管道里会遗留一些氧化铁皮、铁屑、焊渣等杂物，故在机组整套启动前对凝结水和给水系统进行清洗，以确保投运后凝结水系统及其辅助设备的安全稳定运行。清洗的同时可以检验汽凝结水系统的严密性，系统各部分正确放水、放空气，确保凝结水压力达到设计要求。

3）锅炉上水及冷态清洗

给水系统清洗完毕，锅炉循环泵电机腔室注水完成后，可以开始锅炉上水，锅炉上水的水质必须符合锅炉水质要求。

新建或长期停炉（如大修结束）后，在冷态启动前，锅炉必须进行冷态清洗，系统如图 5-4 所示。

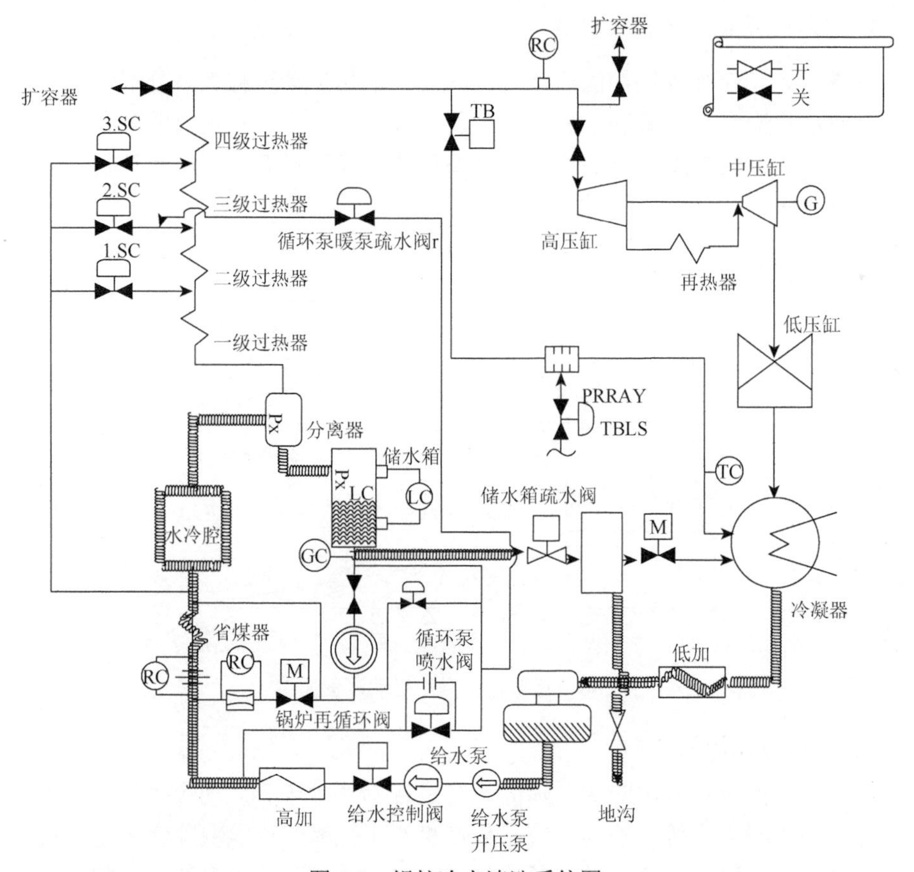

图 5-4　锅炉冷态清洗系统图

当储水箱出口水质铁离子含量小于 200μg/L 时，冷态清洗结束。维持锅炉循环泵和电动给水泵的运行，维持锅炉水冷壁的循环流量大于 25%BMCR 流量。如果冷态清洗再循环系统时间过长，应进行下列操作：

（1）通过增加再循环流量或电动给水泵升流量提高给水流量；

（2）反复增减再循环流量。

4）锅炉点火前的准备和点火

锅炉点火和产生汽水膨胀前应完成锅炉省煤器/水冷壁系统给水，锅炉初次给水的水量为5%BMCR流量和再循环泵前的喷水量之和，水冷壁中的流量则为30%ECR。其值为给水量与再循环流量之和减去再循环泵喷水量与泵的最小流量之和。此阶段分离器疏水阀（WDC 阀）可以部分打开，再循环阀（BR 阀）应全开。

启动预热器、引风机和送风机，调整锅炉的总风量大于 30%，锅炉的水冷壁循环流量大于所需流量，炉膛出口烟温探针投入、火检冷却风投入、火焰监视电视冷却风投入、火焰监视电视可监视炉膛燃烧情况，锅炉循环泵的出口调节阀投入自动等条件满足点火条件时，开始点火。

5）汽水膨胀

锅炉点火后开始产生蒸汽，由于饱和蒸汽的比容远远大于饱和水的比容，水冷壁中工质的容积迅速膨胀，挤出水冷壁中的水，送往启动系统的汽水分离器（W/S）和分离器储水箱（WSDT），这一过程称为汽水膨胀现象，在冷态启动时，点火后要经过一定时间才出现汽水膨胀。汽水膨胀的时间很短，只有数分钟。时间的长短决定于水冷壁系统的水容积、燃烧率等因素。产生汽水膨胀时分离器储水箱中的水位迅速上升，出现高水位和高高水位，必须迅速打开分离器储水箱的所有 WDC 阀迅速将膨胀水送往扩容器或冷凝器，进行局部回收或全部回收。一般情况下，汽水膨胀阶段的水质已经合格。汽水膨胀阶段分离器疏水量在整个启动过程中最大。在热态和极热态启动时可达 38%～44%BMCR 的流量。对 1000MW 机组要打开 2～3 只 WDC 阀，锅炉的给水量为 5%BMCR 再加上再循环泵前的喷水量。冷态启动时由于燃料投入速度较慢，汽水膨胀时分离器水位较低，打开一只 WDC 阀已能满足分离器疏水要求。汽水膨胀阶段水冷壁工质流量保持为 30%ECR，以保证水冷壁的安全（水动力稳定性和壁温最大许可偏差值），在所有的汽水膨胀阶段无蒸汽送入过热器，投入 WDC 阀的数量决定于各种启动方式下的膨胀水量。BR 阀在汽水膨胀阶段一直处于全开状态。

6）度过汽水膨胀后的阶段

这个阶段中水冷壁系统的压力与温度开始上升，WDC 阀开始关小。水冷壁仍维持 30%ECR 的流量。由于此阶段中通过 WDC 阀的流量只有 3%BMCR，汽水膨胀阶段结束后由于汽轮机尚未开始冲转，所产生的大量蒸汽，可以通过汽轮机旁路进行回收。这个阶段锅炉的给水量为 30%ECR + 循环泵喷水量。

7）热态清洗

当冷态启动，在度过汽水膨胀阶段后，由于锅炉产汽量（通往过热器蒸汽量）逐步增加，锅炉的压力与温度也逐步上升。当水冷壁出口温度在 150℃左右时，应开始整台锅炉（包括水冷壁系统及过热器系统）的热态清洗，因为此温度下铁离子的溶解度最高。热态清洗时水冷壁系统的流量为 30%BMCR 以保证水冷壁的安全性。此阶段的给水量为 30%BMCR + 循环泵前的喷水，而产生的蒸汽为 5%BMCR，由于汽轮机尚未进汽，可以通过末级过热器出口集箱的疏水阀和主蒸汽管道疏水阀将这 5%BMCR 和 2%BMCR 的两部分疏水送往扩容器，以达到热态清洗锅炉主蒸汽侧所有受热面的目的。通过控制燃料量和储水箱 WDC 阀开度将水冷壁出口温度控制在 150℃左右，不允许超过 170℃。保持上述状态和给水量直到储水箱出口水质合格。

8）锅炉升温升压

锅炉热态清洗完成后为了满足汽轮机冲转的要求将主蒸汽压力提高到要求的值，并通过调节燃料量、风煤比、每只锅炉汽水系统的 WDC 阀的开度及高旁的开度将主蒸汽温度升到与汽轮机匹配的要求。

9）汽轮机冲转

当冲转参数满足后，汽轮机可以按照操作程序冲转。发电机并网前需经过暖机和冲转操作。汽轮机冲转前，WDC 阀必须完成关闭，冲转期间多余蒸汽通过汽轮机旁路系统回收，主蒸汽压力保持恒定。对目标炉型 1000MW 超超临界机组来说，冷态、温态、热态、极热态启动时，冲转压力均为 8.5MPa；机组冷态和温态启动时的主蒸汽/再热汽温度分别为380℃/340℃与410℃/340℃。由于汽轮机要求，热态和极热态启动时的主蒸汽/再热汽温度分别为 510℃/460℃与 540℃/510℃，汽轮机冲转阶段 BR 阀进一步关小，因此再循环流量也进一步减小。

10）汽轮机同步并网

当冲转结束，汽轮机达到额定转速而且主蒸汽/再热汽温继续升高，汽轮机进入同步并网，机组开始带负荷，一般同步并网时的汽轮机最低负荷为 3%～5%的额定负荷，汽轮机从冲转到同步所需的时间和启动方式有关，冷态和温态启动所需时间较长，热态和极热态启动所需时间较短。

机组启动结束，锅炉从再循环运行模式转入直流运行。当锅炉达到最小直流负荷（如 1000MW 超超临界锅炉约为 30%BMCR）时，BR 阀关闭，再循环泵解列，锅炉启动系统退出运行，此时分离器不起汽水分离作用，起汇集水冷壁/包墙系统产生的蒸汽汇合集箱作用，将蒸汽送往过热器再加热。

5.1.2　超超临界汽轮机启动技术

汽轮机的启动过程是指转子由静止（或盘车）状态逐步加速至额定转速、负荷由零逐渐增至额定值或某一预定值的过程。在启动过程中，汽轮机内蒸汽参数逐渐升高，零部件被加热，其金属温度由启动前的温度水平被加热而升高至额定功率所对应的温度水平。

汽轮机的启动应遵循安全、经济的原则，而且要尽量减少汽轮机的寿命损耗。在此原则要求下，汽轮机的启动应平稳升速和带负荷，并防止发生胀差、轴向位移、缸体温差、轴系振动、轴承金属温度超限等异常（西门子和阿尔斯通生产的超超临界汽轮机除以上常规监视外，还主要通过应力监视来限制汽轮机的启停及变工况过程）。在安全启动的基础上，要尽量缩短启动时间，减少机组启动过程中的水、电、汽等损耗，以取得最佳的经济效益。实际操作是通过控制冲转参数和进汽量及监视汽轮机金属壁温差、振动、缸胀、胀差等来实现汽轮机的安全启动，避免在汽轮机转子和壳体内产生较高的热应力。

在汽轮机的各种运行工况中，机组状态变化最为剧烈的是启动工况。在机组启动过程中，温度、应力的变化会引起汽轮机产生疲劳、蠕变损伤，从而增大机组的寿命损耗，因此运行中必须对此给予足够的重视。

1. 超超临界汽轮机的启动方式

根据机组启动时所处的状态及启动条件的不同可采用不同的启动方式，以获得最佳的启动效果和较高的经济效益。通过对汽轮机不同启动状态的划分，可确定不同方式下的启动参数、暖机时间、转速变化率及启动中应注意的问题等。

（1）根据汽轮机启动前的金属温度水平分类汽轮机启动冲转前的金属温度取决于停机方式、停机后的持续时间和机组的保温条件。按启动前金属的温度水平，汽轮机启动状态一般可分为冷态、温态、热态和极热态4种，其中冷态启动又可细分为冷态启动Ⅰ和冷态启动Ⅱ两种。启动前金属的温度水平越高，启动过程中零件金属的温升量越小，启动所需的时间就越短。由于不同的汽轮机，其转子的材料和结构不同，区分其冷态、热态启动的温度值并不完全相同。

①冷态启动Ⅰ。长期停机后的启动，汽缸最高金属温度低于50℃或超高压转子平均温度小于150℃。

②冷态启动Ⅱ。停机后持续的时间超过72h，汽缸最高金属温度已下降至该测点满负荷值的40%以下。

③温态启动。停机时间在10～72h，汽缸金属最高温度已下降至该测点满负荷值的40%～80%或超高压转子平均温度为150～400℃。

④热态启动。停机时间不到10h，汽缸金属最高温度高于该测点满负荷值的80%以上或超高压转子平均温度为400～540℃。

⑤极热态启动。停机时间小于1h，汽缸最高金属温度接近该测点满负荷对应值或超高压转子平均温度大于540℃。

汽轮机启动状态的具体划分一般是依据汽轮机进汽之前高压和中压汽轮机转子的金属温度。高压转子的金属温度由高压第一级处的金属测温热电偶测量，中压转子的金属温度由中压第一级静叶持环上的金属测温热电偶测量。汽轮机启动状态的具体划分参数见表5-3。

表5-3 机组启动时状态的划分

启动状态（中压缸启动）	汽轮机中压缸内壁金属温度	启动状态（高中压缸联合启动）	超高压转子平均温度
冷态启动Ⅰ	T<50℃	冷态	T<150℃
冷态启动Ⅱ	50℃≤T<305℃	冷态	150℃≤T<320℃

续表

启动状态（中压缸启动）	汽轮机中压缸内壁金属温度	启动状态（高中压缸联合启动）	超高压转子平均温度
温态启动	305℃≤T<420℃	温态	320℃≤T<420℃
热态启动	420℃≤T<490℃	热态	420℃≤T<445℃
极热态启动	T≥490℃	极热态	T≥445℃

（2）超超临界汽轮机组的启动方式按带旁路和不带旁路的启动分为带旁路的高中压缸联合启动、中压缸启动、高压缸启动和不带旁路的高压缸启动。为适应电网对机组快速启动的要求并减少汽轮机本体金属寿命的消耗，现在的大容量、高参数机组基本都采用带旁路的启动方式。带旁路的启动系统为适应不同的启动方式又分为高、低压两级串联旁路和高压一级大旁路。高、低压两级串联旁路适用于高中压缸联合启动和中压缸启动方式，高压一级大旁路适用于高压缸启动方式。东汽推荐中压缸启动，上汽和哈汽推荐高中压缸联合启动。

①高中压缸联合启动方式。高、中压缸同时进汽冲转启动机组启动时，由高压主蒸汽阀控制高压缸进汽、中压调节阀控制中压缸进汽冲动转子、升速，转速达 2900～2950r/min 时，高压缸进汽由主蒸汽阀切换为高压调节阀控制，升速至3000r/min 后并网、带负荷。这种启动方式对高中压缸合缸的发电机组特别有利，可以使分缸处加热均匀。

②中压缸启动方式。中压缸冲转启动机组启动冲转时，高压缸不进汽，处于暖缸状态，主蒸汽经过高压旁路进入再热器，当再热蒸汽参数达到机组冲转要求的数值后，打开中压主蒸汽门，用中压调节阀控制进汽冲转，当转速升至 2600～2850r/min 或机组并网带一定负荷后，再切换为高中压缸同时进汽，由主蒸汽阀或高压调节阀控制高压缸进汽做功。这种启动方式可使再热蒸汽参数容易达到冲转要求，同时高压缸在暖缸过程中可以使其金属温度与主蒸汽温度相匹配，解决了汽轮机启动冲转时主蒸汽、再热蒸汽温度与高中压缸金属温度难以匹配的问题，具有降低高中压转子的寿命损耗、改善汽缸热膨胀和缩短启动时间等优点。但要求启动参数的选择要合理，以避免高压缸开始进汽时产生较大的热冲击。

③高压缸冲转启动方式。高压缸冲转启动机组启动冲转时，高、低压旁路阀关闭，中压主蒸汽阀和调节阀全开，由高压主蒸汽阀和调节阀控制汽轮机进汽冲转、升速、并网、带负荷。这种启动方式在机组冲转前因再热器无蒸汽流过而处于干烧状态，要求再热器管束采用允许干烧的材料，而且冲转时再热器受到冷冲击。若要保护再热器，需打开高压旁路，再热器出口对空排汽，增加工质损失。另外，这种启动方式在热态启动时难以保证再热蒸汽温度与中压缸金属温度匹配，会增大中压转子的寿命损耗。配置大旁路或高、低压两级串联

旁路的汽轮机组，都可采用高压缸冲转启动方式。

（3）根据汽轮机启动过程中主蒸汽参数变化的特点分类。根据启动过程中汽轮机主蒸汽门前新蒸汽参数的变化特点，汽轮机的启动过程可分为额定参数启动和滑参数启动两种。额定参数启动是指汽轮机冲转蒸汽参数为额定值，且在整个启动过程中蒸汽参数保持不变。滑参数启动是根据启动前汽轮机的金属温度来确定冲转时的蒸汽参数，而在升负荷过程中使主蒸汽门前的蒸汽参数逐渐升高到额定值。滑参数启动冲转时蒸汽温度与进汽部分金属温度之间差值小，可减小热冲击造成的热应力值。汽轮机冲转前，在锅炉最初的升温升压过程中，可同时采用较低温度的蒸汽进行暖管、暖机，使机、炉启动过程相互重叠，可缩短机组的启动时间，减少启动过程中的能量损失。但只有单元制或可切换为单元制的机组才有可能采用滑参数启动方式。

由于滑参数启动比额定参数启动有明显的优势，目前大容量机组普遍采用这种启动方式。为便于在升速、并网过程中按要求控制转速，此时锅炉维持低参数稳定运行。汽轮机冲转时主蒸汽门前蒸汽已经具有一定的压力和温度，通过汽轮机的调节汽门控制进汽量，进行冲转、升速和并网，带少量负荷，而蒸汽压力值由旁路阀控制保持不变，允许蒸汽温度按规律升高。在旁路阀关闭后，再通过加强锅炉燃烧提高主蒸汽参数，增加机组负荷至满负荷。此即为压力法滑参数启动，大多数高参数、大容量汽轮发电机组都采用这种滑参数启动方式。

2. 汽轮机的启动操作方式

根据机组启动过程中所具有的不同特点，汽轮机启动过程可分为启动准备工作阶段、冲转升速阶段、定速并网阶段和带负荷阶段。

1）启动准备工作阶段

启动准备工作阶段是为机组启动准备相应的条件，主要包括设备、系统和仪表的检查及试验，辅助设备、系统的检查和启动，油系统的检查和试验，盘车投入，调节保护系统校验，汽源准备等工作。

全面检查确认循环水系统、开式冷却水系统、给水系统、凝结水系统、辅助蒸汽系统、闭式冷却水系统、主机润滑油系统、控制油系统、顶轴油系统、汽轮机三级旁路系统、发电机密封油、氢气冷却和定子冷却水系统符合启动条件并正常投入。

确保汽轮机TSI、TSCS、MEH系统，主机DH装置，汽轮机保安系统，高、中、低压旁路控制装置投入正常。汽轮机及其辅助设备各连锁保护试验合格，全部连锁保护投入。

机组启动前应确认辅助设备及系统正常投运，主要包括除盐水系统、凝结水系统、闭式冷却水系统、辅汽系统、压缩空气系统、循环水系统、开式水系统、轴封蒸汽系统、抽真空系统、润滑油系统、发电机密封油系统、液压盘车装置、发电机气体置换及充氢，EH 油系统、发电机定子冷却水系统等系统正常投入。完成外置式蒸汽冷却器、高压加热器、低压加热器等设备的投运前检查。

在机组正式启动前，开启给水泵、结水泵对各级加热器、锅炉受热面进行冷态清洗，冷态清洗流程为：除氧器加热投运→低压管路及低压加热器、除氧器清洗合格→凝结水精除盐装置投运（条件不具备时走旁路）→高压加热器→锅炉受热面。冷态清洗过程结束时水质达到化学专业相关标准的指标要求。

2）冲转升速阶段

冲转升速阶段是在确保机组安全的条件下，当冲转条件满足后，汽轮机进汽冲转，将转子由静止状态逐步升速到额定转速的过程。以上汽 1000MW 机型为例，汽轮机冲转及升速过程大致如下。

（1）开调节汽，汽轮机冲转至暖机转速。

①汽轮机转速控制器设定，自动增加至 380r/min，转速控制器投入，开调节汽阀，汽轮机冲转至暖机转速。

②检查汽轮机升速率。

③汽轮机冲转至 380r/min，进行汽轮机摩擦检查，就地倾听机组内部声音是否正常；检查各轴瓦金属温度、回油温度，各轴振、瓦振，轴向位移，润滑油压、油温，A/B 凝汽器压力等参数正常。

（2）满足下列条件后，控制器将停止暖机，升速到额定转速。

①超高压、高压、中压转子预暖完成，保证在升速期间转子不会超过应力。

②暖机过程中，主要依据温度准则对暖机效果评价，满足温度准则后，继续升速。

③主蒸汽、再热蒸汽有足够的过热度（大于 30℃）。

④温度裕度大于 30℃（超高压缸、超高压及高、中压转子）。

（3）启动程序保持机组转速在额定转速，进行暖机直到满足要求，以防机组在带负荷期间超过应力。

①控制高压排汽温度不超过设定值，通过超高压、高压、中压调节汽阀，控制器自动调节蒸汽流量，避免汽轮机鼓风发热导致事故。

②旁路阀在压力控制方式工作，维持蒸汽压力。

③温度裕度大于 30℃（超高压缸，超高压及高压、中压转子）。

3）定速并网阶段

定速并网阶段是当转速稳定在同步转速，经全面检查并确认设备运转正常且具备并网条件后，将发电机并入电网。并网后机组即带上初始负荷，以防止出现发电机逆功率运行。

4）带负荷阶段

带负荷阶段是在机组并网后，将机组的输出电功率逐渐增加至额定值或某一要求的负荷稳定运行。根据汽轮机启动过程中每个阶段的不同特点，应遵循不同的规定和进行相应的操作，特别要关注各启动阶段应注意的问题，保证汽轮机启动过程中的安全性和经济性。

汽轮机启动操作有自动程序控制、操作员自动和手动 3 种方式，运行人员可根据现场实际情况选择使用。采用自动程控启动方式时，ATC（automatic turbine control）系统处于控制状态，根据机组的状态，控制汽轮机自动完成冲转、升速、同步并网、带初始负荷等启动过程。该控制系统具有内部自诊断和偏差检测功能，当系统发生故障时，能切换到手动控制方式，并发出报警信号。采用操作员自动方式时，DEH 控制系统的 ATC 不参与控制而处于监视状态，由运行人员根据汽轮机本体状态和启动操作规程给定转速的目标值和变化率，然后由 DEH 的基本控制系统按照运行人员给出的目标值和变化率自动完成冲转、升速、同步并网和带初始负荷的控制。DEH 系统通过 CRT 显示自动监视启动参数，越限时发出“报警”或“跳闸”信号指导运行人员进行操作，并可通过打印机打印出当时的或历史的数据，供运行人员研究分析。采用手动方式时，由运行人员操作“+/–”按钮直接通过阀位多功能处理器控制机组启动。这种运行状态必须由有经验的运行人员参照有关限制值和操作步骤，并结合电厂有关规程来控制机组。启动过程中运行人员必须严密监视 CRT 上显示的各种参数变化，监视报警信号，确保机组安全运行。

3. 超超临界汽轮机启动控制及要求

以东汽 660MW 超超临界机组配置 45%BMCR 高低压二级串联旁路汽轮机冷态启动及上汽 1000MW 汽轮机的启动过程为例进行说明。

1）东汽 660MW 超超临界机组汽轮机冷态启动

（1）高压缸预暖。当高压缸第一级后汽缸金属内表面温度低于 150℃时，机组启动前应进行高压缸预暖，实现预暖措施是高压缸中通入蒸汽使汽缸内蒸汽压力升高，从而使汽缸金属温度升高至蒸汽对应的饱和温度或更高。暖缸汽源取自辅助蒸汽或冷段再热蒸汽，要求蒸汽压力为 0.5～0.7MPa，蒸汽温度有 28℃以上过热度，凝汽器真空在–86kPa 以上。一旦金属温度达到 150℃，应立即进行高压缸热浸泡。从增强机组启动安全性和延长机组寿命两方面考虑，对于新机试运行前首次启动，采用中压缸启动适当增加热浸泡时间，这样会使缸转子的温度场将更趋合理，同时机组热胀通畅，胀差控制在合理范围内，为“切缸”结束后快速升负荷奠定更好的基础。

（2）汽轮机调节阀蒸汽室的预热。当调节阀（CV 阀）蒸汽室内壁或外壁温度低于 150℃时，在汽轮机启动前必须预热调节阀蒸汽室，以免汽轮机一旦启动时调节阀蒸汽室遭受过大的热冲击，汽缸内壁金属温度与热浸泡所需时间的关系见图 5-5。当主蒸汽温度高于 271℃时，通过 2 号主蒸汽阀的预启阀开启将预热用的主蒸汽引入调节阀蒸汽室，至调节阀蒸汽室内外壁金属的温度都升至 180℃以上，并且内外壁金属温差低于 50℃，则认为已完成蒸汽室预热操作。

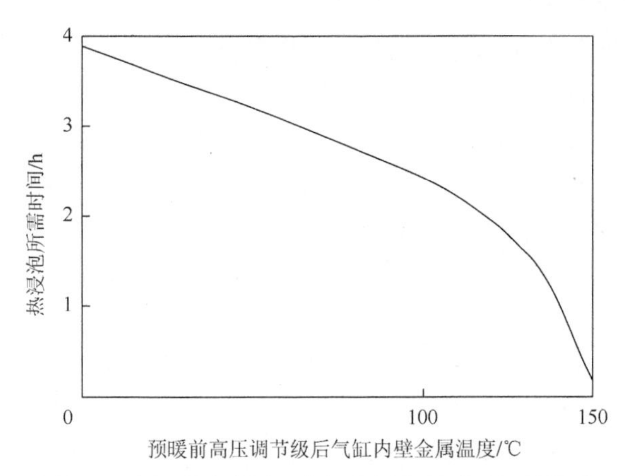

图 5-5　汽缸内壁金属温度与热浸泡所需时间的关系

2）上汽 1000MW 汽轮机的启动过程

（1）开启主蒸汽门前阶段。

在汽轮机启动前的准备阶段，各辅助系统已投入运行，汽轮机处于盘车运行状态，随着投轴封汽、凝汽器拉真空、锅炉点火、升温升压的进行，旁路系统投入并控制锅炉主蒸汽/再热蒸汽参数逐步上升。在汽轮机侧，通过对主蒸汽门前的疏水和暖管旁路的控制，逐步使机前蒸汽参数满足 DEH 根据实时的缸温所计算得出的推荐值，确定冲转参数是否满足汽轮机各金属部件温度的要求。对于该 1000MW 机型，标准的冷态启动参数为主蒸汽 8.5MPa/400℃、再热蒸汽 2.0MPa/400℃，以及过热度的要求（由 *Z* 准则决定），在温（热）态等条件下，DEH 会根据缸温给出相应的推荐值。汽轮机侧的主要任务归纳为：完成启动前的一切准备工作；与锅炉侧一起控制主蒸汽/再热蒸汽满足启动要求。

（2）开启高、中压主蒸汽门，暖阀。

1000MW 汽轮机的主蒸汽门、调门壳体体量大、壁厚重，因此在蒸汽进入汽缸前，必须设有相应的暖阀过程，以使厚重的阀门能充分预热，目的是避免阀体承受过大的热应力。暖阀作为一个重要的步骤在启动逻辑中有明确的要求和目标条件，即在汽轮机启动顺控的第 13 步，在 X2 准则满足的情况下，方能开启主蒸汽门。另外，主蒸汽/再热蒸汽温度应大于 200℃，若门壁温度高于 200℃，则要求蒸汽温度相应增加并与之匹配。

高、中压主蒸汽门一旦开启，流动的蒸汽将直接对主蒸汽门、调门进行加热，在调门的低点及门杆等部位均设有疏水或疏汽管路。由于调门可能存在一定的泄漏量，X2 准则的作用在于判定蒸汽温度及过热度是否合适，避免蒸汽在门壁处发生危险的凝结放热。

（3）冲转至 360r/min 暖机。

随着暖阀过程进行，高、中压主蒸汽门和调门已充分预热，阀壳内外温差也趋于一致，意味着暖阀过程结束，汽轮机可以接受蒸汽进行进一步的暖机。在主蒸汽/再热蒸汽温度和过热度均合适的情况下，即 X4、X5、X6 准则和其他一系列的判定条件满足后，启动顺控程序将自动打开高、中压调门，汽轮机开始冲转，升速至 360r/min 进行定速暖机。此时，汽轮机缸体、转子开始被有控制地加热。这一暖机过程持续到高压缸和高、中压转子的温度裕度均增加到 30℃以上，表明这些金属部件的温差（热应力）已减小到足够安全的范围。

（4）升速至 3000r/min 暖机。

经过 360r/min 定速充分暖机后，汽轮机已具备进一步升速的条件，这些条件包括高压缸和高压转子已经充分预热，并且金属温度已提高到安全的范围以接受更大的进汽流量，即满足 X7A、X7B 准则。

当运行人员通过判断确认机组已具备升速条件后，可以点击 DEH 的“释放”按钮，处于启动走步过程中的顺控程序在一系列的限制条件都已满足后，将控制汽轮机转速快速平稳地升速至 3000r/min 全速。在整个升速过程中不作停留，并保持较高升速率，仅用时约 5min。西门子机型的冲转过程特点是，启动冲转过程完全由顺控程序逻辑设定自动进行，中间只在“确认蒸汽品质合格”和“释放额定转速”两个节点需要手动点击。

（5）并网升负荷。

启动顺控程序在完成升速至 3000r/min 后，继续控制汽轮机维持 3000r/min 进行暖机，使汽轮机在并网、升负荷前进一步加热。一旦开始增加负荷，蒸汽流量将快速增加，且主蒸汽/再热蒸汽温度也相应升高，因此，有必要在此之前保持汽轮机良好的状态接受更强烈热冲击的准备。这一步骤的进行同样由启动顺控程序自动控制，在冲转至 3000r/min 后，如 X8 准则已满足或经全速暖机一段时间后得到满足，程序将立即开始自动并网程序，并在并网后按预先设置的升负荷目标值和速率增加至某一初始负荷。在完成并网并接带负荷后，机组将逐步增加负荷以满足电网的需要，作为启动过程的后阶段，之前保持稳定的冲转参数将逐步提高，一旦开始升温、升压、升负荷，汽轮机各金属部件被进一步加热，相应的温差和热应力也急剧增加，为了使其被有效地控制在安全范围内，减小对汽轮机的损伤，必须严格控制升温升压和升负荷速率。保持温度裕度不进入负值区间，控制了温度裕度，即控制了热应力。当升负荷过程完成时，蒸汽参数已升至额定值，汽轮机各部件也将加热结束，随着温差减小，热应力也逐渐趋近为零。

在汽轮机滑参数停机的过程中，温度裕度同样是降温、降负荷时参考的关键。

与启动过程相反，滑停是汽轮机逐步冷却的过程，应力监视系统给出下降的温度裕度，给运行人员以直观的指导。

（6）温（热）态启动。

上汽 1000MW 汽轮机无论启动前处于何种状态，其启动方式并不以此作明显区分，启动顺控程序均按照“暖阀→冲转至 360r/min 暖机→升速至 3000r/min 暖机→并网升负荷”这四个步骤进行，在启动顺控程序控制下，严密的启动逻辑保证了启动过程安全性和快速性得到兼顾。

5.1.3　超超临界机组动态特性及控制技术

1. 超超临界机组动态特性

与常规亚临界机组相比，超超临界机组的动态特性主要特点表现在以下四个方面。

（1）动态特性随负荷大范围变化，呈现很强的非线性特性和变参数特性；尤其是为了适应调峰的需要，超临界机组常采用复合变压运行，这样就意味着超临界机组实际上也要在亚临界区运行，由于亚/超临界区工质物性的巨大差异，超临界机组在亚/超临界区转换时的动态特性的差异尤为显著。

（2）由于没有汽包，工质流和能量流相互耦合，致使各个控制回路之间存在着很强的非线性耦合，机、炉之间牵连严重。

（3）蓄热能力较亚临界汽包炉更小，对外扰响应更快更大，易于发生超温超压，如机组负荷，汽轮机调门开度变化对主蒸汽压力、主蒸汽温度的影响更加明显。

（4）为了获得更高的热效率，超超临界机组的蒸汽参数更高，当机组主蒸汽压力达到 30MPa 以上时，多采用二次中间再热，使系统复杂化，从而导致机组控制特性的复杂化。

超超临界机组的这些特点对其控制系统提出了更高的要求，控制系统的性能、可靠性等成为影响超超临界机组安全、经济运行的重要因素。

2. 超超临界机组控制技术

1）超超临界机组控制的主要难点

（1）机、炉之间耦合严重。

超超临界机组控制难点之一在于其非线性耦合，使得常规的控制系统难以达到优良的控制效果。由于直流锅炉在汽水流程上的一次性通过的特性，没有汽包这类参数集中的储能元件，在直流运行状态汽水之间没有一个明确的分界点，给水从省煤器进口开始就被连续加热、蒸发与过热，根据工质（水、湿蒸汽与过热蒸汽）物理性能的差异，可以划分为加热段、蒸发段与过热段三大部分，在流程中每一段的长度都受到燃料、给水、汽轮机调门开度的扰动而发生变化，从而导致功率、压力、温度的变化。直流锅炉汽水一次性通过的特性，使超临界锅炉动态特性受末端阻力的影响远比汽包锅炉大。当汽轮机主蒸汽阀开度发生变化，影响了机组的功率，同时也直接影响了锅炉出口末端阻力特性，改变了锅炉的被控特性。由于没有汽包的缓冲，汽轮机侧对直流锅炉的影响远大于对汽包锅炉的影响。

（2）强烈的非线性。

超超临界机组采用超临界参数的蒸汽，其机组的运行方式采用滑参数运行，机组在大范围的变负荷运行中，压力运行在 10～25MPa。超超临界机组实际运行在超临界和亚临界两种工况下，在亚临界运行工况工质具有加热段、蒸发段与过热段三大部分，在超超临界运行工况汽水的密度相同，水在瞬间转化为蒸汽，因此在超超临界运行方式和亚临界运行方式，机组具有完全不同的控制特性，是特性复杂多变的被控对象。因此在设计控制方案时，若不考虑自适应变参数控制，将使自动控制系统很难在机组整个协调负荷范围均达到满意的品质。

（3）水燃比调节控制方案很难能够做到兼顾快速性和准确性。

水燃比变化时锅炉过热器出口汽温的响应延迟很大，因此不能用过热器出口汽温作为水燃比调节的反馈量。为了提高水燃比的调节速度和精度，相关研究人员开展了大量研究工作，提出了多种水燃比调节的反馈信号。按信号性质分为两类，反映水燃比的信号有加热段水温、微过热汽温、微过热蒸汽焓值、最大热容区工质密度；反映燃料热量的信号有烟气温度、火焰辐射温度、炉膛内蒸发段管外壁温度、微过热区热量信号、锅炉出口热量信号等，据此构成了十余种典型的水燃比调节系统。另外，瞬时煤量的准确测量与控制也对水燃比的控制造成了巨大影响，因为造成水燃比失调的主要原因有外扰影响、煤质变化、瞬时给水流量/给煤量测量不准。

2）超超临界机组的控制对策

（1）机炉协调控制方案的确定。

超超临界直流炉的蓄热能力相对较小，控制压力是稳定控制超临界机组的基础，由于汽轮机调压比锅炉调压对机组具有更好的稳定性，相比汽包锅炉，以汽轮机跟随（turbine follow，TF）为基础的协调控制系统更适应于直流锅炉的蓄热与汽水流动特性。不过，以锅炉跟随（boiler follow，BF）为基础的协调控制系统也同样适用于直流锅炉，在这种方式下，主蒸汽压力不易控制，特别是变负荷初始阶段汽压偏离较快，但由于锅炉热惯性小，能量补充快，适合机组连续滑压运行。

目前，国内电网对机组的调峰能力要求较高，并对机组的 AGC/一次调频的功能、指标提出了具体要求，对负荷响应时间及调节精度要求比较高。因此，国内绝大部分超超临界机组都采用以锅炉跟随为基础的协调控制方案，这种协调控制方案能比较好地满足机组快速响应负荷、参与电网调峰的要求。

（2）多输入多输出的控制问题。

要解决超临界直流炉的多输入多输出的多变量系统的控制问题，关键是控制好以下几个信号的平衡：锅炉功率/汽轮机功率、燃料量/给水量、燃料量/总风量、给水量/蒸汽量、喷水量/给水量。不仅要控制好这几对信号稳态下的平衡关系，还必须控制瞬态下的平衡关系。

从这种思路出发，超临界直流锅炉控制策略的思路应该是比值控制为主线，大量地采用各种前馈控制。比值控制是控制好稳态下的平衡关系，动态前馈是控制好动态下的平衡关系。

与汽轮机相比，锅炉系统动态响应慢、时滞大。对直流锅炉来说，合理地选择功率平衡信号，才能适应直流锅炉对快速控制的要求。因此功率平衡信号的选择，对整个机组动态特性的影响极大。

汽轮机-锅炉之间的功率平衡信号，本质上就是负荷与燃料量的关系，理论上至少存在三种选择的可能性，它们是机组发电负荷指令、第一级压力、机组实发功率。作为锅炉侧功率需求信号，机组发电负荷指令在快速性及信号的可用性上具有比较明显的优势，大部分方案都采用这个信号作为锅炉主控的前馈信号，以主蒸汽压力偏差对其进行修正产生锅炉指令（boiler demand，BD）。

在直流锅炉中给水变成过热蒸汽是一次完成的，锅炉的蒸发量不仅取决于燃料量，同时也取决于给水流量。因此，超临界机组的负荷控制是与给水控制和燃料量控制密切相关的，而维持水燃比又是保证过热汽温的基本手段，因而，控制好燃料-给水稳态和动态平衡就成为直流锅炉控制的关键。

（3）非线性控制技术。

超临界机组是被控特性复杂多变的对象，机组具有强烈的非线性特性，随着机组负荷的变化，机组的动态特性参数也随之大幅度变化。例如，水燃比调节的温度对象，在负荷变化 50%～100%范围内，增益变化达 5～6 倍，时间常数的变化也有 3 倍左右。解决被控对象非线性特性的最有效的手段是非线性函数的应用，这些函数主要用于解决动态参数调整和系统之间静态配合。

（4）系统之间的交叉限制。

由于超超临界机组比亚临界机组控制参数更高，机组蓄热更小，各被控参数的惯性时间常数相对减小，一旦出现物质或者能量之间的不平衡，会造成机组参数的巨大波动，若不能及时控制事故的发展，很可能危及机组的安全，因此系统之间的交叉限制尤其重要，它的主要作用就是在系统之间的物质或能量出现不平衡时，及时限制相关系统的进一步动作，以维持系统之间的稳定。

交叉限制主要项目如下：

①燃料→给水降低，防止主蒸汽温度下降；

②给水→燃料降低，防止主蒸汽温度上升；

③燃料→给水升高，防止主蒸汽温度上升；

④风→燃料降低，防止燃烧不稳定；

⑤燃料→风升高，防止燃烧不稳定。

其中，给水和燃料之间的交叉限制主要保证在机组变化过程中蒸汽温度的稳定，使锅炉保持平衡以防止锅炉过热；风和燃料之间的交叉限制与常规的亚临界机组相似，达到加煤先加风，减煤后减风的目的，以保证燃烧稳定，同时不致因过剩空气率降低增加不完全燃烧损失。

交叉限制系统构成如下：燃料→给水的限制是双向的，燃料增加，给水指令必须增加，燃料减少给水量必须减少；但给水→燃料是单向的，给水减少，燃料减少，给水增加，燃料不一定增加，主要是防止锅炉超温；燃料→风的限制与亚临界机组一样为单向的，满足加煤必须先加风，减煤后减风的控制要求，以保证一定的过剩空气系数。

（5）采用动态补偿环节以弥补系统之间的特性差异。

在整个机组控制系统中有许多需要互相配合的控制对象，如锅炉与汽轮机、给水与燃料、燃料与送风、送风与引风等，为弥补各控制系统之间的特性差异，需采用大量的动态补偿环节，以提高机组的响应时间和控制的稳定性。

每一负荷下的锅炉输入静态平衡由与各自相关的控制子回路如给水、燃料量和风的需求信号来维持，但在负荷快速变化时，只靠该功能还远远不够，由于各参数对机组负荷变化的响应特性不同，惯性时间常数长短不一，考虑到整个锅炉的动态平衡，就要通过不同的时间常数提供不同的锅炉输入速率需求指令，加到各自子控制回路需求信号上作为前馈信号。

3. 超超临界机组典型控制系统

目前，国内大型火电机组的控制系统多为国外进口，协调控制方案或按照国外厂家的设计进行部分改进，或参照国内同类机组控制方案进行设计，对于直流锅炉机组，由于应用在国内时间较短，在协调控制策略上基本都沿用了国外 DCS 厂家的原设计，以下分别分析各家 DCS 公司的协调控制方案技术特点。

（1）FOXBORO 公司设计了基于 BF 的 CCS（coordinated control system）和基于 TF 的 CCS 两种协调控制方式（图 5-6），其中，BF-CCS 时机侧同时调功和调压以防止压力偏差过大，并将负荷指令经过惯性环节后才进入汽轮机功率调节器，以在变负荷初始阶段减缓汽轮机侧的动作速度，防止由于锅炉的大惯性而使指控参数出现大幅波动，锅炉侧调压并采用负荷指令和汽轮机调门等效开度的 DEB（direct energy balance）指令作为前馈以加速响应。TF-CCS 时锅炉侧调功并引入负荷指令信号作为前馈，汽轮机调压回路引入功率偏差，利用锅炉蓄能，减少功率波动，可称为综合型协调控制。

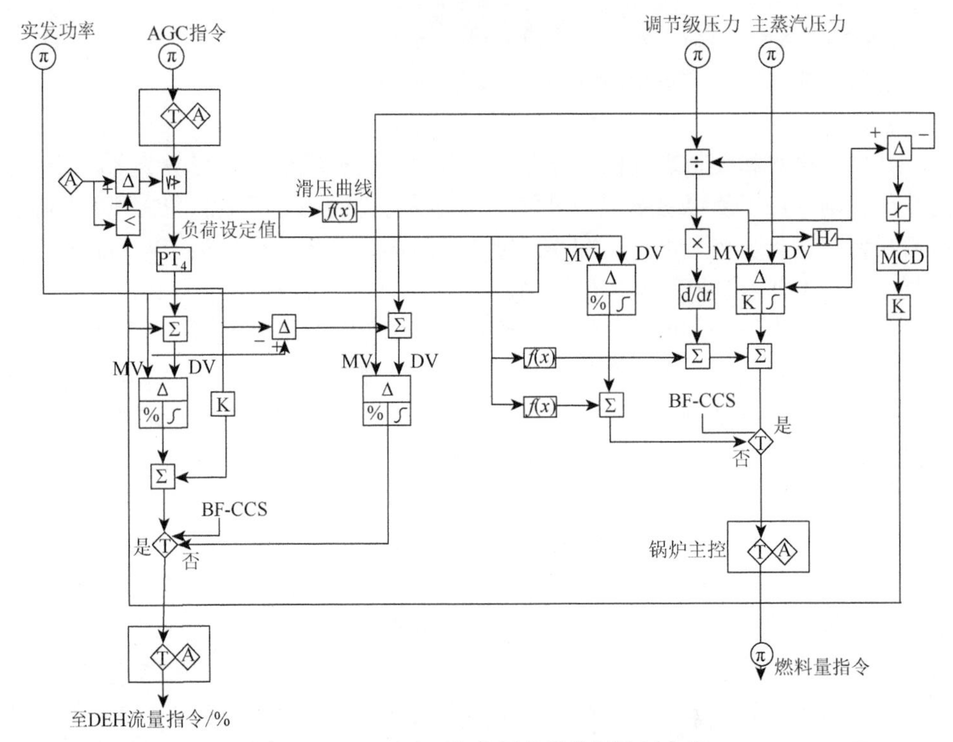

图 5-6　FOXBORO 超临界机组协调控制方案

煤水比控制（图 5-7）上首先根据燃料量指令计算对应的设计给水流量，并根据分离器出口温度与设计值偏差判断目前的给水流量计算值是否合适，并相应地增减省煤器入口给水流量指令。控制回路中同时设计了减温水校正功能，基本思想是：若系统目前的减温水流量高于设计流量，则应适当下调分离器出口温度的设定值，减少给水流量，以使机组工作于效率较高的工况下。

（2）日立公司控制方案。日立公司的协调控制方案与 FOXBORO 公司设计的基于 BF 的 CCS 较类似，只不过在锅炉指令的前馈处理上未使用 DEB 信号，而直接采用负荷指令 UD 经超前滞后处理后引入燃料量、风量、给水回路中补偿锅炉侧的相应滞后，汽轮机侧功率回路也同样采用主蒸汽压力偏差修正负荷指令的方法防止主蒸汽压力波动过大。煤水比控制上日立公司采用焓值计算校正功能（图 5-8），这样可避免由于水蒸气在不同工况下的不同焓-温特性而造成调节偏差，首先根据分离器出口压力计算出当前工况下的过热器入口焓设定初值，该焓值经过当前减温水与设计值的偏差或者分离器温度与当前值的偏差校正后产生过热器入口焓设定终值，该最终设定值与实际过热器入口焓进入焓值校正 PID 进行运算，得出给水流量附加值，该值加上由锅炉指令经煤水比曲线和惯性延迟后产生的给水流量初始指令而得出最终的省煤器入口给水流量指令。方案中同时设计了给水温度校正回路，通过省煤器出口实际焓与当前工况下的设计焓值比较来修正给水流量的设定值，从而可提前一步消除由高压加热器故障等造成的给水温度扰动。

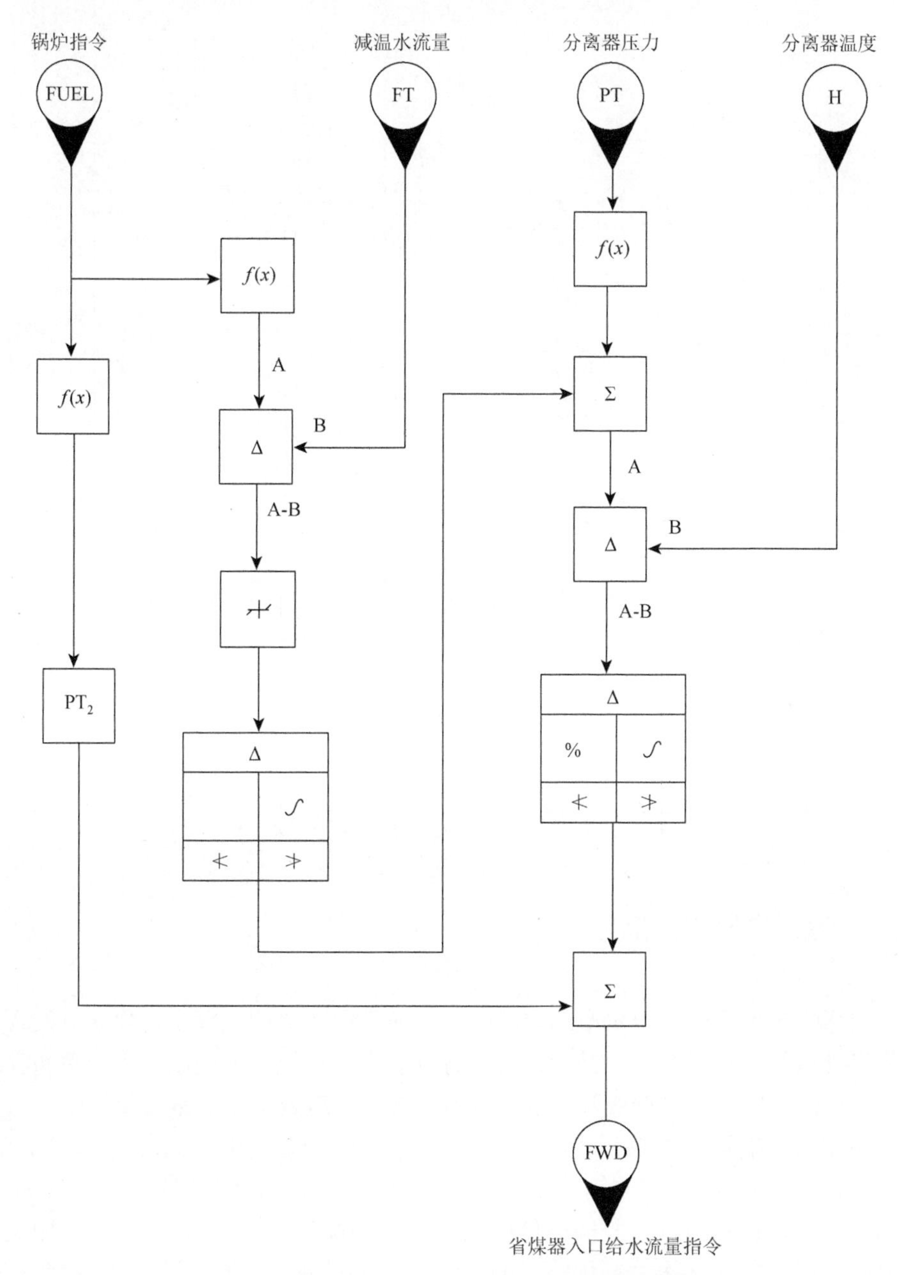

图 5-7　FOXBORO 公司超临界机组煤水比控制方案

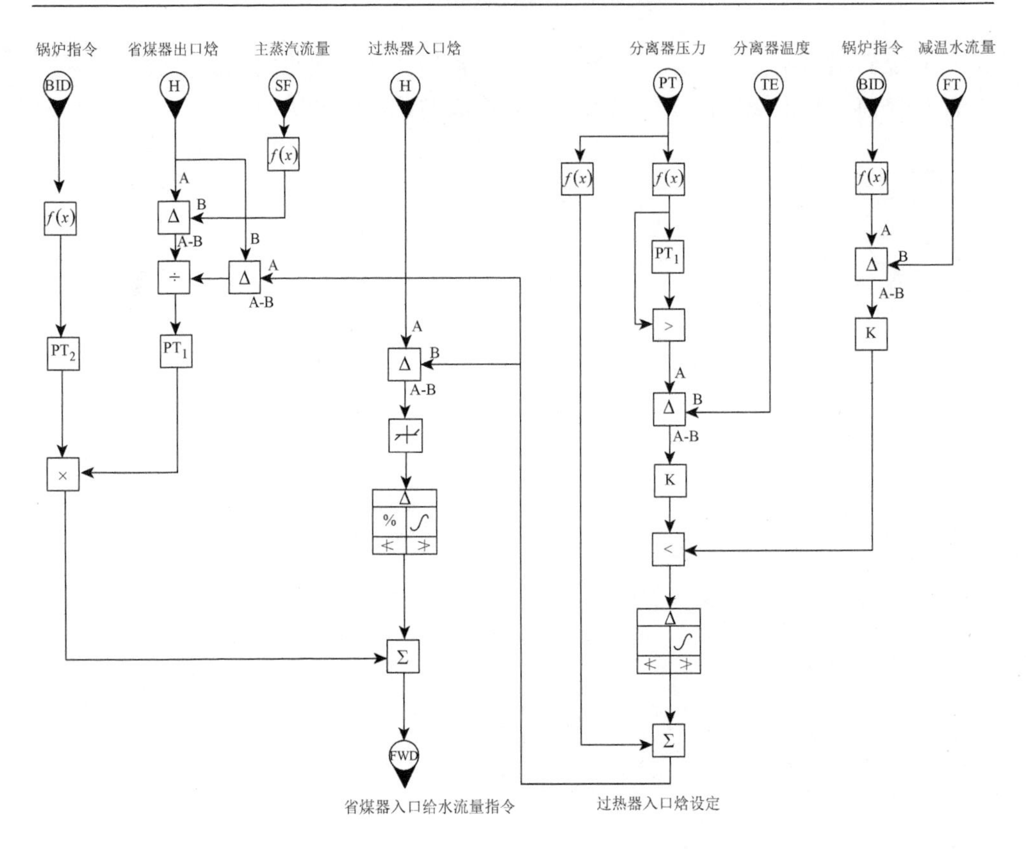

图 5-8　日立公司协调控制方案

5.2　超超临界机组运行技术

5.2.1　超超临界锅炉运行技术

超超临界机组必须担负电网调峰任务，在实际变负荷运行中，要充分发挥超超临界机组的技术优势，对其运行特性进行研究，对提高超超临界机组变负荷运行的安全性、经济性，有效降低运行成本，提高机组效率是非常必要的。

超超临界锅炉在 35%以上额定负荷，主蒸汽温均能达额定温度，50%～100%额定负荷再热汽温达额定值，汽温不影响机组效率，只受蒸汽压力影响；锅炉采用定-滑-定运行方式，即机组负荷 30%以下采取定压运行，30%～90%额定负荷采取滑压运行，严格执行优化后的机组滑压运行曲线，要求满足 AGC 负荷指令的需求，加快响应速度。90%以上负荷执行定压，保证机组额定压力运行。

1. 超超临界锅炉的变负荷运行

1）运行负荷的变化

直流锅炉由于没有厚壁部件汽包，具有快速变负荷的能力，螺旋管圈式直流锅炉允许变负荷速率为 5%～8%BMCR/min。但是，随着超超临界锅炉蒸汽参数的提高，内置式启动分离器的壁厚会增加，因而将限制锅炉负荷的变化速率。超超临界锅炉的变负荷速率一般为 2%BMCR/min，完全可以满足机组负荷变化速率的要求。

超超临界锅炉最低负荷主要取决于水冷壁工质流动稳定的安全负荷。一般超超临界锅炉的最低负荷为 30%～35%BMCR。锅炉在此负荷以上运行时，水冷壁是安全的；若低于该负荷运行，机组可能进入湿态，需要启动分离器系统，以增加水冷壁的质量流速。启动分离器系统的投运将造成工质热量的损失，使机组的经济性变差。调峰幅度还应考虑锅炉最低不投油稳燃负荷。若负荷太低，锅炉燃烧不稳，需要投油助燃，燃料成本将增大。因此，超超临界锅炉的调峰幅度应以保证水冷壁安全、不进入湿态和最低不投油稳燃为原则，以此原则来确定锅炉的最低调峰负荷。

2）超超临界直流锅炉变负荷运行时的主蒸汽/再热蒸汽温度的控制

众所周知，过热蒸汽温度与再热蒸汽温度的变化直接影响到机组的安全性与经济性。在锅炉运行中，如果汽温过高，将引起过热器、再热器、蒸汽管道以及汽轮机汽缸、阀门、转子部分金属强度降低，导致设备使用寿命缩短，严重时甚至造成设备损坏事故。汽温过低将使机组的经济性降低，严重时可能使汽轮机产生水冲击。基于超超临界直流锅炉的运行调节特性，给水控制与汽温调节的配合更为密切，因此，变负荷运行时汽温的调整对运行人员的操作技能水平要求很高。

汽温调节分为蒸汽侧调节和烟气侧调节：蒸汽侧调节是指通过改变蒸汽的焓值来调节汽温；烟气侧调节是指通过改变锅炉内辐射受热面和对流受热面的吸热量的比例或通过改变流过受热面的烟气量来调节汽温。蒸汽侧调节方法有喷水减温、表面式减温器、汽-汽热交换器等；烟气侧调节方法有烟气再循环、烟气挡板和调整火焰中心位置等。目前广泛采用喷水减温、烟气挡板和调整火焰中心位置等方法调节主蒸汽/再热蒸汽温度。

烟气挡板控制分为过热烟气挡板和再热烟气挡板控制，各设有单独的调节器，两个调节器作用方向相反：过热烟气挡板控制方向为正向，再热烟气挡板控制方向为反向。即当再热汽温度下降时，再热器挡板调节器输出增大，再热烟气挡板开大，再热通道压力损失减少，同时过热烟气挡板调节器输出减少，过热烟气挡板关小，过热通道压力损失增大。这样总体上增大了再热对流受热面的烟气量，再热汽温增加。反之，当再热汽温上升时，再热烟气挡板关小，过热烟气挡板开大。

再热汽温的调节主要通过调节烟气挡板、火焰中心位置和过量空气系数来实现，事故喷水只有在再热汽温上升较快，无法控制或事故情况下，保护再热器安全才使用。基于再热汽温的调节主要以烟气侧调节为主，具体的调节方法与主蒸汽温烟气侧调节一起介绍。

SBWL 的塔式锅炉主蒸汽温度调整以燃水比为主要调节手段，二级过热减温水为辅助调节手段；再热蒸汽以燃烧器摆角为主要调节手段，以事故喷水和微量喷水为辅助调节手段。

从锅炉点火、升温升压、汽轮机冲转、定速、并网到带额定负荷的整个启动运行过程中，超超临界直流锅炉的汽温控制分为两部分：湿态时汽温的控制和干态时汽温的控制。

（1）湿态时气温的控制。

超超临界直流锅炉湿态期间的汽温控制需要了解锅炉湿态时储水箱水位和最小本生流量的控制原理。锅炉点火前启动流量（即本生流量，为给水流量与循环流量（带炉循环泵），按水冷壁规格一般控制在 350～500t/h）应满足：水冷壁有足够的质量流速和冷却能力；启动流量不能太大，否则会增加锅炉的启动容量，延长启动时间。

①锅炉点火后至分离器入口温度接近饱和温度期间汽温的控制。

超超临界直流锅炉点火初期的升温升压过程与强制循环汽包炉是基本相同的，汽水分离器及储水箱就相当于汽包，但是两者容积相差甚远，储水箱的水位变化速度也就更快；由炉水循环泵将储水箱的水升压进入省煤器入口，与给水共同构成省煤器入口本生流量。在此阶段主要是储水箱水位控制和最小本生流量控制。给水主要用于控制储水箱水位，炉水循环泵出口调节阀控制省煤器入口流量保证锅炉的最小本生流量，储水箱水位过高时则通过溢流阀排放至锅炉启动扩容器。此阶段汽温的调节主要依赖于燃烧控制及通过投退油枪的数量、调节炉前油压、烟气挡板等手段来调节主蒸汽/再热蒸汽温度。采用等离子点火时，等离子拉弧成功后，启动对应磨煤机、给煤机。锅炉点火成功后，控制该磨煤机出力，对锅炉进行加热。根据过热器出口温度上升速度，缓慢增加磨煤机出力。直到分离器出口温度接近分离器内压力下对应的饱和温度即过热度–3℃以内。这个过程实际与汽包炉启动过程差不多，汽温汽压的上升是靠燃料量的增加来实现的。

②分离器出口温度接近饱和温度时至锅炉湿转干之前的汽温汽压控制。

在此期间，由于等离子点火，升温升压过程中经常会出现汽温偏高而汽压偏低的现象。要维持进入锅炉炉膛内燃料量和省煤器入口流量基本不变的情况下，使汽温汽压同步上升主要靠改变炉膛内辐射换热量来实现。

汽压偏高而汽温偏低的调整：直流锅炉启动初期，升温升压过程实际与汽包锅炉相同，汽温、汽压的上升依靠燃料在炉内放热量来实现。燃料在炉内放热越多，炉水吸热越多，产汽量也越多，汽压也越高。进入纯直流运行后，汽压上升和维持就是靠给水泵实现的，这是直流锅炉与汽包锅炉最大的不同。直流锅炉启动初期出现汽压偏高、汽温偏低的现象时，只要开大高低旁路，降低主蒸汽压力，然后增加燃料量，能够达到同时提高主蒸汽温汽压的目的。当然，也可以采用增加循环流量，通过给水旁路调整门减小给水流量，保持省煤器入口流量，控制好储水箱水位，达到降低主蒸汽压力、提高主蒸汽温度的目的。

汽温偏高而汽压偏低的调整：由于再热器减温水调门受机组负荷逻辑限制，无法开启，要想稳住主蒸汽/再热蒸汽温度，提高主蒸汽压力，锅炉点火后即将再热器烟气挡板置最小位（10%），过热器烟气挡板置 100%位。锅炉升温升压过程中，主蒸汽温度达到 350℃，而主蒸汽压力只有 5MPa 时可以投过热汽一级减温水控制主蒸汽温度，同时将高旁减压阀后温度控制在 210℃左右。增加燃料量，提高主蒸汽压力，达到冲转参数；在燃料量不变时，可以适当减少循环流量，通过给水旁路阀增加给水流量，维持省煤器入口流量不变，也能达到使主蒸汽温度小幅下降、主蒸汽压力小幅上升的目的。必须注意，调整幅度要小，否则会造成主蒸汽温度、汽压、储水箱水位大幅度变化，具体原因：由于进入炉膛的燃料量不变，炉膛内的温度基本不变，减少了 10t/h 炉水循环泵出口的循环水（即高温水），增加了 10t/h 给水（即低温水），使得省煤器入口的给水温度降低。给水经过省煤器，进入水冷壁，由于给水温度降低，水冷壁内的炉水温度与炉膛内的烟气温差增大，辐射换热增强，水冷壁内的水吸热增多，致使进入分离器内炉水的温度仍然达到或接近调整前的水平。炉水进入分离器后，扩容降压，使部分炉水汽化，产汽量增加，主蒸汽压力上升。由于循环流量减少，给水量增加了，储水箱水位开始会小幅上升，但随着分离器内产汽量增加，主蒸汽压力上升，储水箱水位逐渐会稳定并呈下降趋势。炉内辐射换热增加，使炉膛出口温度下降，致使各对流受热面传热温差减小；另外产汽量增加，流过各过热器的蒸汽流量增多，冷却能力增强。而燃料量、风量不变，炉膛出口的烟气量不变，那么，高温过热器出口的汽温下降。由于调整幅度小，汽压上升和汽温下降的幅度较小，最好同时采取增加燃料量的方法来提高汽压。

当然，每次减少循环流量，增加给水流量，储水箱水位会上升，当储水箱水位控制较高时，溢流阀可能还会排水。当主蒸汽压力上升到一定值时，储水箱水位又会稳定，甚至下降。如果减少循环流量，增加给水流量时，不让溢流阀排水，还可以通过给水旁路门设偏置，调整省煤器入口流量，控制好储水箱水位。同样主蒸汽压力会上升，而主蒸汽温度会下降。这样变化幅度更小，调整更频繁，但储水箱水位稳定。当机组负荷达到 20%BMCR 以上时，再热器减温水调整门释放。通过喷水减温调节再热汽温时，调整幅度要小，防止汽温大幅变化。

（2）干态时汽温的控制。

①亚临界纯直流运行状态汽温调整。

锅炉进入直流状态，给水控制与汽温调节和湿态时控制方式有较大的不同，给水不再控制分离器水位，而是和燃料一起控制汽温即控制水煤比，如果水煤比保持一定，则过热蒸汽温度基本能保持稳定；反之，水煤比的变化，则是造成过热汽温波动的基本原因。因此，在直流锅炉中汽温调节主要是通过给水量和燃料量的调整来进行。但在实际运行中，考虑到其他因素对过热汽温的影响，要保证水煤比比值的精确值是不现实的，特别是在燃煤锅炉中，由于不能很精确地测定送入炉膛的燃料量，所以仅仅依靠水煤比 G/B 来调节过热汽温，则不能完全保证汽温的稳定。一般来说，在汽温调节中，将 G/B 作为过热汽温的一个粗调，然后用过热器喷水减温作为汽温的细调手段。

对于直流锅炉来说，在本生负荷以上时，汽水分离器出口是微过热蒸汽，这个区域的汽温变化，可以直接反映出燃料量和给水蒸发量的匹配程度以及过热汽温的变化趋势。所以在直流锅炉的汽温调节中，通常选取汽水分离器出口平均汽温作为主蒸汽温度调节回路的前馈信号，此点的温度称为中间点温度，该点温度的过热度称为中间点过热度。依据该点温度的变化对燃料量和给水量进行微调。直流锅炉一定要严格控制好水煤比和中间点过热度。一般来说，在机组运行工况较稳定时只要监视好中间点过热度就可以了，不同的压力下中间点温度是不断变化的，但中间点过热度可维持恒定，一般在 20℃左右。中间点过热度是水煤比是否合适的反馈信号，中间点过热度变小，说明水煤比偏大；中间点过热度变大，说明水煤比偏小。在运行操作时要注意积累中间点过热度变化对主蒸汽温影响大小的经验值，以便超前调节时有一个度的概念。但在机组出现异常情况时，如给煤机、磨煤机跳闸，高加解列等应及时减小给水，保持水煤比基本恒定，防止水煤比严重失调造成主蒸汽温度急剧下降。总之，水煤比和中间点过热度是直流锅炉监视和调整的重要参数。

同样的机组负荷，在煤质和给水温度相同的情况下，若中间点过热度相同，水煤比并不是一个定值，它与炉膛内火焰中心位置、过量空气系数和受热面的清洁程度有关。在相同的中间点过热度下，水煤比不同，主蒸汽/再热蒸汽温度可能就不同，机组的经济性就不同。下面就如何提高主蒸汽/再热蒸汽温度作出以下几点分析。

第一，提高火焰中心位置，通过水燃比控制中间点过热度。

提高火焰中心，使炉膛水冷壁的辐射吸热量减少，炉膛出口烟温升高，对流烟道中的吸热量增加。理论上中间点温度下降，这时可以采用水燃比控制中间点温度，这样既可以保证中间点过热度，又能提高炉膛出口烟气温度，使过热器和再热器对流换热增强，过热汽温和再热汽温同时上升。

抬高火焰中心有以下四种方法：开大下层二次风，关小上层二次风，可以提高火焰中心位置；增加上层磨煤机的出力，降低下层磨煤机的出力，可以提高火焰中心位置；启动上层磨煤机，停下层磨煤机，也能提高火焰中心位置；调整燃烧器摆角，使火嘴向上翘起，也能提高火焰中心位置。

第二，提高过量空气系数，同样采用水燃比控制中间点过热度。

炉膛出口过量空气系数增大，送入炉膛的风量增加，炉膛内温度水平降低，辐射换热量减少。而锅炉水燃比保持不变的情况下，炉膛出口烟气量增多，总的对流放热量增大。由于再热器表现为对流特性，其吸热量增大，再热汽温上升；又由于锅炉送入的总燃料量没有变化，输入的总热量并没有变化，当再热器系统吸热量增加时，炉膛水冷壁和过热器系统的总吸热量减少，过热汽温会略有下降。当过量空气系数增加很多时，炉膛烟温就会降低很多，水冷壁吸热量变化很大，使中间点过热度发生很大变化。通过水燃比的调节，可以维持或提升中间点过热度，过热汽温会随着水燃比的变化而回升。实际运行过程中，超超临界直流锅炉低负荷下的调粉不调风，对保持再热蒸汽的汽温是有利的，但有一定的限度，超过一定的限度，使过量空气系数过大或者过小，不仅仅影响到锅炉的经济性，还会对锅炉的安全会造成威胁，甚至灭火。

第三，采用滑压运行，提高主蒸汽/再热蒸汽温度。

从焓-熵图中可以看出，主蒸汽温度保持不变，降低主蒸汽压力，焓值增加，焓降降低，做功能力下降，高压缸排汽温度上升，造成低再入口汽温上升，高温再热器出口汽温上升。主蒸汽压力下降，蒸汽比热容下降，温度变化更敏感。主蒸汽压力下降，对应的饱和温度下降，炉膛内金属和内存水蓄热下降，并且金属要放出部分热量来加热炉水，使蒸发点提前。蒸汽的冷却能力小于水的冷却能力，使炉膛出口烟温上升。

②超临界纯直流运行状态的汽温调整。

当机组负荷达 75%MCR 左右时转入超超临界状态。从理论上讲，机组过临界时存在一大比热区，蒸汽参数如比容、比热变化较大，实际运行情况是基本上无明显变化，原因是锅炉的蓄热减缓了影响，而且协调方式下参数的自动调整在一定程度上弥补了波动。因此，机组在亚临界直流运行状态下和超超临界直流运行状态下的汽温调节是相同的。

2. 二次再热机组锅炉运行控制

1）给水控制

给水控制的目的是控制总给水流量，总给水流量在省煤器入口测量。

在低负荷时，调整给水启动调节阀开度来控制给水流量，调整电动给水泵的转速以维持启动阀两端的差压（电动给水泵出口与给水母管压力之差）为一固定值（0.5～1.0MPa），或者调整给水母管压力到与负荷相关的设定值。当给水启动调节阀开至大于 75%而且负荷超过规定负荷后，逐步切换到主给水门，切换完成后，通过调整电动给水泵的转速来控制给水流量。

在正常运行时，通过控制两台汽动给水泵的转速来控制给水流量，电动给水泵作为备用。

2）汽水分离器的液位控制

（1）分离器液位的控制。

分离器液位控制的目的就是通过锅炉循环水 BR 阀、WDC 阀和锅炉再循环泵暖管疏水排放阀来维持分离器储水箱的液位低于要求值。通常在锅炉清洗和湿态方式运行期间分离器产生疏水。

（2）锅炉再循环水量的控制。

锅炉再循环水量控制的目的，就是通过将锅炉在湿态运行期间所产生的疏水再循环，达到回收热量提高锅炉效率的效果。锅炉再循环水流量的设定值根据分离器储水箱液位经函数发生器给出。在湿态方式运行时，如果储水箱液位达到设定的高度，锅炉循环水流量应当增加，以使其流量与分离器储水箱的液位相匹配；当锅炉蒸汽量增大、储水箱液位下降时，锅炉循环水流量应当减少。在干态方式运行时，锅炉循环水 BR 阀应关闭，锅炉再循环量为零。

（3）储水箱液位的控制。

WDC 阀用于控制汽水分离器储水箱液位。每一个液位调节阀有单独的控制程序（函数），使得两个调节阀的控制分别用于不同的汽水分离器储水箱水位范围。在湿态方式运行期间，WDC 阀是锅炉循环水 BR 阀的事故后备，在干态方式运行期间 WDC 阀是暖管排放调节阀的事故后备。

锅炉再循环泵热备用疏水排放调节阀也用于控制分离器储水箱液位。该阀门只在锅炉干态方式运行时开启。在锅炉湿态方式运行期间，该阀始终关闭。

3）燃料的控制

燃料量控制的目的就是控制总燃料量以满足当前锅护输入负荷，总燃料量由煤和轻油两种燃料量组成。

（1）水/燃料比率的控制。

当锅炉处于湿态运行方式时，主蒸汽压力由燃料量控制（和汽包锅炉相同）。因此，在这种情况下，是通过调整给水燃料比率来控制主蒸汽压力。

主燃料煤的实际发热值可能会变化，而锅炉的热吸状态取决于燃料的种类和投入的燃烧器所在的层位置。

当锅炉处于干态运行方式时，调整给水燃料比率，以补偿上述吸热量的变化。在这种情况下，给水燃料比率指令控制水分离器入口蒸汽的过热度和主蒸汽温度（未过出口蒸汽温度）。

（2）轻油的控制。

轻油不作为锅炉燃烧的主要燃料，只是在启动期间和低负荷运行时使用。

4）磨煤机的控制

（1）磨煤机一次风量的控制。

为了将磨制好的煤粉输送到炉膛，并且维持每个煤粉燃烧器都有适当的煤/

风比例，每台磨煤机都要有一次风量控制，一次风量的测点在热风和冷风混合点的下游，因为热风的风量比冷风的风量大，所以采用热风挡板控制一次风流量。

（2）磨煤机出口温度的控制。

为了维持磨煤机出口温度为设定值，每台磨煤机都设计有出口温度控制，采用冷风挡板控制磨煤机的出口温度。

（3）磨煤机旋风分离器速度控制。

磨煤机配有旋风分离器，通过叶片的旋转，在离心力和碰撞的作用下实现对煤粉的分离。粗颗粒从细粉中分离出来落回到磨煤机碗中重新研磨，通过旋风分离器后符合要求的细度的煤粉被带入煤粉管道。旋风分离器速度根据给煤量进行控制，这样可得到燃烧所需的最适合的煤粉细度。

5）送风量及炉膛负压的控制

（1）送风量控制。

锅炉所需要的总的燃烧风量是通过调节两台送风机的动叶角度来控制的。

（2）炉膛压力控制。

炉膛压力是通过调节两台引风机动叶角度来控制的。

如果出现炉压力波动很大的工况，系统就会自动地采取适当的超驰控制。若发生主燃料跳闸（main fuel trip，MFT），将通过炉膛压力控制高限限制回路迫使引风机动叶指令根据MFT前机组负荷的大小自动减少一定值，以防止由于炉膛风量的突然减少和燃料量的失去而可能导致的炉膛内爆。

6）一次风压的控制

一次风是由一次风机提供给磨煤机的，它被用来：

（1）将磨煤机里的煤粉送到炉膛里；

（2）干燥煤粉；

（3）作为喷燃器里的燃烧风。

一次风机出口的一部分风经过空气预热器变成热风，另一部分旁路预热器是冷风。热风和冷风在每台磨煤机的入口混合。

送到每台磨煤机的一次风量由热风挡板和冷风挡板调节。为了使一次风量控制效果更好，将通过调整一次风机入口挡板使空气预热器出口的热一次风压力控制在最适当的设定值上。

当两台一次风机均停止时，一次风机入口挡板强制关闭。

为了防止当只有一台一次风机运行时，一次风机从未运行的一次风机反向流出，这时未运行的一次风机入口挡板将强制关闭。

7）主蒸汽调节

（1）主蒸汽温度的调整是通过调节燃料与给水的比例控制启动分离器出口工质温度（中间点温度）为基本调节，并以减温水作为辅助调节来完成的，启动分离器出口工质温度是启动分离器压力的函数，维持该点温度稳定才能保证主蒸汽温度的稳定。当启动分离器出口工质温度过热度较小时，应适当调整煤水比例，控制主蒸汽温度正常。

（2）一、二级减温水是主蒸汽温度调节的辅助手段，锅炉低负荷运行时要尽量避免使用减温水，防止减温水不能及时蒸发造成受热面积水，若投用减温水，要注意减温后的温度必须保持 20℃以上的过热度；适当控制汽水分离器内蒸汽过热度，在一级过热器出口温度和主蒸汽温度在额定值的情况下，一、二级减温水调门开度在 40%～60%范围内。

（3）使用减温水时，减温水流量不可大幅度波动，防止汽温急剧波动，特别是低负荷运行时。

（4）锅炉正常运行中汽水分离器内蒸汽温度达到饱和值是水煤比严重失调的现象，要立即针对形成异常的根源进行果断处理（增加燃料量或减水），如果是制粉系统运行方式或炉膛热负荷工况不正常引起，要对水煤比进行修正；如炉膛工况暂时难以更正，水煤比修正不能将分离器过热度调整至正常，要解除自动给水进行手动调整。

（5）锅炉运行中进行燃烧调整，增、减负荷，启、停磨煤机，汽动给水泵调节波动较大、风机、吹灰、打焦等操作，都将使主蒸汽温度发生变化，此时应加强监视并及时进行汽温的调整工作。

（6）高加投停时，要严密监视给水温度、省煤器出口温度变化情况；高加投、停在汽温调整稳定后注意适当减、增燃料来维持机组要求的负荷。

（7）调整主蒸汽温度过程中要加强受热面金属温度监视，以金属温度不超限为前提进行调整，必要时要适当降低蒸汽温度或降低机组负荷并查找原因进行处理。

8）再热汽温的控制调节

国外二次再热机组的再热汽温调节方式多种多样。丹麦 Nordjylland 电厂采用烟气再循环与减温水；德国 GKM 电厂采用汽-汽换热（即采用过热蒸汽加热再热蒸汽）与减温水调节再热汽温；日本姬路第二电厂采用表面式热交换器、烟气挡板、烟气再循环与二次燃烧调节再热汽温。

国内各锅炉厂商也分别设计了自己的二次再热蒸汽温度的调节方式，SBWL 生产的二次再热机组主要采用燃烧器摆动、双烟道烟气挡板与喷水减温调节再热汽温；DBC 二次再热机组采用三烟道烟气挡板、烟气再循环与喷水减温调节再热汽温；HBC 则主要采用双烟道烟气挡板、烟气再循环与喷水减温调节再热汽温。

3. 超超临界锅炉吹灰技术

在火力发电厂中，为了实现能量转换效率，煤粉要在很短的时间里完成燃烧过程，煤炭被专门的设备磨制成极细的煤粉，燃烧产生的高温燃烧产物的热量通过一系列热交换设备的受热面传递给在管道里的水或者水蒸气。在烟气里灰粒的直径大多在10～30μm，这样微小的灰尘颗粒由于灰尘与管壁之间的分子吸引力、机械网罗作用力、热泳作用力及静电吸引力等使其黏附在受热面管壁上，1mm的积灰对于传热的阻力大约是钢铁材料的50倍，显著降低了传热效率[87]。

1）积灰的形成

由于燃料中含有不可燃成分，统称为灰分，在锅炉燃烧过程中，灰分被析出，一部分沉积在受热面上，另一部分随烟气带出锅炉。沉积在锅炉受热面上的灰，有两种形态，即积灰和结渣。所谓积灰，指的是温度低于灰熔点时灰沉积物在受热面上的聚积，一般多发生在锅炉炉膛出口至空气预热器段的对流受热面上。所谓结渣，指的是熔化了的灰黏附在受热面上，一般多发生在炉膛、屏式过热器、炉膛出口等高温受热面。积灰、结渣受物理因素和化学因素的交替相互作用，生成过程十分复杂，按积灰、结渣的特性来分类的方法繁多。现仅按积灰强度来划分，可分为松散性积灰和黏结性积灰，积灰、结渣部位多数发生在锅炉出口水平烟道及尾部竖井烟道的受热面管壁上。

（1）松散性积灰。

对单根受热面管而言，松散性积灰发生在两个部位。一个是迎向烟气流的正面上，在烟气速度很小、飞灰颗粒很细时飞灰才会形成松散的沉积层，并且为颗粒较大的灰所破坏而减薄。当煤粉细度和锅炉负荷不变，运行稳定的条件下，这一薄层将在一定的时间内达到动态平衡。另一个积灰部位是在受热面管的背面，也是积灰最为严重的地方。

由于受热面管的背面处于烟气涡流区，形成松散的楔形积灰，并与受热面管一起构成流线形，因此，不会增加烟气的流动阻力。

（2）黏结性积灰。

黏结性积灰主要是在受热面管子的正面形成，并迎着烟气流成梳形状生长，不像松散性积灰那样到了一定的积灰程度就停止了生长，而是随时间的增加而增长。积灰严重时在受热面管间搭桥，堵塞烟气通道，增加烟气流动阻力，锅炉被迫减负荷或停炉清灰。

锅炉受热面积灰是不可避免的普遍现象。受热面积灰后使传热热阻增加，管内工质的吸热量减少，排烟温度升高。同时，因受热面积灰使管壁金属超温，对锅炉安全运行造成威胁，因此，锅炉吹灰势在必行。

2）吹灰的技术种类

（1）蒸汽吹灰。

目前蒸汽吹灰是国内电厂采用最普遍的吹灰方式，主要原因之一是由于低压蒸汽的获得比较容易，另外，蒸汽吹灰能起到立竿见影的效果，特别是黏结强度高的灰渣、熔融灰渣都能有效地被清除。它是利用蒸汽射流的动能，直接作用于灰渣的表面，冲击动压可达到 2000Pa，灰渣可迅速地被吹离受热面，排烟温度即吹即降，有非常明显的吹灰效果，因此，旋转式长短干蒸汽吹灰器在吹灰领域仍然占着统治地位。但是，蒸汽吹灰也有如下几个方面的缺点。

①蒸汽耗量大，蒸汽吹灰介质压力一般为 1.5MPa、温度大于 150℃，耗汽量 30～100kg/min。例如，省煤器一般安装 4 台吹灰器，每台运行 6min，每台耗汽量 73kg/min，总耗汽量为 1752kg。一台 300MW 机组锅炉安装 100 多台蒸汽吹灰器，按吹灰程序顺序执行吹灰，全面吹灰一次约需 3h，总耗汽量为 60～100t，要增加锅炉昂贵的补给水量约 1%，使水处理设备的运行费用提高。

②增加排烟中水蒸气含量，使尾部受热面容易积灰和腐蚀，特别是处于末级的空气预热器受热面更容易积灰堵塞，有时不得不停炉清灰。

③旋转伸缩式吹灰器的结构复杂，工作条件差，易磨易损件多，所以维修费用高，据统计，以 10 年为一周期，蒸汽吹灰维修费用比压缩空气吹灰高约 70%。

④蒸汽射流速度高，不断卷吸周围含尘高温烟气，直接冲刷到金属受热面上，致使受热面磨损很严重，降低金属受热面的使用寿命。

⑤吹灰时效果很明显，一旦停止吹灰，受热面上又很快积灰，这与蒸汽吹灰留有死角和不彻底有关。因沿被吹扫管子长度和周界呈现不均匀吹扫，残留的部分积灰是进一步积灰的基础，同时蒸汽也使灰粒容易粘到管子上，吹灰后很短时间内又恢复到吹灰前的积灰状态，排烟温度也逐渐恢复到吹灰前的水平。

⑥一般蒸汽吹灰的有效吹扫半径为 1.5～2.0m，吹扫面积有限，留有吹扫不到的死角。为了满足连续运行的要求，一台 300MW 机组的锅炉需要布置 100 多台长短杆蒸汽吹灰器，投资较大。

（2）压缩空气吹灰。

与蒸汽吹灰相比，吹灰器的结构差不多，吹灰介质为压缩空气，但优点较多。不消耗锅炉补给水，压缩空气也容易获得；因空气中水分极少，不会造成空气预热器冷端堵灰；压缩空气系统为低温低压，维修方便；但初投资较大，必须配备专用空气压缩机。

（3）水力吹灰。

锅炉排污水或高压水具有较高的冲击力，对强黏结的硬灰特别有效，但对锅炉燃烧影响大，烟气含水蒸气量增加，管壁受热冲击，容易龟裂爆管。

（4）钢珠除灰。

用于小容量锅炉尾部受热面吹灰。小钢珠从尾部烟道顶部播撒下来，钢珠与受热面管相互碰撞，将积灰从受热面上打击下来，并随烟气带走。需要安装一套钢珠搜集装置，而且钢珠的损耗量很大，现在已很少使用。

（5）振动吹灰。

用机械振动（打击）的方法使受热面管振动，积灰脱离管壁后被烟气流带走。

一般在电除尘器上使用，也可用于锅炉尾部受热面，但机械部分容易磨损失效。

（6）脉冲波清灰。

利用可燃气体，如甲烷、氢气、乙炔等高反应性能的燃料在特制容器中点火爆燃，产生的超声速脉冲波从出口高速喷出，清除受热面上的积灰。最近几年发现，随着国外进口锅炉带有燃气脉冲波清灰装置，经消化吸收，现在已有十多家公司在生产经营这种清灰装置，有一定的清灰效果。但要特别小心可燃气体在运输、储存中的安全及在使用中失控爆炸；要控制脉冲波的强度，否则会造成设备受损、连接部件松动、保温材料脱落，噪声大，有的在 1000m 以外还能听到爆炸声。

（7）声波清灰。

利用压缩空气位能在特殊设备中调制成声能，作用于受热面上的积灰，达到清灰的目的，声波清灰是利用声场能量的作用，以清除锅炉受热面上的积灰。声场能量由压缩空气在特制的发声器中转换为声波而获得。锅炉烟气中含有极细的灰粒，在没有声波作用的情况下，它们很容易粘积在受热面上，当声波以烟气作为传播介质时，这种粘积现象被减弱或者不可能存在。由于声波具有直达、反射、绕射的特性，使声波充满整个清灰空间，因此，在受热面管的四周均有声波存在，清灰不留死角。声波清灰作为一种新兴的吹灰方式自身有待完善，但是具有很大的发展潜力[6, 7]。

5.2.2　超超临界汽轮机组高效宽负荷运行技术

1. 单元机组的运行技术

单元机组的运行目前有两种基本形式，即定压运行（或称等压运行）和变压运行（或称滑压运行）。

定压运行是指汽轮机在不同工况运行时，依靠调节汽轮机调节汽门的开度来改变机组的功率，而汽轮机前的新汽压力维持不变。采用此方法跟踪负荷调峰时，在汽轮机内将产生较大的温度变化，且低负荷时主蒸汽节流损失很大，机组的热效率下降。因此国内外新装机组一般不采用此方法调峰，而是采用变压运行方式。

所谓变压运行，是指汽轮机在不同工况运行时，不仅主蒸汽门是全开的，而且调节汽门也是全开的（或部分全开），机组效率的变动是靠汽轮机前主蒸汽压力的改变来实现的，但主蒸汽温度维持额定值不变。处在变压运行中的单元机组，当外界负荷变动时，在汽轮机跟随的控制方式中，负荷变动指令直接下达给锅炉的燃烧调节系统和给水调节系统，锅炉就按指令要求改变燃烧工况和给水量，使出口主蒸汽压力和流量适应外界负荷变动后的需要。而在定压运行时，该负荷指令是送给汽轮机调节系统改变调节汽门的开度。

1）变压运行的分类

根据汽轮机进汽调节汽门在负荷变动时开启的方式不同，变压运行又可分为纯变压运行、节流变压运行和复合变压运行三种方式。

（1）纯变压运行。

在整个负荷变化范围内，汽轮机的进汽调节汽门全开，由锅炉改变主蒸汽压力来适应机组负荷变化。这种运行方式存在很大的时滞，负荷适应性差，不能满足调频的要求。另外在低负荷时，进汽门全开，进汽压力低，机组循环效率下降较多。

（2）节流变压运行。

在正常运行条件下，汽轮机进汽调节汽门不全开，如只开到 90%，留有 10%的开度储备，保持一定的节流。在机组加负荷时，全开调节汽门，利用锅炉的蓄能达到快速带负荷的目的。此后，随着蒸汽压力的提高，调节汽门重新恢复到原来的位置。机组加负荷时，通过全开调节汽门，使运行方式由变压加节流压力线下降到纯变压的压力线，从而使锅炉输出储存的蓄热。这种运行方式克服了纯变压运行时负荷调整时滞大的缺点。但由于正常运行时，调节汽门不能全开，有一定的节流损失，也会降低机组运行的经济性。

（3）复合变压运行。

复合变压运行是定压运行和变压运行组合的运行方式。指机组在高负荷区（一般为 80%～100%BMCR）保持定压运行，用增减喷嘴开度来调节负荷；在中间负荷区（一般为 30%～80%BMCR），全开部分调节汽门（如三阀全开）进行变压运行；在极低负荷区（一般为 30%BMCR 以下），恢复定压运行方式（但压力定值较低），这是一种应用较广的复合变压运行方式，也称为定-滑-定复合变压运行。低负荷下采用定压运行的另一个原因，是因为压力低时，dt/dp 较大，为了避免在省煤器中发生沸腾或在蒸发受热面内产生过大的热应力。定-滑-定的运行方式，既具备高负荷区调频的能力、满足低负荷定压运行的要求，而且在中间负荷区具有较高的运行效率和负荷适应性，所以得到了普遍的应用。

2）机组变压运行的特点

变压运行优于定压运行，主要体现在汽轮机方面。汽轮机的调节方式分节流调节和喷嘴调节，在定压运行时，即使采用相对影响较小的节流调节，汽轮机调节级后的汽温也随工况有较大幅度的下降，而喷嘴调节情况则更严重。当变压运行时，由于调节汽门全开或基本全开（只有 10%～20%的节流），以及过热汽温维持额定工况，汽轮机第一级后的汽温几乎不变，见图 5-9。第一级后汽温基本不变，代表了其后各级汽温也基本不变。

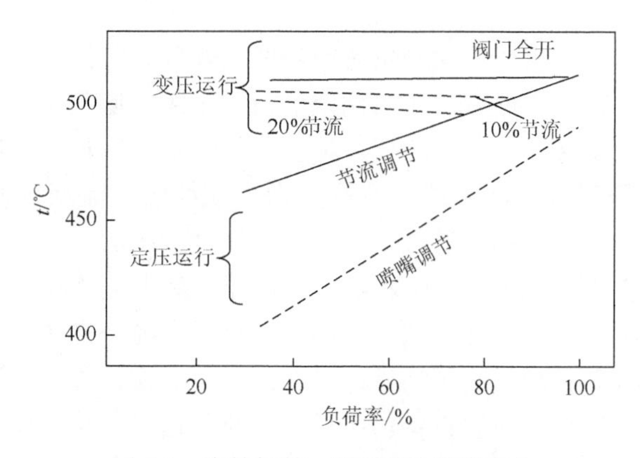

图 5-9　汽轮机第一级后蒸汽温度变化

因此，变压运行时锅炉出口以及汽轮机各级的汽温变化都很小或几乎不变。这样，汽轮机金属的热应力、热变形小，有利于电站机组快速启运和变负荷运行，极大地提高了机组运行的机动性，尤其适用于调峰。特别对于中间再热机组：定压运行时，当负荷降低时高压缸排汽温度降低，使再热器出口汽温难以维持，引起中低压缸内汽温降低，这不仅影响机组效率，也使汽轮机热应力、热变形增大，这是非常不利的；而在变压运行时，由于初压随负荷减少而降低，使蒸汽比热容减小，因此，过热蒸汽和再热蒸汽都易于提高到规定温度。再热汽温的稳定和不下降，使中低压缸的运行条件得到改善，给汽轮机的安全运行带来保障。

2. 超超临界汽轮机组变负荷运行特性

1）超超临界汽轮机组随主蒸汽温压提高存在的问题

（1）超超临界机组压力、温度提高后，汽缸、喷嘴室、主蒸汽阀、导汽管等承压部件的壁厚增加。壁厚的增加将使非稳定热应力增大，对运行不利。运行要严格控制机组启停和变负荷运行中热应力的变化，防止超限。

（2）超超临界机组高压部分的蒸汽密度极大，级间压差大，相应的蒸汽激振力也大。为此，在运行中要严密监视轴封压力、温度，轴系振动、金属温度、轴向位移等稳定性参数。

（3）超超临界机组的蒸汽密度大，级间压差大，蒸汽携带的能量也大。机组在甩负荷时，汽缸、管道、加热器中的蒸汽推动转子转速的飞升要比超临界机组的大，会直接影响机组的安全运行。

（4）汽轮机轴系长短直接影响启动过程中因温度变化引起的动静部分的胀差、振动及启动所需的时间和运行中对负荷变化的响应能力。

2）超超临界机组变负荷运行的经济性分析

（1）30%～90%额定负荷采取滑压运行。超超临界机组的良好性能是基于低负荷滑压运行，即主蒸汽压力随着负荷的降低而降低，降低调门的节流损失。从滑压运行到定压运行的切换点在 40%额定负荷，是因为低负荷运行的特性使炉膛的出口烟温降低，意味着吸热的增加，将会对炉膛水冷壁管的冷却带来问题，如果继续保持纯滑压运行意味着降低蒸汽压力，减缓蒸汽流动，使得蒸发受热面的吸热进一步增加。采用部分进汽顺序阀调节复合滑压运行的电厂设计通常是在 3 阀全开运行时最经济，过负荷时第 4 个阀打开，减小了节流损失。尽管 3 阀全开时主机在最经济方式下运行，然而大部分辅机不在经济方式下运行，降低了该负荷下的机组效率。欧洲的超超临界机组将额定负荷设计成最经济负荷，以保证主机在低负荷滑压运行，所属设备也在经济负荷下运行，从而提高机组效率。丹麦 ELSAM 超超临界机组在负荷分别为 100%、60%和 40%时滑压运行，相对净效率分别为 100%、97.7%和 93.6%，因此可以看出，在 80%～100%负荷范围内机组效率基本是不变的，在 60%～100%负荷范围内机组效率的变化也不大。

（2）超超临界机组比超临界和亚临界机组有更高的效率和相同的运行可靠性，因而具有巨大优势。然而，其高效率是在较高的负荷时主、再汽温均达额定值才能显示出来的。在超超临界机组的日常运行中由于承担调峰运行，当机组负荷降低至一定负荷时，其经济性将与超临界机组或亚临界机组相当，失去了其高效率的意义，因此，应避免超超临界机组在过低负荷下运行，运行证明超超临界机组在 60%～90%负荷范围内滑压运行时其效率的变化不大，仅下降 2.3%，随后下降较快，在 90%以上负荷定压运行机组效率较高。因此，超超临界机组在 60%～90%负荷范围内滑压运行是比较经济合理的。

5.2.3 超超临界机组的运行优化技术

1. 超超临界主机组运行优化

机组的优化运行是在保证机组安全性的前提下，根据机组和设备的性能，通过调整机组和设备的运行方式及相关的热力参数，使得机组能在最佳工况下运行的方式。当以机组的供电煤耗率为最小时，寻求机组运行参数，包括主蒸汽温度、主蒸汽压力、再热蒸汽温度、排汽压力、给水温度、排烟温度、排烟氧量等的最佳值[88]。

1）启停机过程节能优化

（1）机组启停全程汽泵上水。

机组启动前，使用汽动给水泵前置泵给锅炉上水，上至正常水位后，并维持较高水位。机组建立真空，提前进行管道疏水，充分暖管，用辅助蒸汽汽源冲转一台汽动给水泵满足锅炉上水需求。机组并网带负荷后，待机组四段抽汽压力满足给水泵汽轮机供汽条件时，缓慢切换给水泵汽轮机汽源为四段抽汽提供。

（2）降低机组补水率。

补水率是反映机组汽水损失的主要指标，启停及运行中应注意以下几个方面。

①机组并网后应按机组启动后阀门检查卡要求对疏放水阀门内漏情况进行认真检查，发现内漏时应立即隔离处理。

②机组运行中按定期工作要求每月对疏放水阀门内漏情况进行认真检查，发现内漏时应立即联系处理。

③运行中发现补水率大于0.8%时，应认真分析、排查，并及时对疏放水系统阀门进行认真检查。

2）冬季单循环泵使用

根据实验循环水泵的优化运行对降低循环泵耗电率及提高机组效率有较大意义，运行中应根据季节特点、环境温度及机组负荷变化情况，合理调整循环水泵的运行方式，并遵守如下规定。

（1）正常运行时循环水泵运行采取单元制运行，循环水泵联络门保持全开状态。

（2）运行中应重点关注低压凝汽器进口温度和机组负荷情况，及时做好循环泵的启停准备。

（3）所在机组运行人员应加强真空泵电流的监视，真空泵电流不正常下降应及时关闭入口门，切换真空泵，同时检查分离器水位及工作液温度，严控真空急剧下降。

（4）循环水温升大于14℃或低压缸排汽温度大于44℃，增启第二台循环水泵一般可以提高凝汽器真空1～1.5kPa，对厂用电率影响可根据循环水泵电流估算循环水泵耗电量及发电量计算厂用电率变化情况。

3）低负荷时凝结水泵减少资源使用

1000MW超超临界机组需要设置独立的凝结水系统，且各个系统要保证三台凝结水泵。在使用时可以是两台使用，一台备用。凝结水泵的耗电比较多，在夜间的低负荷时间过久，则会随着负荷的降低，水流量越来越小，这就需要立刻调整凝结水的投入量从而保证除氧器的供水需求。实验证明，1000MW超超临界机组各个负荷下凝结水泵出口压力按照以下控制[①]（区间采用线性），调整压力时采用单路上水调门调整，单路调门全部打开后，方可开启另一路，这样既能保证低负荷时凝结水系统的安全运行，又能最大限度地节能。

2. 超超临界机组主要辅机的运行优化

超超临界机组辅机运行优化技术包括三个方面，其一是运行优化试验，其二

① 当机组负荷为600MW时，凝结水泵出口压力为1.5MPa；当机组负荷为700MW时，凝结水泵出口压力为1.6MPa；当机组负荷为800MW时，凝结水泵出口压力为1.7MPa；当机组负荷为900MW时，凝结水泵出口压力为1.8MPa；当机组负荷为1000MW时，凝结水泵出口压力为1.9MPa。

是修改热控系统控制方式，其三是设备改造及新技术的运用。运行优化试验主要从运行角度入手，对设备运行方式和参数进行调整，寻找其在运行过程中始终保持最佳状态的运行方案。而维持设备最佳运行状态的主要手段是将试验得出的设备在各种工况下的最佳运行方式用于自动控制系统的参数整定。同时对最新技术的运用和设备的技术改造，也将为设备保持最佳运行工况提供可靠的保证。实践证明，通过对辅机运行方式的全面优化，机组运行的经济性和安全性均会有大幅提高。

超超临界机组的磨煤机、一次风机、空压机、给水泵、凝结水泵、循环水泵等是电厂的重要辅机，也是最主要的耗能设备，其运行的经济性直接影响整个机组的经济运行水平。以下列举了目前超超临界机组已普遍采用的辅机优化运行方式。

1）实现无电泵启停

600MW 与 1000MW 等级大型汽轮机组其给水系统的典型配置为两台 50%容量的汽动给水泵组和 1 台 30%容量或 50%容量的电动给水泵组。在机组启停阶段，电动给水泵系统在给水流量调节与使用方面有很大的灵活性，但是电动给水泵能耗较高，使用汽动给水泵启动能获得比电动给水泵更好的经济效益，全程使用汽动给水泵启停机组的可行性与合理性在生产实践中得到了很好的验证。

（1）无电泵机组冷态启动时操作重点。

①在锅炉点火之前，检查汽泵各系统已运行正常，启动汽泵前置泵向锅炉上水，上水流量通过给水旁路调整门和汽泵再循环门控制在 200t/h 左右，并进行锅炉冷态清洗。

②真空系统视汽泵启动时间和锅炉点火时间要求投入运行，以满足汽泵的投用条件，一般要求锅炉点火前 1h 投入。

③在锅炉点火前完成汽动给水泵的暖机和定速工作，将汽泵由 MEH 控制转为 CCS 控制，转速应控制在 3000r/min 左右。

④冷态清洗合格后，启动炉水循环泵，给水小旁路与炉水循环泵 BR 阀调整省煤器入口给水流量达启动要求（580t/h 左右），用 WDC 阀配合调节储水箱水位正常，做好锅炉点火准备工作。

⑤锅炉点火后，逐步加大给水流量至 1000t/h 进行锅炉热态清洗（如在点火后进行汽泵冲转工作，必须保证在锅炉起压前将汽泵转速升至 1500r/min，锅炉起压 30min 后汽泵转速至 3000r/min）。

⑥机组升压、冲转、并网、切缸的过程在给水流量较低时，尽量保持汽泵转速稳定，主要通过给水旁路调整门控制给水流量。

（2）无电泵机组启动过程中的注意事项。

①辅汽联箱汽源必须稳定，最佳为邻机辅汽汽源；因为启动锅炉稳定性差，如启动锅炉 MFT 将造成汽泵汽源失去而给水流量低 MFT；当使用本机冷再汽源时，在切缸过程再热器压力很难控制稳定，可能造成给水流量波动，严重时造成锅炉 MFT。

②用汽泵启机应首选正常运行中小机调速系统较为稳定的汽泵。

③使用邻机供辅助蒸汽，应尽可能保持邻机负荷稳定或辅汽联箱压力自动正常且稳定，避免辅助蒸汽参数有大的波动。

④在进行小机汽源切换操作时，应尽可能保持平稳缓慢，并避免和其他重大操作同时进行。

⑤负荷大于 150MW 后，应根据小机转速变化情况减小汽动给水泵再循环门调整开度，以防止出现汽动给水泵出力不足的情况。

⑥在使用邻机汽源时，双机均应注意凝汽器水位的调整工作。

（3）无电泵启动获得的经济效益。

机组启动时，采用电动给水泵给锅炉上水，至主机带 30%～50%负荷时停电泵，转为热备用。机组热态启动时，电泵连续运行约需 8h，冷态启动约需 13h，大修后第一次启动带负荷约需 28h，电泵电机功率按 3200kW 计算，电泵所需消耗功率为：热态约 3 万 kW·h，冷态约 5 万 kW·h，大修后第一次启动约 10 万 kW·h。使用汽动给水泵完成机组启动，可大量减少厂用电量，而汽泵启动则充分可以利用邻机和本机低压汽源做功满足机组启动要求。

2）凝结水泵变频运行和凝结水系统滑压运行

凝结水泵系统配置为一运一备，变频器一拖二，可切换运行。凝结水泵正常状态变频运行，额定出口压力 3.6MPa，额定电动机功率 2000kW。

为最有效地发挥凝结水泵变频运行的节能潜力，凝结水泵变频压力控制值应在除氧器进水主调节阀保持 90%的开度基础上，保持除氧器正常水位并同时满足化学精处理及其他凝结水用户要求。根据现场试验，凝结水泵变频压力最低控制值为 1.2 MPa。

（1）凝结水泵变频运行。

凝结水泵变频运行时，出口压力自动随负荷变化按滑压曲线运行，除氧器进水主调节阀根据自动设定值对除氧器水位进行辅助调节。表 5-4 给出了机组负荷与凝结水泵出口母管压力的关系。

表 5-4　机组负荷与凝结水泵出口母管压力的关系

机组负荷/MW	母管压力/MPa
640	2.05
600	1.90
540	1.7
500	1.55
450	1.4
380	1.35
350	1.2
0	1.2

（2）凝结水泵变频自动逻辑优化。

①除氧器水位在正常运行时由凝结水泵变频器自动控制，主调阀和辅调阀均在自动并保持全开状态。

②当主调阀开度大于95%时，变频器由凝结水母管压力控制切换为除氧器水位控制，且主调阀超驰全开。

③当负荷下降，凝结水母管压力低于1.2MPa时，变频器由除氧器水位控制切换为凝结水母管压力控制（压力控制值为1.25MPa），且主调阀超驰关至90%。

④低负荷情况下，当主调阀开度低于10%时，辅调阀开始参与调整，当主调阀开度低于5%时，主调阀超驰全关，由辅调阀控制水位。反之，当辅调阀开度达80%时，主调阀开始参与调整，当主调阀开度高于10%时，辅调阀超驰全开，由主调阀控制水位。

⑤变频器有水位和压力控制的切换功能，应能实现无扰切换。

（3）凝结水泵变频自动控制优化效益。

凝结水泵变频自动控制优化后可灵活适应机组变负荷运行，减少操作员的调整强度，充分发挥变频器的节能优势，可使凝结水泵电耗率下降0.06%。

（4）循环水泵电机改造。

由于季节温差大，凝汽器对循环水流量需求不同，夏季及春秋季需要两台循环泵或两机三泵运行，冬季单台循环泵运行就能满足要求，甚至超过需要，若循环水泵电机单速运行，则运行方式单一，机组的循环水流量不能根据运行工况进行调整，设备实际利用效率降低，尤其是低负荷或低温季节运行时，这种情况更加不利于提高机组经济效益。

对异步电机的节能改造技术较为常用的方法有两种，即变频改造和双速改造。

第一种：加装高压变频调速装置对循环水泵电机进行调速控制，这种改造优点是调速范围大，但存在初投资大、维护成本高、可靠性相对较低，以及低速谐振隐患等缺点。

第二种：将循环水泵电机进行变极改造，某厂1号机A循环泵电机在设计投产阶段就已按双速电机进行配置，通过2012年11月变速（电机电极由16极调整为18极，转速370r/min降为330r/min，实际运行电流365A降为294A，水泵出口压力0.16MPa降为0.15MPa）后机组的运行情况反映，在水温低于15℃情况下改低速后节能效益比较显著，在确保机组在最佳真空情况下单机单泵运行每天能节电近13000kW·h。

两种改造方法都能做到对循环水泵的转速进行控制，保证改造后的循环水泵调速性能提高，达到节能降耗目标。变频改造一次性投资150万～200万元，双速改造费用最多约30万元（单台电机）。单速电机改为双速电机，节能效果虽然较变频调速稍差，但是在国内应用较广，经验成熟且费用低，工期短，运行可靠，节能效果也比较显著。

（5）高压加热器下端差优化。

高压加热器端差是反映加热器性能优劣的主要指标，端差越小，则加热器的热经济性越高。高压加热器一般上端差设计值为 0℃，下端差设计值为 5.6℃。

高压加热器在厂家提供的正常运行水位范围内运行，下端差高达 8～9℃，严重影响加热器的安全经济运行。与生产厂家共同研究后，对高压加热器保护液位开关进行加高 50mm 改造（表 5-5），高二值保护由原标高 200mm 提高至 250mm，高三值保护由原标高 300mm 提高至 350mm。同时，在保证设备安全运行的前提下，对高压加热器水位进行了调整试验，某电厂 660MW 机组高压加热器水位调整试验结果见表 5-5。试验表明，高压加热器水位最佳水位值在 150mm，下端差降低至设计值，各加热器给水温升符合设计值。

表 5-5　高压加热器下端差优化

负荷 660MW	调整前				调整后			
	加热器水位/mm	加热器疏水温度/℃	加热器进口温度/℃	端差/℃	加热器水位/mm	加热器疏水温度/℃	加热器进口温度/℃	端差/℃
1 号高加	20	271.6	262.6	9	150	268	262.8	5.2
2 号高加	20	230.2	221.5	8.7	150	226.8	221.3	5.5
3 号高加	20	200.2	191.9	8.3	170	197.4	191.8	5.6

（6）抽气设备优化。

抽气设备的工作状态对保证和维持凝汽器真空度具有重要的作用。影响抽气设备工作特性的主要因素有抽气设备工作液温度、吸入口压力和温度、真空泵转速等，其中，最主要的因素是抽气设备工作液温度。

在炎热的夏季，真空泵分离器补充水源为凝结水时，真空泵工作水温达到 45℃，通过对补充水系统改造，接入化学凝输水，真空泵工作水温下降为 43℃，机组真空提高约 0.2kPa。

另外，为缓解真空泵在汽蚀效应作用下叶轮、叶片产生裂纹，影响抽吸效率造成机组真空下降，在真空泵上安装大气喷射器，通过喷嘴喷气射流的作用能在一定程度上提高真空泵的抽吸效率。某厂在真空泵加装大气喷射器后，设备及机组运行状况大为改观，主要为：加装大气喷射器作为前置抽气器，提高了真空泵的抽吸真空度，防止了真空泵密封水温度升高而制约低负荷运行阶段凝汽器真空改善情况的发生。投入大气喷射器后可使凝汽器真空提高 0.3～

0.5kPa，折合机组煤耗率降低约 0.7g/(kW·h)。加装大气喷射器后，提高了水环真空泵内的抽吸压力，有效减轻了泵内汽蚀造成的叶片损坏，降低了真空泵的运行噪声，延长了真空泵的使用寿命，防止了周围运行设备因振动造成的损坏。在真空系统漏空气量较小的情况下，单台真空泵对凝汽器内积聚空气的抽吸效果能与两台未经改造的真空泵相当，可节省出一台真空泵的用电量。按每台真空泵 160kW 计算，每天可节约 160×24×0.4＝1536（元）。

（7）锅炉辅机冷却优化运行。

①环境温度≥20℃，辅机轴承冷却水、磨煤机油站、一次风机油站、送风机油站、引风机油站、空气预热器减速箱冷却水回水手动门保持全开。

②5℃≤环境温度≤20℃，辅机轴承冷却水、磨煤机油站、一次风机油站、送风机油站、引风机油站、空气预热器减速箱冷却水回水手动门保持 2/3 开度。

③环境温度≤5℃，辅机轴承冷却水、磨煤机油站、一次风机油站、送风机油站、引风机油站、空气预热器减速箱冷却水回水手动门保持 1/2 开度。

④环境温度≥5℃，锅炉备用辅机停运时间＞4h，各轴承及冷却器冷却水回水门必须关闭。

（8）锅炉干排渣系统优化。

降低干排渣系统电耗，减少底部漏风。冬季，干排冷却风温度低，灰渣降温风量可减小，将一级钢带箱体侧板和头部顶板处进风门可关小，二级钢带捞渣机箱体侧板冷风门可全关；夏季，根据二级钢带箱体温度，调整捞渣机箱体侧板和头部顶板处进风门，密切监视干排渣机落入渣量多少，及时调整干排渣一、二级钢带和清扫链转速。排渣量少，一级钢带头部温度低，关闭灰渣降温喷水。监视渣仓渣位，防止渣仓料位过高，渣进入刮板机内，阻碍甚至卡死底部清扫链刮板电机。检查刮板清扫链及底板磨损状况，检查清扫链刮板有无从托轮脱落的情况，及时更换磨损严重或卡死托轮，排渣机钢带严重跑偏时，要及调整。定期对碎渣机检查，当碎渣机运行中发现异物卡堵后，要立即组织清理。炉底隔栅上出现无法下落的大渣块，需要定期启动液压泵，推动挤压头，进行大渣破碎操作。操作完毕后，立即停止液压泵；定期对各轴承加油维护。

（9）一次风机运行优化。

①在机组负荷一定，一次风量一定的前提下，尽量开大各台磨煤机的热风门开度，降低一次风压，减少节流损失，从而降低一次风机电耗。负荷增加时，根据煤量变化先开大热风门，热风门开至 80%以上若通风出力或干燥出力不足，再提高一次风压。负荷降低时，保持热风门开度不变，若个别磨出口风温上升，则个别磨关小热风门，若所有磨出口风温上升，则降低一次风压。但是降低一次风压有个限度，需把握以下几个原则：保证磨煤机电流不超过额定电流；保证磨煤机石子煤排放口不排原煤；保证磨煤机不堵磨，不堵粉管；保证

磨风量能满足煤粉输送动能。

②减少给煤机密封风用量。给煤机密封风来自冷一次风母管，可以适当关小给煤机密封风门，保证磨煤机的一次风不上窜、给煤机温度不上升，在确保给煤机皮带正常运行的前提下尽量减小一次风量，从而降低一次风机电耗。

③降低密封风与一次风母管差压。密封风机入口调整门可进行调节。密封风机入口调整门全开，能够保证 6 台磨运行时的密封风差压。5 台磨、4 台磨运行时密封风是有富余的，由于负荷原因 5 台磨、4 台磨运行时间占的比例大，可以根据磨煤机运行方式及时调整密封风差压，保证各磨密封风与一次风差压在 4kPa 左右。这样既可减少冷一次风总量，降低一次风机电耗，又可降低密封风机电耗。

④减少空气预热器漏风。由于空气预热器漏风造成引、送、一次风机电耗增加，应努力减少空气预热器漏风，空气预热器运行较长时间后可以调整密封间隙，也可以通过柔性密封改造减小空气预热器漏风率，对降低风机电耗是十分有效的，降低一次风压，能有效降低空气预热器漏风量，同时排烟温度有效下降。

（10）降低磨煤机电耗。

①降低磨煤机电耗的首要措施就是严禁磨煤机窝出力运行，尽可能保证磨煤机在最大出力运行。了解每日配煤方式，根据煤质及每台磨煤机特性掌握每台磨最大出力，在负荷变化时启停磨响应要快。

②勤排渣，加强各台磨煤机排渣，在渣量特别大的时候加派巡操排渣，保持磨煤机畅通，不因渣量大导致电流上升，出力下降。

③合理安排磨煤机组合方式，根据水煤比计算负荷对应的给煤量，及时启停磨，并且提高启停磨速度，尽量减少磨煤机空载运行时间，以降低电耗。

④加强巡检，做到有缺陷早发现早处理，合理安排定检，保证各台磨煤机在最佳备用状态。

⑤及时了解负荷变化趋势，短时间加负荷可以将运行磨保持在最大出力，提高一次风压，尽量不启动备用磨，避免频繁启停磨。

⑥低负荷运行时磨煤机存在窝出力运行。从机组安全和经济方面考虑，选择在低负荷期间保持四台磨运行。安全方面，主要是防止低负荷三台磨运行时发生断煤，掉入湿态，参数难控，热应力变化过大；经济方面，低负荷三台磨运行，由于火焰中心下移，再热汽温偏低很难达到额定参数。

（11）降低引风机电耗。

①严格控制锅炉总风量。

②对于入口静叶调节的可以进行变频改造。

③对于动叶可调的引风机、电袋组合除尘器，重点是要控制布袋前后差压（800Pa）。

（12）烟气余热回收系统改造。

在锅炉尾部烟道（空气预热器后）增加烟气余热回收系统，可以降低锅炉排烟热损失，回收的热量加热凝结水，减少低压抽汽量，进一步提高燃煤机组的经济性；进一步提高电除尘效率，降低粉尘排放浓度以及年排放总量；降低脱硫进口烟气温度，大幅减少无 GGH 湿法石灰石石膏法脱硫的工业水耗量。

上电漕泾改造方案如下。烟气侧换热器布置方案采用：两级布置，第一级布置在电除尘入口、第二级布置在脱硫吸收塔入口。凝结水由 7 号低加出口引出，经过烟气换热器两级加热后汇入 6 号低加进口。

5.3　超超临界机组维护考核技术

5.3.1　超超临界机组主要维护技术

1. 超超临锅炉维护技术

1）氧化皮监测与启动前的检查消除

从热力学角度来讲，锅炉高温受热面管内壁产生蒸汽氧化现象是必然的。一般来说，金属温度对氧化速度的影响最大，且温度对于不同材质蒸汽氧化速度的影响方向和程度也不尽相同。在长期高温运行过程中，奥氏体不锈钢高温过热器和再热器管子内壁在高温蒸汽的作用下会不断氧化而形成连续的氧化皮，由于氧化皮的膨胀系数与奥氏体不锈钢基体金属的线膨胀系数相差较大，温度变化时就会引起氧化皮破裂并从金属表面剥离，因此在机组启停或温度急剧变化时就更易引起管内氧化皮大面积剥落堵塞管子，造成锅炉管子过热损伤，缩短管子的使用寿命或爆管；或被蒸汽带走造成汽轮机通流部分吹损。

锅炉高温受热面剥落的氧化皮一般堆积在下弯头，且汽流出口侧弯头处堆积量大于进口侧，有焊缝及节流孔处也存在部分氧化皮堆积现象（图 5-10）。超超临界锅炉高温受热面一般使用高等级的奥氏体不锈钢金属材料，利用停机检修机会，采用无损检测仪器检测高温受热面氧化皮剥落堆积状况是应对氧化皮问题的方法之一。目前高温受热面内部氧化皮堆积无损检测主要有两种技术：射线拍片检测和磁通量检测。磁通量检测法适用于不锈钢管，检测效率高于射线拍片检测法，其原理是利用电磁效应，当管内有氧化皮脱落堆积时，其磁场信号值增强，其信号值与管内氧化皮脱落堆积量构成一定的对应关系，根据管径规格可以判定堆积的氧化皮堵塞管道多少截面，反映管内氧化皮的堆积堵塞风险（图 5-11）。

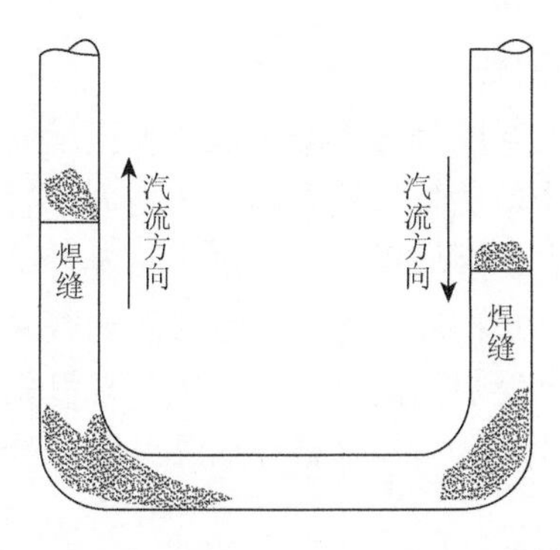

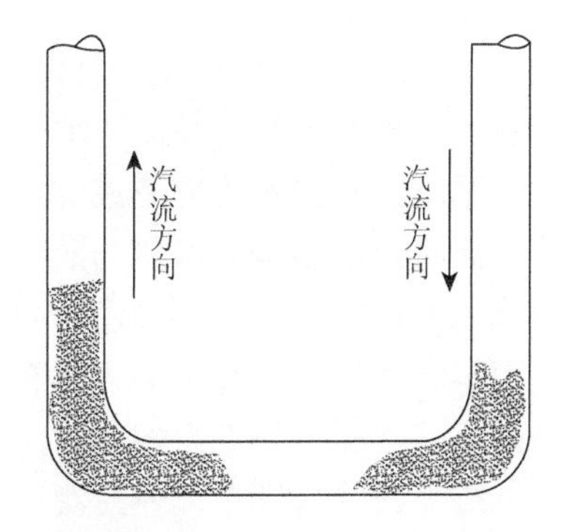

图5-10　氧化皮在管内堆积情况

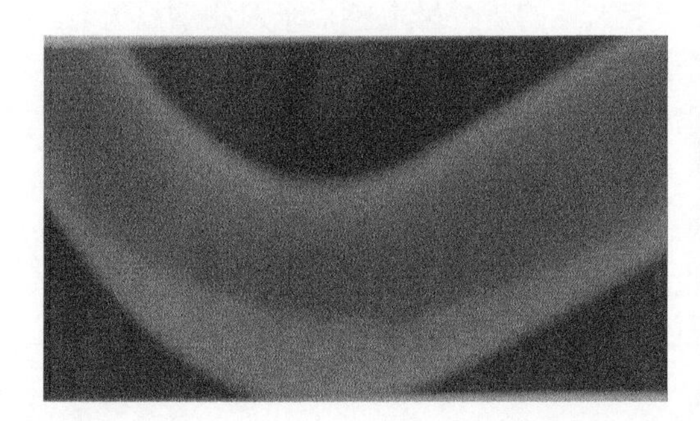
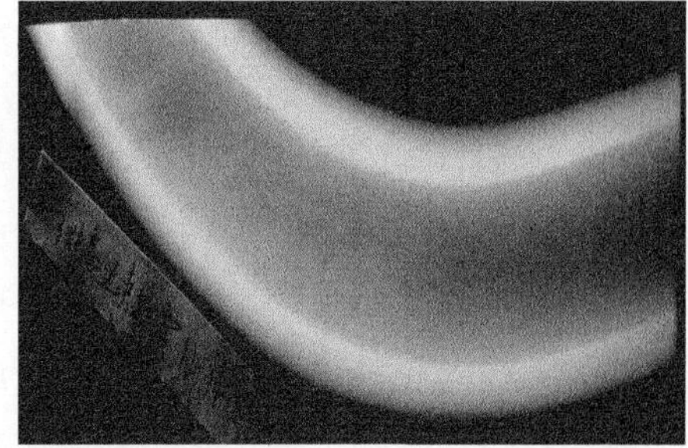

图5-11　氧化物在管内堆积堵塞风险

超超临界锅炉高温受热面蒸汽氧化皮的生长与剥落问题不可避免。因此现实可行的氧化皮问题防治途径为以下几点：减缓生成、控制剥落、合理的监测手段、发现异常及时采取措施。

（1）减缓生成。设计阶段根据机组参数选择抗氧化性能良好的材料，运行中加强壁温监测，避免机组超温运行，燃烧优化调整降低高温受热面热偏差等。

（2）控制剥落。避免操作过程中产生大的热应力的各类措施，是规避氧化皮大规模剥落风险的重要途径。控制温度变化速率及优化启停机制度，对氧化皮累积厚度达到一定极限、附着性不良的机组，需要对锅炉既有操作规程进行梳理等都是基于减少热应力的考虑。

（3）合理的监测手段。重视高温受热面蒸汽氧化皮的状态监测，完善高温受热面氧化皮分布数据积累，加强检修检查，检修期间应采用氧化皮检测仪器对高温受热面管进行氧化皮堆积检测。通过先进的无损检测技术可诊断氧化皮的发展状况及程度，也可通过定期割管进行氧化皮发展状态的精确评价。

（4）发现异常及时采取措施。对已发生氧化皮脱落的情况下，检修过程中加强弯管部位的氧化皮堆积检查，只有每次停炉时都进行检查和确认，及时发现氧化皮堆积现象并及时清理和反复清理，防止反复脱落，才能防止反复爆管。

2）过热器管排烟温偏差监测评价与燃烧调整

过热器、再热器管排超温主要是由烟气侧温度分布不均和蒸汽侧流量分配不匀，以及同屏的吸热不均而造成的，这种不均匀性随着锅炉容量的增大，有增大的趋势，而且当烟温偏高区域与蒸汽流量偏小的区域重叠时，过再热器管壁超温的风险就显著增加。烟气侧温度分布不均，一定程度上可以通过燃烧调整来得到改善，而蒸汽侧流量分布不匀，只有通过改进受热面的结构设计、减轻氧化皮的生成来减小。下面讨论烟温偏差的监测和通过燃烧调整来减轻烟温偏差。

（1）过热器管排烟温偏差监测评价。

烟温偏差会通过汽温偏差和受热面壁温偏差反映出来，因此，对于现代大容量超临界和超超临界锅炉，制造厂通过安装大量的炉外壁温测点来监测烟温偏差，当然调试和运行人员也可以通过各段汽温偏差，在一定程度上了解烟温偏差状况。另外，为弥补壁温监测系统的不足，也有一些研究人员开发了过热器安全性能在线监测系统。

对于切圆燃烧、Π 形锅炉，由于炉膛出口烟气残余旋转的存在，沿炉膛宽度方向存在明显的烟温偏差，因此，一般沿炉膛宽度方向几乎每一片屏都安装壁温测点，来监测炉膛出口的烟温偏差；而对于同屏的热偏差，通过对某些屏每根管子都安装壁温测点来进行监测。

大型电站锅炉安装在过、再热器管子出口的炉外壁温测点，实际上测量的是管内的蒸汽温度，据此判断管排的热偏差和炉内管子壁温。这种测点装在管子外壁上，当安装结构和方法不正确时，可能造成偏低 10℃以上的误差。超临界和超超临界锅炉主蒸汽温度和再热蒸汽温度达 570～620℃，其过热器和再热器高温管屏中的偏差管炉内金属壁温已非常接近所用钢材的容许温度。因此，壁温测点的测量准确性对于超临界和超超临界锅炉的过热器和再热器运行安全性非常重要。

一般推荐的炉外壁温测点结构为通过集热块或温度套管满焊在管壁上，然后在测点处单独加上保温，即使温度测点位于大罩壳内或保温小室内。超临界和超超临界锅炉的高温过热器和高温再热器由于偏差管出口的温度很高，其炉外壁温测点的保温层厚度必须加厚，才能使测量误差减小，一般保温层厚度最好达到 100mm 以上。

图 5-12 是某四角切圆燃烧、Π 形布置超临界锅炉过热器，根据壁温监测数据，沿炉膛宽度方向的管壁温度分布，与早前亚临界锅炉相类似，过热器壁温沿炉膛宽度方向呈 M 形分布，再热器壁温也有类似的分布特点。

（2）烟温偏差燃烧调整。

过、再热器管排的热偏差包括沿炉宽方向和同屏管间的热偏差两种。如果同屏各管的热偏差决定于结构设计，那么减小沿炉宽方向各屏的吸热偏差便成为超临界、超超临界锅炉在运行调整中减小温度偏差，防止管壁超温的主要目标。

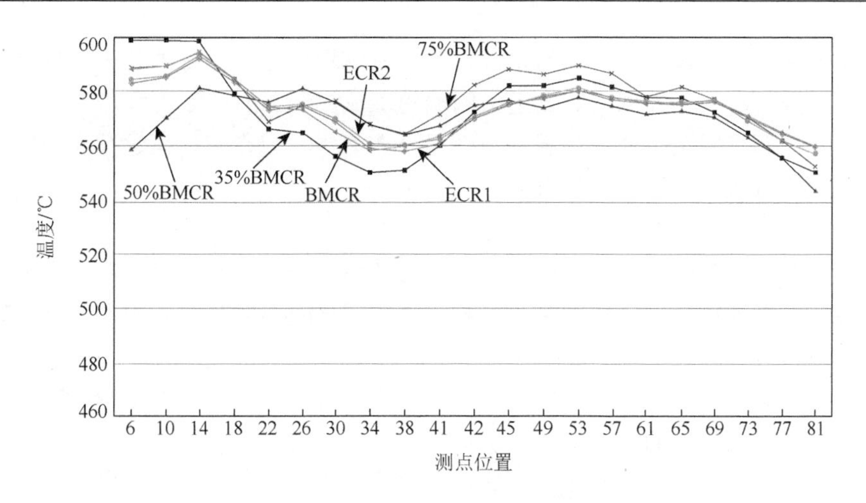

图 5-12　过热器炉膛宽度方向管壁温度分布

切圆燃烧是以整个炉膛为中心，组织风粉气流在炉膛旋转，完成煤粉的燃烧，当超超临界锅炉容量增大，炉膛尺寸随之增大，旋转火球的动量也就越大，炉膛出口烟气的残余旋转越大，烟温偏差因此随着锅炉容量的增加而不断增大，在设计上尽管采取了如双火球、反切等措施，但还是不容易控制两侧的烟温偏差。

因此，对采用四角切圆燃烧系统的超超临界锅炉，控制烟温偏差的燃烧调整思路就是通过燃烧配风调整，消除或减弱炉膛出口的烟气残余旋转。对于超超临界锅炉采用较多的 LNCFS 燃烧系统，设计上通过减小气流入射角，布置紧凑燃尽风（CCOFA）喷嘴和分离燃尽风（SOFA）喷嘴（有多层），SOFA 风反切一定角度（SOFA 风可水平摆动），以及增加从燃烧器区域至炉膛出口的距离等，使进入燃烧器上部区域气流的旋转强度得到减弱乃至被消除。运行调整中，只要设置合理的 SOFA 风水平摆动角度、投入合适的 SOFA 风喷嘴、分配好燃烧器区域辅助风量与燃尽风的比例、维持适当的炉膛-大风箱压差，就能将沿炉宽方向的烟温偏差控制在可接受的范围内。另外，不同的磨煤机组合也会对炉膛出口烟温分布有一定影响，运行调整中要加以注意。

与切圆燃烧相比，前后墙对冲燃烧是以单个燃烧器为单元，组织炉内风粉气流的燃烧，当炉膛截面随锅炉容量放大时，对冲燃烧布置的锅炉仅需将炉宽方向加宽，相应的燃烧器均匀增加即可，炉膛出口烟温偏差与锅炉容量相关性较小。一般而言，采用前后墙对冲燃烧的超临界、超超临界锅炉，上部炉膛宽度方向上的烟气温度和速度分布比较均匀，且单个燃烧器的调节比大，喷口启停灵活，水冷壁出口温度偏差较小，因此过热蒸汽温度偏差也较小。对冲燃烧锅炉直吹式制粉系统磨煤机出口的风粉分配不均匀时，也会造成炉膛出口的烟温偏差，在运行调整中要保持磨煤机出口的风粉均匀。为控制烟温偏差，运行调整中，燃烧器喷嘴应尽量成对投入，并调整好靠近两侧墙的旋流燃烧器的旋流角度。

另外，蒸汽吹灰也会对炉膛出口烟温分布产生一定影响，在运行调整中要注意观察蒸汽吹灰对烟温偏差的影响。

3）高温部件管材定期监测评价及维护

高温段炉内管的性能定期监测。高温过热器、高温再热器出口段应定期割管进行试验室性能评价，包括力学、金相、管内氧化及腐蚀状况。当然，均应针对不同的材质进行分析。

超超临界机组还应当注意炉膛高负荷区水冷壁的性能常规监测。其他受热面，应视运行温度及压力的超限情况，不定期进行相应的性能评价。

停炉期间应加强受热面管的金属监督检查。重点关注易磨损、腐蚀或机械损伤部位的检查力度。吹损及磨损部位应定期进行壁厚及宏观检查。

大型高温部件的在役状态检查包括炉外高温大管道、集箱等应进行定期的金相、硬度及厚度等常规检测；同时也关注受力较大部位或关键部位的无损探伤检查。

2. 超超临界汽轮机维护技术

超超临界汽轮机主辅设备和热力系统的日常运行维护操作，直接关系到超超临界汽轮发电机组能否连续满发、稳发额定的电量供应电网，即能否做到热力机组的安全、经济运行。表现在财务上即意味着电厂有着高额的售电收入和好的设备投资回报。

运行中对超超临界汽轮机设备进行正确的维护、监视，是实现安全、经济运行的必要条件。为此，超超临界机组正常运行时要经常监视主要参数的变化情况，并能分析其产生变化的原因。对于危害设备安全经济运行的参数变化，根据原因采取相应措施调整，并控制在允许的范围内。

超超临界汽轮机运行中的主要监视项目，除汽温、汽压及真空外，还有监视段压力、轴向位移、热膨胀、转子（轴承）振动以及油系统等。

在正常运行过程中，为保证机组经济性，运行人员必须保持：规定的主蒸汽参数和再热蒸汽参数、凝汽器的最佳真空、给定的给水温度、凝结水最小过冷度、汽水损失最小、机组间负荷的最佳分配等[89]。

1）负荷与主蒸汽流量的维护

超超临界机组负荷变化的原因有两种：一种是根据负荷曲线或调度要求由值班员或调度员主动操作；另一种是由电网频率变化或调速系统故障等原因引起。

负荷变化与主蒸汽流量变化的不对应一般由主蒸汽参数变化、真空变化、抽汽量变化等引起。遇到对外供给抽汽量增大较多时，应注意该段抽汽与上一段抽汽的压差是否过大，避免因隔板应力超限及隔板挠度增大而造成动静部件相碰的故障。

当机组负荷变化时，对给水箱水位和凝汽器水位应及时检查和调整。

随着负荷的变化，各段抽汽压力也相应地变化，由此影响到除氧器、加热器、轴封供汽压力的变化，所以对这些设备也要及时进行调整。轴封压力不能维持时，应切换汽源，必要时对轴封加热器的负压要及时进行调整。负压过小，可能使油中进水；负压过大，会影响真空。增减负荷时，还需调整循环水泵运行台数，注意给水泵再循环门的开关或调速泵转速的变化、高压加热器疏水的切换、低压加热器疏水泵的启停等。

2）主蒸汽参数的变化维护

一般主蒸汽压力的变化是锅炉出力与汽轮机负荷不相适应的结果，而主蒸汽温度的变化，则是锅炉燃烧调整、减温水调整、直流炉燃水比不当、给水温度因高压加热器运行不正常发生变化等所致；主蒸汽参数发生变化时，将引起汽轮机功率和效率的变化，并且使汽轮机通流部分的某些部件的应力和机组的轴向推力发生变化。汽轮机运行人员虽然不能控制汽压、汽温，但应充分认识到保持主蒸汽初参数合格的重要性，当汽压、汽温的变化幅度超过制造厂允许的范围时，应要求锅炉恢复正常的蒸汽参数[90]。

3）真空的维护

真空是影响汽轮机经济性的主要参数之一，运行中应保持真空在最有利值。真空降低，即排汽压力升高时，汽轮机总的比焓降将减少，在进汽量不变时，机组的功率将下降。如果真空下降时继续维持满负荷运行，蒸汽量必然增大，可能引起汽轮机前几级过负荷。真空严重恶化时，排汽室温度升高，还会引起机组中心变化，从而产生较大的振动。所以，运行中发现真空降低时，要千方百计地找到原因并按规程规定进行处理。

4）胀差的维护

正常运行中，由于汽缸和转子的温度已趋于稳定，一般情况胀差变化很小，但决不能因此而放松对它的监视。当机组运行中蒸汽温度或工况大幅度快速变动时，胀差变化有时也是较大的，如机组参与电网调峰时、负荷变化速率较大。主蒸汽、再热蒸汽温度短时间内有较大的变化，汽缸夹层内由于导汽管泄漏有冷却蒸汽流动，汽缸下部抽汽管道疏水不畅等都将引起胀差的变化。特别是在高压加热器发生满水，使汽缸进水时，胀差指示很快就会超限，应引起注意。

5）汽轮机通流部分结垢的维护

定期监督汽轮机通流部分可能堆积的盐垢，是汽轮机安全和经济运行的必要条件。喷嘴和叶栅通道结有盐垢，将导致通道截面积变窄，而使结垢级各级叶轮和隔板压差增大，比焓降增加；应力增大，使隔板挠度增大，同时引起汽轮机推力轴承负荷增大。汽轮机的调节机构也可能结垢，使汽门和调速汽门卡涩，在甩负荷时将导致汽轮机严重超速的事故。

在凝汽式汽轮机中，通流部分的结垢监视是根据调节级压力和各段抽汽压力（最后一、二级除外）与流量是否成正比而判断的，一般采用定期对照分析调节级压力相对增长率的方法。

当新蒸汽维持额定参数和各段抽汽均投入运行时，在相同的蒸汽流量下，调节级压力的相对增长率 ΔP 按下式计算：

$$\Delta P = \left(P - P'\right) / P' \times 100\%$$

式中，P'为叶片干净时的调节级压力（MPa）；P 为叶片运行时的调节级压力（MPa）。

一般规定，冲动式机组调节级压力的相对增长率不应超过 10%，反动式机组不应超过 5%。近代大型冲动式汽轮机常带有一定的反动度，因此该增长率控制应较纯冲动式机组更严格，制造厂都有规定。此公式也可用于其他监视段的监视，这样有助于推断结垢的段落及结垢速度。

有时压力的升高也可能是其他的原因造成的。例如，某一级叶片或围带脱落并堵到下级喷嘴上，一、二段抽汽压力同时升高，说明是中压调门或高压缸排汽逆止门关小或加热器停运等情况。这就需要根据具体情况进行全面分析，特别是要看压力升高的情况是在短时间内发生的，还是长期的渐变过程。

汽轮机通流部分结垢的原因，主要是蒸汽品质不良引起的，而蒸汽品质的好坏又受到给水品质的影响。所以，要防止汽轮机结垢，首先要做好对给水和蒸汽品质的化学监督，并对汽、水品质不佳的原因及时分析，采取措施。

6）轴向位移的维护

汽轮机转子的轴向位移是用来监视推力轴承工作状况的。近年来，一些机组还装设了推力瓦油膜压力表，运行人员利用这些表监视汽轮机推力瓦的工作状况和转子轴向位移的变化。

汽轮机轴向位移停机保护值一般为推力瓦块乌金的厚度减 0.1～0.2mm，其意义是当推力瓦乌金磨损熔化而瓦胎金属尚未触及推力盘时即跳闸停机，这样推力盘和机组内部都不致损坏，机组修复也比较容易。

在推力瓦工作失常的初期，较难根据推力瓦回油温度来判断。因为油量很大，反应不灵敏，推力瓦乌金温度表能较灵敏地反映瓦块温度的变化。但是运行机组推力瓦块乌金温度测点位置及与乌金表面的距离，均使测得的温度不能完全代表乌金最高温度。因此，各制造厂根据自己的经验制定了限额。油膜压力测点能够立即对瓦块负荷变化作出反应，但对油膜压力的安全界限数值，目前还不能提出一个共同的标准。

当轴向位移增加时，运行人员应对照运行工况，检查推力瓦温度和推力瓦油回温度是否升高及差胀和缸胀情况。如证明轴向位移表指示正确，应分析原因，并申请做变负荷试验，做好记录，汇报上级，并应针对具体情况，采取相应措施加以处理。

7）汽轮机的振动维护

不同机组、同一台机组的不同轴承，各有其振动特点和变化规律，因此运行人员应经常注意机组振动情况及变化规律，以便在发生异常时能够正确判断和处理。

带负荷运行时，一般定期在机组各支撑轴承处测量汽轮机的振动。振动应从三个方面测量，即从垂直、横向和轴向测量。垂直和横向测量的振动值视转子振动特性而定，也与轴承垂直和横向的刚性有关。每次测量轴承振动时，应尽量维持机组的负荷、参数、真空相同，以便比较，并应做好专用的记录备查，对有问题的重点轴承要加强监测。运行条件改变、机组负荷变化时，也应该对机组的振动情况进行监视和检查，分析振动不正常的原因。

正常带负荷时各轴承的振动在较小范围内变化。当振动增加较大时（虽然在规定范围内），应向上级汇报，同时认真检查新蒸汽参数、润滑油温度和压力、真空和排汽温度、轴向位移和汽缸膨胀的情况等，如发现不正常的因素，应立即采取措施予以消除，或根据机组具体情况改变负荷或其他运行参数，以观察振动的变化。

5.3.2　超超临界机组的高温部件监测考核技术

1. 超超临界锅炉的高温部件监测考核技术

由于蒸汽温度的提高，受热面管子尤其是过热器、再热器烟气侧的粉煤灰热腐蚀是 SC/USC 机组需解决的重要问题。当燃用高硫煤，煤中硫质量分数高于 1%时，过热器和再热器管的向火侧腐蚀问题变得突出。锅炉烟气侧腐蚀是由于钠、钾和铁的三价硫酸盐（Na-K-Fe，三元复合硫酸盐）在管子表面形成并沉积产生的。这些盐在 540℃左右开始成为熔融状态。一旦硫酸盐成为熔融态，由于初始保护性的氧化层熔解成为熔化的盐，腐蚀速率将急剧增加。各种氧化层的熔解取决于熔融盐的碱度，这在很大程度上取决于烟气 SO_2 含量以及灰分中 Na_2SO_4 和 K_2SO_4 含量。对于大部分燃煤锅炉，烟气中 SO_2 含量的数量级为几个 ppm[①]，且在熔融的硫酸盐与烟气中浓度达到平衡时，Cr_2O_3 氧化层而不是 Fe_3O_4 在其中的溶解度极小且抗腐蚀性最好，因此可通过提高钢及合金中的 Cr 含量来提高材料的抗腐蚀性能。通常，当合金中 Cr 质量分数超过 20%时，抗腐蚀性能急剧增加。在实际应用

---

① 表示 SO_2 的浓度为百万分之几浓度。

中，若存在腐蚀因素，铁素体钢间抗腐蚀性能的细微差别仅有学术上的意义，通常需采用 Cr 质量分数大于 20%的奥氏体钢。

超临界或超超临界机组锅炉过热器和再热器管子表面的高温腐蚀，除与材料中合金元素尤其 Cr 的含量有关，还与管子的运行温度有关。实验室的研究结果表明，合金钢的腐蚀失重与温度密切相关，600℃以下腐蚀轻微，750℃以上腐蚀速率再度下降，因为基本铁硫化合物在 750℃左右分解或升华，腐蚀最严重的范围处于 600～750℃，而腐蚀率和温度曲线的最高点应在 700℃左右。

通常，过热器和再热器管子的表面温度可比蒸汽温度高 60～80℃。超临界或超超临界机组的过热器和再热器管子处于较为敏感的烟气侧腐蚀温度范围内，因而材料的选用应当慎重。

对于受热面管子的高温腐蚀，主要控制煤种硫分含量。当前，煤粉含硫量高或煤种变化时，应定期进行管子割管检查，通过腐蚀产物及腐蚀状态的分析评价管子运行的状况。

2. 汽轮机高温部件的监测评价及维护

（1）加强对转子大轴轴颈、特别是高中压转子调速级叶轮根部的变截面处、轴肩、弹性槽底、前汽封槽和叶片等部位的表面检验及探伤检查（这些部位的热应力集中较为严重）。

（2）检查转子轴颈表面涂层损坏和磨损情况，涂层损坏的应评估是否需要修复。轴颈表面过量磨损或不圆度超标的应评估是否影响运行时的油膜刚度。

（3）加强汽缸、转子的金相组织及硬度检查。汽缸、高中压转子大轴端面或轮盘平面的金相组织定期检查以及硬度检测，以分析转子的高温蠕变损伤状态。硬度检测应包括沿圆周硬度的均匀性以及与上次检测结果的比较。

（4）加强转子和叶片的无损探伤检查。对转子、叶片和叶根轮缘等处进行表面超声波探伤。

（5）长期对转子弯曲度监测，转子长期在高温下运行，严重蠕变损伤失效会产生转子的变形弯曲。

（6）带缺陷运行转子应定期进行无损检测和断裂力学评定。

第6章　超超临界发电技术展望

超超临界燃煤发电技术能够大幅度提高发电机组的发电效率，进而提高能源的利用率，实现节能和减少温室气体的排放，对于人类社会的可持续发展具有十分重要的现实意义。本章对超超临界燃煤发电关键技术发展进行比较全面的论述，在此基础上，详细介绍国内外超超临界燃煤发电技术的发展方向。

6.1　700℃超超临界机组技术发展方向

当前比较先进的700℃超超临界燃煤发电技术，是指主蒸汽温度超过700℃、主蒸汽压力超过35MPa的一种先进的发电技术。在不进行二次加热的前提下，该技术能够大幅度提高火力发电机组的发电效率，最高甚至能超过50%，进而能够有效地减少燃煤的消耗量，同时，还能减少二氧化硫、氮氧化物以及重金属等污染物的排放，具有十分重要的现实意义。随着600℃等级的超超临界发电技术取得成功，世界各国一直在进行更加深入的研究，积极发展更高参数、更大容量的火力发电技术。

6.1.1　机组概况

我国正在研制具有自主知识产权的新一代超超临界机组，蒸汽参数将提高到36MPa/700℃/720℃及以上，机组热效率将达到48%～50%，与目前技术的600℃超超临界机组相比，供电煤耗可降低20～25g/(kW·h)，NO_x和CO_2排放量也将相应地降低10%～15%。

资料显示，欧盟700℃先进超超临界机组净效率目标是50%～53%（LHV）、美国与日本的超超临界机组净效率目标是48%～50%（LHV）。据测算，600MW级700℃先进超超临界机组供电煤耗约260g/(kW·h)，可比同容量等级的先进水平的600℃超超临界机组降低约25g/(kW·h)。按年运行7000h计算，每台机组每年可节约标准煤10.5万t，直接减排CO_2近29万t(按每吨标准煤生成2.74万t CO_2计算)；若与2010年全国火电机组平均供电煤耗335g/(kW·h)相比，每台机组每年可节约标准煤31.5万t，直接减排CO_2约86万t。因此，700℃高效超超临界火力发电机组对煤炭资源的节约具有极强的优势。由于煤耗的降低，粉尘、SO_2、NO_x及CO_2等排放量也将大幅降低[91]。

蒸汽参数提高到36MPa/700℃/720℃后，为了进一步提高700℃超超临界机组的热效率，需要对传统的热力系统结构进行创新设计。其创新方案是[92, 93]：①采用二次再热系统，提高机组效率；②减小再热器系统蒸汽流动阻力，只将汽轮机高压缸的部分抽汽送入锅炉再热器进行再热；③充分利用部分高压缸抽汽加热给水；④部分高压缸抽汽直接进入汽轮机中压缸做功，其余部分进入驱动给水泵的小汽轮机。由这4种方案构想形成新型的MC热力系统，如图6-1所示。

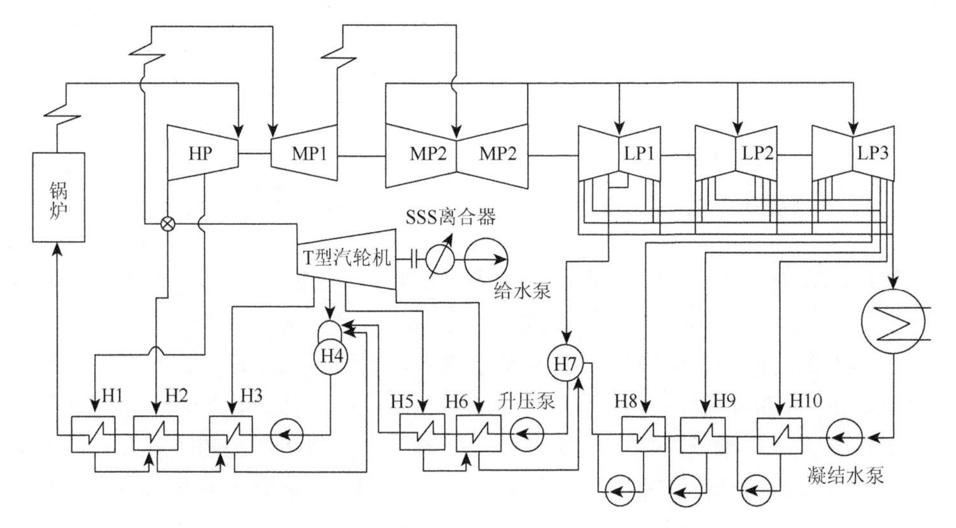

图6-1　700℃超超临界机组MC热力系统

采用二次再热技术可使机组的热效率大约提高2%，但机组的系统更为复杂，主要表现在以下几个方面。

（1）汽轮机负荷调节难度增加，汽轮机结构增加一个超高压缸和相应配套件、超高压主蒸汽调节阀，增加一套再热器冷段管道与再热器热段管道。

（2）汽轮机长度增加，轴系更加复杂。

（3）锅炉采用两个再热器系统，设计难度和安装难度增加。再热蒸汽的调节难度提高，世界上多数二次再热机组采用烟气再循环调节再热汽温。低压再热器压力更低，蒸汽体积流量大，低压再热器压降控制更难，需要布置更多受热面管排以实现尽可能多的流通面积。

（4）省煤器的设计难度增加，入口烟温和入口水温提高，受热面设计必须满足全负荷范围内省煤器出口工质有足够的欠焓。

6.1.2　700℃超超临界发电关键技术

在燃煤发电的过程中，当主蒸汽温度超过700℃以后，随着温度的升高，对主蒸汽管道、过/再热器管、联箱等关键位置部件的性能要求非常高。为了确保发电机组在700℃的高温条件下，仍能进行安全稳定的运行，整个机组处于高温条件下的部件就必须使用耐高温的合金材料，其中，镍基合金就是一种性能优良的耐高温材料[94, 95]。因此，需要解决的关键技术问题主要包括以下几个方面。

1. 高温合金材料研制

研究内容包括新型镍基高温合金材料及焊材的成分设计及优化，工业冶炼及理化、组织、力学及持久性能分析等。

2. 锅炉、汽轮机关键高温部件的加工制造

研究内容包括锅炉水冷壁、过/再热器管、集箱、管道、管件等，以及汽轮机转子、内缸、叶片、阀门等的冷热加工，热处理、焊接等加工工艺。

3. 高温阀门制造

研究内容包括镍基高温阀门及附件的设计、材料筛选、加工制造、运行性能优化等。

4. 高温材料及关键部件的实炉验证

高温材料和部件的现场试验是700℃技术研制过程中必不可少的关键环节。通过在一台大型火力发电机组上建设安装一套试验平台，并利用其开展高温材料及关键部件的长周期挂片试验研究，可以获得相关材料及部件在实际服役条件下的运行数据和实践经验，为示范工程的建设积累设计、制造、安装和运行经验，显著降低工程建设的技术风险。

5. 700℃超超临界示范电站的设计、建造及运行

研究内容包括700℃超超临界示范机组的总体方案设计研究、控制运行方案研究、技术经济性分析及现场安装、检测、运维技术等。

上述5个关键技术问题中，“高温材料及关键部件的实炉验证”在700℃技术研究中起着承上启下的核心作用，是700℃技术研究的关键节点。理论上，如果材料及部件在长周期实炉挂片试验中未出现问题，则基本可以认为该材料及其加工工艺可以应用于700℃示范机组的设计和建设。

6.1.3 更高参数超超临界发电技术

1. 镍基高温材料研制

我国对镍基高温材料研制主要包括两个方面：①通过引进国外研发的740H、

617B、Haynes282、Sanicro25 以及 Nimonic80A 等镍基高温材料，由国内相关的研究单位和发电厂对其性能进行联合测试，主要对其组织成分、力学性能以及耐久性能进行系统全面的分析，进而为我国镍基高温材料的研究工作提供资料支持；②我国的冶金企业及科研机构同时也在进行镍基高温材料的研制工作，其中宝钢集团和太原钢铁集团已经研制出由镍基高温材料制作的管道，并具有一定的生长能力。此外，中国科学院金属研究所已经研制出的 GH984 合金不仅具有良好的耐高温性能，而且还具有良好的经济性。

此外，关于 700℃机组能否在电厂应用问题的核心是产品是否有足够高的性价比。虽然提高温度可大幅度提升燃煤发电设备的热效率，同时带来巨大的节能减排经济效益，但用价格昂贵的镍基材料来制造蒸汽轮机电厂的汽轮机、锅炉及电厂高温管道的设备，成本将大幅度增加。700℃机组的性价比是否有市场竞争力，仍是一个有争论的话题。为此，700℃超超临界发电技术和产品开发必须突破原有框架，尽可能采取一切提高效率的技术和配置，尽可能减少镍基材料的使用范围和成本，尽可能采用高温可靠性风险较低的技术路线。

概括起来，对于 700℃超超临界燃煤发电机组的金属材料有以下要求。

超临界以及超超临界机组的锅炉过热器、再热器、蒸汽管道等要求采用性能更高的新材料。新材料的主要特点是：提高耐高温、抗蠕变和承受高压力的能力，以适应高蒸汽参数的要求，提高机组的可靠性；提高强度，减小金属部件壁厚，以提高机组对负荷快速变化的适应能力；降低导热系数，减小热应力；提高高蒸汽参数下金属耐腐蚀和常温环境下抗氧化的能力；降低膨胀系数，克服不同金属材料之间因膨胀差过大引起的机械应力；改善金属材料的焊接性能以及热处理特性。

2. 关键部件生产制造

国内的研究院和锅炉厂正在进行耐热管材的冷热加工、热处理、焊接工艺以及无损检测技术的研究工作，东汽等汽轮机制造企业也逐渐开展汽轮机的转子和叶片等关键部件的铸锻造和热处理工艺研究。焊接质量对整个发电机组的质量具有十分重要的影响，如何确保 700℃高温条件下的焊接质量符合要求是当前急需解决的关键问题。目前，HBC、DBC 以及 SBWL 等各大制造企业正在开展锅炉管材、试板以及大型铸锻件的焊接试验，并且取得了较大的进展。其中，DBC 还同时负责高温材料验证平台的现场焊接工作，积累了大量宝贵的焊接资料，对于提高焊接质量具有十分重要的现实意义。

3. 主机和系统优化方案研究

在锅炉主机方案研究方面，中国电力工程顾问集团公司组织三大电气集团及华东电力设计院等单位开展了 700℃超超临界机组的主辅机及总体技术方案研究。此外，华能清能院提出了 M 形及倒置形 700℃锅炉布置方案，两种锅炉布置方案分别如图 6-2、图 6-3 所示[94]。

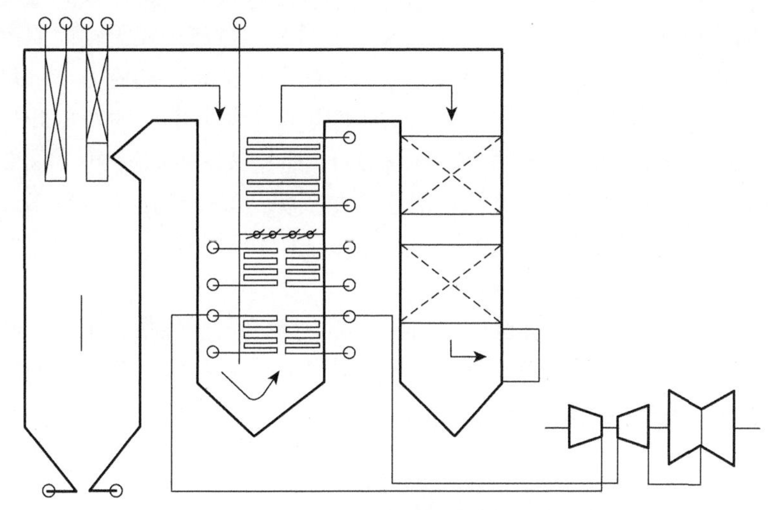

图 6-2　M 形 700℃锅炉布置方案

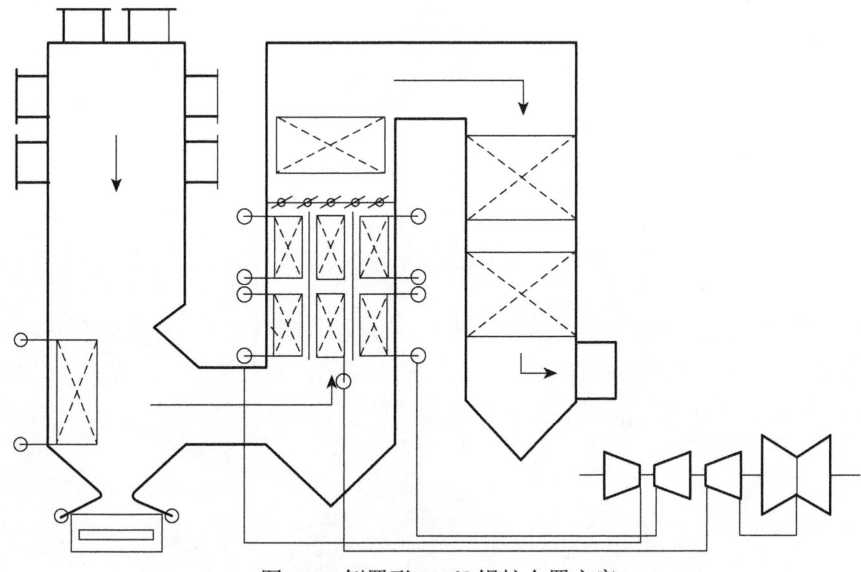

图 6-3　倒置形 700℃锅炉布置方案

相较传统布置方案，上述两种方案通过改变烟气流程、降低高温受热面布置标高，可显著缩短 700℃主蒸汽管道长度，从而大幅降低电站建设成本，具有显著的创新性和经济性。

在汽轮机结构设计方面，上汽开发研究了一种新型“独特”结构模块[96]，其具有如下特点：①无蒸汽管道，主调门、再热调门切向直接和汽缸相连，管路导流简洁；②切向进汽蜗壳流动损失小；③单流程高压缸，小直径，级数多，叶片高度更高，叶片级效率高；④全周进汽，无部分进汽损失，还可以大幅度降低叶片动应力以及周向的汽隙激振；⑤叶片（除末两级）全部采取无轴向漏汽的轴向装配形式；⑥叶片（除末两级）全部采取典型的预扭结构，动应力小，可以采取“窄”叶片，降低叶型损失；⑦动静叶片均采用全三维（3D）的弯扭叶片形式，并采用优化技术进行通流部分的自动优化设计，通流效率提高近 2%；⑧高中压缸采取相应的冷却结构，提高可靠性，减少冷却损失；⑨中低压分缸压力低，不仅降低中压排汽端的漏汽损失，而且使焓降由低压缸转移到效率高的中压缸；⑩采用更适合高压高温参数的耐磨汽封。

其中，耐磨汽封通过在汽封底部约 0.6mm 的耐磨材料涂层，不仅可降低漏汽损失 20%，而且提高了安全可靠性。该汽封结构的特点是能承受更高的压差，特别适合在 700℃超临界汽轮机高温平衡活塞及轴封高温端使用（图 6-4）。

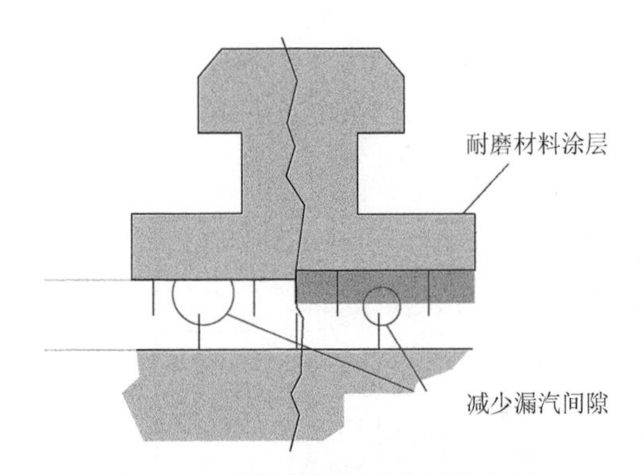

图 6-4　适合高温高压的耐磨汽封

相对蒸汽温度≥700℃、压力≥35MPa 的超超临界机组，必须对汽轮机传统的结构进行变革，降低高压温部件的工作应力（包括热应力、应力集中）。图 6-5 为一个 35MPa 压力等级的新型高压缸模块[97]。

图 6-5　35MPa 压力等级的新型高压缸模块

高压外缸为一个切向进汽、无水平中分面的圆筒形结构，流动损失小。模块采取了一种新型的组合式阀门结构，将主蒸汽阀、调门以及补汽阀合为一体，删除补汽管路系统，降低高温管道的成本。模块的外内缸之间有冷却蒸汽，一方面起到降低缸温，减小温差的效果；另一方面可平衡外内缸的压力载荷。新型的结构形式可以提高机组的可靠性及性价比，模块的压力参数可提高到高超超临界 35～37.5MPa。

在系统集成方面，国内在提高大型燃煤发电机组热效率上，也展现出新的研究见解，例如，文献[98]提出了机炉耦合热集成系统，利用汽轮机低压抽汽预热低温空气，类似于前置式空气预热器，从而减少空气预热器吸收烟气的热量，使空气预热器出口烟温提高，将这部分具有较高温度的烟气引入回热系统加热给水和凝结水，可减少汽轮机高压抽汽流量，从而增加机组输出功率。又如，文献[99]提出了将空气预热器出口风温提高到 580～600℃，以提高燃烧效率和传热能力，以此降低锅炉和机组热力系统的熵产。

6.2　1000MW 高效宽负荷超超临界机组开发

我国能源结构的主要特点是：富煤、少油、缺气、水电资源开发受限。受能源结构的影响，我国电源结构在相当长的时期内都将以煤电为主。随着我国经济的快速发展，居民用电和商业用电的比重逐年增加，导致用电负荷峰谷差激增。我国风电等清洁能源发展迅速，在电网中的比例逐年增加，但其出力具有随机性和间歇性的特点，这也使得火电机组为电网提供更多的调峰等辅助服务。目前我国煤电装机容量占比近 70%，用于调峰的油电、气电、抽水蓄能装机比重仅占 8%，同时电网负荷峰谷差大，现实国情决定了大容量煤电机组需要承担电网调峰任务。这使得带基本负荷设计的 600MW 级和 1000MW 级超超临界机组不得不参与调峰，且通常处于低负荷运行，机组利用小时数偏低。中国电力企业联合会 2017 年发布的电力工业统计快报数据中机组利用小时数虽略有提高，但机组负荷率仍然偏低。

我国 600MW 级和 1000MW 级超超临界机组虽然按照带基本负荷设计，但经常调峰低负荷运行，处于亚临界状态，不能在设计“经济区”下运行，造成供电煤耗升高 8～9g/(kW·h)。因此，高效宽负荷超超临界机组是适应我国能源结构调整战略的主要发展方向之一。

研发 1000MW 级宽负荷高效的超超临界机组，突破超超临界机组低负荷运行时效率低、无法发挥超超临界机组优势的技术瓶颈，提升装备制造业和电力工业的技术水平，满足风能、太阳能等新能源与超超临界燃煤机组的和谐发展，经济和社会效益非常显著。通过首台（套）宽负荷高效环保机组的开发与应用，与现有 1000MW 级超超临界机组相比，50%负荷下机组煤耗可降低 12g/(kW·h)。每台机组年可节约标煤约 2 万 t，对电力工业节能降耗和新能源的利用起到重要作用。

下面着重介绍国家科技支撑课题1000MW级高效宽负荷率的超超临界机组研制过程中形成的若干关键技术。

6.2.1　高效宽负荷率的超超临界燃煤锅炉关键技术

锅炉在低负荷运行时锅炉效率多数呈现下降趋势（特别是燃用贫煤的锅炉），因此有必要采取针对性措施，提高低负荷锅炉效率，特别是减少排烟损失和不完全燃烧损失，满足宽负荷范围内机组的高效运行。根据低负荷锅炉实际运行情况分析，需要对以下几个关键技术进行研究。

（1）合理的受热面布置、偏差控制，确保锅炉有良好的达参数能力，减小低负荷锅炉过量空气系数，降低排烟损失，保证机组宽负荷运行参数和效率。

（2）采取措施减少锅炉漏风，降低排烟温度。

（3）采用先进的新型燃烧系统，保证低负荷稳燃能力、初期燃尽率，避免低负荷下飞灰含碳量升高，同时还要兼顾 NO_x 排放和预防水冷壁高温腐蚀。

（4）优化的炉膛结构和水循环结构提高水冷壁在低负荷的运行安全性。

（5）优化的预热器设计方案和漏风控制技术，保证锅炉效率。

1. 适合高效宽负荷率的超超临界锅炉炉膛选型

锅炉炉膛选型是整个机组方案设计的基础，同时炉膛尺寸与燃烧设备、制粉系统、受热面布置、燃烧特性等密切相关。根据高效宽负荷技术要求，需要在较宽的负荷范围内满足着火稳定、高效燃烧、减小炉膛出口烟温偏差和低 NO_x 排放。

HBC 的 1000MW 宽负荷率锅炉方案为超超临界变压运行直流锅炉，采用 Π 形布置、单炉膛、一次中间再热、新型双切圆低 NO_x 主燃烧器、反向双切圆燃烧方式，炉膛为内螺纹管垂直上升膜式水冷壁，循环泵启动系统；调温方式除煤/水比外，还采用烟气分配挡板、燃烧器摆动、喷水等方式。锅炉采用平衡通风、露天布置、固态排渣、全钢构架、全悬吊结构。HBC 锅炉主要设计参数如表 6-1 所示，锅炉炉膛结构参数如表 6-2 所示。

表 6-1　HBC 锅炉方案主要设计参数

项目	单位	BMCR	BRL	THA
过热蒸汽流量	t/h	3110	2956	2747
过热蒸汽出口压力	MPa（g）	26.15	26.06	25.88
过热蒸汽出口温度	℃	605	605	605
再热蒸汽流量	t/h	2469	2339	2203
再热器进口蒸汽压力	MPa（g）	5.41	5.12	4.83

续表

项目	单位	BMCR	BRL	THA
再热器出口蒸汽压力	MPa（g）	5.21	4.96	4.68
再热器进口蒸汽温度	℃	357.6	350.8	344.7
再热器出口蒸汽温度	℃	603	603	603
省煤器进口给水温度	℃	303.4	294.3	294.8

表 6-2　HBC 锅炉炉膛结构参数

序号	项目	单位	结构参数
1	炉膛宽度×深度	mm	34220×15670
2	炉膛容积	m^3	29826
3	上排一次风中心到屏底距离	m	22.346
4	燃烧器上下一次风间距	m	15.85
5	底层燃烧器中心线距冷灰斗上沿	m	6.941
6	炉膛容积热负荷	kW/m^3	79.1
7	炉膛截面热负荷	MW/m^2	4.45
8	燃烧器区域壁面热负荷	MW/m^2	1.64
9	炉膛出口烟气温度	℃	998

DBC 方案采用 Π 形布置、单炉膛、挡板调节再热汽温 + 对冲燃烧的方案，该方案挡板调节再热汽温的调温能力强，保参数能力强，不会出现切圆燃烧器摆动机构卡涩的问题。理论上该方案沿炉宽的热量输入更均匀，烟温偏差小，更有利于实现高参数，在锅炉负荷较低、过量空气系数升高时，仍能维持较低的 NO_x。DBC 锅炉炉膛结构参数如表 6-3 所示。

表 6-3　DBC 锅炉炉膛结构参数

项目	单位	DLT831 推荐值-墙式燃烧	DLT831 推荐值-切向燃烧	结构参数
炉膛宽度	m			33.9734
炉膛深度	m			15.5584
炉膛高度	m			67
炉膛截面热负荷	MW/m^2	4.2～5.0	4.2～5.1	4.41
炉膛容积热负荷	kW/m^3	85～100	85～100	74.86
燃烧器区域壁面热负荷	MW/m^2	1.2～1.8	1.3～2.0	1.61

续表

项目	单位	DLT831 推荐值-墙式燃烧	DLT831 推荐值-切向燃烧	结构参数
燃尽区容积放热强度	kW/m^3	220～280	220～260	174.4
最上层燃烧器中心线距屏底高度	m	17～21	18～21	25.2917
最下层燃烧器中心距冷灰斗上折点距离	m	3～4	≥5	3.381

上述两种锅炉方案均能满足1000MW宽负荷率超超临界锅炉设计要求，共同点是选型炉膛容积放热强度、燃烧器区壁面热负荷、炉膛截面放热强度选取了较低值，同时，最上层燃烧器中心距屏底距离选取了较高的值，这样设计是为了提高煤种适应性，提高煤的燃尽率。但两种锅炉方案在燃烧方式选择上采用了不同的方案。HBC采用工程上更成熟的反向双切圆燃烧器，并对提高锅炉燃烧效率和不投油低负荷稳燃能力，降低NO_x排放、防止炉内结渣及高温腐蚀等的各项要求均采取了相应的措施。反向双切圆燃烧器见图6-6。

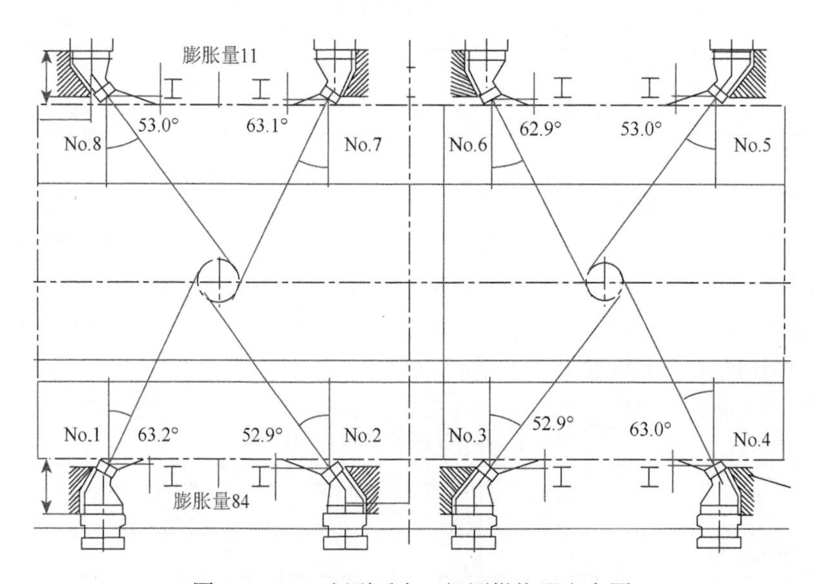

图6-6　HBC新型反向双切圆燃烧器方案图

DBC采用对冲燃烧和角式燃烧，其在对冲燃烧系统防止结渣和减少烟温偏差方面具有独特的优势。如图6-7所示，通过合理布置吹灰器避免可能烟气冲刷的水冷壁区域的结渣；独特的燃烧器喉口设计结构能够避免燃烧器区域结渣和腐蚀；独特的辐射受热面设计能够有效地避免在烟温较高的区域受热面的结渣。

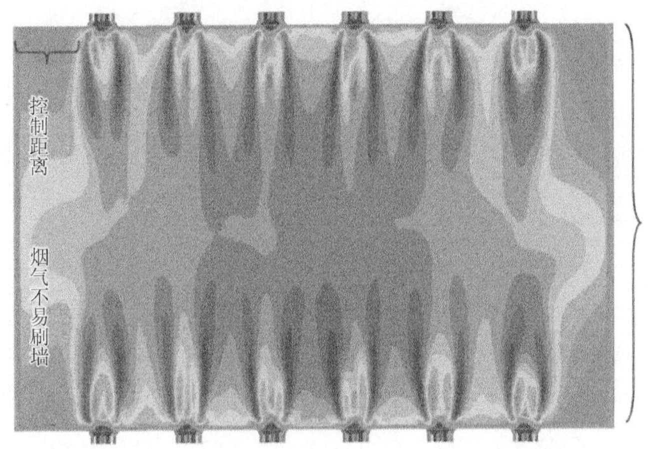

图 6-7　DBC 对冲燃烧方式防结渣示意图

总之，在世界范围内，反向双切圆燃烧以及对冲燃烧和角式燃烧都被证明是可行的，并且都在不断的发展和更新，特别是在环境保护方面。对于 1000MW 宽负荷率超超临界锅炉，需要充分考虑防止炉内结渣、受热面粘污的问题，并重视煤粉的着火、燃烧的稳定、高效，同时在负荷调节能力和水冷壁高温腐蚀、低 NO_x 排放、低负荷稳燃等方面进行优化设计。

2. 高效宽负荷率的超超临界燃煤锅炉低氮燃烧技术

HBC 的高效宽负荷超超临界锅炉低氮燃烧技术改造采用反向双切圆燃烧方式并进行了燃烧参数的优化调整。如表 6-4 所示，在 BRL 负荷工况下燃烧器改造前后工况进行对比，经过燃烧器改造后，BRL 工况下，锅炉效率提高 0.39 个百分点，NO_x 排放浓度降低 105mg/Nm^3。50%THA 工况下，锅炉效率提高 0.33 个百分点，NO_x 排放浓度降低 112mg/Nm^3。

表 6-4　HBC 燃烧器改造前后对比

项目	锅炉参数	单位	燃烧器改造前 BRL	燃烧器改造后 BRL	燃烧器改造前 50%THA	燃烧器改造后 50%THA
锅炉主要参数	电负荷	MW	990	990	500	500
锅炉主要参数	主蒸汽流量	t/h	2807	2795	1476	1318
	运行磨煤机	台	ABCDEF	ABCDEF	BCDEF	BCDE
	过热蒸汽温度	℃	599	600	601	600
	再热蒸汽温度	℃	600	600	600	600

续表

项目	锅炉参数	单位	燃烧器改造前 BRL	燃烧器改造后 BRL	燃烧器改造前 50%THA	燃烧器改造后 50%THA
煤质资料	收到基水分 M_t	%	14.0	16.20	14.0	16.20
	灰分 A_{ar}	%	11	9.13	11	9.13
	挥发分 V_{daf}	%	27.33	31.63	27.33	31.63
	硫分 S_{ar}	%	0.41	0.52	0.41	0.52
	低位发热量 $Q_{net.ar}$	MJ/kg	22.76	22.54	22.76	22.54
锅炉经济性	出口一氧化碳	ppm	350	180	360	158
	排烟温度/排烟氧量	℃/%	122/2.8	119/2.0	115/5.3	110/5.0
	锅炉计算效率	%	93.76	94.15	93.04	93.37
炉膛出口 NO_x 排放浓度（标态，6%O_2）		mg/Nm³	280	175	270	158

表 6-5 为改造前后锅炉效率对比。宽负荷下，投运下层比投运上层燃烧器 NO_x 排放高，炉膛下部燃烧不充分，还原性气氛区域较长，NO_x 浓度低。过量空气系数越小，NO_x 排放浓度越低；AA 风率越高，NO_x 排放浓度越低；投运上层燃烧层时，燃烧器下摆可以降低 NO_x 排放浓度。低负荷下，关闭 OFA（COFA）喷口，将原 OFA 风量分配给开启的上两层 SA 及 AA。上两层 SA 起紧凑燃尽风的作用，还原区长度增长；同时 AA 风量增多，空气分级效果增强。关闭 OFA 喷口和重新分配炉膛上部风量是一种低负荷下有效降低 NO_x 排放及提高锅炉燃烧效率的方法。结果表明，适当降低过量空气系数，同时优化配风，可以实现 NO_x 排放显著下降及锅炉热效率显著上升。

表 6-5　HBC 改造前后锅炉效率对比

项目	符号	单位	T-1000 改造前	T-1000 改造后	T-500 改造前	T-500 改造后
机组实际电负荷	—	MW	990	990	500	500
干烟气热损失	L_1	%	4.77	4.61	5.37	5.1
未燃尽碳热损失	L_2	%	0.31	0.33	0.25	0.23
煤中水分热损失	L_3	%	0.15	0.11	0.12	0.1
燃烧生成水分热损失	L_4	%	0.25	0.24	0.24	0.24
空气中水分热损失	L_5	%	0.12	0.02	0.25	0.21
散热损失	L_6	%	0.18	0.18	0.3	0.3

续表

项目	符号	单位	T-1000 改造前	T-1000 改造后	T-500 改造前	T-500 改造后
不可计量热损失	L_7	%	0.3	0.3	0.3	0.3
总的热损失	ΣL_{Loss}	%	6.08	5.79	6.83	6.48
锅炉热效率	η	%	93.92	94.21	93.17	93.52
漏风、环境温度与燃料修正后干烟气热损失	L'_{1b}	%	4.94	4.67	5.5	5.25
与燃料修正后总的热损失	$\Sigma L'_{bLoss}$	%	6.24	5.85	6.96	6.63
与燃料修正后锅炉热效率	η'_b	%	93.76	94.15	93.04	93.37

DBC 针对宽负荷高效燃烧需要，开发了一种带火焰分割块的新型低氮燃烧器（第三代 OPCC）及燃烧系统[100]。三代 OPCC 超低氮旋流燃烧器，在 NO_x 控制方面比上一代技术有以下改进，控制 NO_x 能力更加出色：①通过火焰分割器和一二次风扩锥的优化进一步增强燃烧器出口的一次风内回流、提高湍动度，同时增加一次风与二次风之间的炉内烟气回流量，使燃烧初期氧量下降，降低了燃料型 NO_x；②单一火焰分割为多股火焰增加了面向水冷壁的辐射面积，降低了最高火焰温度，热力型 NO_x 减少；③主火焰内的湍动度提高，使煤粉颗粒在主火焰内与气体的异相反应更为剧烈，因主火焰内在任何工况下都是缺氧的，煤粉颗粒在这个区域反应更充分使得燃料型 NO_x 的生成量减少。DBC 第三代燃烧器剖面图如图 6-8 所示。

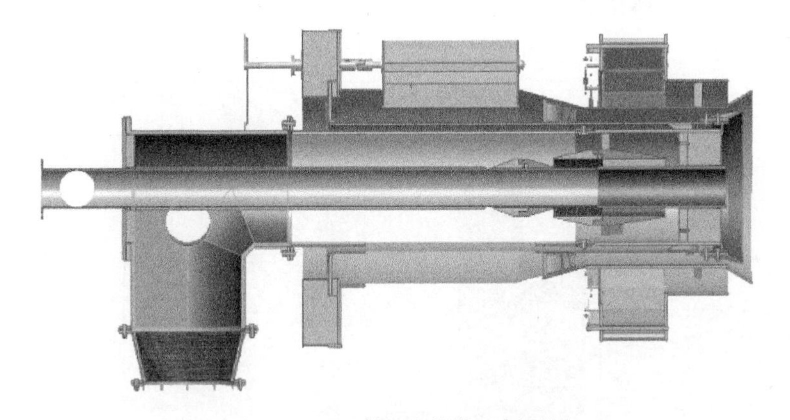

图 6-8　DBC 第三代燃烧器剖面图

DBC 除开发第三代 OPCC 燃烧器外，还同步开发了第三代燃尽风系统，如图 6-9 所示。主要创新点如下：①多层燃尽风布置，可摆动燃尽风；②通过在锅炉改造项目上实施，能较好地控制沿炉膛宽度方向上的氧量，控制偏差降低壁温偏差；③降低锅炉的 CO 生成量，提高效率。

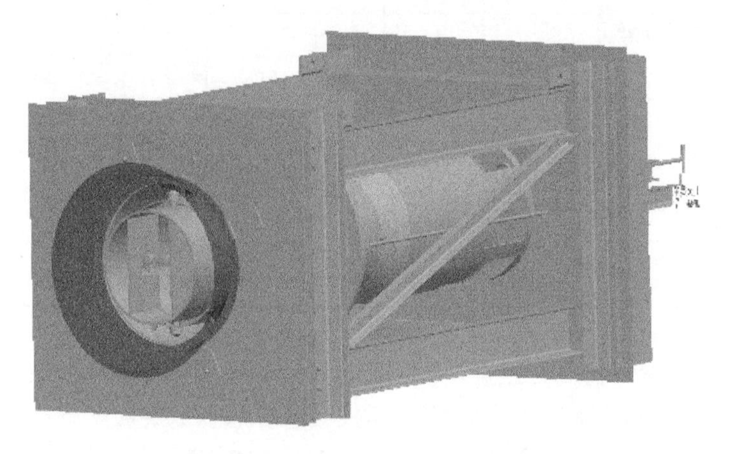

图 6-9　DBC 水平摆动燃尽风方案

从图 6-10 可以看出，新型燃烧系统在试验台上 NO_x 排放水平比第二代燃烧系统下降 185mg/Nm^3，降幅为 37.9%，可以预测在燃用神华煤这一类优质烟煤时，新型燃烧系统的 NO_x 排放水平将下降 38%左右。一氧化碳排放水平比第二代燃烧系统上升了 14ppm，但是两种系统都处于很低的水平。飞灰水平比第二代燃烧系统下降 1.59 个百分点，降幅为 31.0%，可以预测在燃用神华煤这一类优质烟煤时，新型燃烧系统的飞灰水平将下降 30%左右。综合来看，新型 OPCC 燃烧系统性能优于第二代 OPCC 燃烧系统。

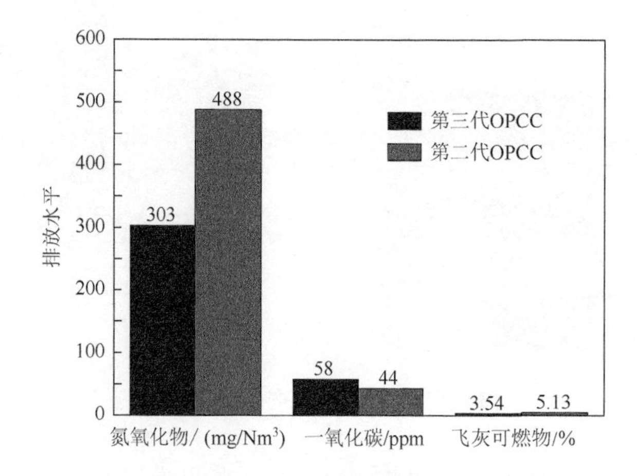

图 6-10　DBC 第二代系统与新型系统比较图

3. 适合高效宽负荷率的超超临界燃煤锅炉汽水循环系统设计技术

超超临界火电技术由于参数本身的特点决定了锅炉只能采用直流锅炉，在超临界锅炉内随着压力的提高，水的饱和温度也随之提高，汽化潜热减少，水和汽的密度差也随之减少。当压力提高到临界压力（22.12MPa）时，汽化潜热为0，汽和水的密度差也等于零，水在该压力下加热到临界温度（374.15℃）时即全部汽化成蒸汽。因此，超临界压力下水变成蒸汽不再存在汽水两相区，由此可知，超超临界压力直流锅炉由水变成过热蒸汽经历了两个阶段，即加热和过热，而工质状态由水逐渐变成过热蒸汽。

而随着目前火电可用小时数的降低，超超临界机组经常运行在低负荷阶段，此时锅炉压力已经降低到临界压力或者临界压力以下，锅炉处于亚临界状态下运行。特别是1000MW锅炉炉膛宽度较大，低负荷运行时，工质流量相应减少，炉膛管间流量偏差增大，易引发受热面管间壁温偏差大，甚至部分超温。因此针对超超临界机组在低负荷状态下运行，需要对炉膛水动力安全性进行校核，提出相应的优化或运行措施，保证锅炉在宽负荷范围内水循环的安全性。

1）水冷壁水循环系统方案

超超临界锅炉炉膛水冷壁分上下两部分，下部水冷壁采用螺旋管，上部水冷壁采用垂直管，两者间由过渡水冷壁和混合集箱转换连接。螺旋管圈水冷壁出口管子引出炉外，进入螺旋管圈水冷壁出口集箱，由若干根连接管引入炉两侧的两个混合集箱混合后，再由若干根连接管引入垂直水冷壁进口集箱。

炉膛冷灰斗水冷壁采用光管，中部螺旋管圈水冷壁管全部采用内螺纹管，上部垂直水冷壁采用光管。螺旋管圈水冷壁平均质量流速约为2500kg/(m^2·s)，垂直水冷壁平均质量流速约为2000kg/(m^2·s)。

根据宽负荷运行需要，针对全负荷，特别是低负荷的稳定性，分别校验BMCR、75%THA、50%THA及30%BMCR四个工况的水动力情况。结果显示，各工况水冷壁各计算回路的流量分配偏差较小，水冷壁出口温度较均匀；并对50%THA工况水冷壁不同过热度状态进行校核，考虑了过热度的变化、吸热的变化等因素后，水冷壁壁温平稳，不存在超温现象，水动力安全。水冷壁水循环设计方案能在宽负荷范围内保证安全稳定运行。

2）水冷壁系统的优化

为了在水冷壁的顶部采用结构上成熟的悬吊结构，螺旋管圈与垂直管圈之间采用了中间混合集箱的过渡形式。与早期的Y形分叉管形式相比，中间混合集箱更能保证汽水两相分配的均匀性，进一步减小了水冷壁出口的温度偏差，保证了水冷壁工作的安全性，并且结构上处理比较灵活，不受螺旋管与垂直管转换比的限制。中间混合集箱通常布置在低负荷时螺旋管圈出口蒸汽干度在0.8以上的位置，在此干度下，中间混合集箱汽水分配的均匀性完全可以保证。同时，在这个位置上炉膛热负荷已降低到较低的水平，垂直管圈在较低的质量流速下也可以保证有稳定的流动。中间混合集箱的过渡形式又分为单集箱直接过渡方式和双集箱中间半炉膛混合方式，如图 6-11 所示。

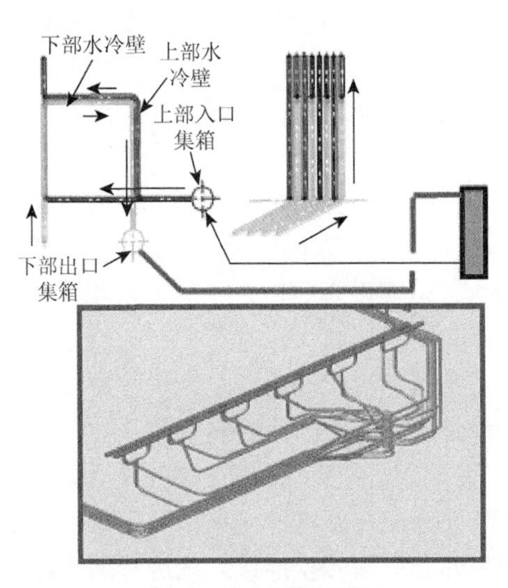

(a) 方案一：中间半炉膛混合

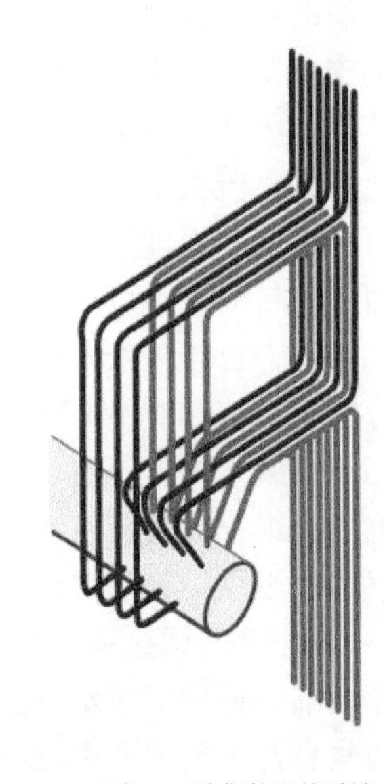

(b) 方案二：单集箱直接过渡

图 6-11　中间混合集箱的过渡形式

采用两种水冷壁混合结构方案时，螺旋管圈水冷壁各回路出口温度显示方案二偏差大于方案一，且最高温度方案二比方案一高 1.4℃；垂直水冷壁回路出口温度显示方案二偏差大于方案一，且最高温度方案二比方案一高 0.7℃，如表 6-6 所示。

表 6-6　BMCR 水冷壁偏差管壁温

区域	位置	方案一			方案二		
		流体温度/℃	中壁温度/℃	外壁温度/℃	流体温度/℃	中壁温度/℃	外壁温度/℃
下部螺旋段	冷灰斗出口	362.7	409.3	435.5	364.2	411.3	437.5
	燃烧器区域	410.6	472	509.6	412.6	475.9	513.6
	螺旋段出口	428.2	453.1	467.2	433.9	459.9	474
上部垂直段	垂直段入口	428.2	455.6	469.7	426.7	453.9	468
	垂直段	478.2	505.5	517.3	466.3	492.5	504.2

综合来看，方案二由于取消了半炉膛的混合方式，其偏差温度更高，但是阻力更低，但水冷壁中间集箱的压力平衡管存在静态不稳定性。两种方案在低负荷时上部炉膛动态稳定，而下部炉膛动态不稳定，需要优化运行参数。为满足高效宽负荷运行安全性要求，采用方案一作为炉膛水冷壁水循环方案。

3）水冷壁系统传热优化措施

机组在 50%THA 负荷工况时，一般采用前后墙燃烧器投运层数差为两层及以上运行方式，此时水冷壁运行壁温显示较为平均；但是实际运行时可能会出现投运不同磨煤机，此时将会出现水冷壁偏差较大的情况。结合相似工程的运行数据，对运行方式提出以下几项优化措施。

（1）运行时，一次风粉管热态应调平，同层一次风粉管（燃烧器出力）煤粉浓度偏差控制在±10%以内。

（2）尽量避免投运后墙上二层与前墙下二层燃烧器的运行方式，若必须投此组合方式，则可以适当降低后墙上层燃烧器出力。

（3）在 50%负荷左右运行时，应尽量控制过热度在较低的水平，推荐 5～8℃。

（4）控制前后墙风箱风压比，可适当降低后墙风箱风压，减轻高温烟气对前墙上部水冷壁的冲刷。

（5）通过配风调整能一定程度上减小热偏差（10～20℃）。

（6）炉膛负荷波动较大，对水冷壁变形及扁钢开裂存在负面影响，应尽量消除引起炉膛负荷波动的不利因素。

（7）在 30%负荷左右运行时，应尽量提高运行压力或增加给水量，避免低负荷运行时发生管内工质的不稳定。

4. 适合高效宽负荷率的超超临界燃煤锅炉系统优化设计技术

燃煤锅炉系统优化设计技术通常采用大量的数值模拟、实验室试验验证和实际项目运行工况优选等科学手段，对挡板调温的挡板阻力特性、挡板可靠性以及调温逻辑等关键项进行研究，以确保调温方式可靠、高效地实现锅炉宽负荷范围内蒸汽参数达额定值。

1）多种调温方式的优化耦合方式和控制逻辑实施系统研究

烟气挡板调节再热器蒸汽温度，主要关注点如下：

（1）烟气挡板的调节特性问题，即挡板的阻力特性，直接影响烟气流量；

（2）受热面的磨损问题，需要控制调节范围内烟气速度在合理范围之内；

（3）烟气挡板的调温幅度和滞后性的问题，调温幅度与挡板的调温特性、可调范围有密切的关系，而滞后性则与整个锅炉的控制等有密切的关系。

2）再热器受热面布置研究

通过对已运行机组的研究发现，仅采用摆动燃烧器调温方式的锅炉均存在低负荷再热汽温达不到设计值的情况，而采用挡板调温的锅炉在宽负荷范围内再热汽温均可达到额定值，调温方案需要与受热面布置、受热方式相适应，才能确保宽负荷内再热蒸汽温度达到额定蒸汽温度。

3）高温再热器系统设计和材料研究

锅炉各级受热面均由许多并联的管子组成，诸多因素造成这些并联管内的工质流量和吸热不均，从而导致壁温偏差。概括起来，这些因素主要包括：①由并联管束的行程长短以及集箱静压分布等不同引起并联各管的管内介质流量不同；②由于烟道宽度、烟气温度和速度的不同，沿烟道宽度屏间的吸热不同；③由于同屏各管的受热条件不同，同屏各管的吸热不同；④前级受热面的热偏差传递到该级受热面，使并联各管进口介质温度不同。

以上引起壁温偏差的因素可归结为烟侧热偏差和工质侧流量偏差两个大类，故而研究从这两方面采取措施以控制受热面壁温偏差。严格控制再热器偏差的同时，应选择合理的受热面用材，来提高高炉受热面内壁抗氧化性能。

6.2.2 高效宽负荷率的超超临界汽轮机关键技术

利用已自主开发的超超临界汽轮机技术，进行高效宽负荷率汽轮机配汽方式及设计点的选取、通流优化、结构优化、辅机系统优化及热力系统优化等关键技术研究，通过汽轮机配汽方式选用节流配汽（带旁通配汽）、将低于100%负荷点作为设计点、低负荷采用滑压运行方式、采用高效宽负荷的叶型、末级叶片长度的合理选取、优化再热压力、优化回热系统、3 号高加增设外置式蒸汽冷却器、选取最佳给水温度、冷端优化、增设 0 号高加、增设低温省煤器等具体措施，使高效宽负荷超超临界汽轮机热耗在 50%负荷下较现有超超临界汽轮机降低约 2.4 个百分点。

1. 宽负荷率超超临界汽轮机配汽方式及设计点选取关键技术

为保证机组的出力要求和额定负荷下的工况性能，通过采用开启补汽阀、加热器旁路调节的技术手段，提高汽轮机在该设计方案下的出力，达到汽轮机组的出力要求。补汽阀和加热器旁路技术对原额定负荷经济性有一定影响，为保证额定负荷经济性，上汽创新性地提出了两种新型的汽轮机结构形式，在满足低负荷工况高效率的同时，额定负荷工况效率不受影响。

东汽通过对 1000MW 超超临界机组配汽方式和运行方式的研究，提出了一种针对高效宽负荷率汽轮机的新型调节技术（喷嘴配汽 + 补汽阀），采用定-滑-定的运行方式，有效地提高了机组部分负荷工况下的经济性。

1）高效宽负荷率汽轮机设计点的选取

原超超临界 1000MW 机组以 100%负荷作为设计点，随着负荷降低热耗率将显著升高。为了提高 1000MW 超超临界机组在低负荷的经济性，同时保证机组额定出力的能力，采取以下措施来对高效宽负荷率汽轮机进行优化。

（1）降低机组通流设计最大容量（设计工况点）。常规方案将 100%负荷或者 TRL 工况作为设计点，本章将设计点降低到 100%负荷以下，比较三个方案：设计点分别为 95%负荷、90%负荷和 85%负荷。随着设计的通流尺寸变小，低负荷滑压运行的主蒸汽和各级回热抽汽的压力要高于之前的方案，热耗率水平要低于之前的方案。

（2）配汽轮机构补汽。当设计点降低时，在过负荷的工况下，需要通过配汽轮机构补汽来增加机组的出力，补汽阀较原来的机组要承担更大的补汽量。由于旁通阀通过的蒸汽为主蒸汽节流后的蒸汽，具有较大的节流损失；旁通阀的蒸汽经高压缸的补汽腔室与补汽点的主流蒸汽进行混合，对主流蒸汽的流动产生扰动，又增加了一部分损失，因此补汽阀开启后导致了高压缸效率的显著下降，进而影响机组经济性。通过降低设计点，可以显著地提升部分负荷的经济性。图 6-12 为设计点优化后 40%～90%部分负荷的主蒸汽压力变化图。随着设计点的降低，部分负荷的主蒸汽压力得到提升，对于 90%负荷，在两个方案（设计点 90%负荷、设计点 85%负荷）中，主蒸汽压力都达到了额定蒸汽压力；对于 50%负荷，从 100%设计点到 85%设计点，主蒸汽压力提升了约 18.2%。

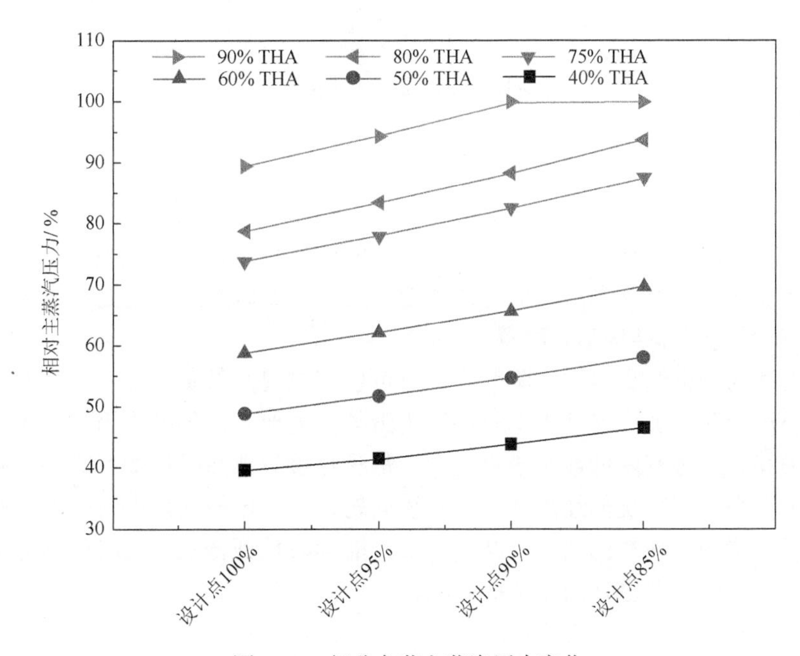

图 6-12　部分负荷主蒸汽压力变化

图 6-13 为设计点优化后 30%～90%部分负荷的热耗率变化。随着设计点的降低，部分负荷机组的热耗率相比原来方案大幅度降低，经济性得以提升。以 50%额定负荷工况为例，设计点降低至 95%、90%、85%负荷时，由于主蒸汽压力和给水温度的提升，热耗最低可以比原来降低 1.05%。

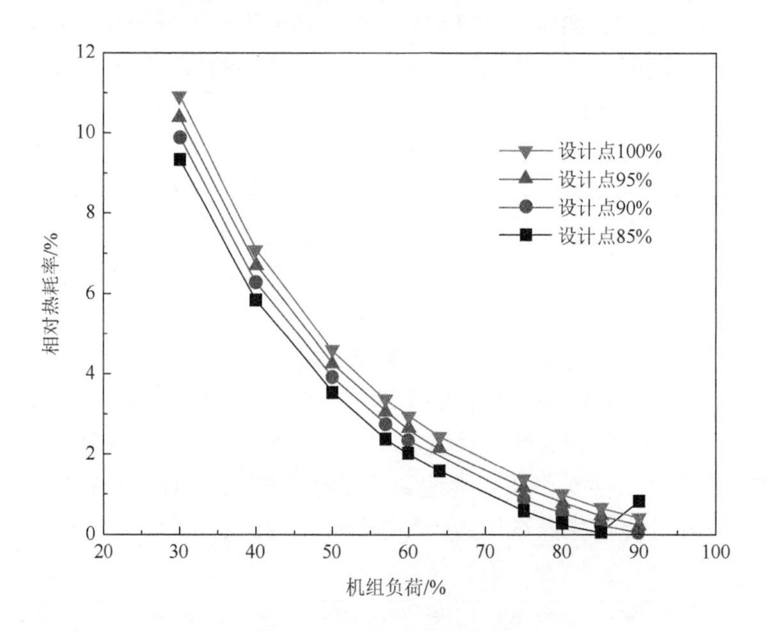

图 6-13 部分负荷热耗率变化

通过对 1000MW 超超临界机组的设计点进行优化，提高汽轮机部分负荷的主蒸汽压力，大幅度提高了部分负荷的经济性；汽轮机组的整体经济性不仅和设计点有关，也和汽轮机全年不同负荷的运行时间分配有关，在实际的项目执行中，要针对特定运行时间分配，匹配合适的设计点，才能达到综合最优的经济性。

2）新型汽轮机结构形式配置

从上述的分析结果可知，降低设计点可以有效提高低负荷工况的经济性，通过采用补汽阀和高加旁路技术也可保证机组的出力要求。但是采用补汽阀带来的节流损失和高加旁路降低最终给水温度，都将直接导致热循环效率降低，降低了汽轮机组在高负荷工况的经济性。针对该问题，国家电投河南电力有限公司和上汽联合提出了两种新型的汽轮机结构形式，能同时保证低负荷工况和额定工况的热经济性，机组具有更好的宽负荷性能。

（1）并联高压缸一次再热汽轮机。

并联高压缸一次再热汽轮机，包括主汽轮机系统和辅助高压缸，结构形式如图 6-14 所示，与常规超超临界一次再热机组相比，该汽轮机结构上增加了一个辅助高压缸。辅助高压缸的进汽口通过辅助进汽管道与高压蒸汽管道连通，辅助进汽管道上设有辅助进汽阀组；排汽口通过辅助排汽管道与冷再热蒸汽管道连通；再热器的出口通过热再热蒸汽管道与中压缸的进汽口连通。并联高压缸一次再热汽轮机可采用单轴布置，辅助高压缸通过 SSS 离合器与主汽轮机转轴连接；也可采用分轴布置，辅助高压缸单独配置一个发电机。

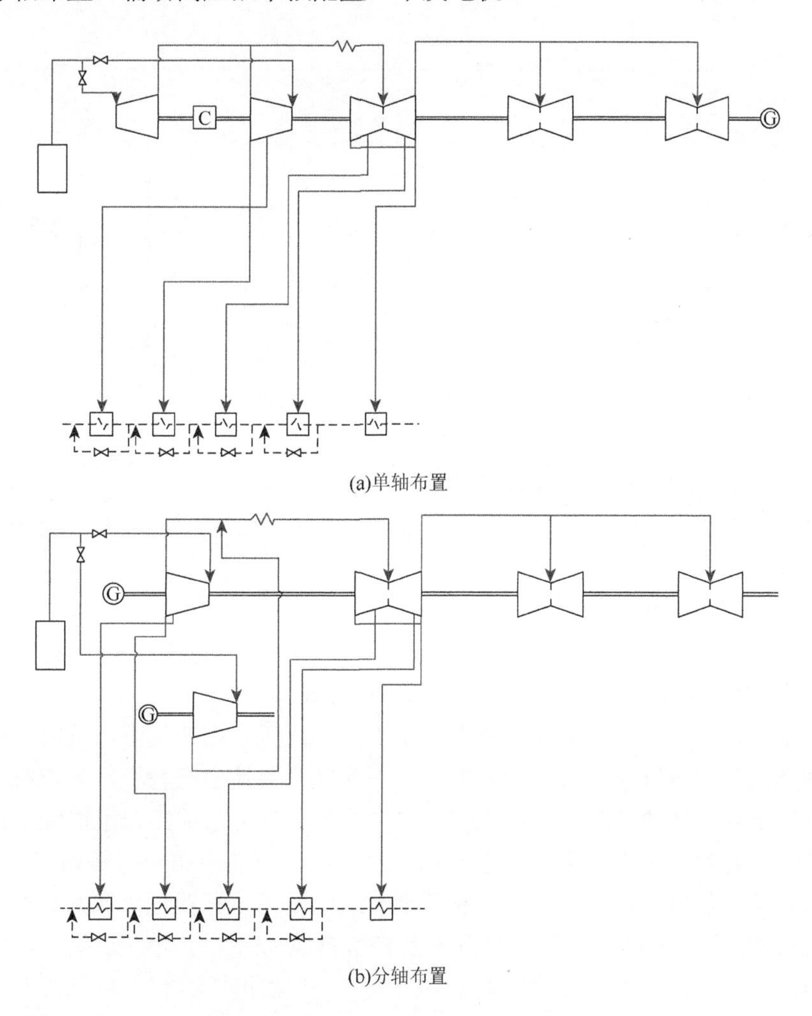

(a)单轴布置

(b)分轴布置

图 6-14　并联高压缸一次再热汽轮机

采用该结构后，主汽轮机高压缸通流设计的最大容量可降低至原汽轮机的 80%以下，主汽轮机中压缸、低压缸通流设计的最大容量与原汽轮机的最大容量一致。辅助高压缸在低负荷工况处于关闭状态，随着负荷的增加，进汽阀门逐渐开启。

（2）并联高中压缸调峰汽轮机。

并联高中压缸调峰汽轮机包括主汽轮机及系统和调峰高中压缸，结构形式如图 6-15 所示。A、B 为基本汽轮机组的高中压缸，采用分缸设计；E、F 为调峰机组的高中压缸，采用合缸设计；C、D 为低压缸。E、F 通过 SSS 离合器与主轴连接；G 为发电机。

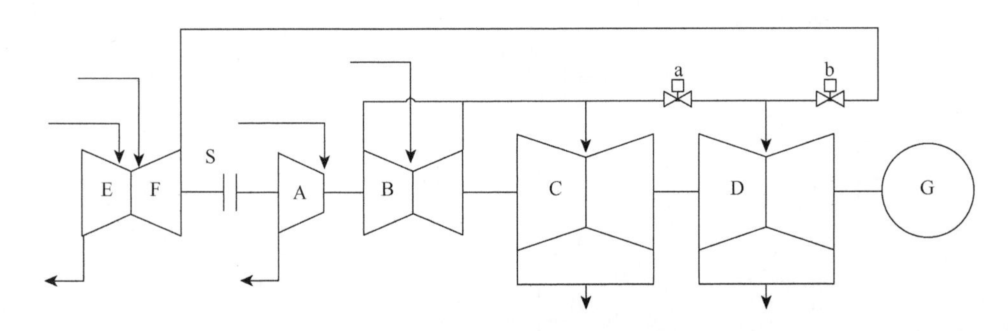

图 6-15　并联高中压缸调峰汽轮机

该结构形式的汽轮机主要有三种运行模式。

（1）保持汽缸 A、B、C 串联，E、F、D 串联，维持汽缸 A 阀门全开，调整汽缸 E 的进汽量。

（2）切除汽缸 E、F，汽缸 C、D 并联于 B 之后（即阀门 a 开启，b 关闭）。

（3）保持汽缸 A、B、C 串联，E、F、D 串联，汽缸 A 和 E 同步调整。

3）高效宽负荷率汽轮机配汽方式和运行方式

为了保持喷嘴调节机组部分负荷工况下主蒸汽压力高的优点，同时又减弱调节级效率低对高压缸通流效率的影响，针对高效宽负荷率汽轮机，东汽提出了一种新型调节技术（喷嘴配汽 + 补汽阀）以提高机组部分负荷工况下的经济性。

喷嘴 + 补汽调节汽轮机示意图如图 6-16 所示。汽轮机第一级是调节级，调节级分为几个喷嘴组，蒸汽经过全开高压主蒸汽门 1 后，再经过依次开启的几个高压主调节汽门 2，通向调节级。当负荷在 85%THA 以下时，第Ⅰ、Ⅱ、Ⅲ喷嘴组的调节汽门全开，第Ⅳ喷嘴组的调节汽门全关，机组滑压运行。负荷在 85%THA 时，主蒸汽压力达到额定压力。负荷继续增大时，第Ⅳ喷嘴组的调节汽门开启，主蒸汽压力维持额定压力不变，至 THA 负荷时调节级的四个调节汽门全开，此时通过调节级的流量达到最大。负荷超过 THA 工况后，旁通阀 3 打开，主蒸汽经补汽室X进入高压某一级（第 4 级）后，满足超负荷区间的进汽要求，致 VWO 工况（约 108%THA）旁通阀全开。负荷-压力运行曲线见图 6-17。

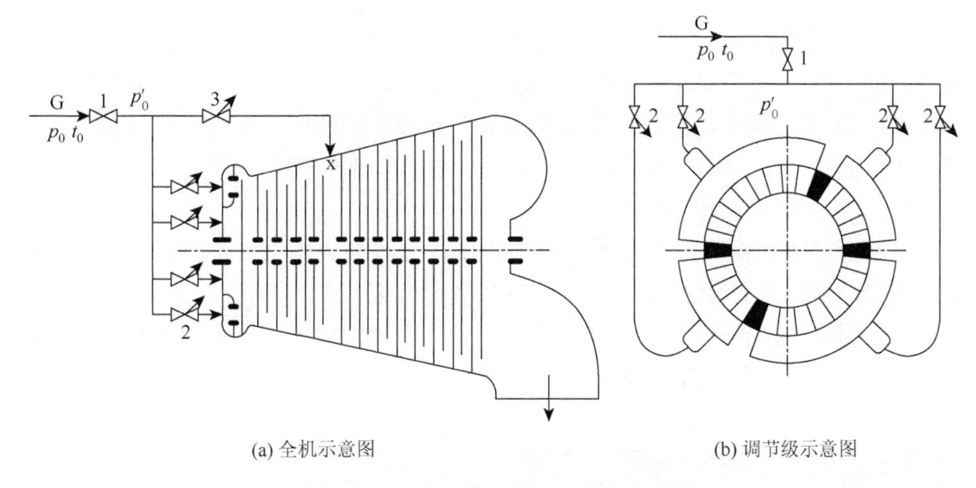

(a) 全机示意图　　(b) 调节级示意图

图 6-16　喷嘴 + 补汽调节汽轮机示意图

1-高压主蒸汽门；2-高压主调节阀；3-旁通阀（补汽阀）；x-补汽室

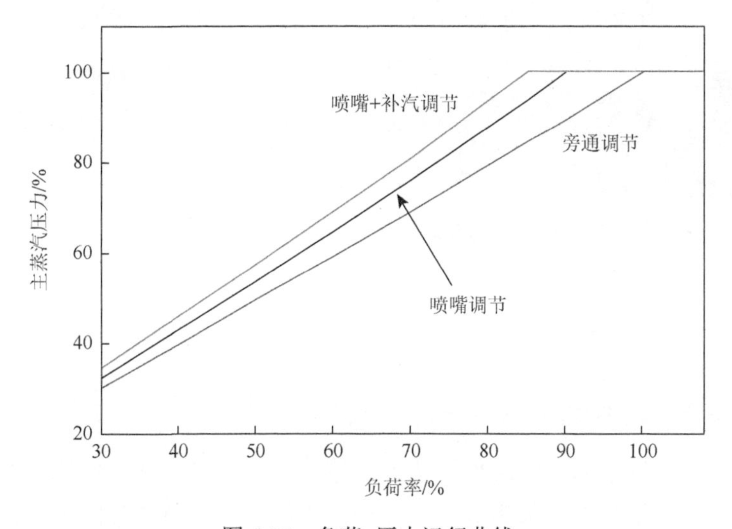

图 6-17　负荷-压力运行曲线

由以上的工作过程可知，喷嘴 + 补汽调节使 85%THA 负荷时机组的经济性达到了喷嘴调节机组的设计工况（THA）水平。85%THA 负荷以下工况由于前三个喷嘴组的调节汽门全开，机组滑压运行，调节级焓降及效率与 85%THA 工况相当，高压缸效率处于较高水平，且同负荷段主蒸汽压力远高于喷嘴调节机组和旁通调节机组，机组循环效率高。

4）进汽补汽联合阀门

补汽阀是提高机组出力能力的重要手段。上汽原超超临界机组补汽阀作为一个独立的阀门结构与高压进汽阀分开布置，需要铺设大量的管道，成本比较高，且补汽阀工作时易产生管系振动等问题。为了改进原设计，满足宽负荷机组在过负荷区间的过负荷能力和运行性能的需求，放弃原来两进两出的结构形式，研究采用了一种组合式的进汽补汽联合阀门，该补汽阀部分在原超超临界补汽阀门型线和结构的基础上作改进设计。

原超超临界机组补汽阀形式与本项目进汽补汽联合阀门形式对比如图6-18所示。原设计蒸汽从两侧主蒸汽门腔室经两路管道进入补汽阀，经过补汽阀后再分两路分头进入高压缸腔室。优化设计后，在每个调阀腔室侧面设置了一个独立的补汽阀腔室，蒸汽经过补汽阀后进入高压缸。

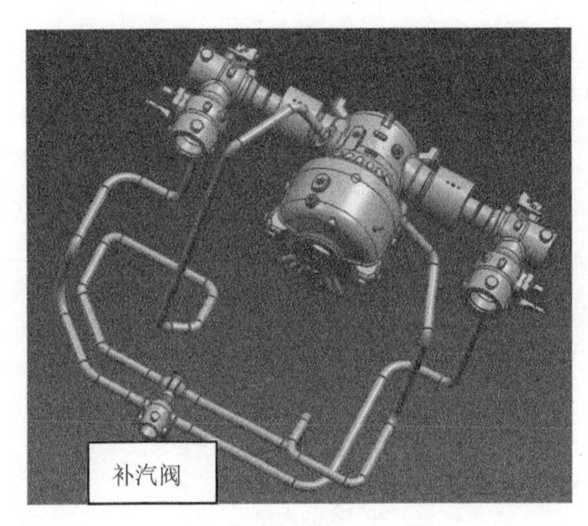

(a) 不带补汽腔的阀门

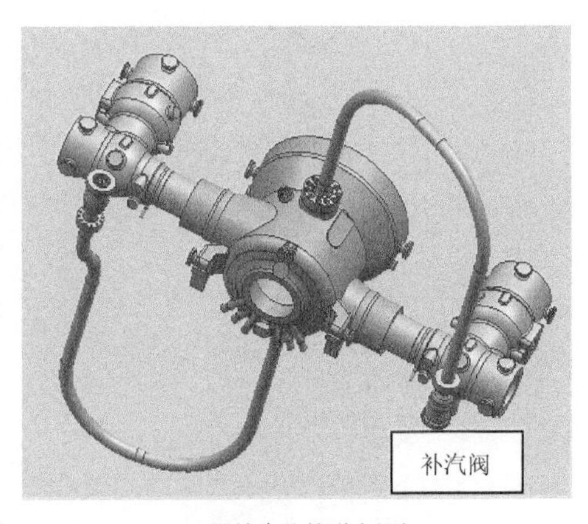

(b) 带补汽腔的联合阀门

图 6-18　原超超临界机组补汽阀形式与进汽补汽联合阀门形式对比

2. 宽负荷率超超临界汽轮机运行方式关键技术

宽负荷运行机组的热经济性，不仅与设计紧密相关，运行维护也至关重要。由于运行工况大部分时间远离额定工况点，机组启停、负荷升降频繁，对运行维护提出了更高要求。

热力系统在线性能监测和运行优化是电厂提高机组热经济性、实现节能降耗的重要手段。通过开发热力电厂的性能计算监测模型，将建立的系统模型应用于状态监测中，充分利用测点冗余和建立的模型，进行数据调和，得到与实际过程相吻合的运行数据，并判断传感器是否有故障。同时通过模型获得变工况下机组最佳运行工况点，以此作为参照，发现系统运行参数的偏差和不足，为机组安全高效运行提供支持。建立机组整体在线性能监测平台，可实现热力系统的状态评估，为其优化运行及故障诊断提供技术指导，达到机组实际运行安全、稳定、经济、高效的要求。

1）高效宽负荷运行方式试验及优化

为了提高超超临界机组全负荷段的经济性尤其是在低负荷工况，首先要针对超超临界机组进行全负荷段性能试验，了解机组在全负荷段的经济性情况，并以此为基础，进行低负荷工况提高经济性的相关技术研究。这里选择典型1000MW超超临界机组进行全负荷段经济性测试，并针对进汽阀门开度和冷端特性进行试验研究分析。

进汽阀门开度对热经济性的影响：超临界、超超临界机组由于没有汽包作为机炉侧缓冲，受协调系统能力限制的影响，普遍存在调频能力不足等问题。为了提高机组一次调频响应能力，不少机组在实际运行中通常采取提高机组滑压设定，增加汽轮机进汽阀门节流程度的措施，从而加快变负荷初期的响应速度。但这样增加了主蒸汽的节流损失，降低了机组的热经济性。针对此问题，本章试验研究不同进汽阀门开度下的机组热经济性，得出阀门开度对热耗的定量影响结果。

最佳冷端运行方式：如果按照主调门全开滑压运行且排汽压力恒定的情况下，随着负荷从额定点逐渐降低到50%甚至更低的过程中，高中压缸的效率基本保持不变，但是低压缸从额定负荷到低负荷其效率先略有升高然后开始明显下降，在50%负荷点其效率明显低于额定工况。常规机组在低负荷运行时，由于排汽量减小，电厂为了减少厂用电，通常停掉一台或两台凝结水泵（根据不同电厂的循环冷却水系统配置而定）。由于冷却水流量减小，造成低负荷工况背压还略高于额定工况背压，进一步降低了低压缸的效率，增加冷端损失。冷端特性试验研究在低负荷工况下最佳冷端运行方式，综合考虑机组循环效率和厂用电情况，以电厂整体经济性最优为目标。

2）试验内容

试验研究选取上电漕泾发电有限公司2号汽轮机组作为分析对象，上电漕泾2号发电机组在役运行7年，汽轮机为上汽生产的单轴、四缸四排汽、一次中间再热、凝汽式汽轮机，型号为N1000-26.25/600/600，发电机型号为QFSN-600-2。每台机组配置三台33%容量立式混流循环水泵，单元制布置，不设备用泵。夏季采用一机三泵运行，春秋冬季采用一机二泵运行。循环水泵采用长沙水泵厂产品，为固定叶抽芯式结构。针对研究目的，开展了如下试验。

（1）以漕泾1000MW超超临界机组进行全负荷工况性能试验，包括100%、90%、80%、70%、75%、60%、50%、40%工况的全面性试验（内部、外部均隔离）；100%、50%负荷工况下，外部隔离、内部不隔离全面性试验。

（2）75%负荷和50%负荷工况，测量调阀在30%、40%、50%、70%、100%开度下的机组热耗。

（3）针对100%、50%负荷，每个负荷下按照实际运行背压、125%实际运行背压、150%实际运行背压、175%实际运行背压4个背压点进行机组热耗试验。

（4）循环水温约为 27℃时，进行 1000MW、750MW、500MW 分别开启 1 泵、2 泵和 3 泵的变循环水泵运行方式试验。

3. 宽负荷率超超临界汽轮机热力系统的优化设计

发电厂热力系统连接了热力循环过程的各种必要热力设备，其表明了电厂热力循环的工质在能量转换及利用过程中的基本特征和变化规律，同时也反映了发电厂的技术完善程度和热经济性高低。因此，合理确定发电厂热力系统，是发电厂设计工作中的一项重要任务；合理、先进的热力系统可确保机组的高效运行。具体采取的优化措施如下。

1）提高蒸汽参数

汽轮机循环初参数与发电厂的热经济性、安全可靠性和制造成本等有关。一般而言，进汽参数越高，电站的热经济性越好，相应的制造成本也越高。汽轮机循环初参数的合理选取对电厂整体技术经济性起着决定性的作用。目前国内已投运的超超临界机组的进汽参数基本为 25MPa/600℃/600℃等级，但最新投运的超超临界机组的进汽参数已提升为 28MPa/600℃/620℃等级。提高再热温度对机组经济性的影响如图 6-19 所示。由图 6-19 可知，再热温度由 600℃升高至 620℃使汽轮机热耗降低约 30kJ/(kW·h)。

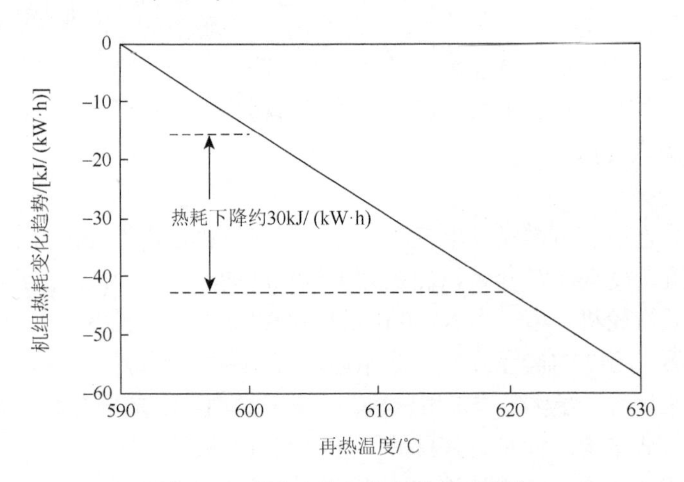

图 6-19　再热温度与热耗的关系曲线

在目前超超临界一次再热机组参数条件下，主蒸汽压力每提高 1MPa，机组热耗率就可下降 0.13%～0.15%，曲线如图 6-20 所示。

提高主蒸汽压力，除需提高锅炉、主蒸汽管道及汽轮机高压部分承压能力外，还需满足汽轮机末级含湿度的要求。当新蒸汽初温和再热蒸汽温度不变仅提高初压时，低压缸的排汽湿度将随初压的提高而增加，加大湿汽损失，使汽轮机的热

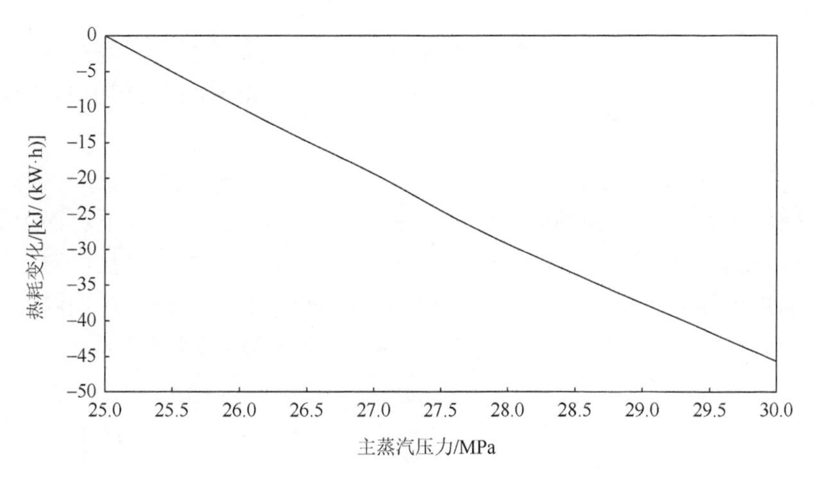

图 6-20　主蒸汽压力与热耗的关系曲线

效率下降。低压缸的排汽湿度与机组的初参数、再热蒸汽参数的选择以及汽轮机背压都存在一定的关系。排汽湿度一般应控制在 10%左右，且最大不应超过 12%，否则将造成末级叶片严重的腐蚀。

对于 1000MW 机组，若其设计背压为 4.9kPa，排汽湿度与主蒸汽压力关系如图 6-21 所示。从图 6-21 可以看出，主蒸汽和再热温度均为 600℃的情况下，主蒸汽压力不宜超过 27MPa，再热温度提高到 620℃的情况下，为降低汽轮机热耗，主蒸汽压力选择 28MPa 比较合适。

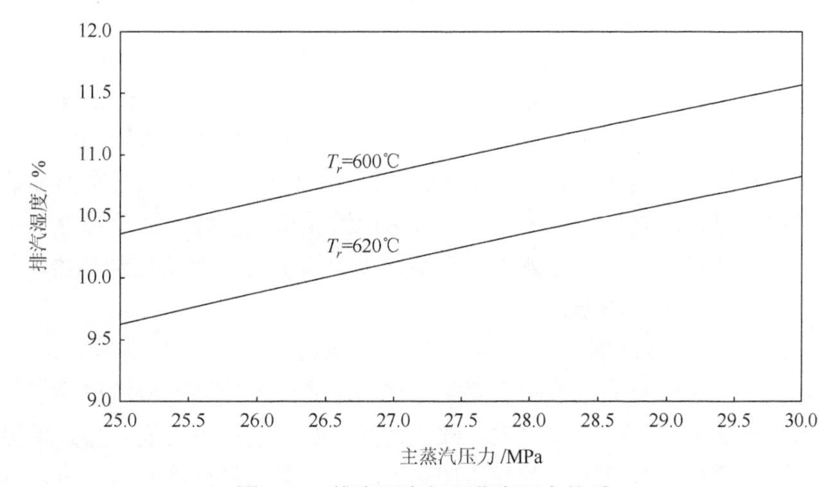

图 6-21　排汽湿度与主蒸汽压力关系

对汽轮机而言，将主蒸汽参数提升至 28MPa 后，需要增加或校核主蒸汽阀壳、进汽管和喷嘴室等部件的强度。主蒸汽进汽压力适当增加对汽轮机造价影响相对较小。实践表明，主蒸汽压力提升到 28MPa 技术上是可行的，只需对高压主蒸汽阀、再热汽阀、高压进汽管等部件适当加厚，26.25～28MPa 均选用成熟材料，足以满足压力提升的要求。

2）给水回热系统优化

在循环参数为 28MPa/600℃/610℃-4.9kPa（排汽压力）条件下，锅炉最终给水温度对应汽轮机热耗变化如图 6-22 所示。从图 6-22 中可以看出，对于汽轮机循环，锅炉最佳给水温度为 325℃，但给水温度过高会导致锅炉排烟温度升高，热效率降低。综合考虑锅炉给水温度宜选取为 300～310℃比较合适。

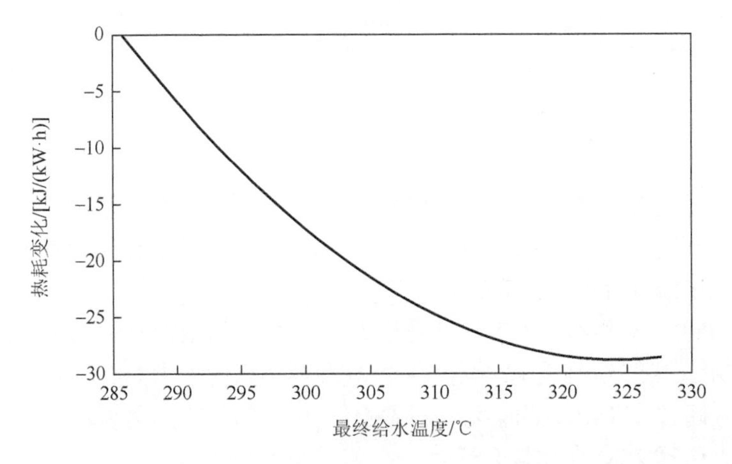

图 6-22　给水温度与热耗的关系曲线

当锅炉给水温度一定时，回热级数 n 越多，回热循环的热效率越高，但随着 n 的增多，热效率的相对增益逐渐减小。目前国内百万等级湿冷机组基本为 8 级回热，增加一级低加回热抽汽可降低热耗 19kJ/(kW·h)；增加两级低加回热抽汽由于抽口布置难以实现最佳状态，只能降低热耗 23.6kJ/(kW·h)，同时会增加抽口、抽汽管道布置以及汽缸设计的困难。综合考虑汽轮机经济性、通流部分分级和结构情况，本书推荐初步 9 级给水回热级数，配置情况为 3 个高压加热器、1 个滑压除氧器和 5 个低压加热器。

3）设置外置式冷却器

汽轮机组工作的热力过程中主要能量损失是蒸汽在冷端的凝汽放热损失。回热抽汽系统过热度大，传热温差大，致使回热换热过程的不可逆，导致换热损失增加。对回热系统过热度较大的高压加热器增设外置式蒸汽冷却器，可以有效减少机组的这一部分损失，充分利用汽轮机回热抽汽过热度，提高机组循环热效率，从而提高机组的经济性。

通过对超超临界 1000MW 级机组常规系统和增设外置式蒸汽冷却器系统（蒸汽

冷却器的下端差取8℃）在机组各负荷段进行计算分析可得，额定负荷工况下，外置式蒸汽冷却器系统与超超临界1000MW级机组常规系统相比，外置式蒸汽冷却器系统中的3号回热加热器的抽汽过热度显著降低，机组热耗降低14～18kJ/(kW·h)。随着负荷的降低，增设外置式蒸汽冷却器改善3段抽汽过热度的效果更显著，外置式蒸汽冷却器系统给水温度始终高于常规热力系统，其机组经济性也始终优于常规热力系统。因此，超超临界燃煤发电机组设置外置式蒸汽冷却器系统具有良好的变负荷特性，更适合于低负荷情况下的高经济运行。

4）设置0号高加

汽轮机组在部分负荷工作时，机组的整体热力循环以及主机设备等均偏离设计条件运行。热力循环偏离设计的主要表现为循环的初参数降低、各级回热抽汽压力降低、再热压力降低、最终给水温度降低等多个方面。最终给水温度是表征回热循环热经济性的重要参数之一，其降低将直接导致热力循环的平均吸热温度降低，因此循环的热效率也将随之降低，这直接影响机组的运行经济性。采用0号高压加热器技术，能有效缓解机组最终给水温度的降低幅度，提高其在部分负荷的运行经济性。

所谓0号高加是指在1号高加下游增设一个高加，该高加抽汽来自一段抽汽上游。额定工况时，该段抽汽的阀门关闭，0号高加不加热给水；低负荷时，阀门开启，0号高加利用高压抽汽加热给水，以提高低负荷时的给水温度。0号高加布置示意图如图6-23所示。

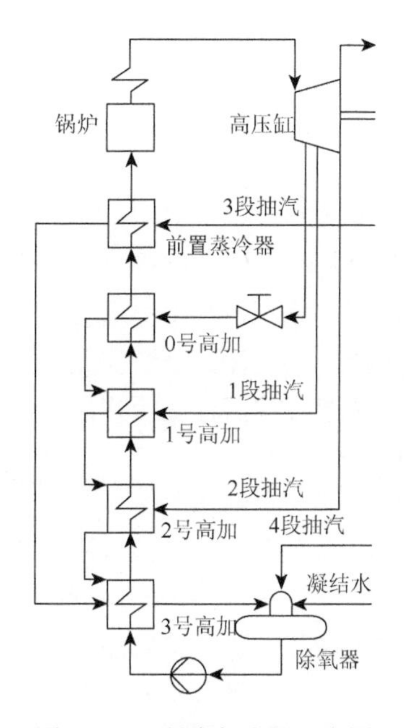

图6-23　0号高加布置示意图

由图 6-24 可知，增设 0 号高加后，在 40%～75%负荷内，机组热耗整体下降约 30kJ/(kW·h)；在 75%～100%负荷内，也就是保持额定给水温度运行区间内，投 0 号高加运行的收益逐渐减小，热耗负荷曲线与原曲线逐渐接近，在 100%负荷时完全重合。因此，增设 0 号高加的收益主要集中在部分负荷区间。

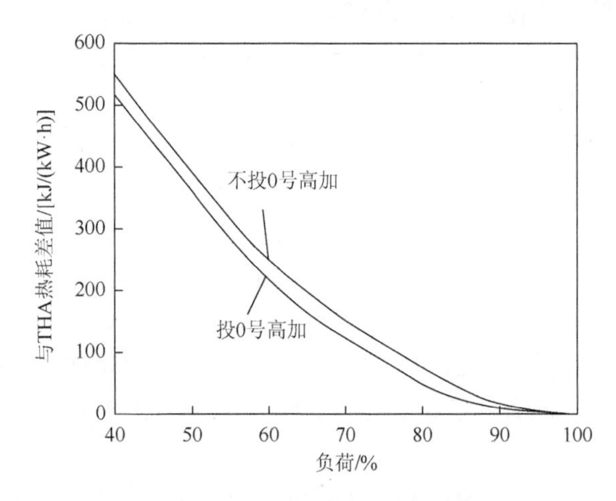

图 6-24　0 号高加经济性曲线

5）设置低温省煤器

锅炉排烟损失是燃煤发电机组中一项重要的热损失，占锅炉热损失的 60%～70%。通过设置低温省煤器，吸收锅炉排烟余热，加热凝结水，排挤低压回热抽汽量，可以有效降低锅炉排烟损失，提高机组的经济性。热经济性计算表明，设置低温省煤器可降低汽轮机热耗 25～35kJ/(kW·h)。

4. 宽负荷率超超临界汽轮机通流优化设计

汽轮机通流效率直接反映其经济性，因此高效宽负荷机组的通流优化设计尤为重要，针对汽轮机通流优化设计，东汽主要开展了高效宽负荷叶型设计、宽负荷叶型试验研究、高效宽负荷通流设计、变负荷条件下低压缸性能优化研究、末级叶片优化，且给出了宽负荷通流的工程应用情况。哈汽主要开展了宽负荷叶片预扭技术研究和新型汽封形式研究。

1）高效宽负荷叶型设计

对静叶而言，原始叶型吸力面汽流折转角较小，而新设叶型吸力面汽流折转角较大，吸力面后半部分曲率明显较大。与原始叶型相比，新设叶型扩散率更小，且新设叶型最大马赫数出现在喉部下游，其后加载程度比原始叶型更加明显。

对动叶而言，不同叶高截面型线母型不同，因此要针对不同的叶高分别设计叶型，如图 6-25 所示，新设叶型型线厚度增加，刚度增强，因此新设叶型相对叶高更大，这非常有利于减小二次流损失，尤其是对于二次流损失严重的高压缸。根据型面损失随叶片入口汽流角的变化，原始型线能量损失随攻角变化曲线几乎呈抛物线形状，能量损失存在最小值，但对应的入口汽流角范围很小。对于新设叶型，不仅能量损失系数较原始叶型小，而且在很大的入口汽流角范围内，能量损失系数较小，可见新设叶型的变工况性能得到很大的改善。

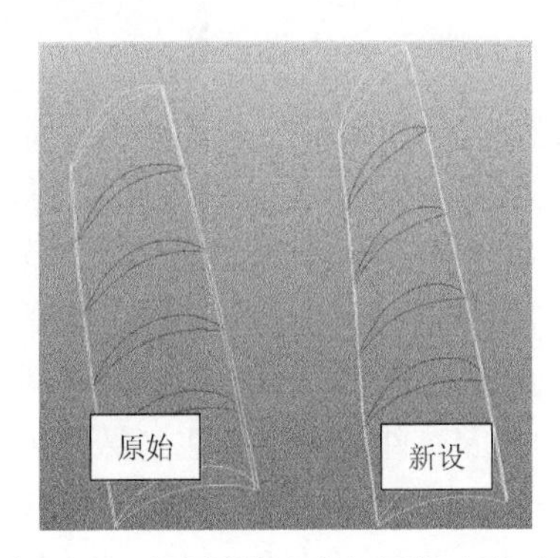

图 6-25　动叶新设叶型与原始叶型对比

2）高效宽负荷通流设计

通过新设叶型进行通流匹配对高压通流和中压通流进行了全新设计，并应用 CFD 软件分析其流场特性，与原始通流进行对比：新设叶型在新通流中设计工况下能量损失收益相对较小，变工况条件下收益更明显；新设高、中压缸各级效率在低负荷工况下收益较设计工况更明显；低负荷工况下，新设中压缸效率提升较新设高压缸小。

3）变负荷条件下低压缸性能优化研究

低压缸耦合末级叶片进行数值计算时，带单通道叶片和整圈叶片，低压缸的静压恢复系数相当；低压缸耦合末级叶片计算结果与低压缸独立计算结果相比，静压恢复系数显著下降，主要原因是入口汽流角发生偏转，顶部围带蒸汽汽流发生泄漏，因此低压缸性能的评估应带上末级叶片进行耦合计算；对低压缸入口汽流流场进行优化，低压缸的性能得到较大幅度提高，但仍然低于优化前独立低压缸计算值。

4）末级叶片优化

对末级静叶和动叶的优化都使末级气动性能得到很好的改善，动叶的优化还减小了末级余速损失，使得末级静效率得到提高；末级叶片的优化并没有影响前面级次尤其是次末级的性能；末级叶片优化后，不仅设计工况下的性能得到提高，低负荷工况下的性能也得到了改善，且收益更大。

5）新型汽封形式研究

汽轮机本体性能是影响机组效率的重要因素。汽封作为汽轮机中限制蒸汽泄漏的必要部件，其性能的优劣对机组运行经济性有重要影响，对机组安全性也有一定影响。针对汽轮机不同部位选择相适宜的不同形式汽封而形成的组合方案，往往较单一形式汽封方案更能获得好的密封效果。在1000MW超超临界高效宽负荷机组汽轮机密封设计中，在保证不产生汽流激振的条件下，可适当增加小间隙汽封的应用。

5. 宽负荷率超超临界汽轮机结构优化设计

常规的火电机组一般稳定在一个负荷长期运行，而高效宽负荷1000MW机组全年在50%～100%的负荷段变化，转子、汽缸等高温部件处于交变的热应力作用下，金属材料容易因疲劳而产生裂纹，同时自密封系统的蒸汽温度不稳定，容易产生胀差超差的现象，对汽轮机的系统、通流间隙等提出了新的要求。常规机组的阀门重点考虑的是机组在接近满负荷变化时的调节性能，而高效宽负荷机组的阀门在更宽范围内进行变负荷时，阀门的配汽性能和稳定性需要进行进一步分析研究和优化。

（1）高压内缸采用桶形红套环密封设计。针对传统汽缸遇到的法兰温差大、中分面变形等问题，东汽提出了利用多个红套环紧固无中分面法兰、两半圆筒的新高压内缸方案，与传统中分面法兰密封的汽缸相比，圆筒形汽缸形状简单，结构基本对称，内外缸尺寸较小，热应力、热变形较小，汽轮机启停和变负荷运行的适应性好。在内缸表面还设置有隔热板，防止内缸外壁与夹层蒸汽发生强对流换热而造成内外壁温差过大。传统中分面法兰螺栓密封和红套环密封的对比如图6-26所示。

图6-26　传统中分面法兰螺栓密封和红套环密封对比

（2）通过优化汽轮机结构，调整通流间隙，可提高汽轮机快速启停的灵活性和变负荷能力。在机组进行调峰运行时，负荷维持在额定负荷的50%～100%，机组可安全稳定运行。

（3）配汽方式和补汽结构的优化。对于高参数宽负荷运行机组，推荐采用旁通配汽方案（全周进汽+补汽阀），将汽轮机通流设计点下移，有效提高机组部分负荷经济性。旁通配汽、节流配汽主蒸汽压力与负荷率关系如图6-27所示。从图6-27中可以看出，旁通配汽各工况主蒸汽压力明显高于节流配汽方式，机组循环效率更高，经济性更好。

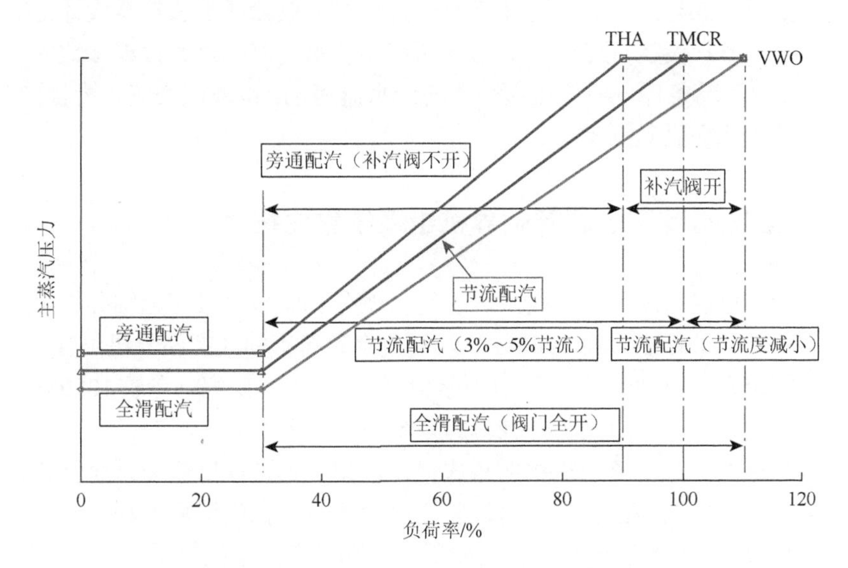

图6-27　主蒸汽压力与负荷率的关系曲线

综上，旁通配汽方案在大型火电机组宽负荷运行中，可以有效提高部分负荷和设计工况的经济性，并且起到了一次调频的作用，运行灵活安全可靠。

（4）对于上汽轮机组，针对高压主蒸汽压力的提升，对高压阀门和高压缸进行了优化，而对于中压温度的提升，则对内缸、转子、阀壳、外缸等结构进行了优化改进和安全性分析，保证了整个机组的结构安全可靠。

6. 宽负荷率超超临界辅机系统优化设计

作为电站辅机两大主要设备的凝汽器和低压加热器是宽负荷机组辅机优化的工作重点，为了确保整机在宽负荷运行状态时处于高效和经济性的最佳点，一方面，凝汽器和低压加热器的设计点选择要与主机设计点匹配，同时在结构上最大限度满足变工况时的换热要求；另一方面，凝汽器循环系统的运行调控也将成为本次系统优化的重点，通过合理布置循环水泵的数量，合理进行循环水泵的调控，对循环水系统的系统设置及调控技术给出指导性的原则。辅机系统的优化主要包括以下三个方面。

（1）高效凝汽器管束选择与水室性能评估，包括凝汽器设计点的优化选择、凝汽器管束形式的优化选择、凝汽器水室结构优化以及半侧运行方式的性能评估。

（2）循环水系统布置要求与运行方式优化，包括研究不同负荷工况下循环水量与凝汽器背压变化的关系、循环水量与循环水泵耗功变化的关系，同时校核循环水流速，以获得凝汽器循环水泵的布置要求和运行方式优化方案。

（3）低压加热器性能评估与变工况热力计算，包括低压加热器设计方案选择与性能评估，掌握变工况条件下其给水端差和疏水端差等热力性能参数的变化情况，并核算变工况条件下各低压加热器的给水流速、疏冷段阻力等水力性能参数，为回热系统优化提供数据支撑。

6.2.3　高效宽负荷率的超超临界机组系统集成技术

超超临界机组系统集成的技术思想是以现有1000MW级超超临界机组系统优化设计为基础，进行多方案1000MW级高效宽负荷率的超超临界机组参数选择、高温蒸汽管道系统应力计算、配套辅机选型等关键技术研究，完成1000MW级高效宽负荷率超超临界机组主机、辅机的系统关键技术集成。

这种先进的、基于整个机组的集成优化，相对于国内以热力系统优化为主的设计优化具有非常明显的优势，可以将主机设备性能在当地环境和电网需求条件下发挥到极致，同时也可使得主机与附属系统和设备的匹配趋于合理。只有这样，才能用现有主、辅机设备建设世界一流发电机组，换句话说，就是国内要想建设世界一流发电厂，必须从系统优化转变为发电厂集成优化。

（1）合理确定主辅机的工况设计点。

在主要辅机选型上：常规机组主要辅机选型一般按《大中型火力发电厂设计规范》（GB 50660—2011），以锅炉最大连续出力（BMCR）工况或汽轮机阀门全开（VWO）工况为基准点，再加上一定的余量为选型依据。按此选型，往往会造成辅机余量大，实际运行效率低，尤其目前机组负荷率不足，部分负荷运行时，辅机偏离高效点更多。因此，为实现机组低负荷高效运行，建议将100%THA负荷点作为设计最高效率点，低负荷采用滑压运行方式，对设备本身调节性能较优的采用定速，对于设备本身调节性能差的采用变速调节。推荐按THA工况作为给水泵、凝泵选型基准点。

（2）大功率辅机采用变频调速。

除了给水泵及常规随主辅机配套的设备外，大电功率的设备还包括凝结水泵、低加疏水泵、低温省煤器凝结水升压泵、闭式水泵等。这些泵均为连续运行，设备的出力都是随机组负荷变化而调整。由于机组带部分负荷运行，造成设备运行参数偏离设计点。如果上述这些水泵由定速电动机驱动，用阀门节流控制，会浪费很多电能。因此可以采用变频调速装置，降低低负荷时厂用电消耗，提高机组宽负荷运行经济性。

6.3　超超临界机组灵活性应用发展方向

机组灵活性运行就是利用先进的控制技术，实现火电机组快速、深度调峰的稳定运行。提高机组灵活性运行水平正成为火电机组适应当前电力市场的“金钥匙”。但是超超临界机组均配置直流炉，蓄热能力小，一般亚临界汽包锅炉的蓄热能力比直流锅炉要大 2～3 倍，而且该类超超临界机组高压调节汽门全开的运行方式，更使得锅炉侧有限的蓄能无法快速转化为发电负荷，降低了机组灵活性运行能力，减弱了机组自动发电控制（AGC）响应水平。适应新的调节手段、增进机组灵活性运行水平是超超临界发电技术未来发展的主要方向之一，其可为大规模可再生能源并网提供条件。

火电机组灵活性主要在于“快速”和“深度”两方面。所谓“快速”，是指机组具有更快的变负荷速率、更高的负荷调节精度及更好的一次调频性能；所谓“深度”，是指机组具有更宽的负荷调节范围，负荷下限从原来的 45%额定负荷下调至 30%额定负荷，甚至更低。对此，发展我国超超临界火电机组灵活性改造亟待解决的关键技术具有非常重要的现实意义[101]。

6.3.1　低负荷运行安全性

汽轮机一般可在 20%～30%额定负荷下稳定运行，而机组的最低安全负荷往往取决于锅炉，而锅炉最低安全负荷又主要取决于燃烧稳定性和水动力工况安全性。当机组负荷较低时，水冷壁管间受热不均以及水冷壁入口欠焓过大，容易发生水动力不稳定的问题。此外，在锅炉低负荷运行过程中，燃烧不稳定，很容易引发熄火事故。因此，要提高超超临界机组低负荷运行过程安全性能，应通过改造运行设备适应性，提高锅炉安全运行稳定性。

机组在低负荷下运行，极易造成锅炉空气预热器堵塞及低温腐蚀。锅炉配套 SCR 装置后，在脱硝运行过程中所产生的硫酸氢氨对空气预热器的运行带来较大的负面影响，硫酸氢氨在不同的温度下分别呈现气态、液态、颗粒状。只有液态的硫酸氢氨附着在空气预热器受热面上会捕捉烟气中的飞灰，从而造成空气预热器的堵塞，导致空气预热器内流通截面积减小，从而引起空气预热器阻力的增加，对引风机和送风机产生较大的影响，同时降低空气预热器传热元件的效果。

另外由于烟气中含有水蒸气，而烟气中水蒸气的露点（即水露点）一般在 30～

60℃，在燃料中水分不多的情况下，空气预热器的低温受热面上不会结露。但是在燃烧过程中，燃料中的硫分可能有70%～80%会形成 SO_2 及 SO_3。其中，SO_3 与烟气中的水蒸气形成硫酸蒸汽，而硫酸蒸汽的露点（也称为酸露点或烟气露点）则较高，烟气中只要有少量的 SO_3，烟气的露点就会提高很多。锅炉在机组正常运行的情况下，燃用设计煤种时空气预热器的冷端壁温在各种负荷下都将高于烟气酸露点10℃以上，但是随着入炉煤硫分的升高，烟气的酸露点温度也大幅升高，从而使大量硫酸蒸汽凝结在低于烟气酸露点的低温受热面上，引起腐蚀。

此外，脱硝运行方式不合理，脱硝SCR运行后负荷变化时未根据SCR入口 NO_x 浓度及时调整喷氨量，导致喷氨过量，大量氨逃逸后形成硫酸氢氨引起空气预热器堵塞。SCR入口烟温低于SCR装置允许投运的温度，导致低温工况下SCR装置反应效率降低，氨逃逸率升高后形成硫酸氢氨引起空气预热器堵塞。还有，未严格执行空气预热器定期吹灰制度，或空气预热器蒸汽吹灰参数选择不合理；发现预热器阻力增加未增加吹灰频率；吹灰疏水不彻底；未根据空气预热器差压情况制定合理的检修计划；空气预热器差压升高后，未利用停炉机会对空气预热器进行彻底处理；空气预热器水冲洗后，锅炉启动前蓄热元件未彻底烘干；空气预热器严重堵灰后高压水冲洗无效情况下，未对空气预热器换热元件进行拆包清灰等。这些因素都会影响空气预热器积灰堵塞。

防止机组低负荷运行下可能出现的安全问题，采取的技术措施包括以下几个方面。

（1）采用先进的氨浓度测量装置，提高氨浓度测量准确性，降低氨逃逸率。当前，氨逃逸在线连续检测有以下几种原理：TDLS可调谐二极管激光光谱吸收法、催化还原法、傅里叶红外法等，各种测量手段各有优缺点。利用催化还原法测量，氨逃逸量通过间接测量催化转换前后的 NO_x 偏差来计算，会出现负值的异常现象。同时该方法对 NO_x 仪表的准确性要求非常高，所以想要准确测量含氨量不大于3ppm烟气中的氨逃逸量是非常困难的。傅里叶红外法的设备系统一般较为复杂，而且价格昂贵，多用于实验室分析或性能测试，工程应用很少。相对来说，基于TDLS技术的产品安装简单，检测相对准确，适应性高，但测量准确性、代表性仍欠佳。基于此，建议采用抽吸式氨监测装置，此监测装置具有代表性更强、准确性更高的特点。

（2）对空气预热器清洗装置进行升级改造，实现空气预热器在线清洗。目前大多数电厂锅炉空气预热器均配置有高压水清洗装置，特别是脱硝改造配套同步进行空气预热器改造后，全部配置了高压水清洗装置，但是这些装置无法实现空气预热器在线清洗。现有高压水清洗装置主要存在以下问题：冲洗水压力偏低，冲洗流量偏大，冲洗喷嘴安装不合理等。可考虑优化冲洗水压力、流量及喷嘴安装位置，并采购使用新型的空气预热器在线高压水冲洗装置，实现空气预热器的在线清洗。

（3）增加新的受热面，即前置式空气预热器。美国电力研究院（Electric Power Research Institute）在《低品质热能装置评价》报告中提到，美国的多家电厂曾用水或其他有机溶剂作为中间传热介质，将锅炉排烟余热供给暖风器加热空气，以替代汽-气暖风器的抽汽，提高空气预热器的入口气温，并能减轻空气预热器的低温腐蚀。

采用前置式空气预热器回收锅炉废热是近几年正在逐步推广的一项新技术。前置式空气预热器加装在原有空气预热器之后，冷空气经热管空气预热器加热后再进入原有空气预热器，从而有效减轻了原有空气预热器的低温腐蚀。

锅炉烟气余热用于加热空气预热器入口冷空气，改变了锅炉辐射热与对流热的分配比例，提高了锅炉炉膛出口烟温，从而使尾部竖井烟道上对流受热面的烟温都相应提高。因此，我们不能将其当作独立的传热面来设计，而要将其纳入锅炉整体热力计算进行考虑。实践表明，新增前置式空气预热器，回收的热量造成空气预热器入口风温提高，传热温差减小，换热量下降，最终导致排烟温度升高。计算表明，该装置效率较低，仅为10%左右，锅炉烟气余热用于加热冷空气回收的热量有很大部分是没用的。

（4）变负荷工况下，应依据负荷变化和实际煤质情况，及时对喷氨量进行预调整，防止喷氨过量造成氨逃逸率升高。

（5）采用吹灰器提高受热面传热效率。锅炉受热面投入运行后就开始有灰污沉积，受热面外部污染和结焦是影响锅炉安全运行的重要因素之一。实验数据表明，水冷壁的热有效系数 W 值，对于无烟煤和贫煤是0.35～0.4，对于烟煤和褐煤是0.4～0.45。采用吹灰器技术可以使 W 值明显增大，直接降低炉膛出口烟气温度。在过热器区域除灰，可以直接提高过热器的吸热能力。所以吹灰器的使用是提高受热面换热效率的最直接有效的方法。据测量，采用吹灰器能使锅炉排烟热损失下降约1.2%，可提高锅炉热效率1%。但是在锅炉的热力设计中已经考虑了积灰的影响并安装了吹灰器，所以通过改造吹灰器，其降烟温效果和维持时间有限，达不到长期稳定降低排烟温度的要求。

（6）根据排烟温度变化情况及时投运热风再循环，确保排烟温度高于烟气酸露点温度，防止空气预热器出现低温腐蚀和堵塞。

6.3.2　供热机组热电解耦

我国北方地区火电机组大部分为供热机组，传统的“以热定电”技术使得供热机组的灵活性相对较差。为了提高热电机组灵活性，需要实现“热电解耦”。针对供热机组灵活性提升，通常需要安装蓄热罐，采用电热锅炉、抽汽减温减压等技术。主要思想是在调峰困难时段通过储热装置热量供热，在调峰有余量的时段，储存富裕热量，从而实现机组的灵活运行[102]。

1. 热水储热系统

热水储热系统主要利用水的显热来储存热量，储热设备主要采用储热水罐。根据供热系统的特点，储热水罐通常采用常压或承压储热水罐。一般而言，供热管网供水温度低于98℃时设置常压储热水罐，高于98℃时设置承压储热水罐。常压储热水罐结构简单，投资成本较低，储热水罐内水的压力为常压；承压储热水罐最高工作温度一般为110～125℃，工作压力与工作温度相适应，对储热水罐的设计制造技术要求较高，但系统运行与控制相对简单，与热网循环水系统耦合性较好。储热水罐与热网循环水系统的连接方式如图6-28所示。

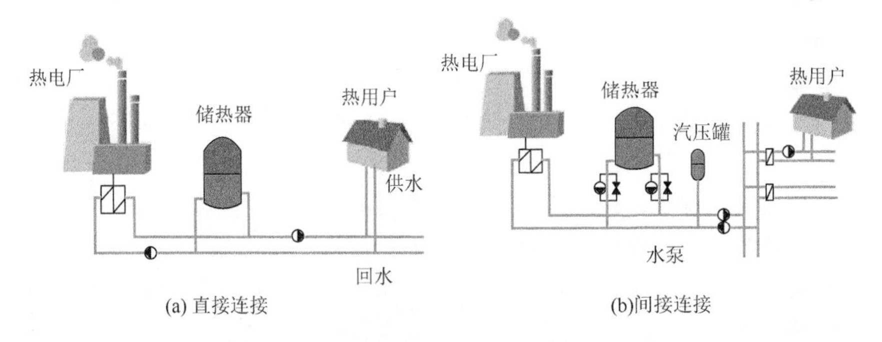

图6-28　储热水罐与热网循环水系统直接连接与间接连接示意

国际上工程应用较多的热水储热技术是斜温层储热技术，斜温层的基本原理是以温度梯度层隔开冷热介质。斜温层储热系统是利用同一个储热水罐同时储存高低温两种介质，相比传统冷热分存双罐系统，投资显著降低。目前斜温层储热技术在欧洲，尤其是北欧的丹麦、瑞典及挪威等国家发展速度较快，在我国该技术尚处于起步阶段。

2. 电锅炉系统

电锅炉系统实现热电解耦的主要原理是通过设置电锅炉满足采暖热水热负荷，电锅炉用电来自机组发电，由于电锅炉消耗了部分电能，机组实际发电负荷可以不用降至过低。机组保持较高发电负荷的同时，工业蒸汽的参数及抽汽量均能够得到满足。因此，电锅炉系统能够在降低机组实际发电负荷（扣除电锅炉用电）参与电网深度调峰的同时，满足采暖及工业热负荷的需求，从而实现机组的深度调峰。设置电锅炉系统的提升机组运行灵活性改造方案还具有以下优点：①运行灵活，电锅炉功率能够根据热网负荷需求实时连续调整，响应速率快；②对原有机组的正常运行及控制逻辑影响较小；③与热水储热系统相比，占地面积较小，且能够分散布置；④机组负荷率较高，不需要考虑对烟气脱硝系统进行改造。然而，与热水储热系统相比，电锅炉系统方案直接用电来对外供热，能源综合利用效率相对偏低。电锅炉系统流程如图 6-29 所示。

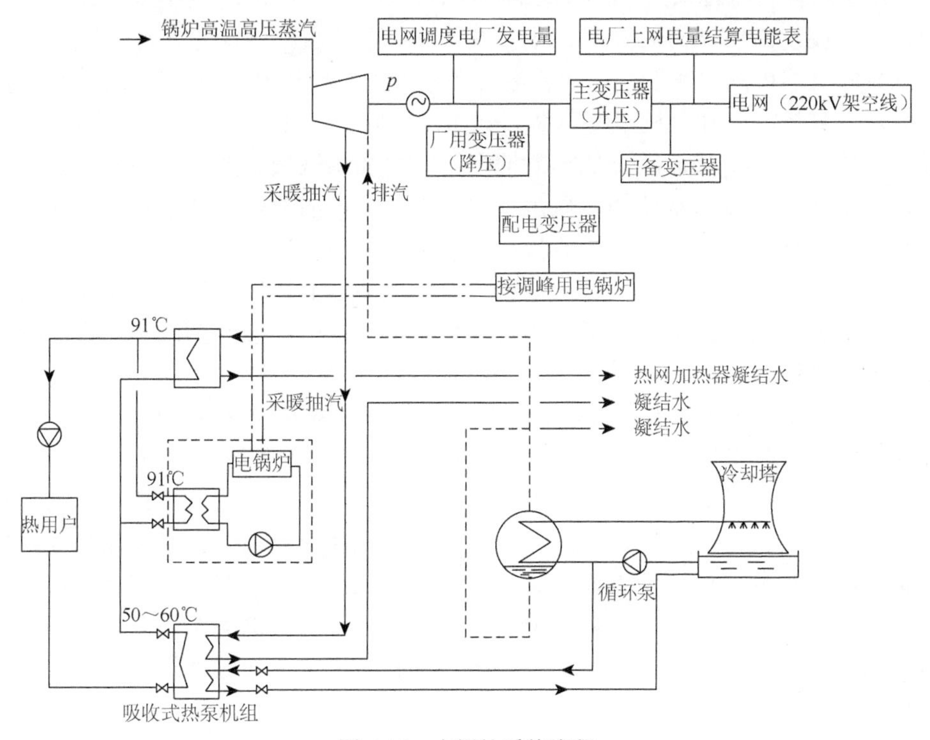

图 6-29　电锅炉系统流程

3. 高低压两级减温减压系统

在原有机组主蒸汽管道与再热冷段蒸汽管道之间设置减温减压器，将主蒸汽经过减温减压后送至再热冷段蒸汽管道并回到锅炉再热器，保证再热器流量从而确保再热器不超温，这样可以实现热电解耦。与此同时，在原有机组再热热段蒸汽管道上设置减温减压器，减温减压器使再热热段蒸汽经过减温减压后作为热网加热蒸汽或工业蒸汽对外供热。采用高低压两级减温减压器系统供热方案可以不用对原有机组锅炉及汽轮机本体进行大规模改造。

6.3.3　机组变负荷快速响应

超超临界机组在变负荷运行下，锅炉侧的大延迟、大惯性严重影响机组灵活运行。提高燃煤机组的一次调频能力成为新能源电力大规模开发环境下需要不断探索的问题。目前，发展较快的变负荷技术主要包括如下。

1. 凝结水变负荷技术

凝结水变负荷技术是指在机组变负荷时，在凝汽器和除氧器允许的水位变化内，改变凝泵出口调门的开度，改变进入除氧器的凝结水流量，改变低压加热器以及除氧器内的热平衡，从而相应改变进入低压加热器以及除氧器的抽汽量，暂时获得或释放一部分机组的负荷。例如，在加负荷时，关小除氧器上水调门，减小凝结水流量，从而减小低加的抽汽量，增加蒸汽做功的量，使机组负荷增加，反之亦然。凝结水调频本质是利用了汽轮机内的蓄热，通过阀门节流调节或加热器的自平衡能力，原本要被用来加热给水的蒸汽留在了汽轮机内做功，改变了机组负荷。我国大多数火电机组低压加热器的抽汽管道中并未安装快关阀，但改变凝结水流量时，低加仍可利用其自平衡能力改变抽汽量，进而实现负荷的快速调整。

通过凝结水节流调频负荷特性测试试验如图 6-30 和图 6-31 所示。凝结水节流时，机组负荷变化量与凝结水流量变化量成正比，要获得一定的调频负荷量，必须使凝结水流量改变达到一定值。凝结水流量改变后，机组负荷变化响应具有一定的持久性，可以满足电网一次调频对快速性的要求，也可以作为改善二次调频时锅炉响应偏慢的手段；除氧器与热井水位允许的变化范围越大，凝结水节流调频潜力就越大，两者水位变化之间有固定的比例关系，确定控制边界时，要兼顾考虑；只要边界参数控制得当，凝结水节流调频时机组的安全性就可以得到保证。

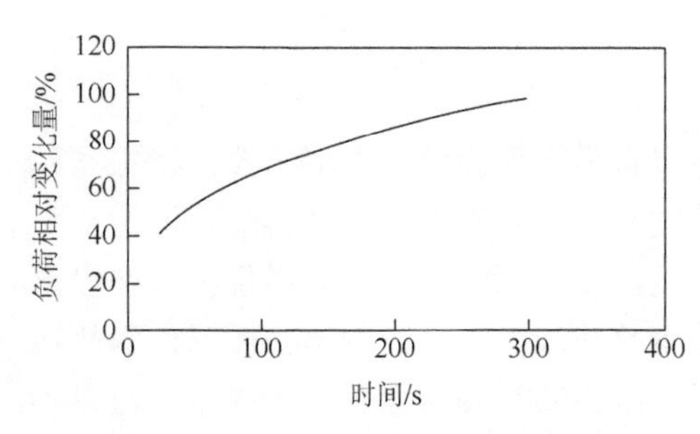

图 6-30 负荷相对变化量随时间变化曲线

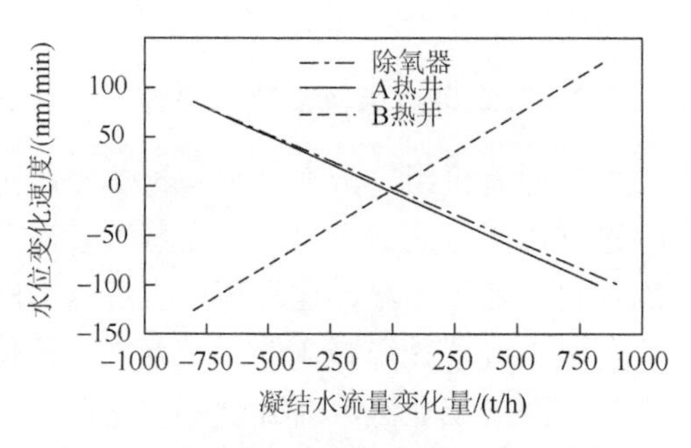

图 6-31 水位变化速度与凝结水流量变化关系曲线

减少通过低压加热器的凝结水流量，功率可在 20～60s 内上升 3%～5%。在此过程中应保持主蒸汽流量和给水流量不变，故会导致整个系统汽水流量的不平衡，即在部分部位会造成工质的大量积聚（如凝汽器热井），而部分部位的工质则会大量流失（除氧器水箱），因此采用减少凝结水流量实现功率快速上升的方法所持续的最大时间取决于系统内凝汽器热井和除氧器水箱的有效容积。如果系统内有效容积不足，可再设置一个单独的水箱，或借用系统外的有效容积，如凝补水箱，如图 6-32 所示。

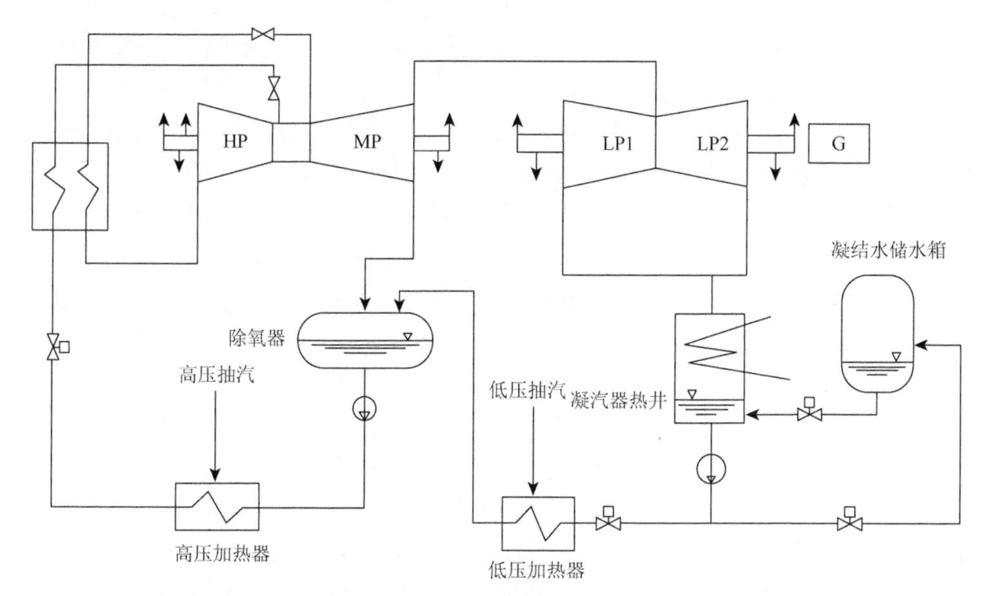

图 6-32 通过减少凝结水流量实现功率快速增加的系统示意图

采用凝结水节流变负荷方式作为一种新颖、节能的调频方法，对大多数类型的机组而言，确实可有效地实现功率快速变化，凝结水节流调频具有一定的研究与应用价值。但除氧器上水调阀将会较频繁地动作，对就地执行机构的可靠性提出了更高的要求，同时也对凝汽器、除氧器水位控制的品质提出了更高要求，这些都是需要充分考虑的，因此凝结水节流宜作为电网频率波动幅度较大时的一次调频手段。

2. 回热系统抽汽变负荷技术

回热系统抽汽是指，在回热抽汽管道上增加调节阀，通过改变调阀开度，快速改变进入加热器（高加或低加）以及除氧器的抽汽量，瞬时获得一部分机组的负荷，从而响应一次调频需求。

再热式汽轮机采用多级给水回热加热，即从汽轮机的中间级抽出一部分蒸汽，在给水加热器中对锅炉给水进行加热。当回热器投入运行时，其回热器容积内便储存了一定容积的蒸汽和疏水，这部分蒸汽和疏水对汽轮机的动态特性具有明显影响。负荷突然增加时，汽轮机进汽阀开大，进汽量增加，抽汽点压力升高，汽水饱和温度升高，疏水温度低于汽侧温度，回热抽汽量动态过量增加，一方面平衡给水量增加所需的加热量增加，另一方面提供疏水的附加吸热；若负荷突然间降低，进汽阀关小，进汽量减少，抽汽点压力降低，则凝结水由饱和水变成过热水，这样就会蒸发出蒸汽，回热抽汽量动态过量降低。回热抽汽量对汽轮机功率的影响是明显的，通常切除高加抽汽会使汽轮机的功率增加 10%左右。回热抽汽量的变化会影响汽轮机功率，所以，减少回热器抽汽可降低汽轮机的频率变化。

相对于凝结水变负荷技术，这种调频方式有以下两方面优点。

（1）负荷调节范围较大。可以根据不同的响应指令，采取不同的调节策略，如调节一台高加或低加抽汽、调节多台高加或低加抽汽等。

（2）响应速度较快。这种调频方式通过直接节流回热抽汽瞬间增加机组出力，减少一个改变加热器能量自平衡的过程，所以其响应速度要更快。

但需要注意的是，采用回热系统变负荷技术，要对加热器水位调节参数进行相应的调整。

对于汽轮机高负荷运行，主蒸汽阀开度达到极限的工作情况，回热系统抽汽逆止阀在不同开度工况下对电网频率变化进行对比分析。回热系统抽汽逆止阀全开时回热器压力为额定值，而抽汽逆止阀半开时回热器压力略有下降，抽汽逆止阀全关时，回热器压力会由额定值逐渐减小到 0。回热系统抽汽逆止阀开度的变化会影响火电机组的发电功率，当逆止阀开度由全开到半开时，电网频率标值的超调量由–1.8%减小至–0.8%，即随着逆止阀开度减小，抽汽量减小，所提高的火电机组的发电量是不容忽视的。因此，在汽轮机实际运行中，如遇到高负荷运行，主蒸汽阀开度达到极限的工作情况，即可考虑回热系统抽汽效应对汽轮机频率调节的影响，以增大功率输出，从而减小电网频率变化，保证电网运行安全。据了解，上海外高桥第三发电厂 8 号机组投入了八段抽汽和一次调频，优化后机组一次调频响应速度进一步提升，一次调频幅度明显增大，表明这种优化方法是可行的[103]。

3. 变负荷技术研究展望

（1）一次调频能力定量评价方法研究，重点考虑火电机组动态响应对一次调频能力评价的影响，建立静态和动态一次调频能力评价指标，开展一次调频能力定量评价。

（2）建立机组一次调频能力分析动态数学模型，包括锅炉、汽轮机、发电机、电网、调节系统等高精度动态数学模型，重点考虑锅炉主蒸汽压力影响、阀门配汽方式及规律特性影响、调频死区、不等率、调门及油动机死区和动态响应影响、锅炉汽轮机不同结构参数，以及高加切除、供热、背压等影响。

（3）利用机组实际运行数据，完成模型参数校验和修正，使模型准确反映机组一次调频响应，保证后续一次调频能力分析准确性。

（4）开展火电机组一次调频能力影响因素定量分析研究，重点分析不同工况、不同运行模式、不同调节方式下一次调频能力特性，重点分析不同锅炉主蒸汽压力、阀门配汽方式及规律特性、调频死区、不等率、调门及油动机死区和动态响应影响、锅炉汽轮机不同结构参数，以及高加切除、供热、背压等影响规律。

（5）研究一次调频能力提升方法，提高火电机组一次调频能力，主要针对不同工况、不同运行模式、不同调节方式对调频能力影响的问题解决，通过自适应不等率调节、调门特性优化等手段，保证机组在各种情况下具有足够的一次调频能力。

参 考 文 献

[1] 张晓鲁. 超超临界燃煤发电技术的研究[C]. 中国科学技术学会 2004 年学术年会电力分会场暨中国电机工程学会 2004 年学术年会，博鳌，2004.

[2] 杨立洲. 超临界压力火力发电技术[M]. 上海：上海交通大学出版社，1990.

[3] 白旭，丁秀强. 超临界机组技术发展与国产化分析[J]. 热力透平，2003，32（1）：52-57.

[4] 夏芳. 我国超超临界火电机组研发关键问题的研究[D]. 哈尔滨：哈尔滨工程大学，2007.

[5] 姚燕强. 超超临界燃煤发电技术研究[J]. 华电技术，2008，30（4）：23-26.

[6] 张晓鲁. 开发推广先进燃煤发电技术支撑电力工业可持续发展[J]. 中国工程科学，2012，14（12）：52-57.

[7] 安普亮. 1000MW 超超临界空冷发电机组选型及现状分析[J]. 华电技术，2008，30（3）：18-21.

[8] 张晓鲁. 关于加快发展我国先进超超临界燃煤发电技术的战略思考[J]. 中国工程科学，2013，15（4）：91-95.

[9] 张勇，甄静. 700℃超超临界发电技术进展[J]. 化工装备技术，2014，35（6）：61-64.

[10] 曹志猛，汤盛萍，肖汉才. 我国发展超超临界机组参数和容量优先选择的研究[J]. 电站系统工程，2007，23（5）：41-42.

[11] 王凤君，黄莺，刘恒宇，等. 二次再热超超临界锅炉研究与初步设计[J]. 发电设备，2013，27（2）：73-77.

[12] 马小超. 1000MW 二次再热超超临界机组仿真及热经济性分析[D]. 北京：北京交通大学，2015.

[13] 李续军. 超（超）临界火力发电技术的发展及国产化建设[J]. 电力建设，2007，28（4）：60-66.

[14] 张晓鲁. 国家 863 课题“燃煤超超临界发电技术”研究结果简述[C]. 中国超超临界火电机组技术协作网第二届年会，青岛，2006.

[15] 张晓鲁，汪建平，胡振岭. 600MW 火电机组空冷技术的研发与工程示范[J]. 中国电力，2011，3：64-68.

[16] 宋彬. 超临界锅炉系统优化设计[D]. 北京：华北电力大学，2017.

[17] 朱全利. 超超临界机组锅炉设备及系统[M]. 北京：化学工业出版社，2008.

[18] 西安热工研究院. 超临界、超超临界燃煤发电技术[M]. 北京：中国电力出版社，2008.

[19] 周强泰. 锅炉原理[M]. 2 版.北京：中国电力出版社，2009.

[20] 张磊，李广华. 锅炉设备与运行[M]. 北京：中国电力出版社，2007.

[21] 王晓峰. 超超临界机组用耐热钢的开发及相关基础研究[D]. 长沙：中南大学，2013.

[22] 王起江，洪飞，徐松乾，等. 超超临界锅炉用关键材料[J]. 北京科技大学学报，2012，34（1）：26-33.

[23] 王宇. T23 钢组织与性能的研究[D]. 哈尔滨：哈尔滨工程大学，2007.

[24] 孙叶柱. 用于超超临界锅炉的 super304H 材料的性能[J]. 电力建设学报，2003，24（9）：12-14.
[25] 黄飞. 超超临界机组中 P92 钢管件生产与性能研究[J]. 冶金设备，2015，（223）：39-44.
[26] 肖芸. T/P92 超超临界锅炉用钢运行状态对微观组织结构与性能的影响[D]. 广州：华南理工大学，2015.
[27] 巩李明，聂立，王鹏，等. 东方锅炉二次再热超超临界循环流化床锅炉开发[C]. 第七届四川省博士专家论坛论文集，德阳，2014：101-105.
[28] 黎懋亮，易广宙. 东方 1000 MW 高效超超临界锅炉设计方案[J]. 东方电气评论，2015，29（116）：26-30.
[29] 上海锅炉厂有限公司.1000MW 超超临界塔式锅炉[J]. 上海节能，2012，（1）：6-7.
[30] 诸育枫. 国内首台 623℃/660MW 超超临界锅炉设计说明[J]. 锅炉技术，2015，46：26-30.
[31] 广东电网公司电力科学研究院. 1000MW 超超临界火电机组技术丛书——汽轮机设备及系统[M]. 北京：中国电力出版社，2010.
[32] 朱宝田. 三种国产超超临界 1000MW 机组汽轮机结构设计比较[J]. 热力发电，2008，37（2）：1-8.
[33] 朱宝田. 三种超超临界 1000MW 汽轮机简介[C]. 中国超超临界火电机组技术协作网第二届年会，青岛，2006：10.
[34] 肖增弘. 汽轮机设备及系统[M]. 北京：中国电力出版社，2008.
[35] 胡念书. 超超临界汽轮机设备系统及运行[M]. 北京：中国电力出版社，2010.
[36] 何阿平，彭泽瑛. 上汽-西门子型百万千瓦超超临界汽轮机[J]. 热力透平，2006，35（1）：1-13.
[37] 何阿平，彭泽瑛. 提高 1000MW 超超临界汽轮机经济性与安全可靠性的先进技术[J]. 上海电力，2005，4：342-347.
[38] 王银丰. 1000MW 超超临界汽轮机技术特点[J]. 发电设备，2007，5：355-358.
[39] 魏永志. 邹县发电厂 1000MW 超超临界机组汽轮机的技术特点[J]. 电力建设，2006，27（9）：28-32.
[40] 武皓. 汽轮机静叶片叶型改进论述[J]. 应用能源技术，2014，6：21-23.
[41] 方宇，袁永强. 东方-日立型超超临界 1000MW 汽轮机本体设计特点[J]. 大型铸锻件，2008，（1）：43-46.
[42] 忻鹤龄. 东方 600MW 火电机组技术引进[J]. 东方电气评论，1999，1：54-58.
[43] 赵晖. 华电淄博热电有限公司 1000MW 超超临界机组选型研究[D]. 济南：山东大学，2007.
[44] 马琳. 1000MW 超超临界汽轮机关键技术探讨[J]. 中国科技信息，2008，24：101-103.
[45] 陈仁杰. 上海外高桥第三发电厂工程设计特点[J]. 电力勘测设计，2010，3：34-38.
[46] 江哲生，董卫国，毛国光. 国产 1000MW 超超临界机组技术综述[J]. 电力建设，2007，8：6-13.
[47] 韩彦广，周雪斌，李旭，等. 上汽西门子 1000 MW 超超临界汽轮发电机组轴系振动特性[J]. 湖南电力，2010，30（1）：60-64.
[48] 张长乐，郑凤才，肖明. 东汽 1000MW 超超临界汽轮机组的启动调试[J]. 山东电力技术，2008，6：35-38.
[49] 王为民，潘家成，方宇，等. 东方 1000MW 超超临界汽轮机设计特点及运行业绩[J]. 东方

电气评论，2009，1：1-11.
[50] 彭泽瑛，顾德明. 补汽调节阀技术在百万千瓦全周进汽汽轮机中的应用[J]. 热力透平，2004，4：223-227.
[51] 陈显辉，谭锐，张志勇，等. 东方超超临界二次再热 660MW 汽轮机热力设计特点[J]. 东方汽轮机，2014，4：1-5.
[52] 朱奇. 超超临界百万千瓦汽轮机主调阀流场非稳态数值研究[D]. 上海：上海交通大学，2010.
[53] 付金涛. 1000MW 汽轮机及其辅助设备性能验收质量控制研究[D]. 北京：华北电力大学，2017.
[54] 林秀华. 超高效 1000MW 汽轮机关键技术应用与分析[J]. 中国电力，2016，10：33-37.
[55] 陈胜军，金迪，柯文石. 华能玉环电厂 1000MW 超超临界汽轮机技术特点[J]. 浙江电力，2006，2：32-35.
[56] 柯炎. 西门子超超临界 1000 MW 机组 DEH 甩负荷控制功能异常分析及处理[J]. 江苏科技信息，2017，31：48-50.
[57] 冯伟忠. 超超临界机组蒸汽氧化及固体颗粒侵蚀的综合防治[J]. 中国电力，2007，1：69-73.
[58] 史进渊，杨宇，邓志成，等. 超超临界汽轮机固体颗粒侵蚀的研究[J]. 动力工程，2003，4：2487-2489.
[59] 徐亚涛. 超（超超）临界机组固体颗粒冲蚀的机理及防治[J]. 电站系统工程，2007，5：1-4.
[60] 刘凯. 超临界汽轮机组的发展及关键技术[J]. 江苏电机工程，2005，24（7）：20-24.
[61] 孙明哲. 1000MW 二次再热超超临界汽轮机设计简述[J]. 装备制造技术，2016，7：93-94.
[62] 沈国平，黄庆华，俞基安，等. 高效灵活的 660MW 等级超超临界二次再热汽轮机[J]. 神华科技，2019，17（2）：12-15.
[63] 沈邱农，程钧培. 超超临界机组参数和热力系统的优化分析[J]. 动力工程，2004，（3）：305-310，405.
[64] 谷雅秀，王生鹏，杨寿敏，等. 超超临界二次再热发电机组热经济性分析[J]. 热力发电，2013，42（9）：7-9.
[65] 杨建道，彭泽瑛. 上海汽轮机厂先进超超临界汽轮机的发展[J]. 热力透平，2018，（2）：92-95.
[66] 冉景煜. 热力发电厂[M]. 北京：机械工业出版社，2015.
[67] 叶涛. 热力发电厂[M]. 北京：中国电力出版社，2006.
[68] 黄家运. 直接空冷机组的防冻分析及研究[D]. 上海：上海交通大学，2009.
[69] 张钟镭. 汽轮发电机组碰摩故障智能诊断技术研究[D]. 北京：华北电力大学，2016.
[70] 吴洪浩. 基于热力学第二定律的 1000MW 双列高加回热系统特性研究[D]. 北京：华北电力大学，2011.
[71] 张晓鲁，张勇，李振中. 高效宽负荷率超超临界机组关键技术研发与工程方案[J]. 动力工程学报，2017，（3）：59-64.
[72] 肖存兴，林德华. 浅谈 P92 材料的特点与市场概况[J]. 锅炉制造，2014，（4）：35-37.
[73] 耿鲁阳，郭晓峰，巩建鸣，等. 国产和进口 P92 耐热钢显微组织、拉伸和蠕变性能的对比[J]. 机械工程材料，2014，38（1）：68-73.

[74] 郭春富，杨永强，闫德俊，等. T92/P92新型耐热钢管高效焊接工艺研究[J]. 焊接，2013，(8)：40-44.
[75] 郭飞. 空冷单元不同通风条件下流场的数值模拟及分析[D]. 北京：华北电力大学，2012.
[76] 王佩璋. 首次投运的大同二电厂 2×200MW 火电空冷机组的经济性及适用性[J]. 电力技术，1989，11：39-40.
[77] 袁永强，方宇. 600MW三缸四排汽直接空冷汽轮机的设计开发[J]. 东方电气评论，2008，22（85)：9-17.
[78] 张素心，杨其国，王为民. 我国汽轮机行业的发展与展望[J]. 上海汽轮机，2003，(1)：1-5.
[79] 王圣，朱法华. 火电厂空冷机组水耗及煤耗性能分析[J]. 环境科学与管理，2008，5：46-48.
[80] 王金平，安连锁. 直接空冷机组夏季度夏措施及发展趋势[J]. 山东电力技术，2010，4：45-47.
[81] 张康，赵伟，张红霞. 直接空冷系统冬季防冻问题研究[J]. 承德石油高等专科学校学报，2007，9（4)：27-29.
[82] 彭刚. 空冷凝汽器的防冻措施[J]. 中国新技术新产品，2012，(24)：183-188.
[83] 郝莉丽. 600MW超超临界锅炉设计探讨[J]. 电站系统工程，2007，23（1)：38-40.
[84] 戴立洪. 600MW超超临界机组启动特性研究[D]. 北京：华北电力大学，2008.
[85] 钱海平. 1000 MW超超临界机组锅炉启动系统的特点及分析[J]. 浙江电力，2007，4：27-31.
[86] 樊泉桂. 超超临界锅炉设计及运行[M]. 北京：中国电力出版社，2010.
[87] 王密林. 锅炉吹灰技术总结[J]. 电力与能源，2009，(17)：315.
[88] 王立业. 超临界锅炉节能运行技术[C]. 第五届电力工业节能减排学术研讨会论文集，合肥，2010：144-148.
[89] 周济波，易朝晖. 1000MW超超临界汽轮发电机组耗差分析[J]. 电力勘测设计，2008，(5)：41-45.
[90] de Mello F P. Boiler models for system dynamic performance studies[J]. IEEE Transactions on Power Systems，1991，6（1)：66-74.
[91] 樊晋元. 700℃超超临界锅炉的参数设计与过程特性研究[D]. 北京：华北电力大学，2017.
[92] 杨勇平，杨志平，徐钢. 中国火力发电能耗状况及展望[J]. 中国电机工程学报，2013，33(13)：1-9.
[93] 蒋敏华，黄斌. 燃煤发电技术发展展望[J]. 中国电机工程学报，2012，32（29)：1-8.
[94] 刘入维，肖平，钟犁，等. 700℃超超临界燃煤发电技术研究现状[J]. 热力发电，2017，46（9)：1-7.
[95] 董国燊. 超超临界燃煤发电技术的发展[J]. 内燃机与配件，2017，18：140-142.
[96] 黄瓯. 以创新技术提高700℃高超超临界汽轮机的性价比[J]. 上海电气技术，2013，4(6)：1-7.
[97] 蒋浦宁. 结构新颖的桶型高压缸设计开发[J]. 热力透平，2005，34（3)：138-143.
[98] 杨勇平，张晨旭，徐钢. 大型燃煤电站机炉耦合热集成系统[J]. 中国电机工程学报，2015，35（2)：375-381.
[99] 周少祥，刘浩，胡三高，等. 电站锅炉熵产分析模型及应用[J]. 工程热物理学报，2015，36（5)：927-932.

[100] 魏凤文. 1000MW 超超临界燃煤机组低负荷安全经济运行措施浅析[J]. 四川环境，2017，36（5）：138-142.
[101] 王迪. 火电机组建模及快速变负荷控制[D]. 吉林：东北电力大学，2018.
[102] 苏鹏，王文君，杨光，等. 提升火电机组灵活性改造技术方案研究[J]. 中国电力，2018，51（5）：87-94.
[103] 王倩，惠文涛，吕永涛，等. 超超临界 1000 MW 机组一次调频多变量优化策略[J]. 热力发电，2019，48（1）：24-29.